高等学校规划教材

Revit建筑信息模型（BIM）技术应用

袁志阳　主编

化学工业出版社
·北京·

内容简介

《Revit建筑信息模型（BIM）技术应用》以一个独栋别墅及室外构筑物为工程实例，详细介绍了Revit Architecture软件各项功能的使用方法，并且在第3章Revit的模型设计、第8章族、第9章体量和第10章建筑模型案例解析的内容中增加了多个常见的工程案例。本书的编写注重实操性，所有案例均有详细操作步骤，并对软件功能进行归纳、总结和对比。

本书可作为普通高等院校土木工程、建筑学、工程管理、工程造价、城市地下空间工程、房地产等土木类相关工程技术专业的教学用书，也可作为参加全国BIM技能等级考试的学习参考书。

图书在版编目（CIP）数据

Revit建筑信息模型（BIM）技术应用/袁志阳主编. —北京：化学工业出版社，2021.8（2022.7重印）
高等学校规划教材
ISBN 978-7-122-39275-6

Ⅰ.①R… Ⅱ.①袁… Ⅲ.①建筑设计-计算机辅助设计-应用软件-高等学校-教材 Ⅳ.①TU201.4

中国版本图书馆CIP数据核字（2021）第104163号

责任编辑：刘丽菲　　装帧设计：张　辉
责任校对：李　爽

出版发行：化学工业出版社（北京市东城区青年湖南街13号　邮政编码100011）
印　　装：北京建宏印刷有限公司
787mm×1092mm　1/16　印张16　字数415千字　2022年7月北京第1版第2次印刷

购书咨询：010-64518888　　售后服务：010-64518899
网　　址：http://www.cip.com.cn
凡购买本书，如有缺损质量问题，本社销售中心负责调换。

定　　价：49.80元

前 言

BIM是指 Building Information Modeling，即建筑信息模型。BIM是以三维数字技术为基础，集成了建筑工程项目各种相关信息的工程数据模型，是对工程项目设施实体与功能特性的数字化表达。一个完善的信息模型，能够连接建筑项目生命期不同阶段的数据、过程和资源，是对工程对象的完整描述，可被建设项目各参与方普遍使用。BIM具有单一工程数据源，可解决分布式、异构工程数据之间的一致性和全局共享问题，支持建设项目生命期中动态的工程信息创建、管理和共享。建筑信息模型同时又是一种应用于设计、建造、管理的数字化方法，这种方法支持建筑工程的集成管理环境，可以使建筑工程在其整个进程中显著提高效率和大量减少风险。

住房和城乡建设部《2016—2020年建筑业信息化发展纲要》提出，BIM、大数据、智能化、移动通信、云计算、物联网等信息技术集成应用能力，将助力建筑业信息化水平的提高。同时住房和城乡建设部《关于推进建筑信息模型应用的指导意见》要求，到2020年末，在以国有资金投资为主的大中型建筑、申报绿色建筑的公共建筑和绿色生态示范小区的项目的勘察设计、施工、运营维护中，集成应用BIM的项目比率需达到90%。《建筑业10项新技术》(2017版）将信息化技术列为建筑业10项新技术之一。

BIM技术具备共享性、可视化、协调性、模拟性、优化性、可出图等特点。BIM时代的到来，带来了机遇，也带来了挑战和困惑，迫切需要BIM人才的培养。

本书以一个独栋别墅及室外构筑物为工程实例，详细介绍了软件各项功能的使用方法，并且在第3章Revit的模型设计、第8章族、第9章体量和第10章建筑模型案例解析的内容中增加了多个常见的工程案例。本书的编写注重实操性，本书工程实例及案例基本涵盖了Revit软件的基本功能及历年全国BIM技能等级考试（一级）的所有知识点，各案例均有详细操作步骤。本书对软件功能进行了归纳、总结和对比，读者无论是实际工作中应用BIM建模，还是通过BIM技术等级考试，本书都具备一定的实用性。

本书由长春工程学院袁志阳主编，任美丽编写第1章至第4章，李克超编写第5章至第8章，袁志阳编写第9、10章，并对全书编稿，王鹏参编本书案例解析部分并对全书编写过程中的文字及图片编辑做了大量工作，特此鸣谢！

编者

2021年4月

目 录

第1章　BIM技术简介

1.1　BIM的概念

BIM是指Building Information Modeling，即建筑信息模型，如图1-1所示。BIM是以三维数字技术为基础，集成了建筑工程项目各种相关信息的工程数据模型，BIM是对工程项目设施实体与功能特性的数字化表达。一个完善的信息模型，能够连接建筑项目生命期不同阶段的数据、过程和资源，是对工程对象的完整描述，可被建设项目各参与方普遍使用。BIM具有单一工程数据源，可解决分布式、异构工程数据之间的一致性和全局共享问题，支持建设项目生命期中动态的工程信息创建、管理和共享。建筑信息模型同时又是一种应用于设计、建造、管理的数字化方法，这种方法支持建筑工程的集成管理环境，可以使建筑工程在其全生命周期中显著提高效率和大量减少风险。

图1-1　BIM模型

1.2 BIM 特征

模型信息的完备性：除了对工程对象进行 3D 几何信息和拓扑关系的描述，还包括完整的工程信息描述，如对象名称、结构类型、建筑材料、工程性能等设计信息；施工工序、进度、成本、质量以及人力、机械、材料资源等施工信息；工程安全性能、材料耐久性能等维护信息；对象之间的工程逻辑关系等。

模型信息的关联性：信息模型中的对象是可识别且相互关联的，系统能够对模型的信息进行统计和分析，并生成相应的图形和文档。如果模型中的某个对象发生变化，与之关联的所有对象都会随之更新，以保持模型的完整性和健壮性。

模型信息的一致性：在建筑生命期的不同阶段模型信息是一致的，同一信息无须重复输入，而且信息模型能够自动演化，模型对象在不同阶段可以简单地进行修改和扩展而无须重新创建，避免了信息不一致的错误。

简而言之，BIM 技术能应用于建设项目的规划、勘察、设计、施工、运营等各个阶段，它的核心特点是实现全生命周期各参与方在同一建筑信息模型基础上的多维数据及时更新及共享。

1.3 BIM 在国内外的发展状况

美国很早就开始研究建筑信息化。直到今天，美国大多建设项目都已应用 BIM 技术，并且在政府的引导下形成了各种 BIM 协会、BIM 标准；加拿大、英国、荷兰、新加坡、澳大利亚等国家对 BIM 标准的相关研究和制定也愈发深入。

据不完全统计，美国超过 60%的设计单位全面推广 BIM 技术，多个州法律规定政府投资项目必须应用 BIM 技术，并且于 2007 年颁布了《美国国家 BIM 标准》；英国于 2009 年也颁布了《英国建筑业 BIM 标准》；澳大利亚于 2011 年 9 月发布了《NATSPEC 国家 BIM 指南》……

2004 年随着 Autodesk 公司在我国发布 Autodesk Revit 5.1 版本，BIM 概念被引入，并在“十一五”时作为国家重点研究方向，被建设部认可为“建筑信息化最佳解决方案”。2014 年 7 月 1 日住房和城乡建设部在《关于推进建筑业发展和改革的若干意见》中明确指出，推进建筑信息模型（BIM）等信息技术在工程设计、施工和运行维护全过程的应用。住房和城乡建设部已经在 2016 年 12 月 2 日批准了国家 BIM 标准——《建筑信息模型应用统一标准》(GB/T 51212—2016)，并且于 2017 年 7 月 1 日正式实施，毫无疑问该标准极大地推动了 BIM 技术在国内的发展。

第2章 Revit简介

2.1 认识 Revit

Revit 是 Autodesk 公司开发的用于三维建筑信息模型的一款软件，它由 Revit Architecture（建筑专业）、Revit MEP（机电专业）和 Revit Structure（结构专业）三个专业组成，本书主要介绍 Revit Architecture，通过该软件可以使建筑设计师按照思考方式更加直观地进行设计，提供更高质量、更加精确的建筑设计作品；可以让工程项目的管理人员进行更加精细化的项目管理。Revit 系列软件是建筑 BIM 技术的核心应用软件。

2.2 Revit 和其他常用软件的配合使用

如图 2-1 所示，基于 Revit 模型通过设置图纸格式可直接生成平、立、剖面图纸，可以满足国家标准制图规范的要求，导入 CAD 软件中进行细节处理，就可以直接用于工程项目的施工和图纸的交付；同时三维模型和二维图纸自动关联，实现图纸和模型的“一改全改”，大大避免了图纸改版不彻底带来的变更。

导入 3Dmax 或者 Lumion 等软件中进行更为细致和精美的材质添加和渲染处理，可以轻松地达到照片级精度，用于工作成果展示、宣传和汇报等。

利用 Revit 建立的模型，导入 BIM5D 软件中，可以直接进行施工进度计划信息和预算信息的关联。BIM5D 模型用于施工过程中施工进度和资金的指导和管理，让施工过程和管理过程更加直观。

利用 Revit 建立的模型，导入广联达 BIM 土建算量软件，再对其进行汇总计算，套取相应项目的清单及定额（图 2-2）。再导入到计价软件中进行套价，最终应用到 BIM5D 的施工应用中。

利用 Revit 建立的模型，导入 Navisworks 中发现设计过程中不同专业（建筑、结构、机电）之间的错、漏、碰、缺等设计缺陷，从而提高设计质量，减少施工现场的变更，降低项目成本。

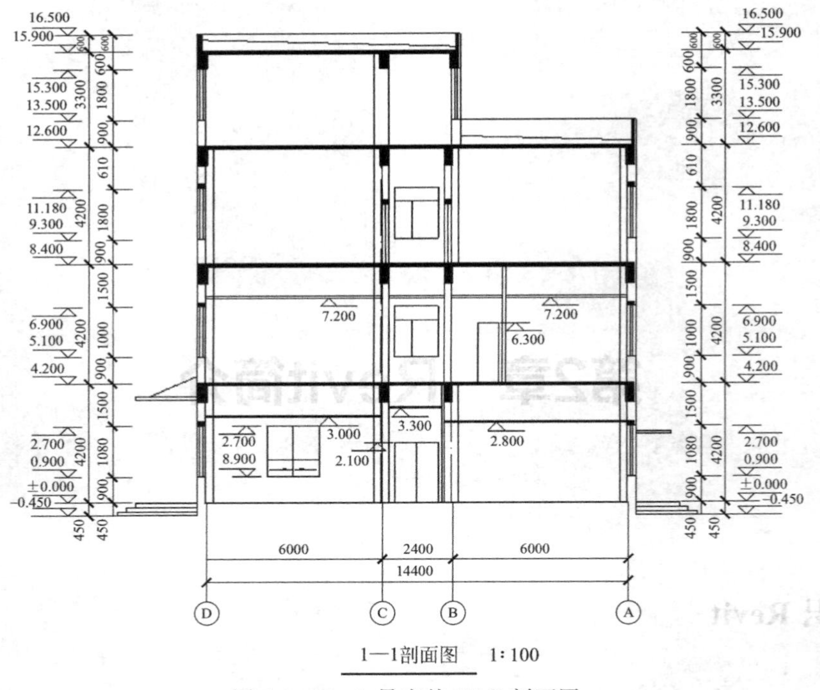

图 2-1　Revit 导出的 CAD 剖面图

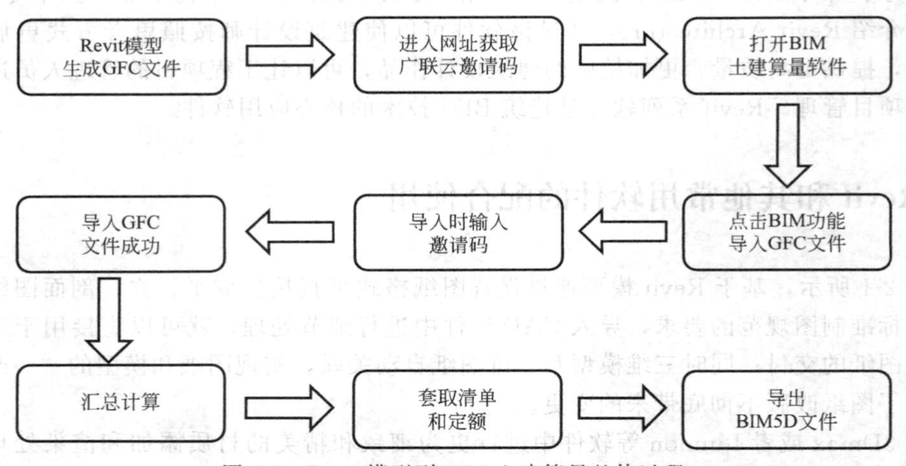

图 2-2　Revit 模型到 BIM 土建算量整体过程

2.3　Revit 的下载配置需求

Revit 2016 目前仅支持 win7、win8、win10 等，且只支持 64 位系统，不支持 32 位系统。此款软件要求 CPU 类型单核或多核 Intel®、Pentium®、Xeon®、或 i 系列处理器或支持 SSE2 技术的 AMD®同等级别处理器。建议尽可能使用高主频 CPU。Autodesk Revit 软件产品的许多任务要使用多核，执行近乎真实照片级渲染操作需要多达 16 核。内存 4GB RAM 以上，此大小通常足够一个约占 100MB 磁盘空间的单个模型进行常见的编辑会话。

不同模型对计算机资源的使用情况和性能特性各不相同。

双击我的电脑，在空白处右键选择属性可以查看自己的电脑配置，如图 2-3 所示。

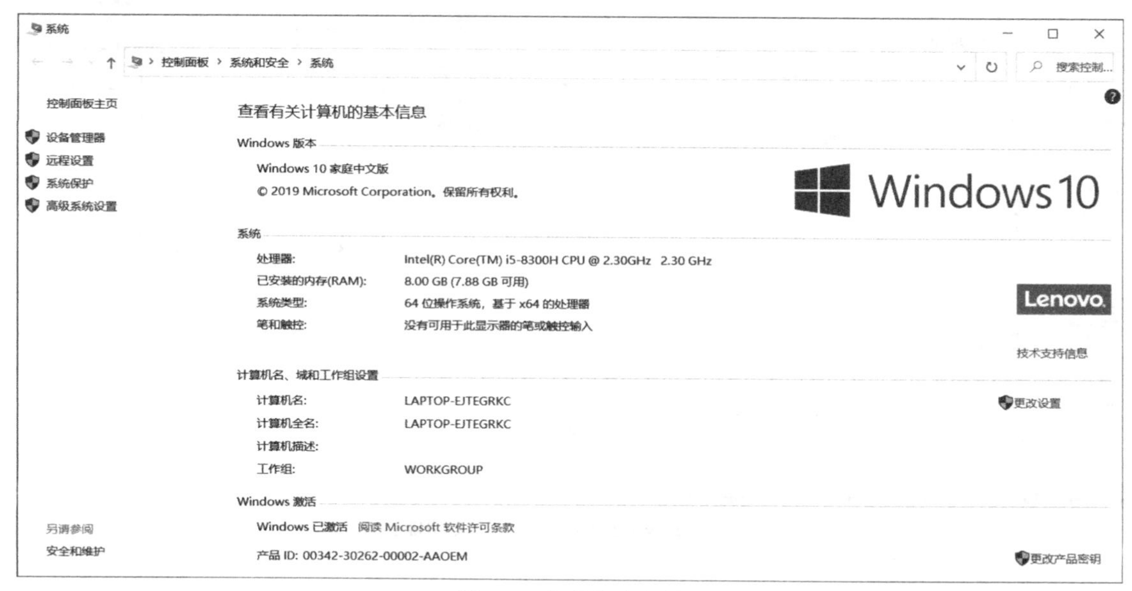

图 2-3　查看电脑配置

2.4　Revit 的界面介绍

双击 Revit 2016 进入初始界面，如图 2-4 所示。Revit 2016 界面及相关功能区如图 2-5 所示。

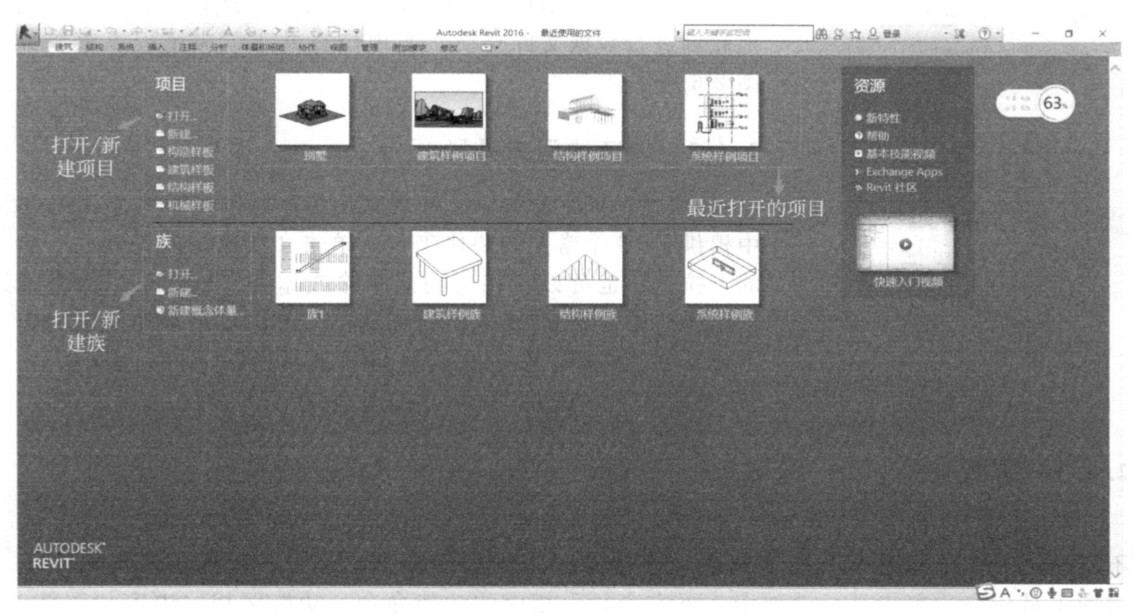

图 2-4　Revit 2016 进入初始界面

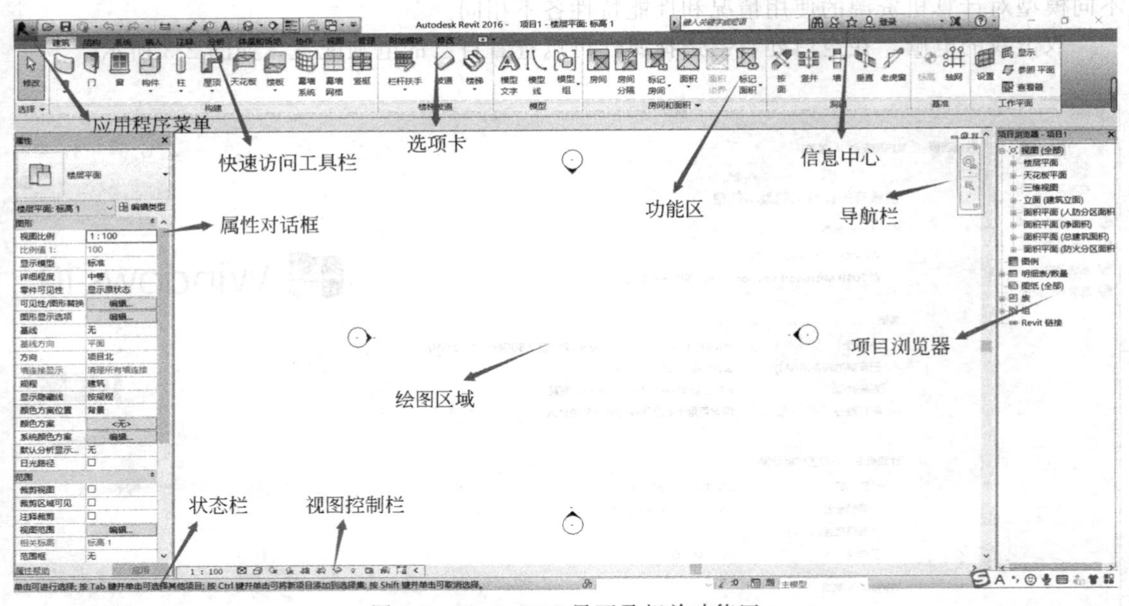

图 2-5　Revit 2016 界面及相关功能区

2.4.1　应用程序菜单

点击程序左上角的“R”按钮即可打开应用程序菜单。应用程序菜单主要提供对 Revit 相关文件的操作，包括“新建”“打开”“保存”“关闭”等均可以在此菜单下执行。在应用程序菜单中，可以单击各菜单右侧的箭头查看每个菜单项的展开选择项，然后再单击列表中各选项执行相应的操作。“导出”菜单提供了 Revit 支持的数据格式，如 CAD、DWF、IFC 等文件格式，其目的是与其他软件进行数据文件交换，实现信息共享。应用程序菜单如图 2-6 所示。

图 2-6　应用程序菜单

2.4.2　快速访问工具栏

“快速访问工具栏”是放置常用命令和按钮的组合，Revit 中提供了 15 个常用的快速工具，单击“快速访问工具栏”后的下拉按钮也可以对相应功能删除或添加，这样可以大大地提高操作的效率。“快速访问工具栏”可以显示在功能区的上方或下方，选择“自定义快速访问工具栏”下拉列表下方的“在功能区下方显示”即可，如图 2-7 所示。

2.4.3　选项卡

“功能区”，即 Revit 的主要命令区，显示功能选项卡里对应的所有功能按钮。Revit 将不同功能分类分组显示，每个选项卡下包含了不同的面板信息，每个面板中又汇集了不同的工具指令。单击某一选项卡，下方会显示相应的功能命令。功能区相关内容如图 2-8 所示。

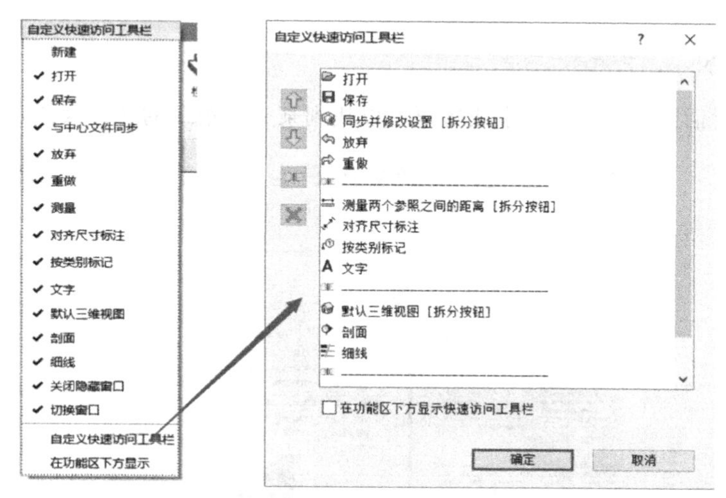

图 2-7 自定义快速访问工具栏

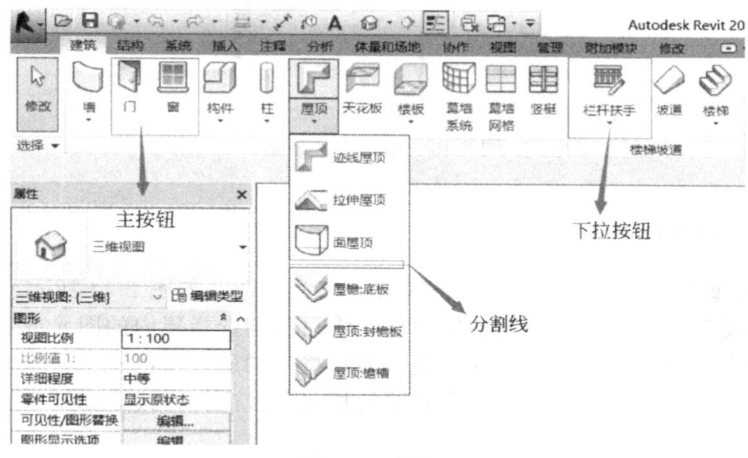

图 2-8 功能区

当工具栏有下拉箭头时表示此功能有多个操作选项可供选择。如果鼠标一直放在工具上不动，在右下方会出现一个该工具的大概的操作介绍。如图 2-9 所示。

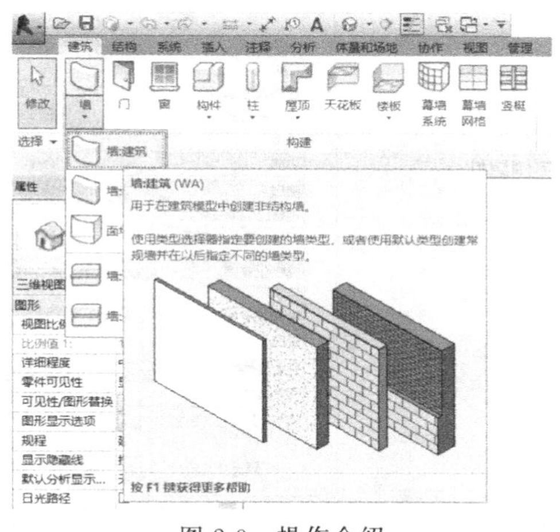

图 2-9 操作介绍

2.4.4 信息中心

在信息中心对话框中输入关键字或短语可以找到某一个指令的详细操作，如图 2-10 所示。

图 2-10 信息中心搜索

2.4.5 “属性”对话框

“属性”对话框用于查看和修改 Revit 图元的相关参数，如图 2-11 所示。图元属性可以分为实例属性和类型属性，修改实例属性的值，将只影响选择集内的图元或者将要放置的图元，而修改类型属性的值，会影响该族类型当前和将来的所有实例。

以墙为例，单击编辑类型可以进一步对墙的相关参数进行修改，如图 2-12 所示。

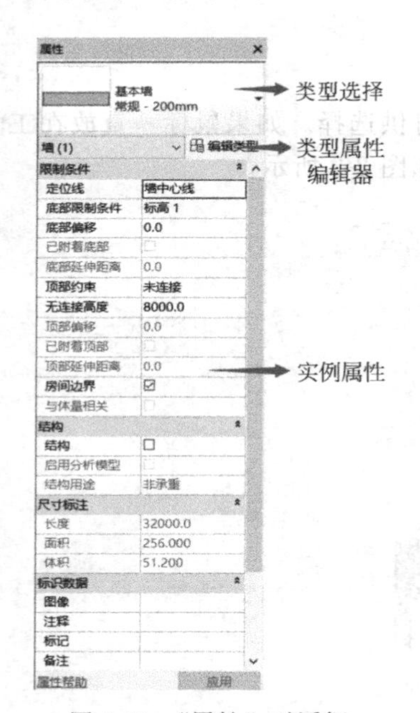

图 2-11 “属性”对话框

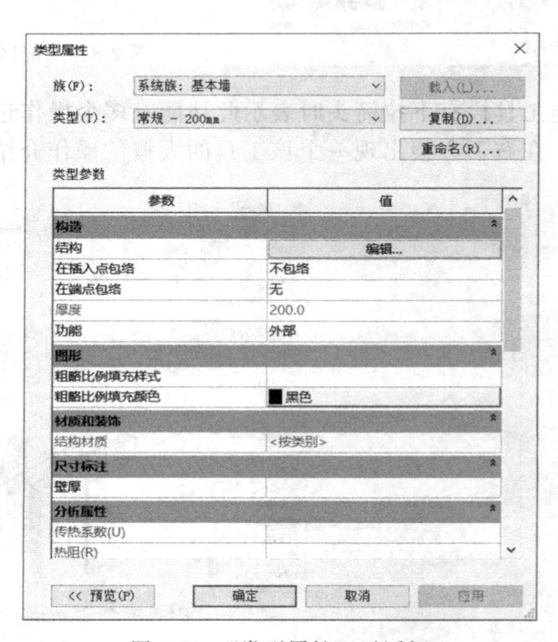

图 2-12 “类型属性”对话框

2.4.6　项目浏览器

“项目浏览器”用于显示当前项目中所有视图、明细表、图纸、组和其他部分的逻辑层次。展开和折叠各分支时，将显示下一层项目。如点击“视图”可以展开“楼层平面”“天花板平面”“三维视图”等。

双击任意视图，可以到任意工作面进行操作，如双击“楼层平面”的标高 1，绘制墙体。如图 2-13 所示。

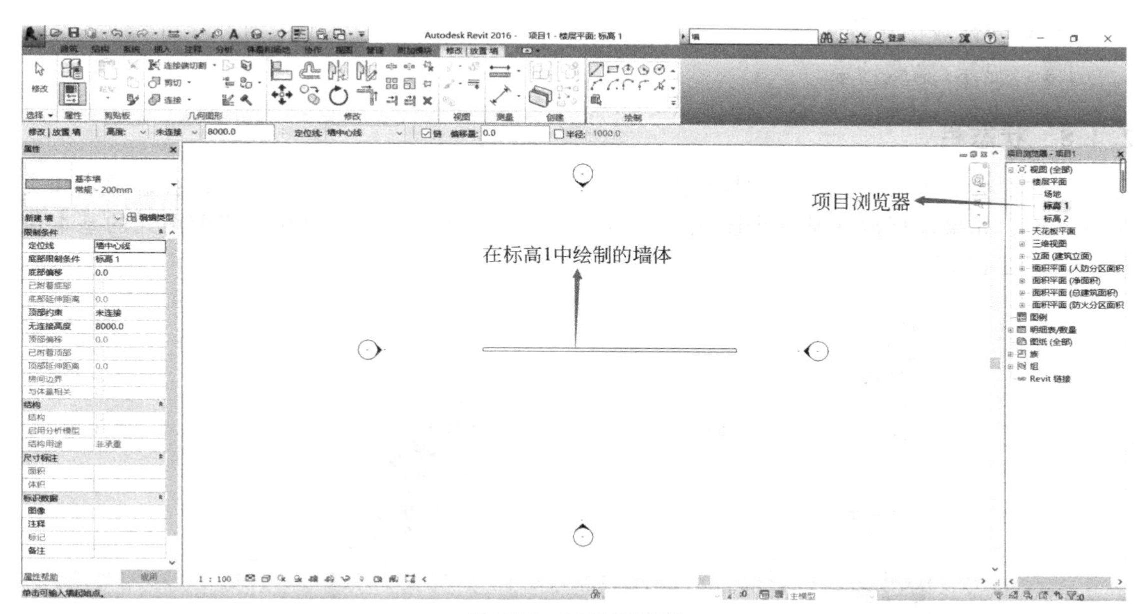

图 2-13　项目浏览器

2.4.7　视图控制栏

视图控制栏位于 Revit 窗口底部的状态栏上方。通过它可以快速访问影响绘图区域的功能，如图 2-14 所示。

1 : 100

图 2-14　视图控制栏

视图控制栏各图标含义：

1 : 100 ：视图比例，用于在图纸中表示对象的比例。

：详细程度，提供“粗略”“中等”“精细”三种详细等级。

：视觉样式，单击可选择线框、隐藏线、着色、一致的颜色、真实和光线追踪六种模式。

：打开/关闭日光路径并进行设置。

：打开/关闭模式中阴影的显示。

：对图形渲染方面的参数进行设置，仅 3D 视图显示该按钮。

：控制是否应用视图裁剪。

：显示或隐藏裁剪区域范围框。

：锁定/解锁三维视图，仅 3D 视图显示该按钮。

：临时隐藏/隔离，将视图中个别图元暂时独立显示或隐藏。

：显示隐藏的图元。

：临时视图属性，启用临时视图属性、临时应用样板属性。

：显示/隐藏分析模型。

：高亮显示位移集。

：显示/隐藏约束。

2.4.8 状态栏

状态栏会提供有关要执行的操作的提示。高亮显示图元或构件时，状态栏会显示族和类型的名称。如果鼠标放在某一个图元上，不进行点击，那么状态栏会显示当前图元的基本信息，如图 2-15 所示。

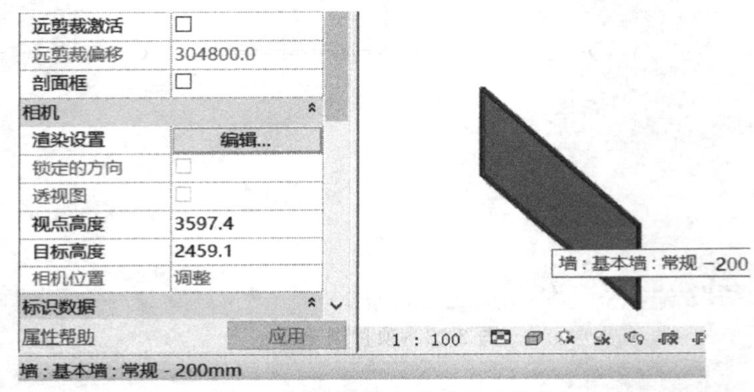

图 2-15　状态栏中显示基本信息

2.5 Revit 的基本术语

2.5.1 常用文件格式

Revit 常用的文件格式有四种：rvt 格式，项目文件格式；rte 格式，项目样板格式；rfa 格式，族文件格式；rft，族样板文件格式。

2.5.2 项目与项目样板

在 Revit 中，所有的设计模型、视图及信息都存储在一个后缀名为“rvt”的文件中，这个格式的文件就是项目，它包含了所有信息（包括构件信息、视图信息、明细表信息等）。对建筑模型进行操作时，Revit 将收集有关建筑项目的信息，并在项目其他所有表现形式中协调该信息。Revit 参数化修改引擎可自动协调在任何位置进行的修改。

项目样板文件：在 Revit 新建项目时，Revit 会自动以一个后缀名为“rte”的文件作为项目的初始条件，这个格式的文件就是项目样板，它定义了新建项目中默认的初始参数，例如：项目单位、层高信息、线型设置等。Revit 中提供了构造样板、建筑样板、结构样板、机械样板四种样板。在不同的样板中包含的内容也不同，一般创建建筑模型时选择建筑样板。

目前我国 BIM 的发展还处于初级阶段，现阶段唯一具有法律效力的设计成果还是二维图纸，二维图纸有完善的制图规范，使用 Revit 默认的系统项目样板文件设计出来的图纸往往不符合国内的制图规范，同时，系统项目样板文件中的部分设置项不能够满足专业需要，在进行新项目设计时，设计人员需要花费大量的时间进行繁琐的设置工作。因为 Revit 样板文件可以另存为外部文件，在不同的工程项目中重复使用，所以依据每个单位的不同情况合理完善地设置符合单位和工程项目要求的项目样板文件，对于提高设计效率和出图质量有很大意义。

2.5.3 图元

图元是 Revit 软件中所有可以显示的模型元素的统称，也就是在创建项目时，用户可以通过向设计中添加参数化建筑图元来创建建筑。Revit 在项目中使用三种类型的图元：模型图元、基准图元和视图专有图元，如图 2-16 所示。

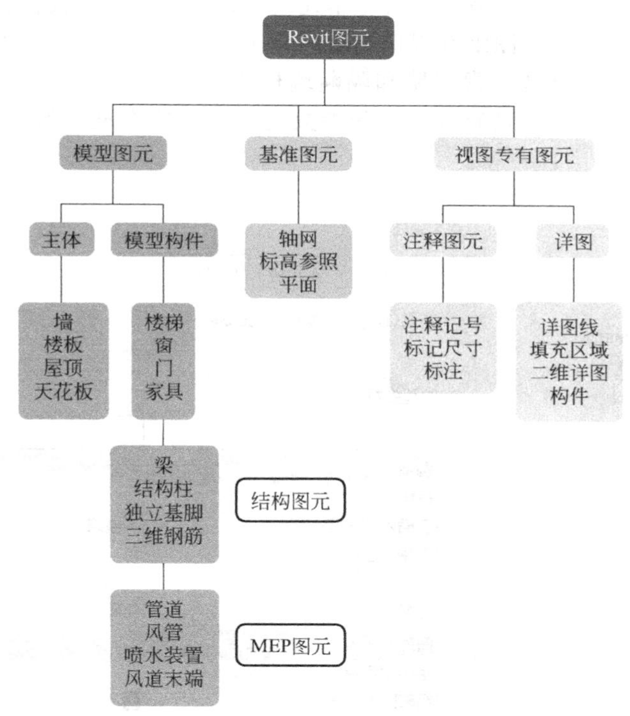

图 2-16 Revit 图元

模型图元有两种类型，即主体和模型构件。主体通常在构造场地在位构建，如墙、楼板、屋顶。模型构件是建筑模型中安置在主体上的构件，如门、窗、楼梯。简而言之，模型图元是表示建筑的实际三维几何图形。

基准图元可帮助定义项目上下文。例如，轴网、标高和参照平面都是基准图元。

视图专有图元只显示在放置这些图元的视图中，它们可帮助对模型进行描述或归档。例如，尺寸标注是视图专有图元。视图专有图元有两种类型，即注释图元和详图，注释图元是对模型进行归档并在图纸上保持比例的二维构件。例如，尺寸标注、标记和注释记号都是注释图元。详图是在特定视图中提供有关建筑模型详细信息的二维项。例如，详图线、填充区域和二维详图构件。

在 Revit 中，图元通常根据其在建筑中的上下文来确定自己的行为。上下文是由构件的绘制方式，以及这个构件与其他构件之间建立的约束关系确定的。通常，要建立这些关系，无须执行任何操作；我们执行的设计操作和绘制方式已隐含了这些关系。在其他情况下，可以显式控制这些关系，例如通过锁定尺寸标注或对齐两面墙，这些为设计者提供了设计灵活性。Revit 图元设计为可以由用户直接创建和修改，无须进行编程。在 Revit 中，绘图时可以定义新的参数化图元。

2.5.4 族

Revit 族是一个包含通用属性（称作参数）集和相关图形表示的图元组。属于一个族的不同图元的部分或全部参数可能有不同的值，但是参数（其名称与含义）的集合是相同的。Revit 族中的这些变体称作族类型或类型。

Autodesk Revit 中有三种类型的族，即系统族、可载入族和内建族。

系统族：系统族是在 Autodesk Revit 中预定义的族，不能将其外部文件载入到项目中，也不能将其保存到项目之外的位置，包含基本建筑构件，例如墙、楼板、屋顶等。能够影响项目环境且包含标高、轴网、图纸和视口类型的系统设置也是系统族。例如，基本墙系统族包含定义内墙、外墙、基础墙、常规墙和隔断墙样式的墙类型。可以复制和修改现有系统族，但不能创建新系统族。可以通过指定新参数定义新的族类型。如图 2-17 为基本墙系统族的属性信息。

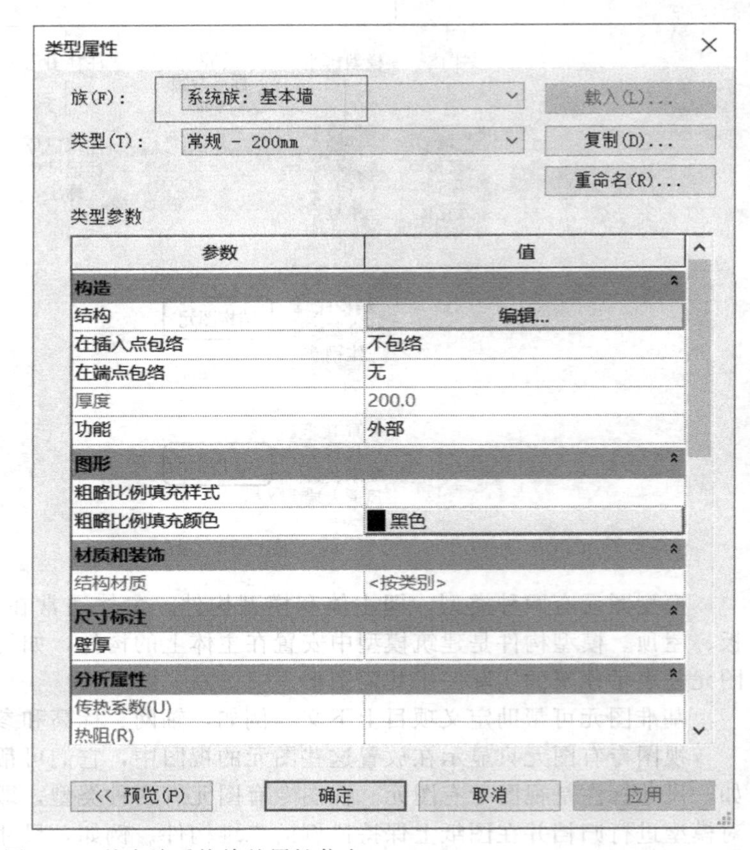

图 2-17　基本墙系统族的属性信息

可载入族通常用于创建下列构件的族：

① 通常购买、提供并安装在建筑内和建筑周围的建筑构件，例如窗、门、橱柜、装置、家具和植物。

② 通常购买、提供并安装在建筑内和建筑周围的系统构件，例如锅炉、热水器、空气处理设备和卫浴装置。

③ 常规自定义的一些注释图元，例如符号和标题栏。

可载入族与系统族不同，可载入族是在外部 RFA 文件中创建的，并可导入或载入项目中。由于它们具有高度可自定义的特征，因此可载入族是在 Revit 中最经常创建和修改的族。对于包含许多类型的族，可以创建和使用类型目录，以便仅载入项目所需的类型。

内建族是在当前项目中新建的族，它与可载入族的不同在于，内建族只能储存在当前的项目文件里并使用，不能单独存成 rfa 文件，也不能载入别的项目中使用。通过内建族的应用，可以在项目中实现各种异形造型的创建以及导入其他三维软件创建的三维实体模型。通过设置内建族的族类别，还可以使内建族具备相应族类别的特殊属性以及明细表的分类统计。

2.5.5　参数化

参数化设计是 Revit 的一个重要特征。Revit 的图元都是以“族”的形式出现，这些构件是通过一系列参数定义的，如图 2-18 所示。参数保存了图元作为数字化建筑构件的所有信息，这也是与二维图纸本质的区别，因为有了丰富的构件信息，所以就方便了模型完成以后对模型信息的运用（例如：材料清单统计、设施清单统计、技术交底、进度信息把控、施工模拟、碰撞检查、物资损耗分析、构件信息管理等），也方便对模型进一步的优化。

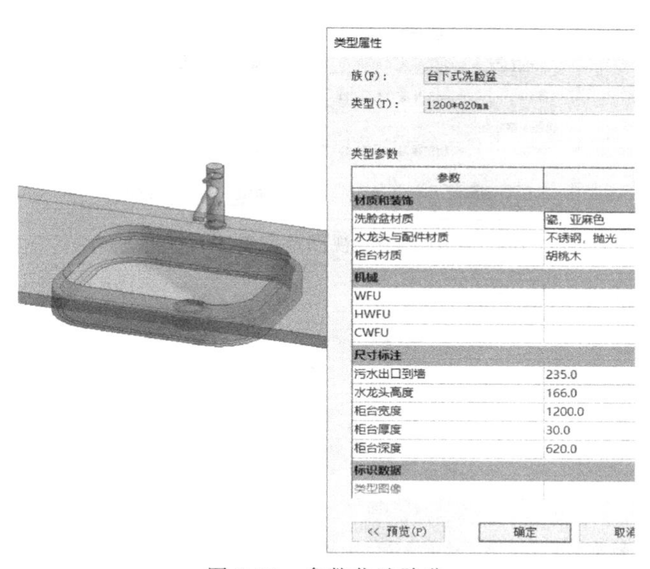

图 2-18　参数化洗脸盆

2.5.6　视图范围

视图范围是控制对象在视图中的可见性和外观的水平平面集。每个平面图都具有视图范围属性，该属性也称为可见范围。定义视图范围的水平平面为“俯视图”、“剖切面”和“仰视图”。顶剪裁平面和底剪裁平面表示视图范围的最顶部和最底部的部分。剖切面是一个平面，用于确定特定图元在视图中显示为剖面时的高度。这三个平面可以定义视图范围的主要范围。视图深度是主要范围之外的附加平面。更改视图深度，以显示底剪裁平面下的图元。默认情况下，视图深度与底剪裁平面重合。图 2-19 所示立面显示平面视图的⑦为视图范围：①为顶部、②为剖切面、③为底部、④为偏移（从底部）、⑤为主要范围、⑥为视图深度，右侧平面视图显示了次视图范围的结果。

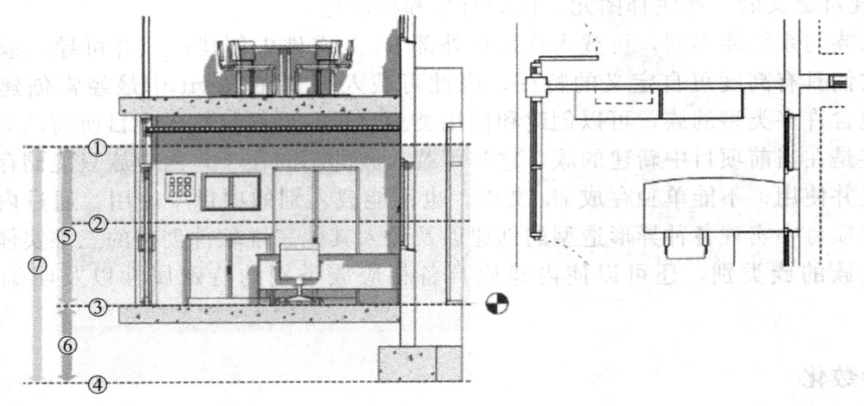

图 2-19　视图范围

视图范围设置：点击“属性对话框”中“视图范围”后的“编辑”按钮，“视图范围”对话框如图 2-20 所示。

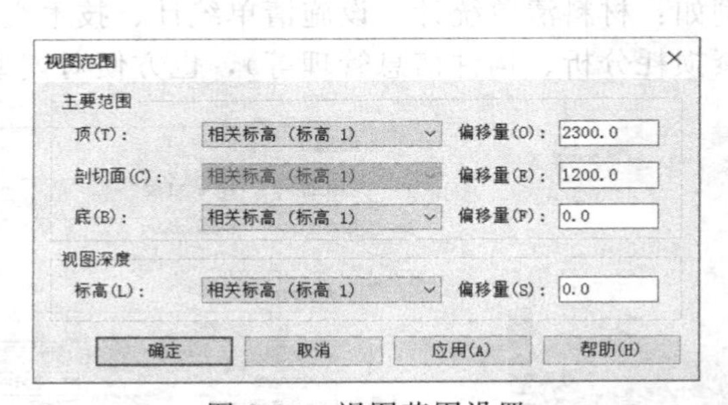

图 2-20　视图范围设置

第3章 Revit的模型设计

本章开始，将以图 3-1～图 3-4 所示的独栋别墅及室外构筑物为案例，详细介绍 Revit 2016 软件各项功能的使用方法。

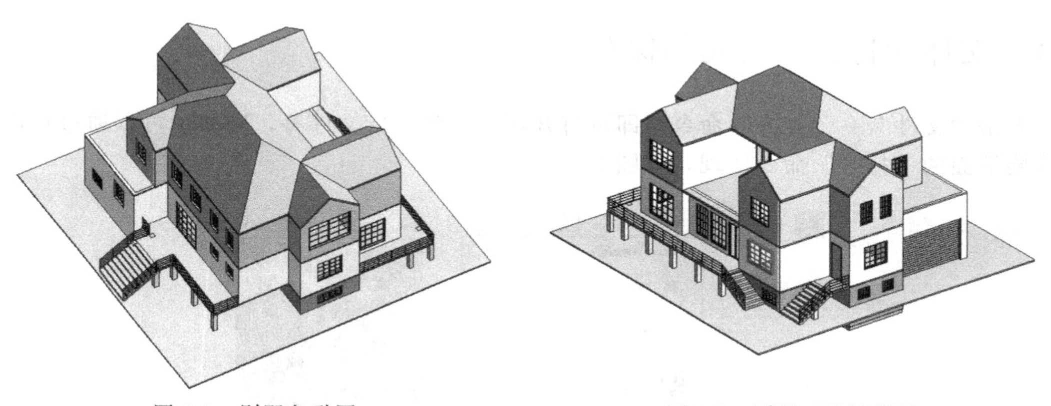

图 3-1 别墅鸟瞰图　　图 3-2 别墅三维效果图

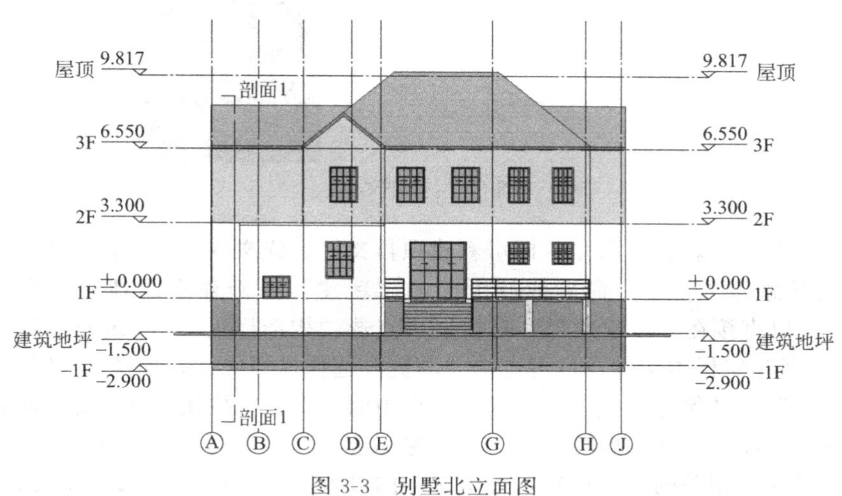

图 3-3 别墅北立面图

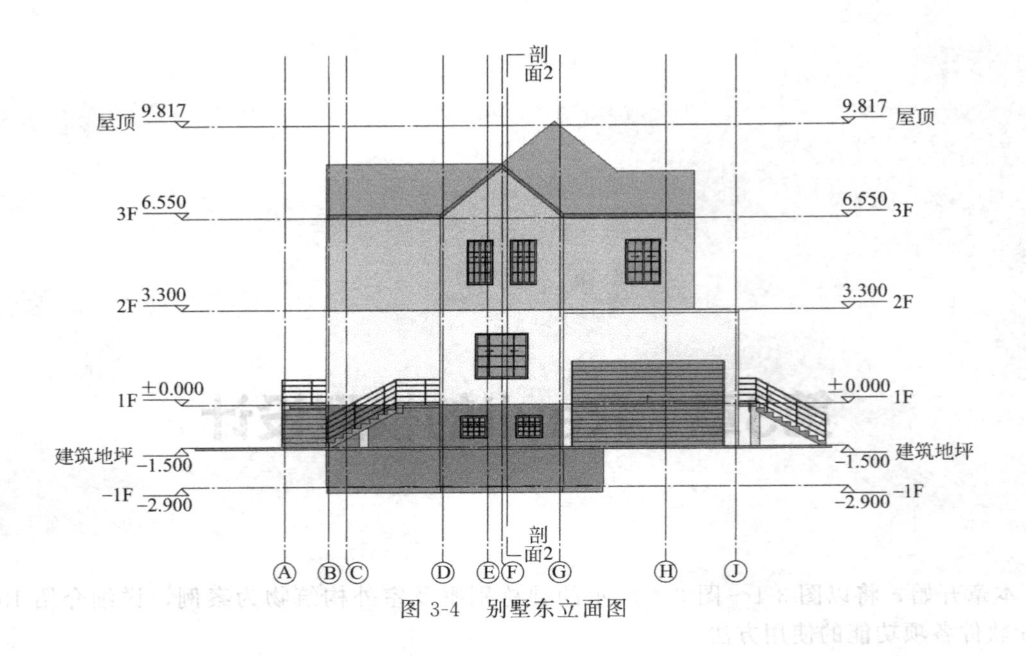

图 3-4　别墅东立面图

3.1　文件的打开、新建与保存

点击“文件”—“打开”命令，即可打开项目文件、族文件等，同样也可以通过点击项目或族下面的“打开”命令实现，如图 3-5 所示。

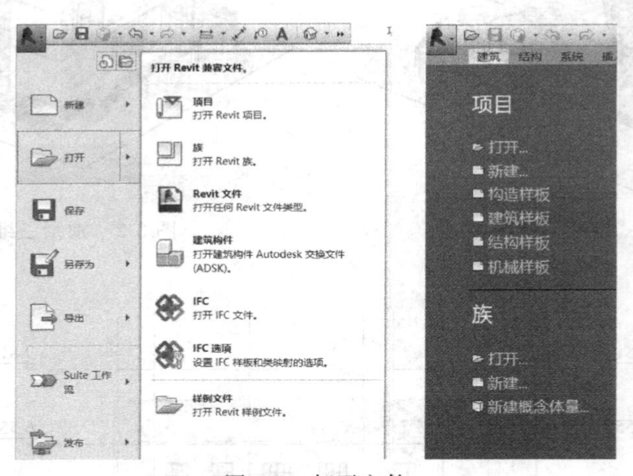

图 3-5　打开文件

点击“文件”—“新建”命令，即可新建项目文件、族文件、概念体量等，同样也可以通过点击项目下面的“新建”命令或族下面的“新建”“新建概念体量”命令实现，如图 3-6 所示。可以直接在“新建项目”对话框中点选“构造样板”“建筑样板”“结构样板”“机械样板”选择相应样本文件，也可点击“浏览”选择样板文件，如图 3-7 所示。

点击“文件”—“保存”或快速访问工具栏中的“保存”按钮，即可保存项目文件。点击对话框中的“选项”按钮，即可弹出“文件保存选项”对话框，可以设置备份文件的最大数量以及与文件保存相关的其他设置，备份文件的最大数量默认值为 20，如图 3-8 所示。

创建一个 Revit 文件。
新建
打开
保存
另存为
导出
Suite 工作流
项目
创建一个 Revit 项目文件。
族
创建一组在项目中使用的自定义构件。
概念体量
打开用于创建概念体量模型的样板。
标题栏
打开用于创建标题栏族的样板。
注释符号
创建一个用于识别项目中图元的标记或符号。
建筑
结构
系统
项目
打开...
新建...
构造样板
建筑样板
结构样板
机械样板
族
打开...
新建...
新建概念体量...

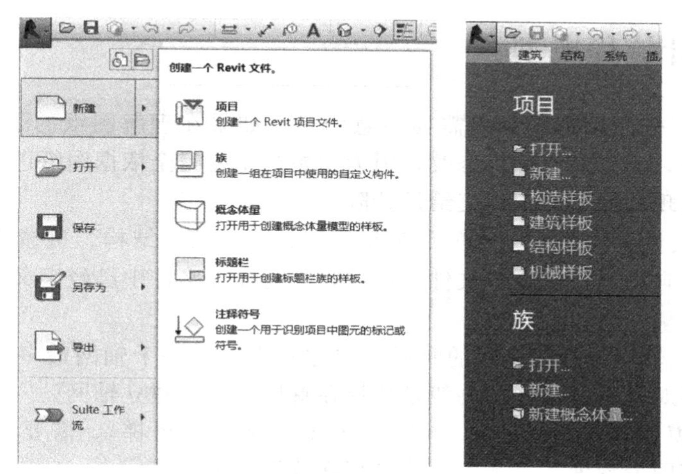

图 3-6　新建文件

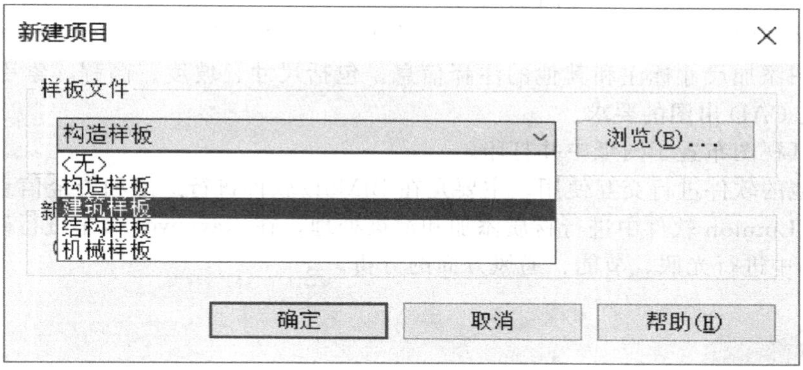

新建项目
样板文件
构造样板
浏览(B)...
<无>
构造样板
建筑样板
结构样板
机械样板
确定
取消
帮助(H)

图 3-7　样板文件选择

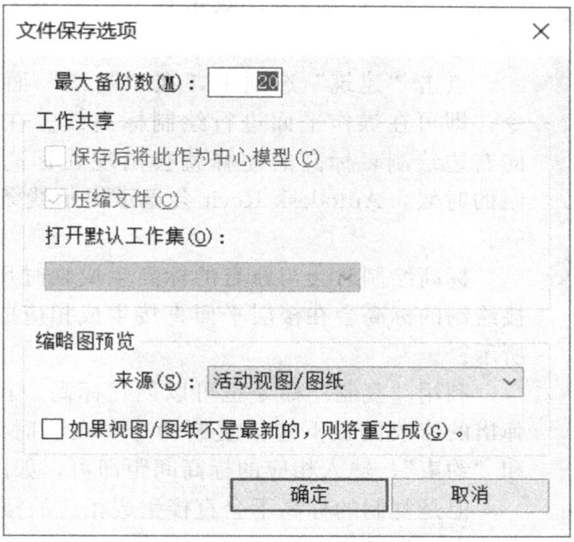

文件保存选项
最大备份数(M)：
20
工作共享
保存后将此作为中心模型(C)
压缩文件(C)
打开默认工作集(O)：
缩略图预览
来源(S)：
活动视图/图纸
如果视图/图纸不是最新的，则将重生成(G)。
确定
取消

图 3-8　文本保存选项

3.2 模型设计流程规划

① 认识项目，全面理解图纸。需要注意的是，如果在理解图纸的过程中发现错、漏、碰、缺等设计缺陷，不要对其进行修改，因为初始模型要完全依据图纸进行创建，模型建立之后再对模型中出现的问题集中提交给设计院。

② 选择样板文件。根据不同的项目类型（构造、建筑、结构、机械）选择相对应的样板文件，或者采用自己制作的样板文件都可以，因为样板文件中已经定义了不同类型项目的项目属性。

③ 绘制标高、轴网。绘制轴网的时候需要注意需要在一个轴网最多最全面的楼层进行绘制，避免后期再对其进行添加，一般是选择在首层平面上建立轴网。

④ 创建基本模型（包括：墙体、门窗、楼板、屋顶、楼梯)。需要根据模型的不同用途，创建不同几何图形深度等级和属性信息深度等级的模型。

⑤ 创建项目场地、建筑地坪和建筑构件。

⑥ 生成平、立、剖、详图等图纸视图。

⑦ 模型及视图处理。设置线型、线宽，用模型线为楼梯平台等部位添加梁截面图形等。

⑧ 为视图添加尺寸标注和其他的注释信息。包括尺寸、坡度、高程、索引和工程项目信息等，满足 CAD 出图的要求。

⑨ 将图纸视图布置于图纸中并打印。

⑩ 与其他的软件进行交互使用。主要是在 BIM5D 软件进行进度和资金信息的管理，在 3DS MAX 和 Lumion 软件中进行材质添加和渲染处理，在 Navisworks 中进行碰撞检查，在其他分析软件中进行光照、节能、通风方面的分析。

3.3 标高

“标高”命令必须在立面或剖面视图中才能使用，如图 3-9 所示，在项目浏览器中展开“立面（建筑立面）”，双击视图名称进入相应立面，以南立面为例。

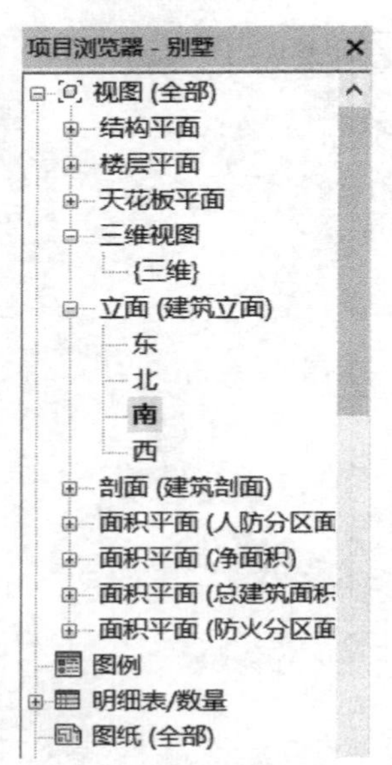

图 3-9 选择南立面

点击“建筑”选项卡，在“基准”面板下选择“标高”命令，即可在操作平面进行绘制标高线。在绘制标高线时从左边向右边绘制，标高的注释就会出现在标高线条的右方，注意绘制的时候，Autodesk Revit 会显示提示线条，来保证每一条标高等长。

标高绘制时会与原有的标高生成临时尺寸标注用于定位，直接绘制的标高会在楼层平面直接生成相应的平面视图，如图 3-10 所示。

利用“复制”命令也可以创建标高。首先选中一条标高，在弹出的修改面板下选择复制命令，在临时编辑栏中勾选“多个”和“约束”，输入相应的标高间距即可，如图 3-11 所示。

但是复制的标高不会直接生成相应的楼层平面。点击“视图”选项卡，在“创建”面板下选择“平面视图”命令中的“楼层平面”，勾选相应的平面视图即可，如图 3-12 所示。

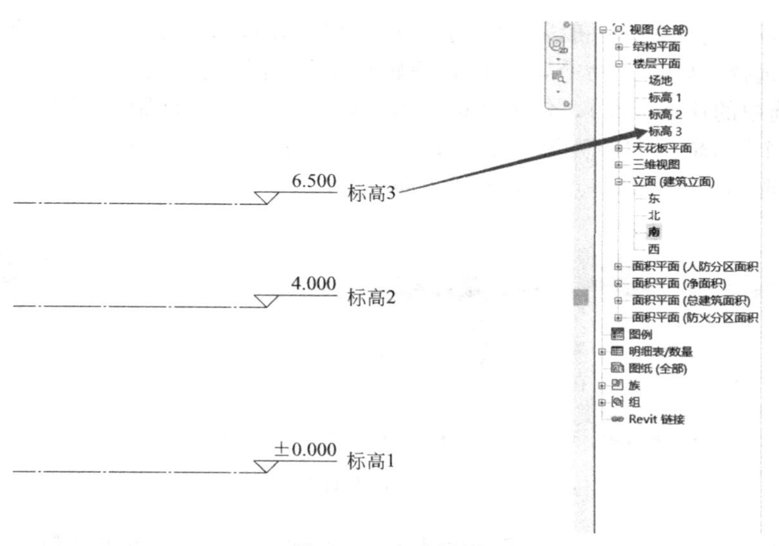

图 3-10　生成视图

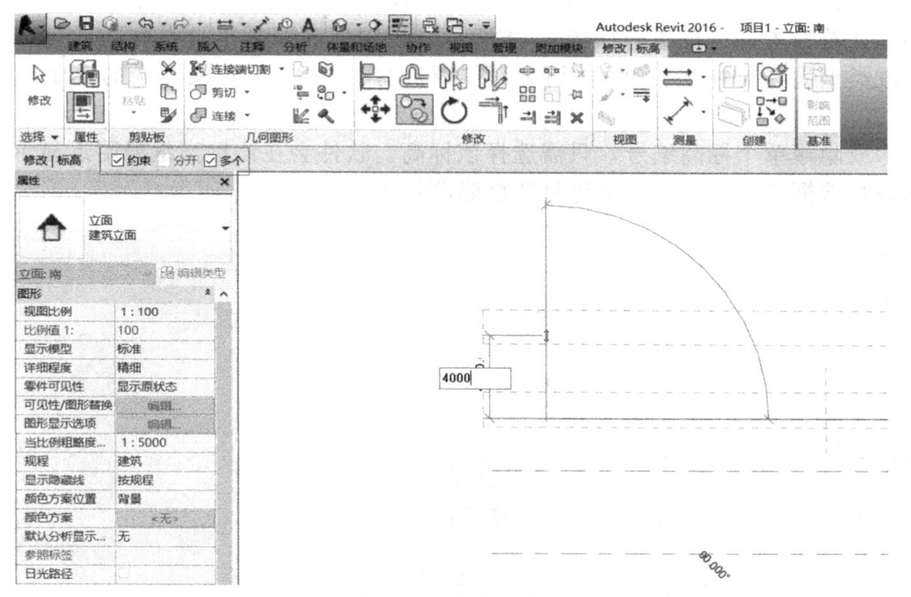

图 3-11　复制标高

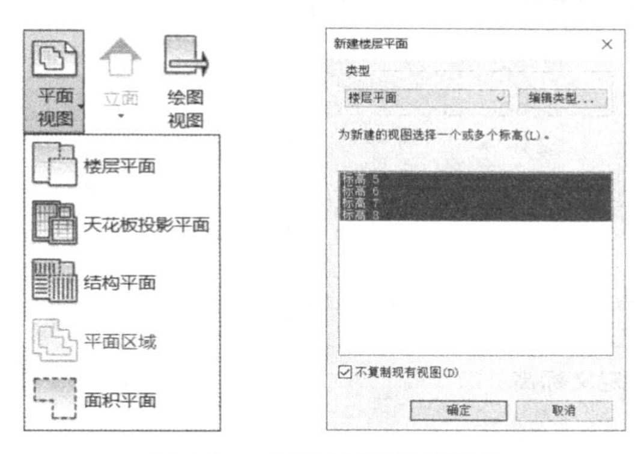

图 3-12　创建楼层平面视图

对于楼层较多的建筑，一般采用阵列的方式绘制标高，同样选中其中一条标高，在弹出的修改面板下选择“阵列”命令，在临时编辑栏中取消勾选“成组并关联”，输入项目数(项目数包括选中的这条标高)，勾选“移动到：第二个”(输入间距为相邻两个标高的间距)或者“最后一个”(输入间距为第一条到最后一条标高的间距)，如图 3-13 所示，鼠标移动到编辑窗口，选择一个阵列基点，输入间距即可。

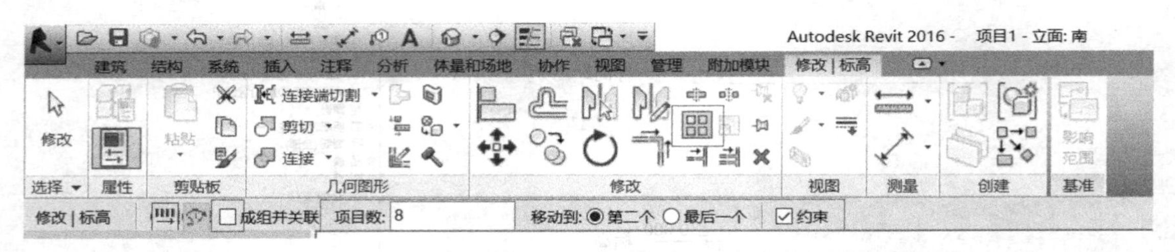

图 3-13 阵列标高

选择一条标高线，软件自动切换到“修改 | 标高”选项卡，单击“属性对话框”中的“编辑类型”按钮，在“类型属性”对话框中，可以对标高的线宽、颜色、线型图案、符号、端点处的默认符号等进行设置，如图 3-14 所示。控制标高编号是否在标高的端点显示，可以通过修改类型属性对特定类型的所有标高执行此操作，也可对视图中的单个标高执行此操作。

要显示或隐藏单个标高编号，只需选择该标高，软件会在该标高编号附近显示一个复选框，勾选该复选框显示标头、清除该复选框隐藏标头，如图 3-15 所示。

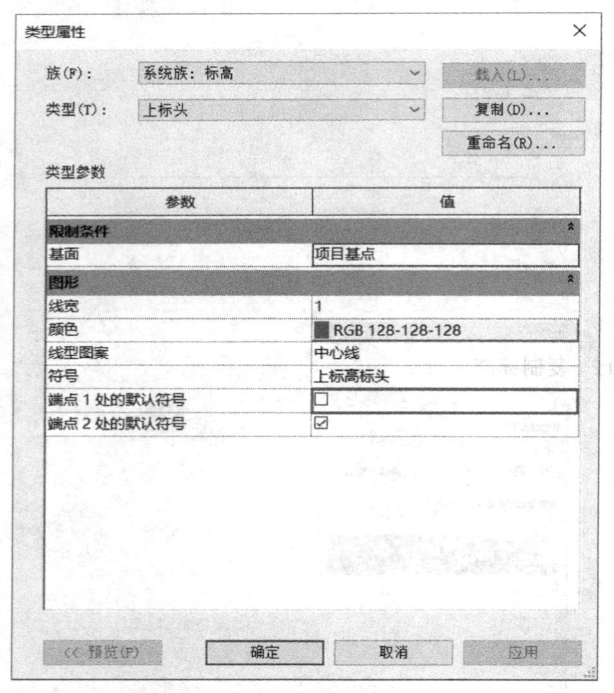

图 3-14 自定义标高

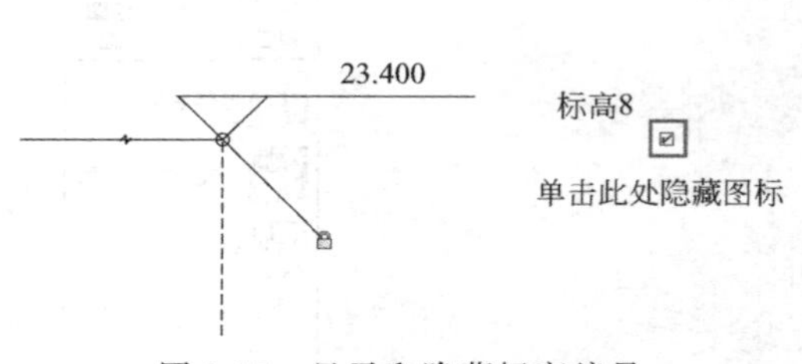

图 3-15 显示和隐藏标高编号

以别墅为例绘制完成的标高如图 3-16 所示。

图 3-16　别墅标高绘制

3.4　轴网

Revit 轴网是模型创建的基准和关键所在，用于定位柱、墙等。在 MEP 中，设备族的定位也和轴网有着密切的关系。轴网可以是直线、圆弧或多段线。轴线是有限平面，可以在立面视图中拖拽其范围，使其不与标高线相交，这样便可以确定轴线是否出现在为项目创建的每个新平面视图中。

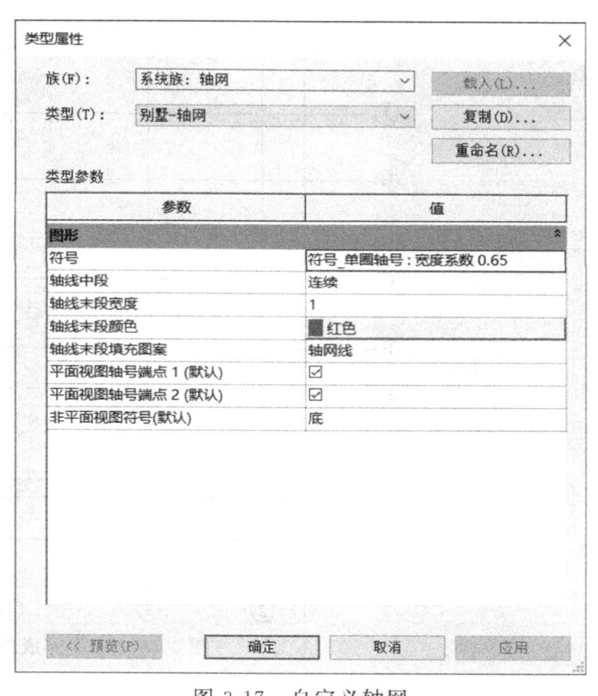

图 3-17　自定义轴网

在项目浏览器中双击“楼层平面”下的“1F”，打开首层平面视图。选择“建筑”选项卡内“基准”面板中的“轴网”命令，在“属性对话框”中即可选择轴网类型。或单击“编辑类型”按钮，打开“类型属性”对话框，自定义轴网。可以对轴网的符号、轴线中段、轴线末段宽度、轴线末段颜色、轴线末段填充图案、平面视图轴号端点等进行设置，如图 3-17 所示。

为统一标准，方便信息共享及协同设计等信息交换，建议对相关命名规定进行规范，在“类型属性”对话框中点击“复制”，命名为“别墅-轴网”，选择轴线中段为连续、轴线末段颜色为红（颜色显示只参照软件实际显示）、轴线末段填充图案为轴网线、勾选平面视图轴号端点 1 和端点 2，如图 3-17 所示。

绘制第一条垂直轴线，轴号为 1，利用“复制”命令创建 2～8 号轴网。单击选择 1 号轴线，点击“修改”面板中的“复制”命令，选项卡中勾选“约束”“多个”，鼠标光标在1号轴线上单击任意一点，然后水平向右移动光标，输入间距1500后按Enter键复制成功2号轴线。保持光标位于新复制的轴线右侧，分别输入4000、4800、1200、2100、1900、2000复制完成3～8号轴线。

绘制第一条水平轴线，轴号为A，利用“拾取”命令创建B～J号轴网（字母I、O、Z不能出现在轴网中）。选择“绘制”面板的“拾取线”命令在偏移处输入1500后单击A轴上方，绘制B轴如图3-18所示。同样的方式修改偏移量绘制C～J轴。完成后的轴网如图3-19所示。

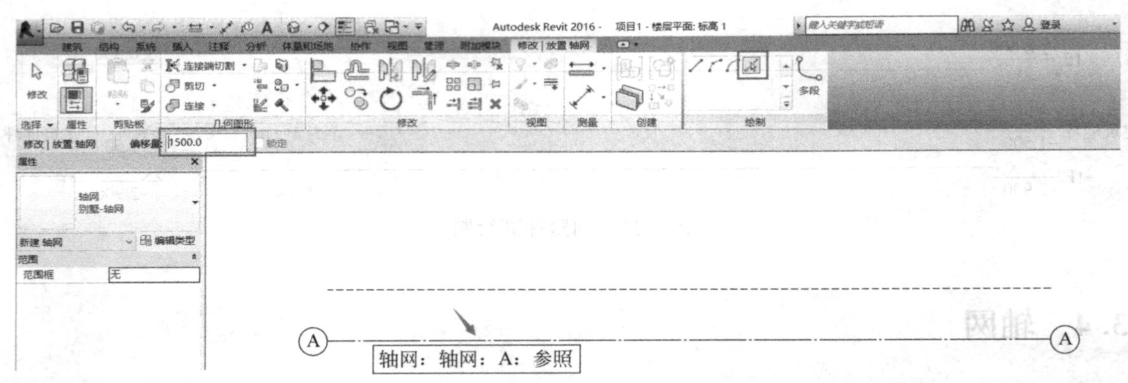

图 3-18　拾取轴线

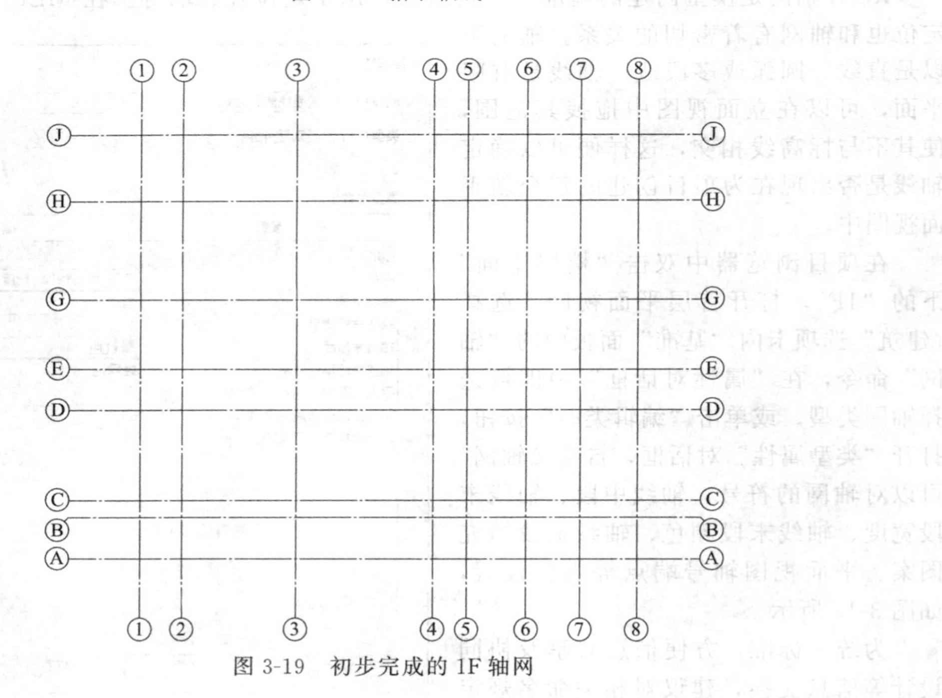

图 3-19　初步完成的1F轴网

轴网初步完成后可以对其进行编辑。单击“添加弯头”图标，然后将控制拖拽到合适的位置，即可将编号从轴线中移动到合适的位置，通拖拽编号所创建的线段为实线，如图3-20所示。隐藏轴线图标方式与隐藏标高图标方式相同。轴网绘制完成后，若要修改某一轴线的长度，需对其解锁后拉伸，如图3-21所示。

以别墅为例绘制完成的1F轴网如图3-22所示。

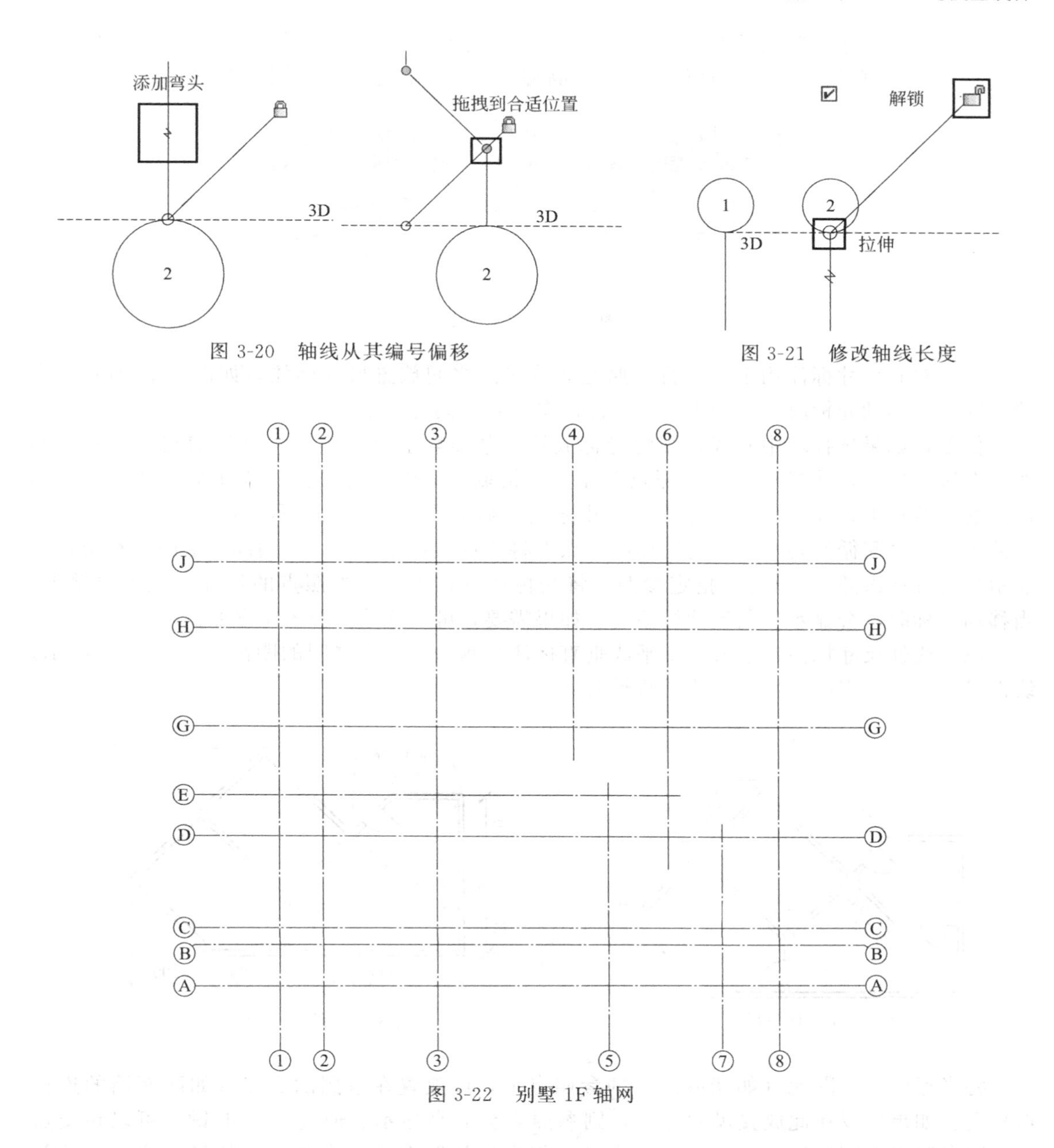

图 3-20　轴线从其编号偏移

图 3-21　修改轴线长度

图 3-22　别墅 1F 轴网

3.5　尺寸标注

在使用 Revit 绘制模型时，频繁地会用到“尺寸标注”这个工具，它可以直观地显示模型的测量值。尺寸标注在“注释”选项卡的“尺寸标注”面板中。有临时尺寸标注和永久性尺寸标注两种尺寸标注类型。临时尺寸标注是当放置图元、绘制线或选择图元时在图形中显示的测量值。在完成动作或取消选择图元后，这些尺寸标注会消失。永久性尺寸标注是添加到图形以记录设计的测量值。它们属于视图专有，并可在图纸上打印。

当创建或选择几何图形时，Revit 会在图元周围显示临时尺寸标注。使用临时尺寸标注以动态控制模型中图元的放置。

使用“尺寸标注”工具在构件上放置永久性尺寸标注。可以从对齐、线性（构件的水平或垂直投影）、角度、径向、直径、弧长、高程点等中进行选择，如图 3-23 所示。

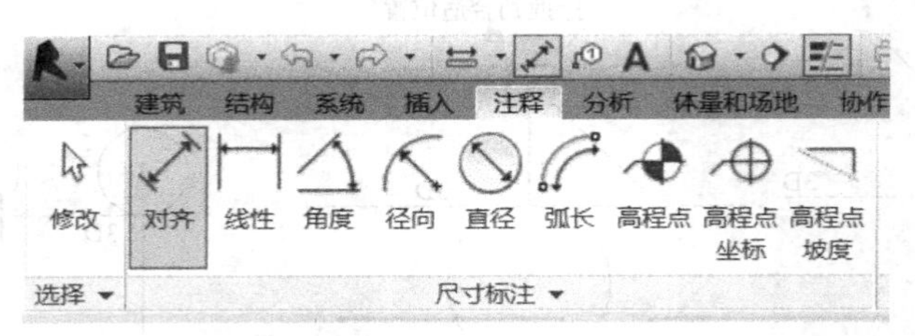

图 3-23　尺寸标注

(1) 对齐尺寸标注用于在平行参照之间或多点之间放置尺寸标注，如图 3-24 所示。在绘图区域上移动光标时，可用于尺寸标注的参照点将高亮显示。

例如，如果选择墙中心线，则将光标放置于某面墙上时，光标将首先捕捉该墙的中心线。在选项栏上，选择“单个参照点”作为“拾取”设置。将光标放置在某个图元（例如墙）的参照点上，如果可以在此放置尺寸标注，则参照点会高亮显示（按 Tab 键可以在不同的参照点之间循环切换，几何图形的交点上将显示蓝色点参照，在内部墙层的所有交点上显示灰色方形参照）。单击以指定参照。将光标放置在下一个参照点的目标位置上并单击。当移动光标时，会显示一条尺寸标注线。如果需要，可以连续选择多个参照。

(2) 线性尺寸标注用于放置水平或垂直标注来测量参照点之间的距离，如图 3-25 所示。线性尺寸标注与视图的水平轴或垂直轴对齐。

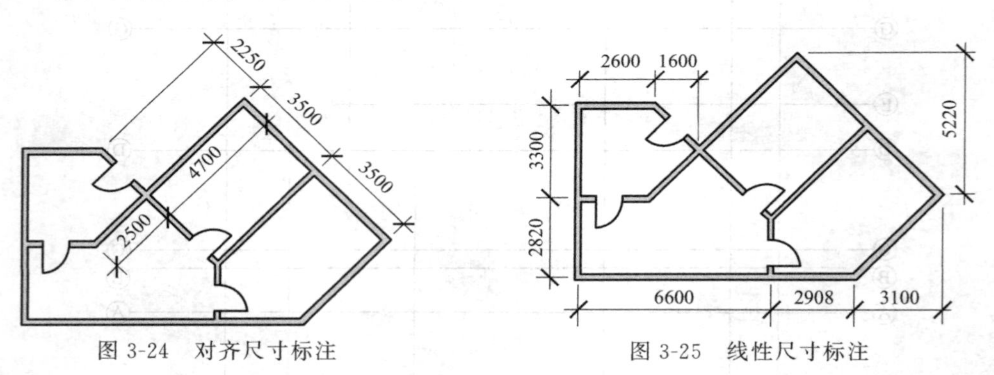

图 3-24　对齐尺寸标注　　　　图 3-25　线性尺寸标注

将光标放置在图元（如墙或线）的参照点上，或放置在参照的交点（如两面墙的连接点）上。如果可以在此放置尺寸标注，则参照点会高亮显示。通过按 Tab 键，可以在交点的不同参照点之间切换。单击以指定参照。将光标放置在下一个参照点的目标位置上并单击，当移动光标时会显示一条尺寸标注线。如果需要，可以连续选择多个参照。选择另一个参照点后，按空格键使尺寸标注与垂直轴或水平轴对齐。当选择完参照点之后，从最后一个图元上移开光标并单击，此时显示尺寸标注。

(3) 角度尺寸标注用于测量共享公共交点的参照点之间的角度，如图 3-26 所示。可以为尺寸标注选择多个参照点。每个图元都必须穿越一个公共点。例如，要为四面墙创建一个多参照的角度尺寸标注，每面墙都必须经过一个公共点。

将光标放置在构件上，然后单击以创建尺寸标注的起点（通过按 Tab 键，可以在墙面和墙中心线之间切换尺寸标注的参照点）。将光标放置在与第一个构件不平行的某个构件上，然后单击鼠标（可以为尺寸标注选择多个参照点。所标注的每个图元都必须经过一个公共点。例如，要在四面墙之间创建一个多参照的角度标注，每面墙都必须经过一个公共点）。拖曳光标以调整角度标注的大小，当尺寸标注大小合适时，单击以进行放置。

（4）径向尺寸标注用于测量内部曲线或圆角半径，如图 3-27 所示。

将光标放置在弧上，然后单击，一个临时尺寸标注将显示出来。再次单击以放置永久性尺寸标注。

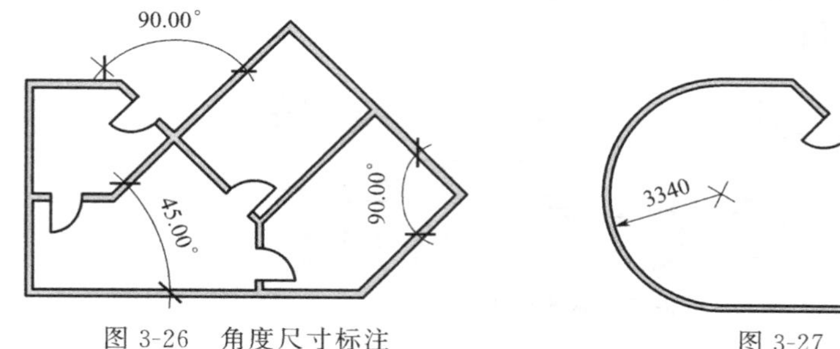

图 3-26　角度尺寸标注　　图 3-27　径向尺寸标注

（5）直径尺寸标注用于表示圆弧或圆的直径，如图 3-28 所示。

将光标放置在圆或圆弧的曲线上，然后单击，一个临时尺寸标注将显示出来。将光标沿尺寸线移动并单击，以放置永久性尺寸。标注默认情况下，直径前缀符号显示在尺寸标注值中。

（6）弧长尺寸标注用于测量弯曲墙或其他图元的长度，如图 3-29 所示。可以指定尺寸标注是否测量墙面、墙中心线、核心层表面或核心层中心的弧长度。

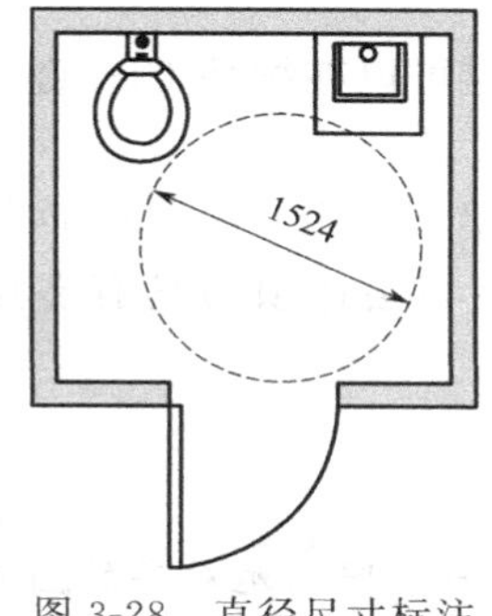

图 3-28　直径尺寸标注

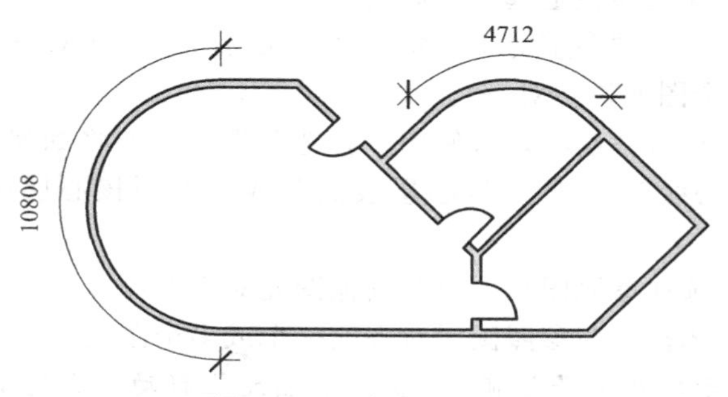

图 3-29　弧长尺寸标注

选择“参照墙面”，以使光标捕捉内墙面或外墙面。捕捉选项有助于选择径向点，将光标放置在弧上，然后单击选择半径点。选择弧的端点，然后将光标向上移离弧形，单击放置该弧长度尺寸标注。

高程点会显示选定点的实际高程，如图 3-30 所示。使用高程点以获取坡道、道路、地形表面和楼梯平台的高程点。可以将高程点放置在非水平表面和非平面边缘上，也可将其放置在平面、立面和三维视图中。高程点也可以显示具有一定厚度的图元的顶部和底部高程。顶部

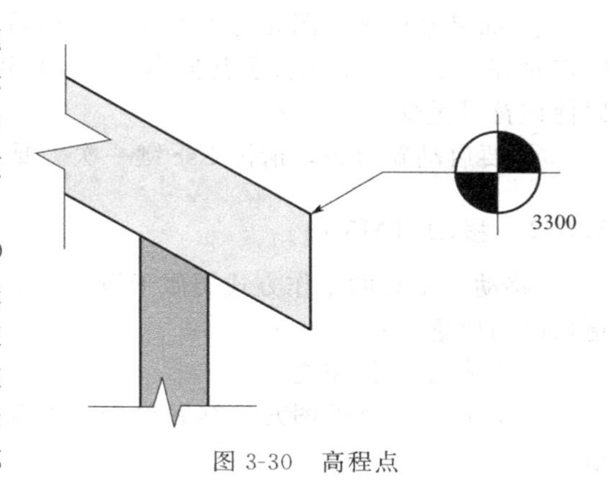

图 3-30　高程点

和底部高程仅适用于平面视图中的图元。

3.6 修改面板

修改面板中提供了用于编辑现有图元、数据等的工具，包含了操作图元所需要使用的工具，如：对齐、移动、偏移、复制、镜像、旋转、修剪/延伸为角、阵列、拆分图元、缩放、解锁、锁定、删除等工具，如图 3-31 所示。

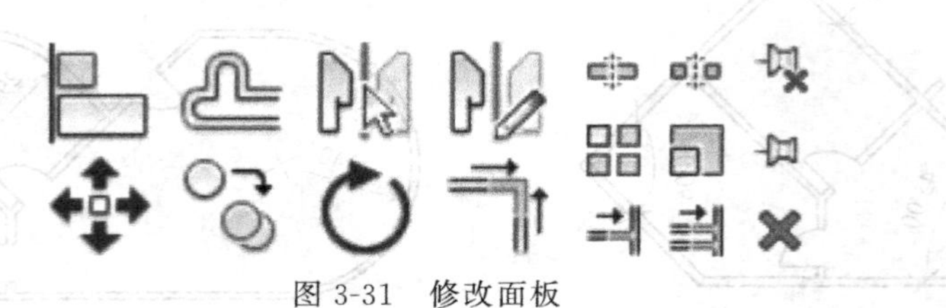

图 3-31 修改面板

3.6.1 对齐（AL）

使用“对齐”工具可将一个或多个图元与选定图元对齐。此工具通常用于对齐墙、梁线，但也可以用于其他类型的图元。可以对齐同一类型的图元，也可以对齐不同族的图元。可以在平面视图（二维）、三维视图或立面视图中对齐图元，步骤如下。

① 单击“修改”选项卡“修改”面板中的“对齐”指令。此时会显示带有对齐符号的光标。

② 在选项栏上选择所需的选项：

• 选择“多重对齐”将多个图元与所选图元对齐（或者，也可以在按住 Ctrl 键的同时选择多个图元进行对齐）。

• 在对齐墙时，可使用“首选”选项指明将如何对齐所选墙：使用“参照墙面”、“参照墙中心线”、“参照核心层表面”或“参照核心层中心”（核心层选项与具有多层的墙相关）。

③ 选择参照图元（要与其他图元对齐的图元）。

④ 选择要与参照图元对齐的一个或多个图元。

提示：在选择之前，将光标在图元上移动，直到高亮显示要与参照图元对齐的图元部分时为止，然后单击该图元。

⑤ 如果希望选定图元与参照图元（稍后将移动它）保持对齐状态，请单击挂锁符号来锁定对齐。如果由于执行了其他操作而使挂锁符号消失，请单击“修改”并选择参照图元，以使该符号重新显示出来。

⑥ 要启动新对齐，请按 Esc 键一次。要退出“对齐”工具，请按 Esc 键两次。

3.6.2 移动（MV）

“移动”工具的工作方式类似于拖拽。但是，它在选项栏上提供了其他功能，允许进行更精确的放置，步骤如下。

① 执行下列操作之一：

• 选择要移动的图元，然后单击“修改 |〈图元〉”选项卡“修改”面板中的“移动”指令。

• 单击“修改”选项卡“修改”面板中的“移动”指令，选择要移动的图元，然后按 Enter 键。

② 在选项栏上单击所需的选项：

• 约束：单击“约束”可限制图元沿着与其垂直或共线的矢量方向的移动。

• 分开：单击“分开”可在移动前中断所选图元和其他图元之间的关联。例如，要移动连接到其他墙的墙时，也可以使用“分开”选项将依赖于主体的图元从当前主体移动到新的主体上。例如，可以将一扇窗从一面墙移到另一面墙上。使用此功能时，最好清除“约束”选项。

③ 单击一次以输入移动的起点，将会显示该图元的预览图像。

④ 沿着希望图元移动的方向移动光标。光标会捕捉到捕捉点。此时会显示尺寸标注作为参考。

⑤ 再次单击以完成移动操作，或者如果要更精确地进行移动，键入图元要移动的距离值，然后按 Enter 键。

3.6.3 偏移（OF）

使用“偏移”工具可以对选定模型线、详图线、墙或梁沿与其长度垂直的方向复制或移动指定的距离。可以对单个图元或属于相同族的图元链应用该工具。可以通过拖拽选定图元或输入值来指定偏移距离。

下列限制条件适用于“偏移”工具：

• 只能在线、梁和支撑的工作平面中偏移它们。例如，如果绘制了一条模型线，其工作平面设置为“楼层平面：标高 1”，则只能在此平面视图的平面中偏移这条线。

• 不能对创建为内建族的墙进行偏移。

• 不能在与图元的移动平面相垂直的视图中偏移这些图元。例如，不能在立面视图中偏移墙。

偏移步骤如下。

① 单击“修改”选项卡“修改”面板中的“偏移”指令。

② 在选项栏上，选择要指定偏移距离的方式：

• 若目标是将选定图元拖拽所需距离，则选择“图形方式”。

• 若目标是输入偏移距离值，则选择“数值方式”，在“偏移”框中输入一个正数值。

③ 如果要创建并偏移所选图元的副本，选择选项栏上的“复制”（如果在上一步中选择了“图形方式”，则按 Ctrl 键的同时移动光标可以达到相同的效果）。

④ 选择要偏移的图元或链。如果使用“数值方式”选项指定了偏移距离，则将在放置光标的一侧在离高亮显示图元该距离的地方显示一条预览线。

⑤ 根据需要移动光标，以便在所需偏移位置显示预览线，然后单击将图元或链移动到该位置，或在那里放置一个副本。或者，如果选择了“图形方式”选项，则单击以选择高亮显示的图元，然后将其拖拽到所需距离并再次单击。开始拖拽后，将显示一个关联尺寸标注，可以输入特定的偏移距离。

3.6.4 复制（CO）

“复制”工具可复制一个或多个选定图元，并可随即在图纸中放置这些副本。“复制”工具与“复制到剪贴板”工具不同。要复制某个选定图元并立即放置该图元时（例如，在同一个视图中），可使用“复制”工具，步骤如下。

① 执行下列操作之一：

• 选择要复制的图元，然后单击“修改 |〈图元〉”选项卡“修改”面板中的“复制”指令。

• 单击“修改”选项卡“修改”面板中的“复制”指令，选择要复制的图元，然后按 Enter 键。

② 如果要放置多个副本，在选项栏上选择“多个”。

③ 单击一次绘图区域开始移动和复制图元。

④ 将光标从原始图元上移动到要放置副本的区域。

⑤ 单击以放置图元副本，或输入关联尺寸标注的值。

⑥ 继续放置更多图元，或者按 Esc 键退出“复制”工具。

3.6.5 镜像（MM/DM）

“镜像”工具使用一条线作为镜像轴，来反转选定模型图元的位置。可以拾取镜像轴，也可以绘制临时轴。使用“镜像”工具可翻转选定图元，或者生成图元的一个副本并反转其位置。例如，如果要在参照平面两侧镜像一面墙，则该墙将翻转为与原始墙相反的方向。镜像步骤如下。

① 执行下列操作之一：

• 选择要镜像的图元，然后单击“修改 |〈图元〉”选项卡“修改”面板中的“镜像-拾取轴”或“镜像-绘制轴”指令。

• 单击“修改”选项卡“修改”面板中的“镜像-拾取轴”或“镜像-绘制轴”指令，选择要镜像的图元，然后按 Enter 键。

提示：可以在选择插入对象（如门和窗）时不选择其主体。要选择代表镜像轴的线，请选择“拾取镜像轴”。要绘制一条临时镜像轴线，请选择“绘制镜像轴”。

② 要移动选定项目（而不生成其副本），请清除选项栏上的“复制”。

提示：使用 Ctrl 键清除“选项栏”上的“复制”。

③ 选择或绘制用作镜像轴的线。只能拾取光标可以捕捉到的线或参照平面，不能在空白空间周围镜像图元。

3.6.6 旋转（RO）

使用“旋转”工具可使图元围绕轴旋转。在楼层平面视图、天花板投影平面视图、立面视图和剖面视图中，图元会围绕垂直于这些视图的轴进行旋转。在三维视图中，该轴垂直于视图的工作平面。并非所有图元均可以围绕任何轴旋转，例如，墙不能在立面视图中旋转，窗不能在没有墙的情况下旋转。旋转步骤如下。

① 执行下列操作之一：

• 选择要旋转的图元，然后单击“修改 |〈图元〉”选项卡“修改”面板中的“旋转”指令。

• 单击“修改”选项卡“修改”面板中的“旋转”指令，选择要旋转的图元，然后按 Enter 键。

• 在放置构件时，选择选项栏上的“放置后旋转”选项。

② 如果需要，可以通过以下方式重新确定旋转中心：

- 将旋转控制拖至新位置。
- 单击旋转控制，并单击新位置。
- 按空格键并单击新位置。
- 在选项栏上，选择“旋转中心：放置”并单击新位置。

③ 在选项栏上，选择下列任一选项：

- 分开：选择“分开”可在旋转之前，中断选择图元与其他图元之间的连接。该选项很有用，例如，需要旋转连接到其他墙时。
- 复制：选择“复制”可旋转所选图元的副本，而在原来位置上保留原始对象。
- 角度：指定旋转的角度，然后按 Enter 键。Revit 会以指定的角度执行旋转，跳过剩余的步骤。

④ 单击以指定旋转的开始放射线。此时显示的线即表示第一条放射线。如果在指定第一条放射线时光标进行捕捉，则捕捉线将随预览框一起旋转，并在放置第二条放射线时捕捉屏幕上的角度。

⑤ 移动光标以放置旋转的结束放射线，此时会显示另一条线表示此放射线。旋转时，会显示临时角度标注，并会出现一个预览图像，表示选择集的旋转。

提示：另外，也可使用关联尺寸标注旋转图元。单击以指定旋转的开始放射线之后，角度标注将以粗体形式显示，使用键盘输入一个值。

⑥ 单击以放置结束放射线并完成选择集的旋转。选择集会在开始放射线和结束放射线之间旋转。

3.6.7　修剪/延伸为角（TR）

使用“修剪”和“延伸”工具可以修剪或延伸一个或多个图元至由相同的图元类型定义的边界，也可以延伸不平行的图元以形成角，或者在它们相交时对它们进行修剪以形成角。选择要修剪的图元时，光标位置指示要保留的图元部分。可以将这些工具用于墙、线、梁或支撑，步骤如下。

① 执行下列操作之一：

- 若目标是将两个所选图元修剪或延伸成一个角，则单击“修改”选项卡“修改”面板“修剪/延伸单个图元指令”。选择每个图元，选择需要将其修剪成角的图元时，请确保单击要保留的图元部分。
- 若目标是将一个图元修剪或延伸到其他图元定义的边界，则单击“修改”选项卡“修改”面板“修剪/延伸单个图元指令”。选择用作边界的参照，然后选择要修剪或延伸的图元。如果此图元与边界（或投影）交叉，则保留所单击的部分，而修剪边界另一侧的部分。
- 若目标是将多个图元修剪或延伸到其他图元定义的边界，则单击“修改”选项卡“修改”面板“修剪/延伸多个图元指令”选择用作边界的参照，单击以选择要修剪或延伸的每个图元。对于与边界交叉的任何图元，则保留所单击的图元部分。在绘制选择框时，会保留位于边界同一侧（单击开始选择的地方）的图元部分，而修剪边界另一侧的部分。
- 若目标是修剪两点之间的图元，则单击“修改”选项卡“修改”面板中的“拆分图元”指令在选项栏上，选择“删除内部段”。单击图元上的两点以定义所需的边界，内部线段被删除，其余部分将被保留。

② 继续使用当前选定的选项修剪或延伸图元，或选择不同的选项。

③ 退出该工具，按 Esc 键。

3.7 墙

与建筑模型中的其他基本图元类似，墙也是预定义系统族类型的实例，表示墙功能、组合和厚度的标准变化形式。通过修改墙的类型属性来添加或删除层、将层分割为多个区域以及修改层的厚度或指定材质，可以自定义这些特性。通过单击“墙”工具，选择所需的墙类型，并将该类型的实例放置在平面视图或三维视图中，可以将墙添加到建筑模型中。要放置实例，可以在功能区中选择一个绘制工具，在绘图区域中绘制墙的线性范围，或者通过拾取现有线、边或面来定义墙的线性范围。墙相对于所绘制路径或所选现有图元的位置由墙的某个实例属性的值来确定，即“定位线”。在图纸中放置墙后，可以添加墙饰条或分隔缝、编辑墙的轮廓以及插入主体构件，如门和窗。

在“建筑”选项卡“构件”面板中的“墙”命令有“墙：建筑”、“墙：结构”和“面墙”命令，如图 3-32 所示。在 Revit 中，承重墙和非承重墙分别被称为结构墙和建筑墙。如果单从模型上来看，这两种墙是看不出什么区别的。我们着重介绍“墙：建筑”命令。

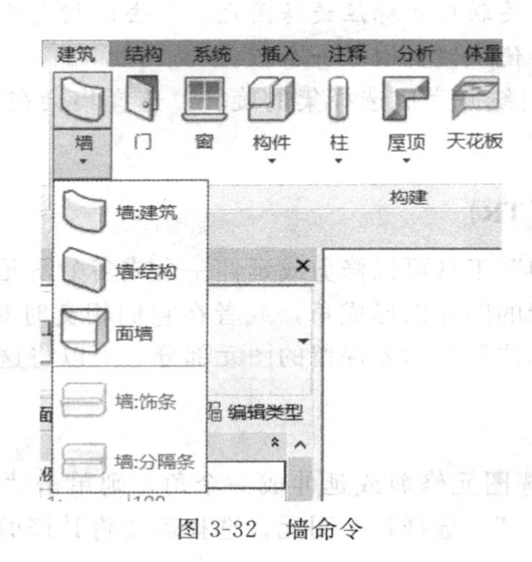

图 3-32 墙命令

3.7.1 外墙、内墙

以别墅 1F 为例，在项目浏览器中双击“楼层平面”选项下的“1F”，打开一层平面视图。单击“建筑”选项卡，在“构建”面板中选择“墙”下拉按钮，选择“墙：建筑”命令，将选项栏上的内容进行修改，“深度”是在当前视图向下绘制墙体，“高度”是在当前视图向上绘制墙体，在此选择“高度”指令。将“未连接”修改为“2F”，墙的“定位线”属性指定使用墙的哪一个垂直平面相对于所绘制的路径或在绘图区域中指定的路径来定位墙。布置连接的复合墙时，可以根据重要的特定材质层（如混凝土砌块）来精确放置它们。在属性对话框中选择“基本墙 常规-200mm”，单击“编辑类型”进入“类型属性”面板，单击复制，名称为“别墅-200mm-1F 外墙”，单击确定，如图 3-33 所示。

编辑外墙类型属性后对外墙进行编辑结构、材质，复制现有的类似材质，然后按需编辑名称和其他属性。步骤如图 3-34 所示。

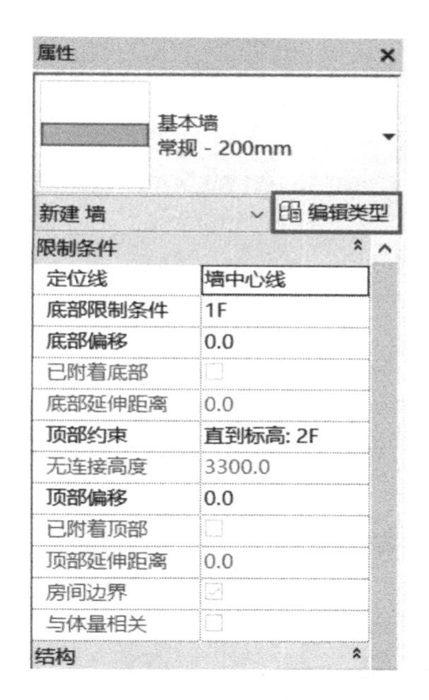

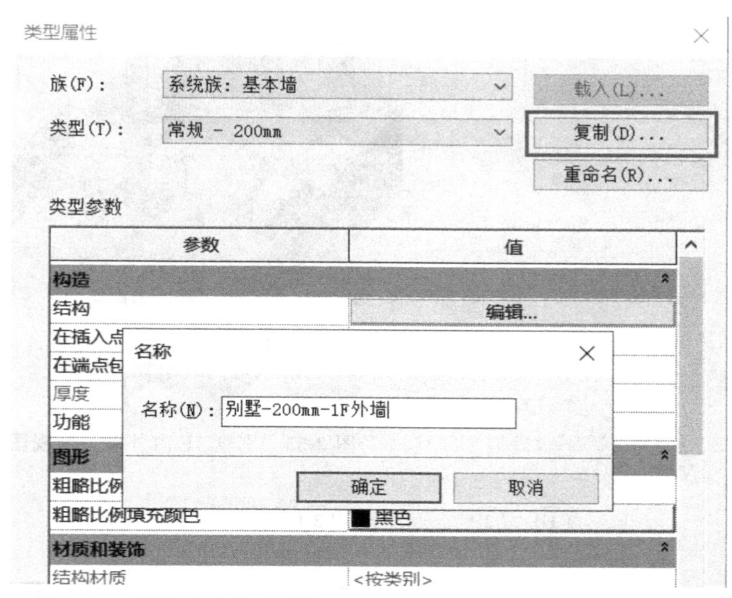

图 3-33　编辑外墙类型属性

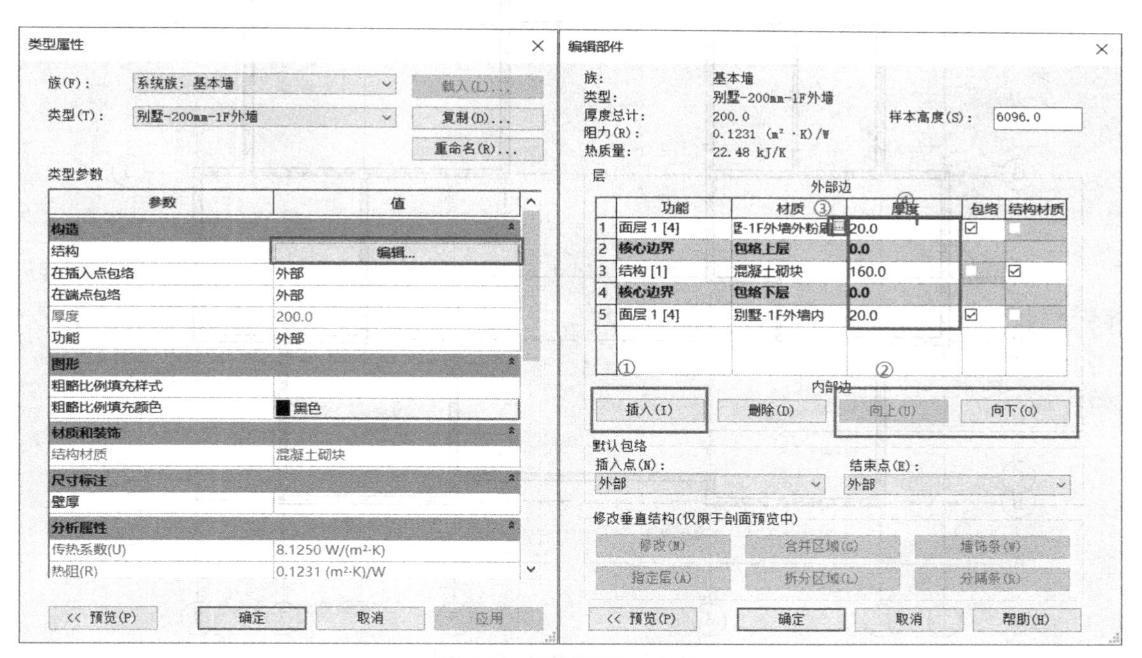

图 3-34　编辑结构、材质

复制“别墅-200mm-1F 内墙”“别墅-100mm-1F 内墙”步骤同上。

单击鼠标左键绘制墙体起点，移动光标，再次单击鼠标左键结束。按一次 Esc 键退出，重新捕捉起点绘制，按两次 Esc 键彻底退出绘制墙体。按住 Ctrl 键选中墙体方向不正确的墙面，按“空格”键完成翻转。

根据图纸，完成别墅外墙、内墙的绘制，在此应灵活运用“对齐”“偏移”等指令。完成后的内外墙模型如图 3-35、图 3-36 所示。

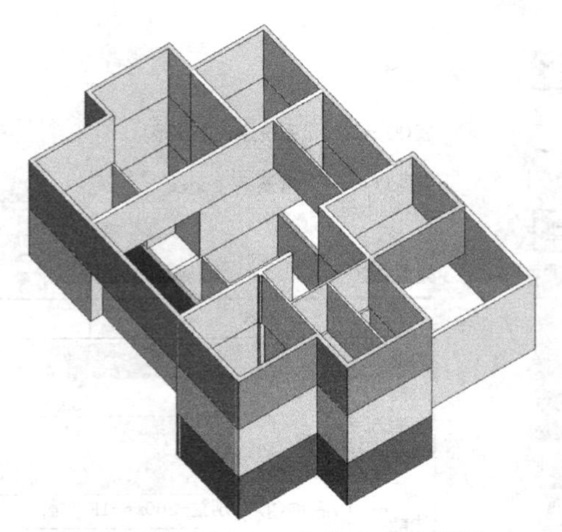

图 3-35　别墅 1F 内外墙三维视图

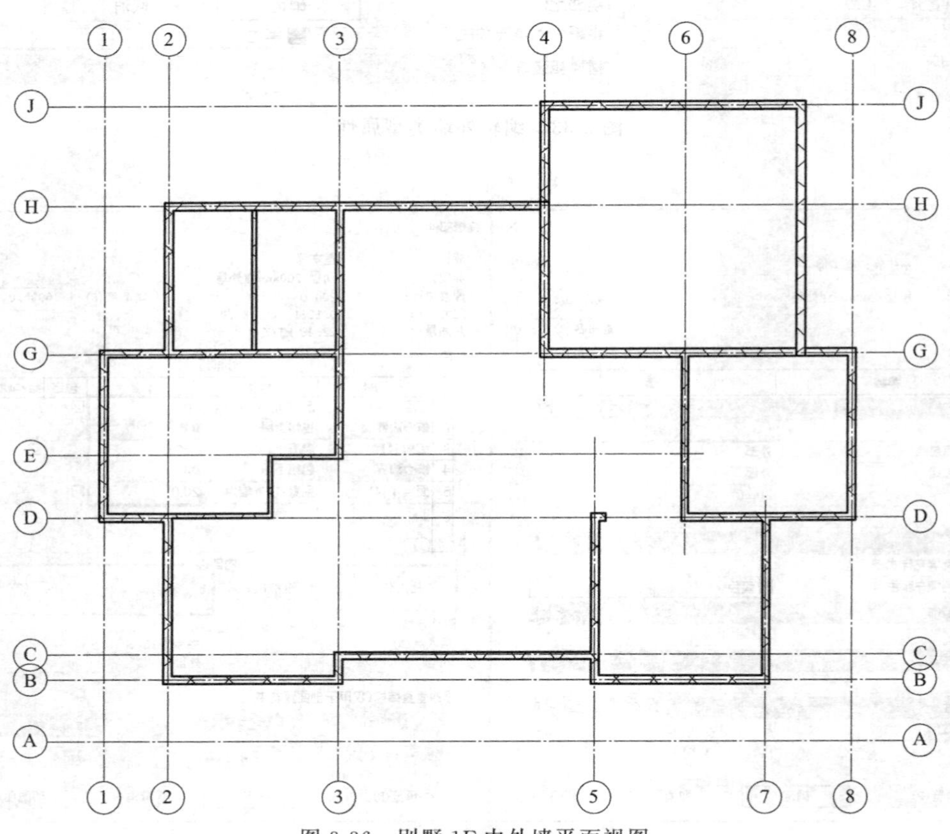

图 3-36　别墅 1F 内外墙平面视图

3.7.2　幕墙

幕墙是一种外墙，附着到建筑结构，而且不承担建筑的楼板或屋顶荷载。在一般应用中，幕墙常常定义为薄的、通常带铝框的墙，包含填充的玻璃、金属嵌板或薄石。绘制幕墙时，单个嵌板可延伸墙的长度。如果所创建的幕墙具有自动幕墙网格，则该墙将再被分为几个嵌板。幕墙网格是将幕墙体分割成更小的块，幕墙网格可以是竖直的，也可以是水平的。

竖梃是沿着幕墙网格的分隔构件。幕墙嵌板是幕墙网格间的四边形板图元。

幕墙的创建方式与基础墙相同，单击“建筑”选项卡，在“构建”面板中选择“墙”—“墙：建筑”，在“类型”选择器中选择墙体的类型为“幕墙”。单击“编辑类型”按钮，打开“类型属性”对话框，复制一个新的类型，名称为“幕墙-MQ1”，勾选“类型参数”构造中的“自动嵌入”，类型标记改为“MQ1”，如图 3-37 所示。

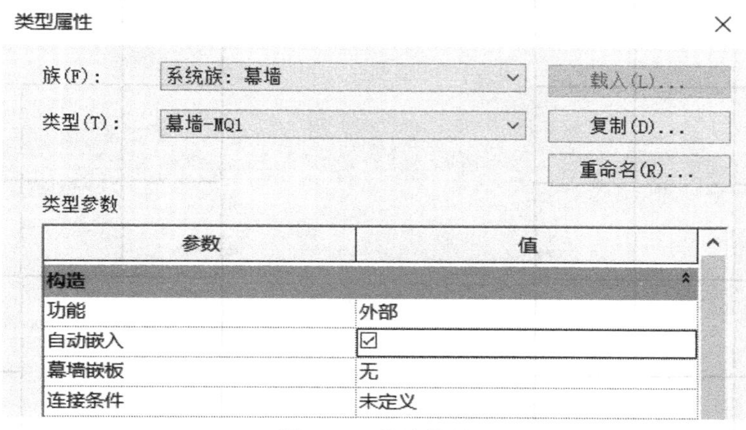

图 3-37　幕墙设置

单击“建筑”选项卡，在“构建”面板中选择“幕墙网格”，在幕墙上放置网格，如图 3-38 所示。

单击“建筑”选项卡，在“构建”面板中选择“竖梃”，在“修改 | 放置竖梃”选项卡选择“全部网格线”命令，单击幕墙放置竖梃，效果图如图 3-39 所示。

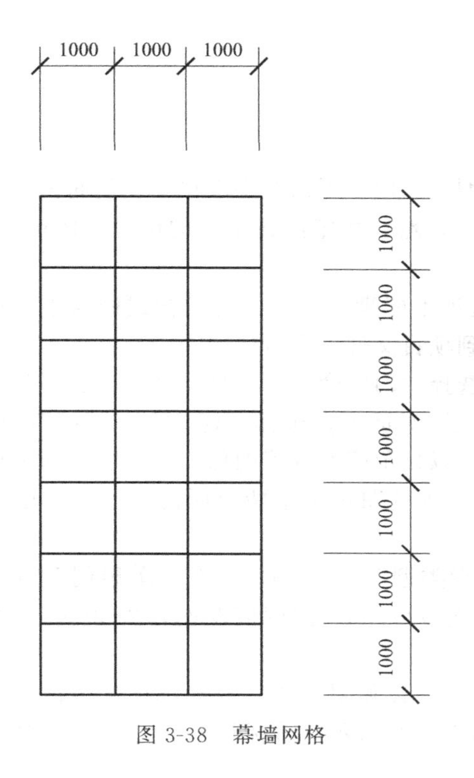

图 3-38　幕墙网格

图 3-39　幕墙竖梃

对幕墙网格进行划分，分别选中垂直网格，单击“幕墙网格”面板中的“添加/删除线段”指令，单击要删除的幕墙网格，编辑完成后的幕墙网格如图 3-40 所示。

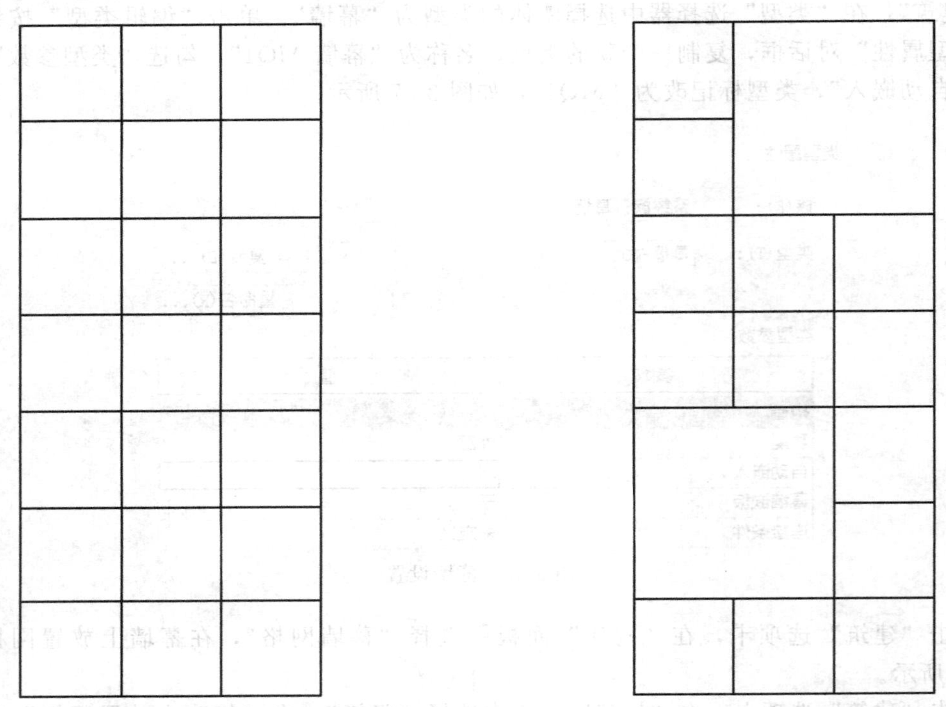

图 3-40　编辑完成后的幕墙网格对比

3.8　门、窗绘制

3.8.1　门

门是基于主体的构件，可以添加到任何类型的墙内。可以在平面视图、剖面视图、立面视图或三维视图中添加门。选择要添加的门类型，然后指定门在墙上的位置，Revit 自动剪切洞口并放置门。

Revit 系统中只默认提供了单扇门，但这远远不能满足项目中对门样式的需求，在这里就需要载入族的形式，把更多的门的样式载入到项目文件中进行使用。

单击“建筑”选项卡，在“构件”面板中选择“门”命令，出现“修改 | 放置门”上下文选项卡，单击“载入族”命令，弹出“载入族”对话框，选择“建筑”—“门”，根据项目的不同需求进行不同的选择。将光标移到墙上以显示门的预览图像，在平面视图中放置门时，按空格键可将开门方向从左开翻转为右开。预览图像位于墙上所需位置时，单击以放置门。

以别墅为例，选择一个单扇门，单击“编辑类型”，“复制”一个“单扇门”重命名为“M0921”并编辑相关类型属性值，宽度值设置为 900mm，高度值设置为 2100mm，类型标记值改为“M0921”，如图 3-41 所示。

放置门时在面板上选择“在放置时进行标记”，以便对门进行自动标记，标记的位置可以为水平或垂直，可在选项栏上进行修改，如图 3-42 所示。若标记放置完成后，要修改相

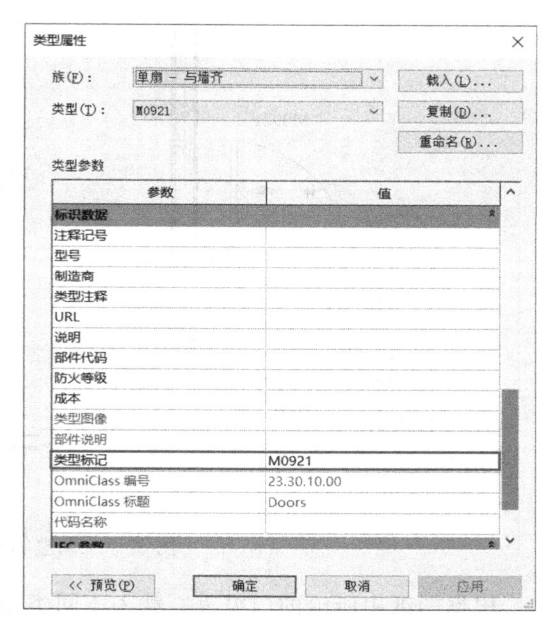

图 3-41　修改门的相关参数

关参数，可选择对应的标记（不是门而是标识），“修改门标识”的选项卡会出现，可再次对方向及引线等参数进行设置。若忘记选择“在放置时进行标记”，可用“注释”选项卡内“标记”面板中“按类别标记”命令对门进行标记。

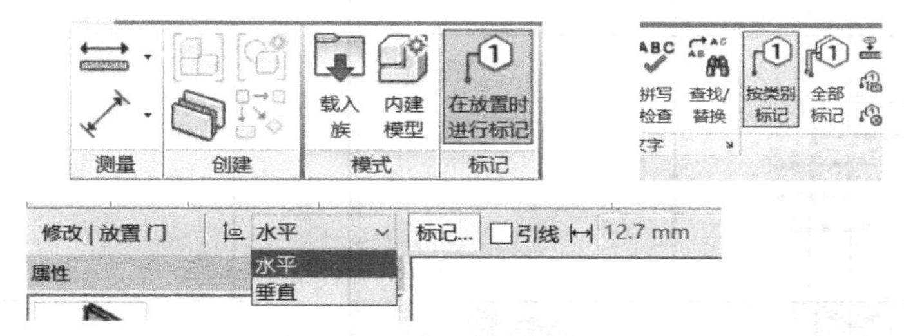

图 3-42　放置门时的标记

放置门时，将鼠标光标放置墙上，会出现门与周围墙体的相对尺寸，用蓝色表示。在放置门之前可以通过按空格键调整门的开启方向。在墙上适当位置单击鼠标左键放置门，选择放置好的门，调整临时尺寸标注的控制点，拖动蓝色控制点到轴线，修改尺寸值为“200”，该防盗门即已居中放置，如图 3-43 所示。

同理，根据图纸中所给的门窗表，载入不同类型的门，分别对其编辑并放置于相关墙体上。

3.8.2　窗

窗是基于主体的构件，可以添加到任何类型的墙内（对于天窗，可以添加到内建屋顶）。可以在平面视图、剖面视图、立面视图或三维视图中添加窗。选择要添加的窗类型，然后指定窗在主体图元上的位置，Revit 将自动剪切洞口并放置窗。

单击“建筑”选项卡，在“构建”面板中选择“窗”命令，出现“修改 | 放置窗”上下文选项卡，单击“载入族”命令，弹出“载入族”对话框，选择“建筑”—“窗”—“普通窗”，根据项目的不同需求进行不同的选择。

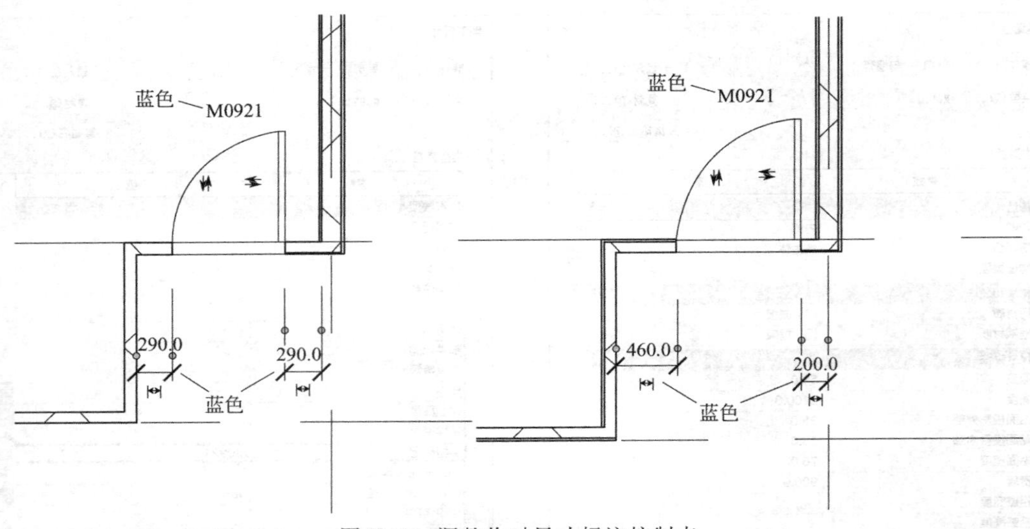

图 3-43　调整临时尺寸标注控制点

根据图纸中所给的门窗表，载入不同类型的窗，分别对其“复制”，修改属性参数，选择“在放置时进行标记”，放置于相关墙体上。

在墙体中插入“窗”与插入“门”不同的地方在于插入窗的同时要设置窗的底高度。底高度如图 3-44 所示。

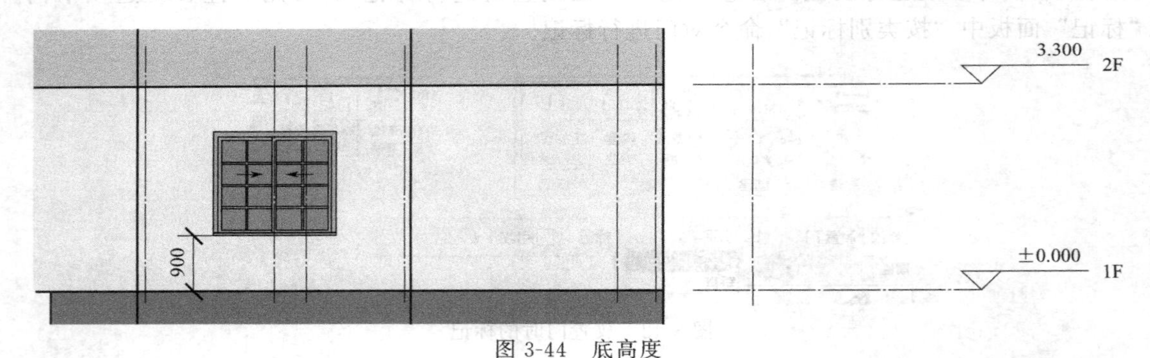

图 3-44　底高度

右键点击放置好的窗“选择全部实例”—“在视图中可见”，在属性对话框中设置底高度值为“900”，如图 3-45 所示。

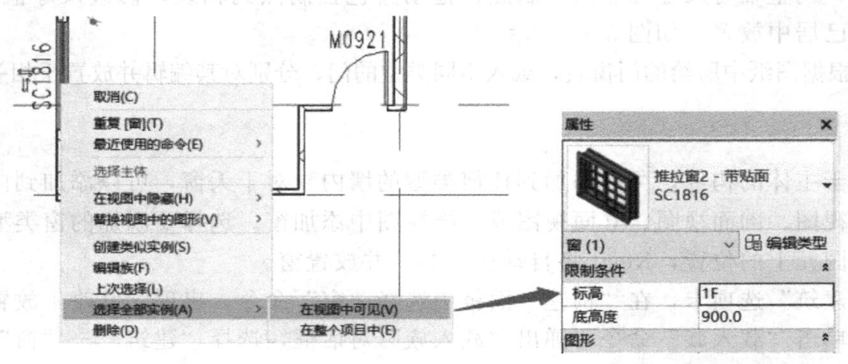

图 3-45　底高度设置方法

门窗编辑完成后一层模型如图 3-46 所示。

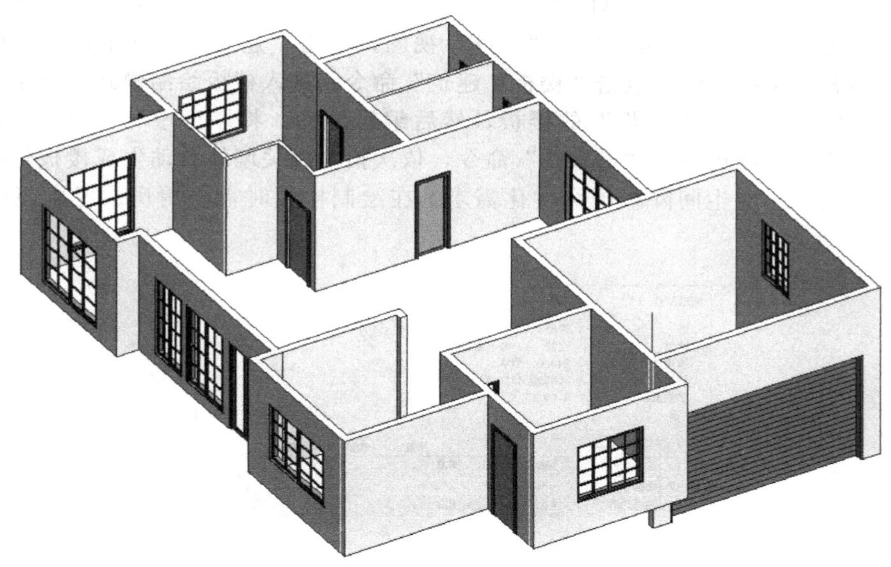

图 3-46　完成门窗的 1F 模型

3.9　楼板

通常，在平面视图中绘制楼板，尽管当三维视图的工作平面设置为平面视图的工作平面时，也可以使用该三维视图绘制楼板。楼板会沿绘制时所处的标高向下偏移。可以创建坡度楼板、添加楼板边缘至楼板或创建多层楼板。概念设计中，可使用楼层面积来分析体量以及根据体量创建楼板。可通过拾取墙或使用绘制工具定义楼板的边界来创建楼板，步骤如下。

① 单击“建筑”选项卡“构建”面板中的“楼板”下拉列表“楼板：建筑”命令。

② 使用以下方法之一绘制楼板边界：

• 拾取墙：默认情况下，“拾取墙”处于活动状态。如果它不处于活动状态，请单击“修改｜创建楼层边界”选项卡“绘制”面板“拾取墙”命令，如图 3-47 所示。在绘图区域中选择要用作楼板边界的墙。

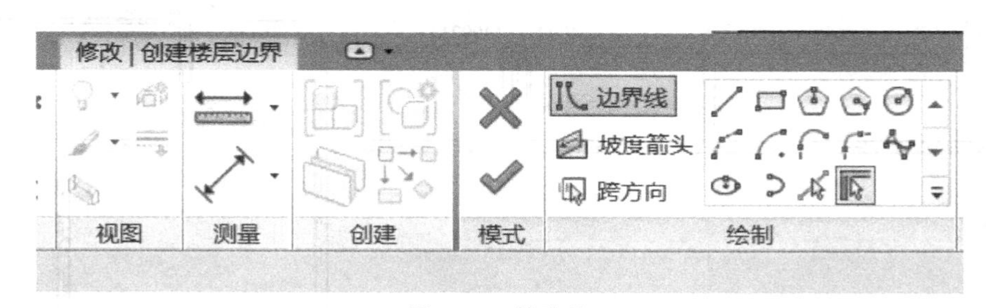

图 3-47　拾取墙

• 绘制边界：要绘制楼板的轮廓，单击“修改｜创建楼层边界”选项卡“绘制”面板，然后选择绘制工具。楼层边界必须为闭合环（轮廓）。要在楼板上开洞，可以在需要开洞的位置绘制另一个闭合环。

③ 单击“√”完成编辑模式。

以别墅为例，根据所给的 CAD 图纸可知，地下室楼板厚度为 240mm，1F 和 2F 的楼板、建筑地坪厚度均为 100mm。打开“－1F”视图，单击“建筑”选项卡，在“构建”面板中选择“楼板”下拉按钮，点击“楼板：建筑”命令，进入楼板绘制模式。复制并重命名创建一个“别墅-240-地下室楼板”的楼板，然后编辑结构，将厚度改为 240.0，如图 3-48 所示。选择“绘制”面板中的“拾取墙”命令，依次拾取相关墙体自动生成楼板轮廓线。为方便后续进行厨房、卫生间降板等个性化需求，在绘制楼板时需将厨房、卫生间的楼板开洞，如图 3-49 所示。

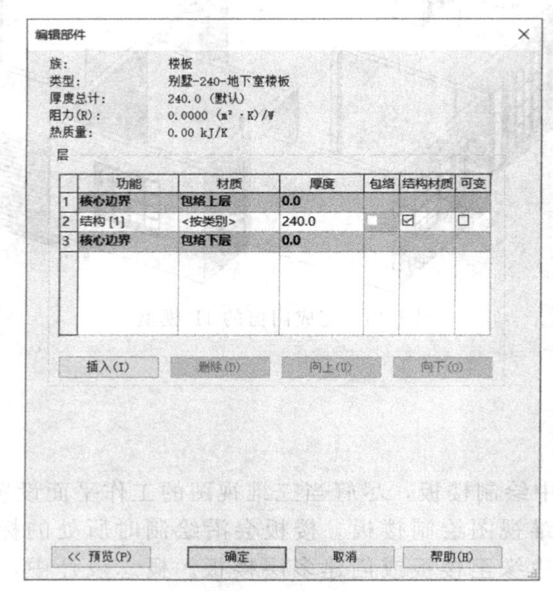

图 3-48　楼板结构编辑

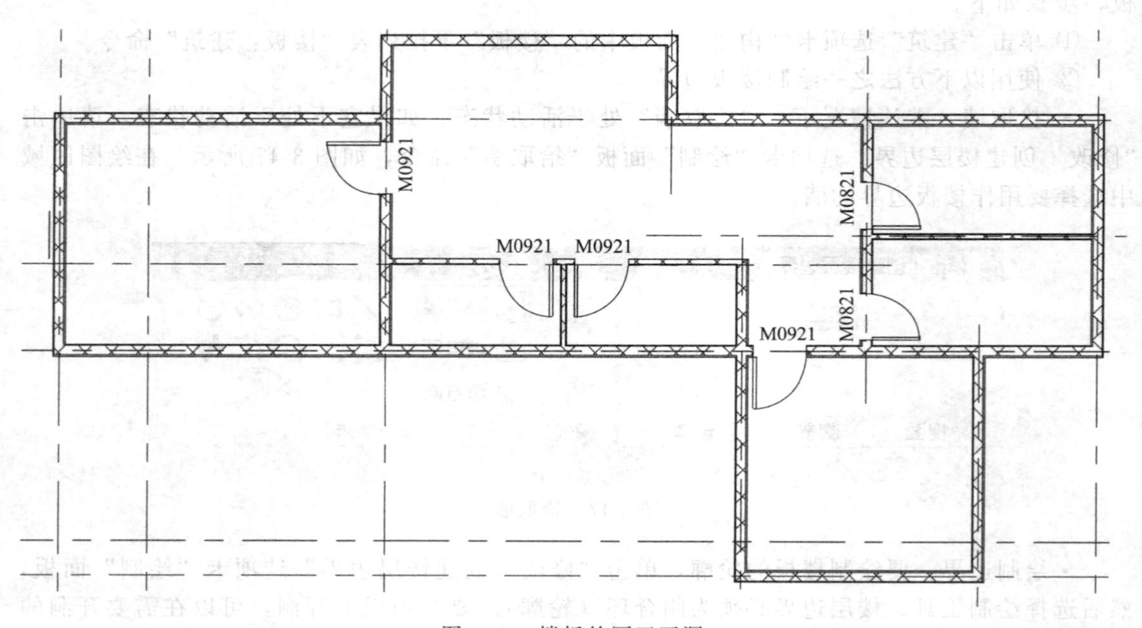

图 3-49　楼板的厨卫开洞

复制并重命名创建一个“别墅-210-地下室厨卫楼板”的楼板，修改厚度为210。在绘制之前应在属性对话框中修改“自标高的高度偏移”为－30，如图3-50所示。

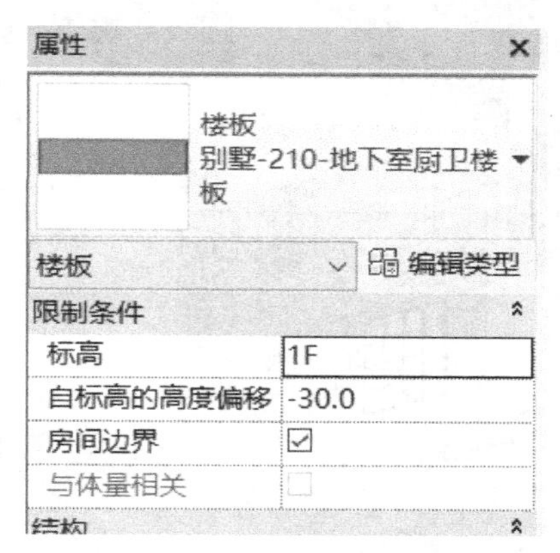

图3-50 楼板降板操作

1F、2F楼板同理，需要对厨房、卫生间进行降板处理。需要注意的是一层的楼板不只是有墙的边界，还有四周的平台，如图3-51所示。

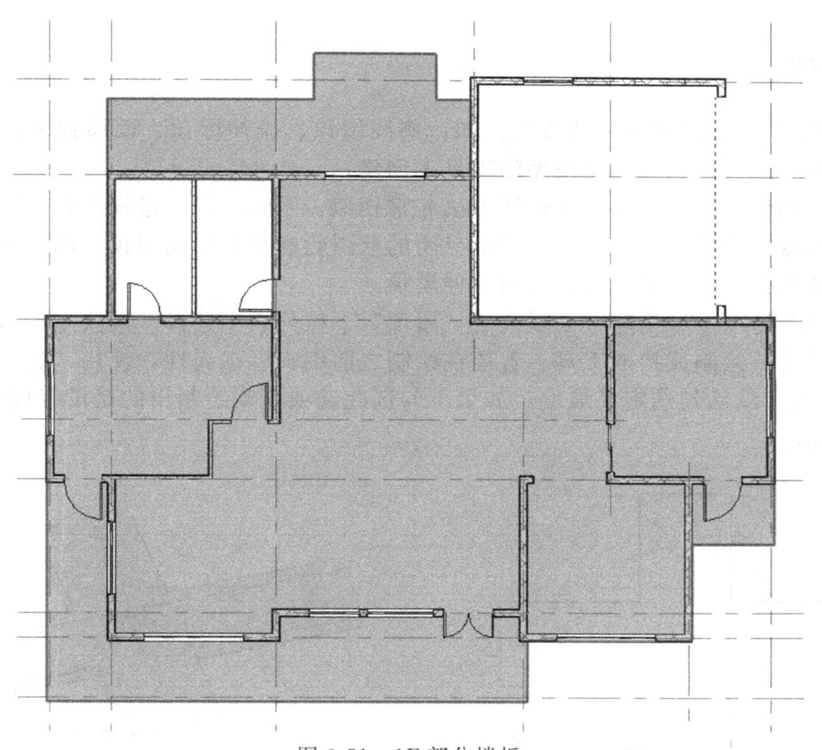

图3-51 1F部分楼板

建筑地坪也可以用楼板绘制，将楼层平面更改至“建筑地坪”，复制并重命名创建一个“别墅-100-建筑地坪楼板”的楼板，修改厚度为100。绘制时用注意以墙为边界开洞。东西南北的偏移量应严格按照图纸绘制，分别为：距离8轴线为1690，距离A轴线为3065，距离1轴线为2038，距离J轴线为3288。

完成楼板后的模型如图3-52所示。

图 3-52　完成楼板的别墅模型

3.10　屋顶

Revit 提供了多种创建屋顶的方法。如：迹线屋顶、拉伸屋顶、面屋顶等。对于一些特殊造型的屋顶，也可以通过内建模型的工具来创建。

迹线屋顶的创建方法与楼板的创建方法非常相似，不同的是，迹线屋顶可以灵活地定义每一条边的坡度。拉伸屋顶是利用绘制不封闭的草图轮廓直接绘制屋顶，面屋顶是利用体量模型中屋顶的转换。在此我们详细介绍拉伸屋顶。

在“建筑”选项卡“构建”面板中的“屋顶”下拉列表中选择“迹线屋顶”，在“绘制”面板上，选择某一绘制或拾取工具。若要在绘制之前编辑屋顶属性，使用“属性”选项板即可。Revit 系统中默认勾选定义坡度，如果不勾选此选项，则绘制出的是没有坡度的平屋顶，如图 3-53 所示。

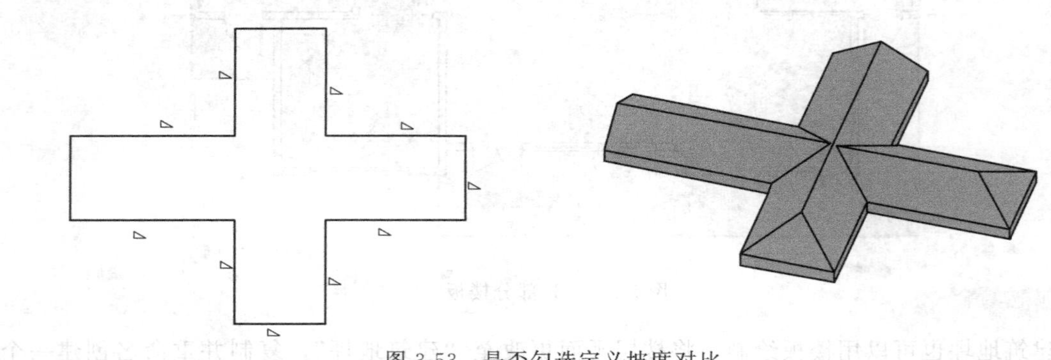

图 3-53　是否勾选定义坡度对比

若要修改某一边的坡度，需单击后在属性对话框中修改坡度，如图 3-54 所示。

以别墅为例，绘制迹线屋顶。切换至 3F 楼层平面，在“建筑”选项卡“构建”面板中的“屋顶”下拉列表中选择“迹线屋顶”，在“绘制”面板上，选择“直线”工具绘制边界

（注意角度和是否勾选定义坡度），如图 3-55 所示。

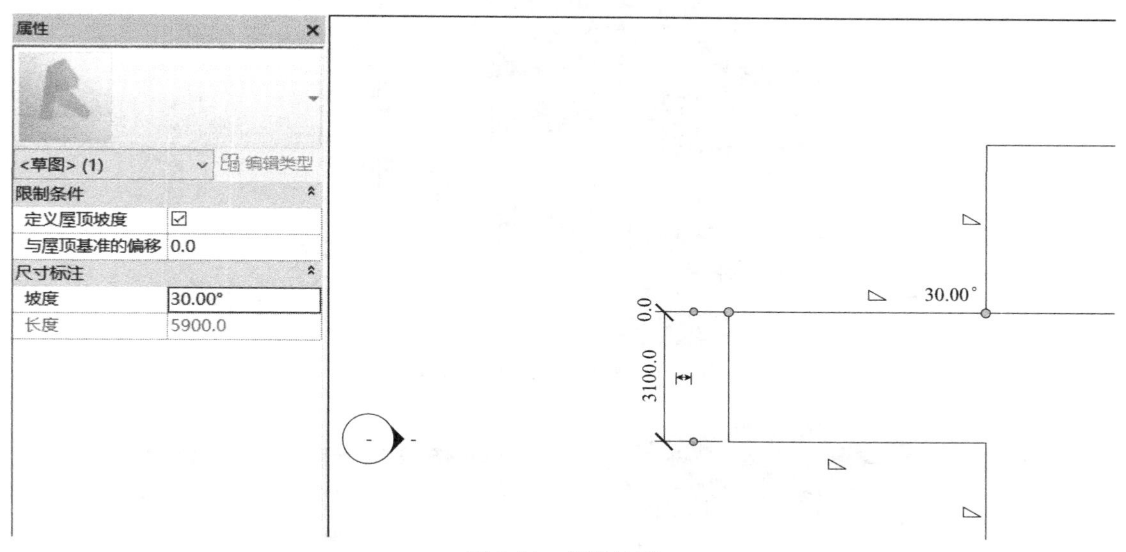

图 3-54　编辑坡度

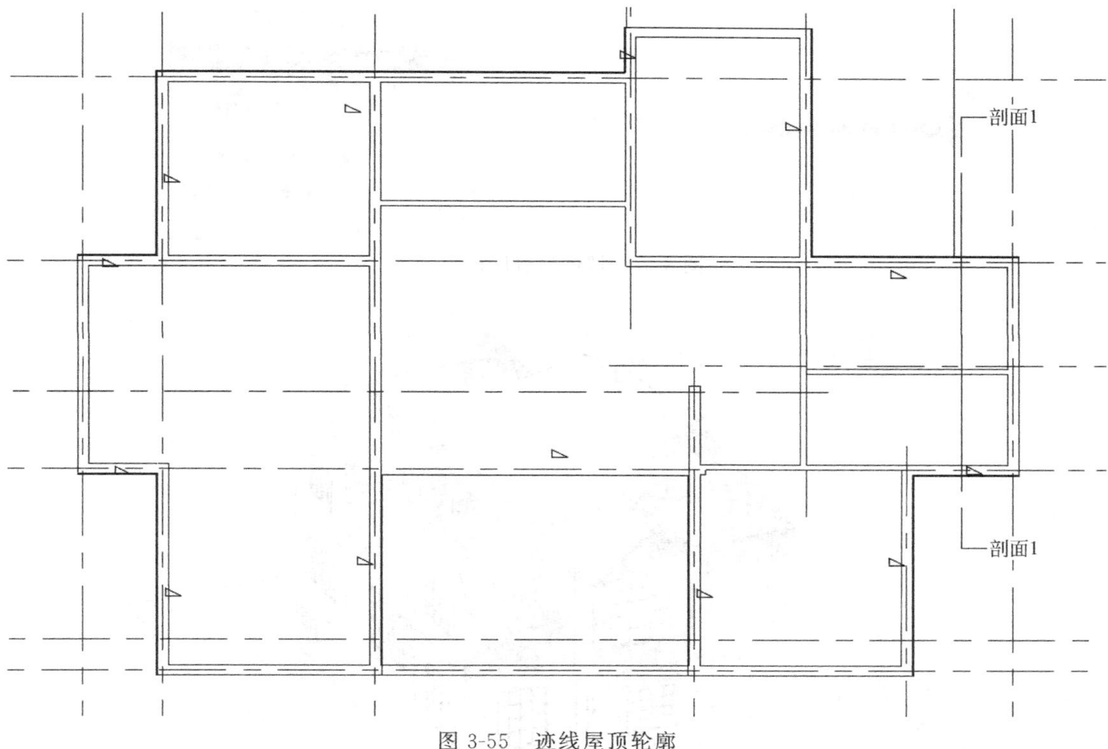

图 3-55　迹线屋顶轮廓

单击“√”指令即可完成编辑，但此时的墙体还没有附着于屋顶，如图 3-56 所示。解决方法是在三维视图中框选二楼的所有构件，利用“过滤器”命令选择“墙”—“附着于顶部”，再单击屋顶即可，如图 3-57 所示。

完成屋顶的别墅三维模型如图 3-58 所示。

图 3-56　初步完成的屋顶模型

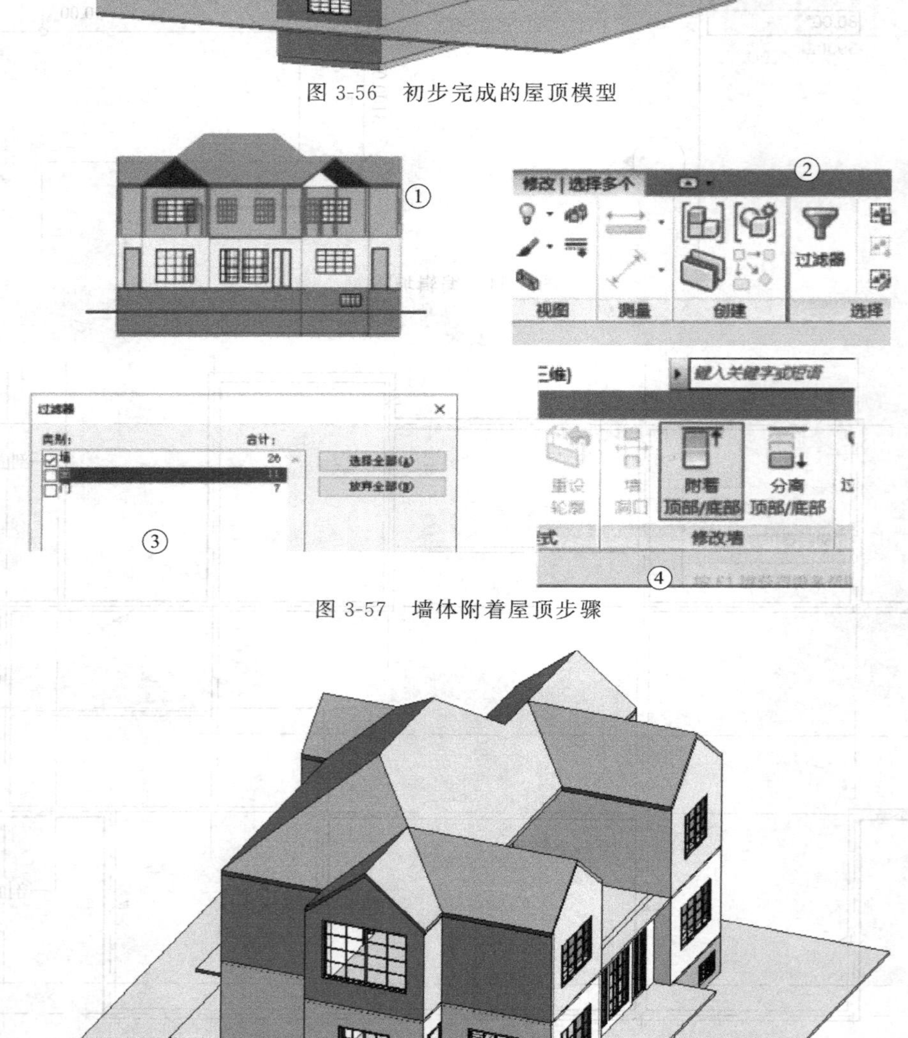

图 3-57　墙体附着屋顶步骤

图 3-58　完成屋顶的别墅三维模型

3.11 天花板

在 Revit 软件中，可以创建由墙定义的天花板，也可以绘制其边界，在天花板投影平面视图中创建天花板。天花板是基于标高的图元，创建天花板是在所在标高以上指定距离处进行的。例如，如果在标高 1 上创建天花板，则可将天花板放置在标高 1 上方 3m 的位置。可以使用天花板类型属性指定该偏移量。

打开天花板平面视图。单击“建筑”选项卡“构建”面板“天花板”命令。在“类型选择器”中，选择一种天花板类型。将墙用作天花板边界，默认情况下，“自动创建天花板”工具处于活动状态。在单击构成闭合环的内墙时，该工具会在这些边界内部放置一个天花板，而忽略房间分隔线，如图 3-59 所示。

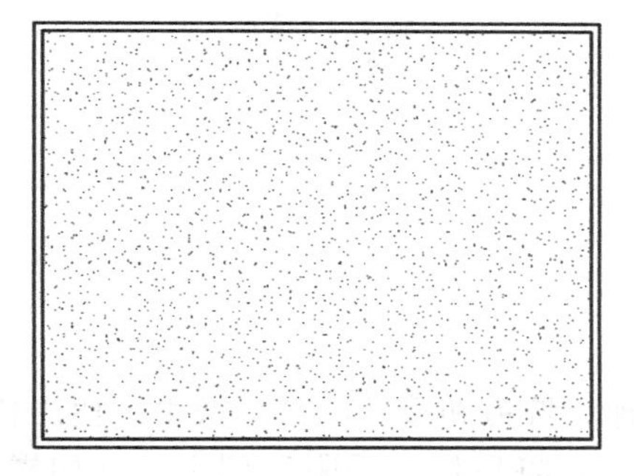

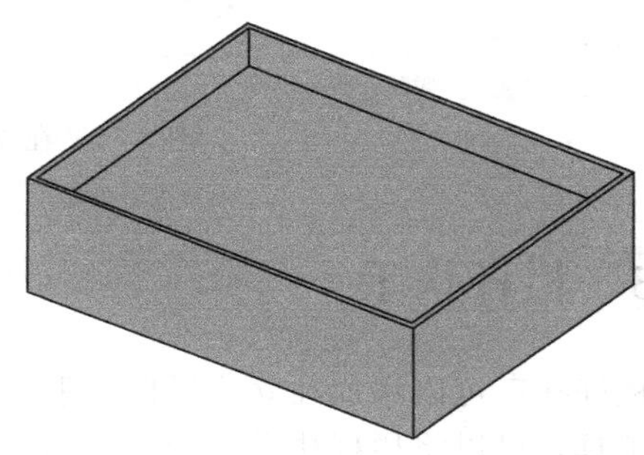

图 3-59　自动创建天花板

绘制天花板轮廓与绘制楼板方式基本一致，在绘制面板中选择工具编辑轮廓。如果需要在天花板上创建洞口，可以在天花板边界内绘制另一个闭合环。

需要注意的是，根据不同项目的要求设定天花板的高度，如图 3-60 所示。

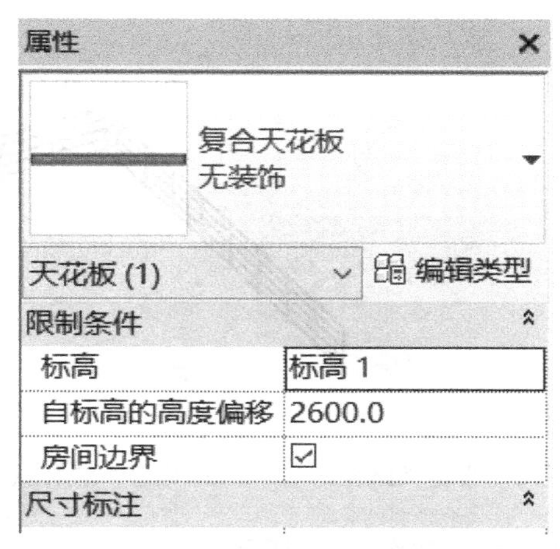

图 3-60　天花板高度设置

3.12 参照平面

在 Revit 软件中，除了可以采用标高和轴网进行定位以外，还有一个非常重要的定位工具就是参照平面。参照平面通过绘图工具创建。在绘图区域中绘制一条线，用来定义新的参照平面用作设计基准。在项目中可以在任一视图中绘制参照平面（三维视图不可绘制参照平面），参照平面会显示在为模型所创建的每个平面视图中。

常用的打开方式是通过“建筑”、“结构”或“系统”选项卡—“工作平面”面板—“参照平面”命令打开。

如图 3-61 所示，单击“参照平面”命令后，在“修改｜放置 参照平面”选项卡下的“绘制”面板中，选择绘制选项或拾取线，通过绘制或者在模型中选择线、墙或边来添加参照平面。

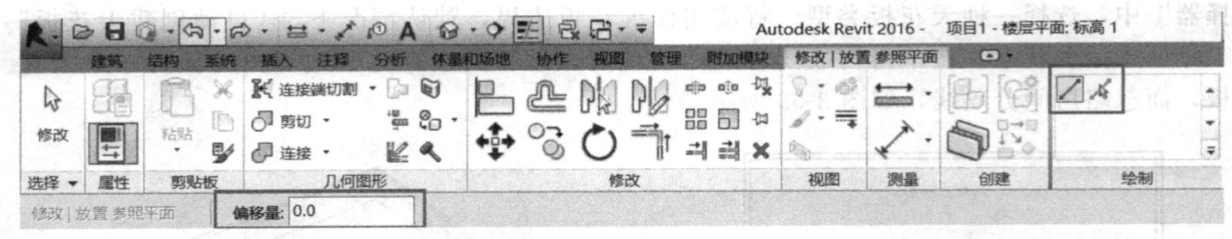

图 3-61　在项目环境下添加参照平面

3.13　栏杆扶手

栏杆扶手可以添加独立式栏杆扶手或是附加到楼梯、坡道和楼板的栏杆扶手。使用栏杆扶手工具，可以将栏杆扶手作为独立构件添加到楼层中，将栏杆扶手附着到主体（如楼板、坡道或楼梯），在现有楼梯或坡道上放置栏杆扶手，也可以绘制自定义栏杆扶手路径。在栏杆扶手类型属性对话框中可以编辑扶手（可以设置各扶手的高度、偏移、轮廓、材质等）、栏杆位置（可以设置栏杆和支柱的位置、对齐方式等）、顶部扶栏等内容。

以如图 3-62 所示的“900mm 圆管”栏杆扶手为例，对栏杆扶手的属性编辑进行说明。

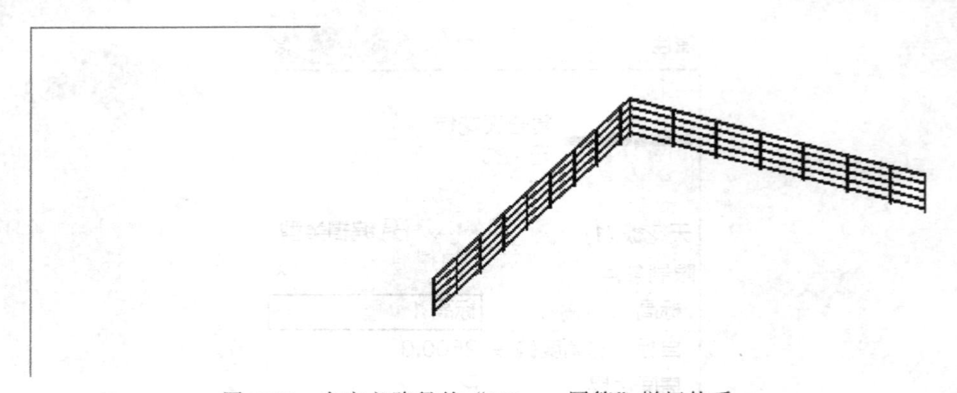

图 3-62　自定义路径的“900mm 圆管”栏杆扶手

Revit 中相关栏杆扶手命名规则如图 3-63 所示。

点击“编辑类型”，在“类型属性”对话框中可以对它的类型名称进行复制，并重命名。扶栏结构定义了栏杆横向的排列方式，栏杆位置定义了栏杆竖向的排列方式，点击后方的“编辑”可以对其进行编辑，如图 3-64 所示。

打开“扶栏结构（非连续）”，对“扶栏 1、2、3、4”的“高度”“偏移”“轮廓”“材质”均可编辑，如图 3-65 所示。

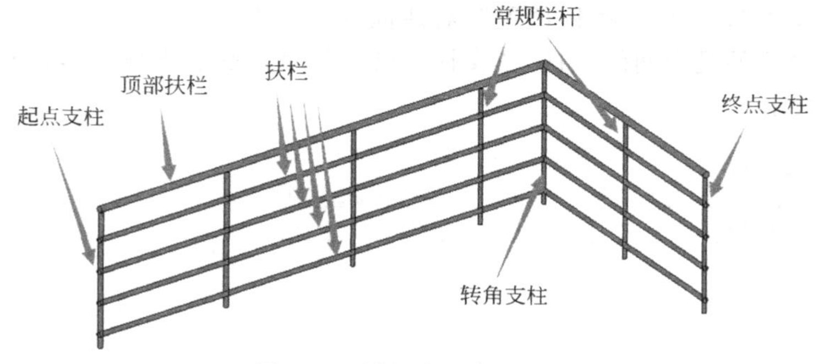

图 3-63　栏杆扶手命名规则

类型属性

族(F)：系统族：栏杆扶手　　载入(L)...

类型(T)：900mm 圆管　　复制(D)...

重命名(R)...

类型参数

参数	值
构造	
栏杆扶手高度	900.0
扶栏结构(非连续)	编辑...
栏杆位置	编辑...
栏杆偏移	0.0
使用平台高度调整	否

图 3-64　栏杆扶手的类型属性编辑

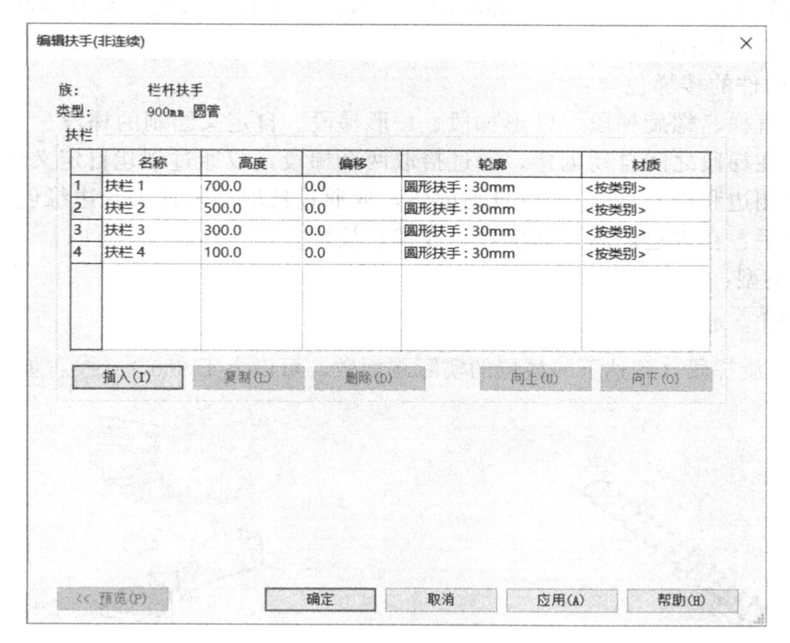

图 3-65　编辑扶栏结构

打开“栏杆位置”，“编辑栏杆位置”对话框分为两大区域，分别为“主样式”和“支柱”。“主样式”设置的是中间的栏杆，“支柱”设置的是“起点支柱”“转角支柱”“终点支柱”，如图 3-66 所示。

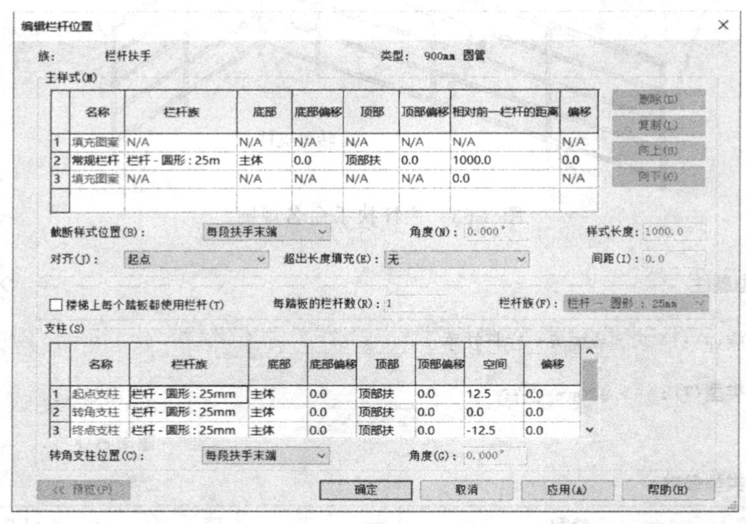

图 3-66　编辑栏杆位置

3.14　楼梯

3.14.1　按构件创建楼梯

通过创建通用梯段、平台和支座构件，将楼梯添加到建筑模型。若添加楼梯，需要打开一个平面视图或一个三维视图。楼梯梯段的踏板数是基于楼板与楼梯类型属性中定义的最大踢面高度之间的距离来确定的。

一个基于构件的楼梯包含：

- 梯段：直梯、螺旋梯段、U 形梯段、L 形梯段、自定义绘制的梯段。
- 平台：在梯段之间自动创建，通过拾取两个梯段，或通过创建自定义绘制的平台。
- 支撑（侧边和中心）：随梯段自动创建，或通过拾取梯段或平台边缘创建。
- 栏杆扶手：在创建期间自动生成，或稍后放置。

楼梯梯段类型：

- 直梯：如图 3-67 所示。
- 全踏步螺旋梯段（到达下一楼层的实际踢面数，可以大于 360°）：如图 3-68 所示。

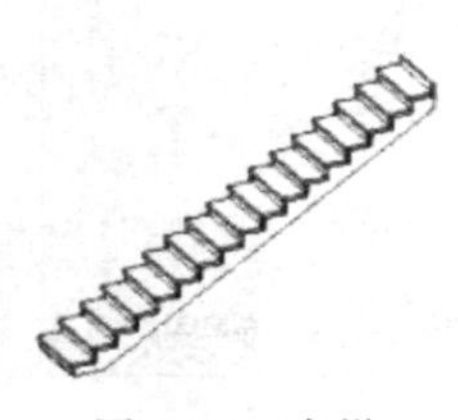

图 3-67　直梯

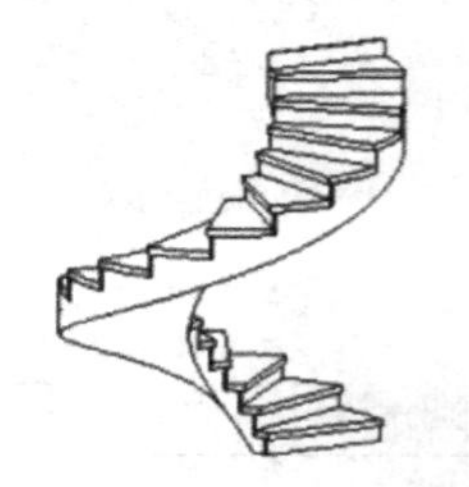

图 3-68　全踏步螺旋梯段

• 圆心-端点螺旋梯段（小于 360°）：如图 3-69 所示。

• L 形斜踏步梯段：如图 3-70 所示。

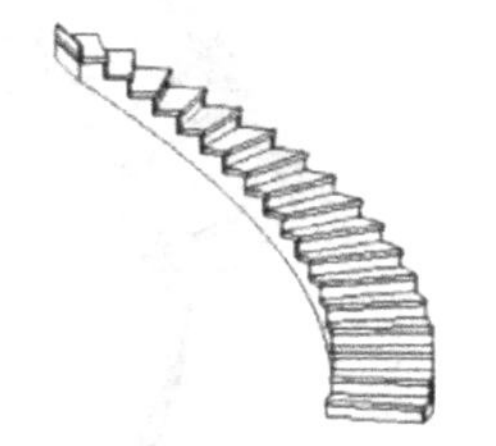

图 3-69 圆心-端点螺旋梯段

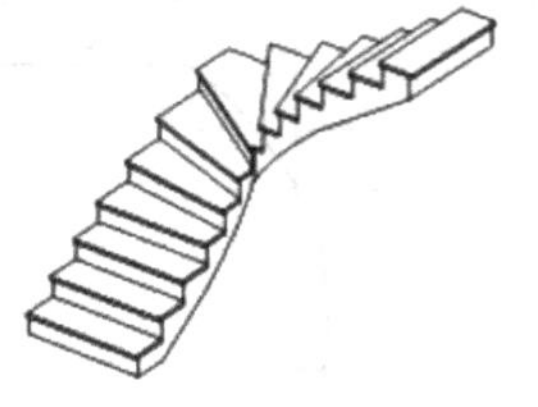

图 3-70 L 形斜踏步梯段

• U 形斜踏步梯段：如图 3-71 所示。

图 3-71 U 形斜踏步梯段

在选项栏中：

• 对于如图 3-72 所示的“定位线”，为相对于向上方向的梯段选择创建路径。

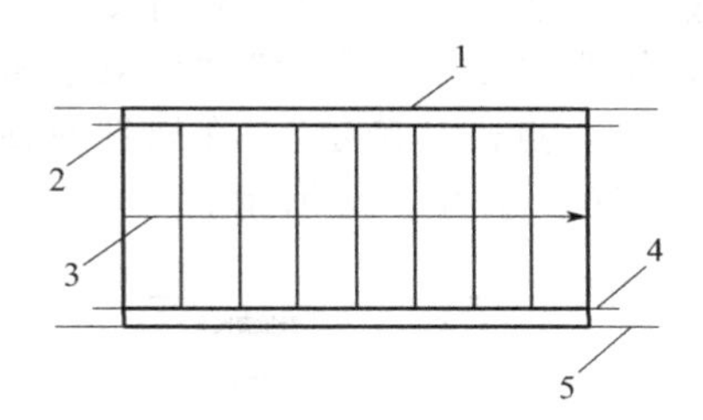

图 3-72 定位线

1—梯边梁外侧：左；2—梯段：左；3—梯段：中心；4—梯段：右；5—梯边梁外侧：右

根据要创建的梯段类型，可以帮助更改“定位线”选项。例如，如果要创建斜踏步梯段并想让左边缘与墙体衔接，选择“梯边梁外侧：左”。

• 对于“偏移”，为创建路径指定一个可选偏移值。

• 为“实际梯段宽度”指定一个梯段宽度值。此为梯段值，且不包含支撑。

• 默认情况下选中“自动平台”。如果创建到达下一楼层的两个单独梯段，Revit 会在这两个梯段之间自动创建平台。如果不需要自动创建平台，清除此选项。

3. 14. 2 按草图创建楼梯

在创建楼梯（按草图）时，绘制梯段是最简单的方法。绘制梯段时，将自动生成边界和踢面。完成绘制后，将自动应用栏杆扶手。“梯段”工具会将楼梯设计限制为直梯段、带平台的直梯段和螺旋楼梯。“边界”和“踢面”工具用来自定义楼梯的边界和踢面，如图 3-73 所示。

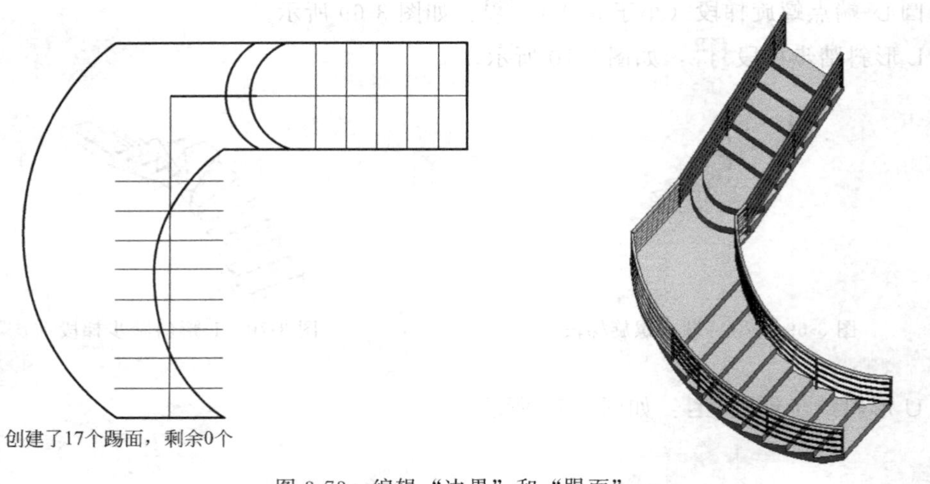

图 3-73　编辑“边界”和“踢面”

3.14.3　添加项目中的室内楼梯

以别墅为例，创建楼梯。打开 CAD 图纸，观察地下室到一层是 16 个台阶，一层到二层为 18 个台阶，每一个踏步宽都为 250mm，通过测量，平台的厚度为 100mm。

单击“建筑”选项卡“楼梯坡道”面板中的“楼梯”下拉列表“楼梯（草图）”指令。选择“整体浇筑楼梯”，设置底部标高为“－1F”，顶部标高为“1F”，对楼梯的宽度先不用进行设置，绘制好楼梯后应用“对齐”命令进行对齐。点击“编辑类型”修改楼梯的类型属性，复制“整体浇筑楼梯”重命名为“－1F—1F 室内楼梯”。调整“最小踏板深度”为 250，“最大踢面高度”为 200，勾选“开始于踢面”“结束于梯面”。“楼梯踏步梁高度”设置为 103，“平台斜梁高度”为 100，点击“确定”。在属性对话框中设置楼梯的“所需踢面数”为 16，“实际踏板深度”为 250，如图 3-74 所示。

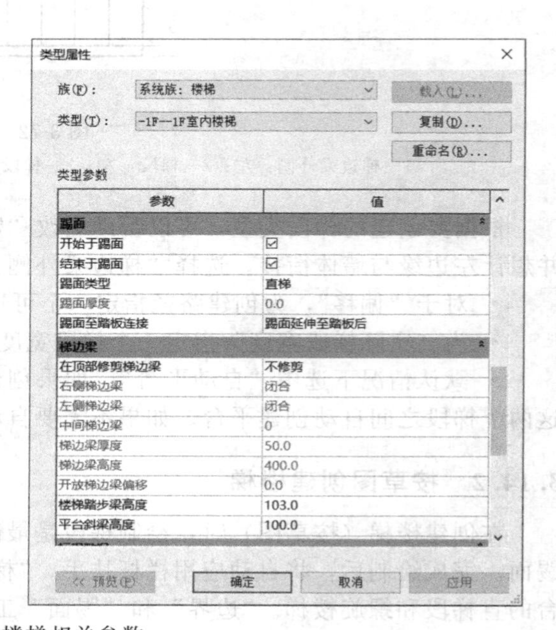

图 3-74　编辑楼梯相关参数

绘制楼梯之前，应先对楼梯进行定位，此时可以用到前面所讲的“参照平面”，如图 3-75 所示。楼梯的绘制是沿着上楼的方向进行操作，单击以开始绘制梯段，在达到所需的踢面数后，单击以定位平台，沿延伸线拖拽光标，然后单击以开始绘制剩下的踢面。楼梯创建完毕后，对其边界进行修改，使之与参照平面对齐，如图 3-76 所示。同理，绘制 1F—2F 的室内楼梯。

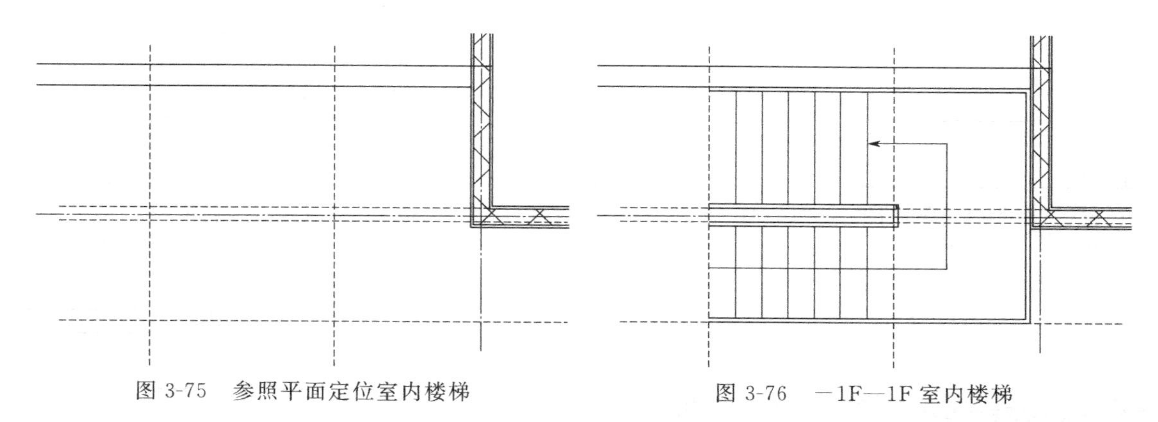

图 3-75　参照平面定位室内楼梯　　图 3-76　－1F—1F 室内楼梯

返回三维视图中，在属性对话框中勾选“剖面框”对别墅模型进行拉伸。可以查看楼梯的绘制情况，如图 3-77 所示。

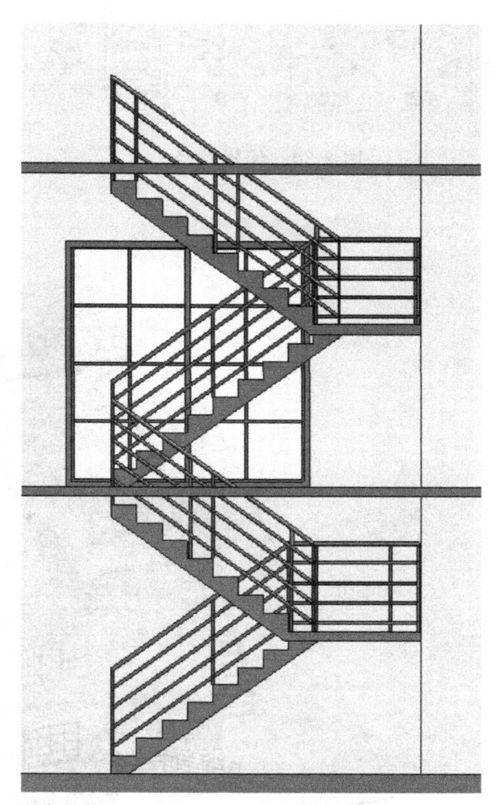

图 3-77　室内楼梯

3.14.4　添加项目中的室外楼梯

室外楼梯的创建与室内楼梯的创建方式大致相同，且相对简单。以别墅北部楼梯为例，选择 1F 平面视图。单击“建筑”选项卡“楼梯坡道”面板中的“楼梯”下拉列表“楼梯（草图）”指令。选择“整体浇筑楼梯”，设置底部标高为“建筑地坪”，顶部标高为“1F”。点击“编辑类型”修改楼梯的类型属性，复制“整体浇筑楼梯”重命名为“室外北立面楼梯”。修改“楼梯踏步梁高度”和“平台斜梁高度”为 100，点击“确定”。图纸所给的 8 个踏步没有包含台阶，所以踏步数为 9 个。在属性对话框中设置楼梯的“所需踢面数”为 9，“实际踏板深度”为 300。先绘制参照平面定位楼梯，再绘制楼梯，如图 3-78、图 3-79 所示。

同理，绘制室外南立面楼梯、室外东立面楼梯。

最后需要修改室外的栏杆扶手，如图 3-80 所示，单击栏杆扶手，在“修改｜栏杆扶手”选项卡下选择“编辑路径”，选择直线绘制工具进行绘制路径，如图 3-81 所示。再将东立面、南立面的室外楼梯靠墙一侧栏杆扶手删除。室外楼梯效果图如图 3-82 所示。

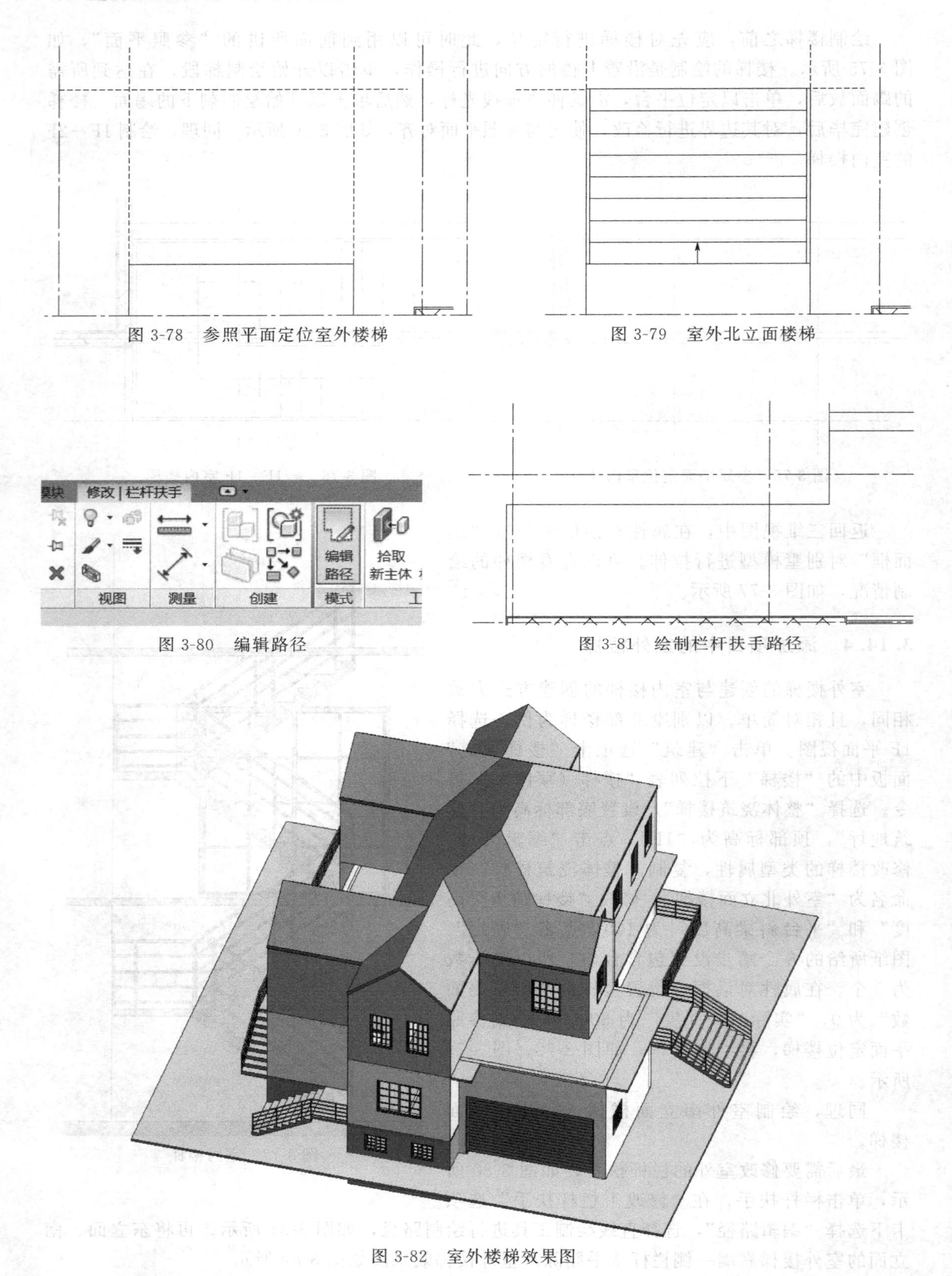

图 3-78　参照平面定位室外楼梯

图 3-79　室外北立面楼梯

图 3-80　编辑路径

图 3-81　绘制栏杆扶手路径

图 3-82　室外楼梯效果图

3.15　洞口

在 Revit 里，我们不仅可以通过编辑楼板、屋顶、墙体的轮廓实现开洞口，而且软件还提供了专门的如图 3-83 的“洞口”命令来创建面洞口、垂直洞口、竖井洞口、老虎窗洞口等，可以在墙、楼板、天花板、屋顶、结构梁、支撑和结构柱上剪切洞口。此外对于异形洞口造型，我们还可以通过创建内建族的空心形式，应用剪切集合形体命令来实现。

单击“建筑”选项卡“洞口”面板中的“按面”指令，拾取屋顶、楼板或天花板的某一面并垂直于该面进行剪切，绘制洞口形状，单击“√”命令，完成面洞口的创建。面洞口如图 3-84 所示。

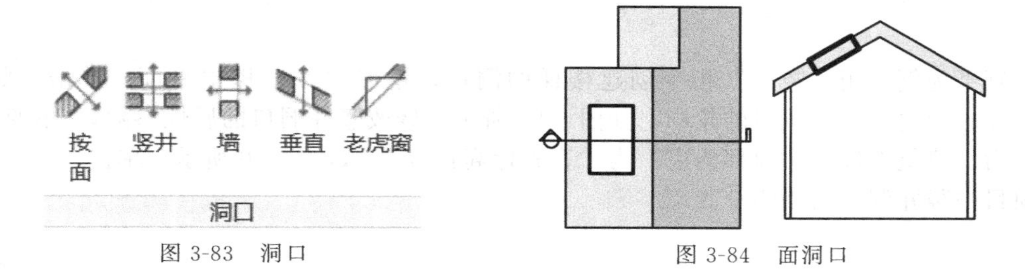

图 3-83　洞口　　　　图 3-84　面洞口

单击“建筑”选项卡“洞口”面板中的“竖井”指令，在所需开洞的位置绘制洞口形状，单击“√”命令。选择竖井洞口对其拉伸，进而调整其剪切高度，也可以在左侧的“属性”对话框中编辑“限制条件”。竖井洞口可以创建一个横跨多个标高的垂直洞口，对贯穿其间的屋顶、楼板等进行剪切，如图 3-85 所示。

单击“建筑”选项卡“洞口”面板中的“墙”指令，选择墙体，绘制洞口，单击“√”命令完成洞口的创建，如图 3-86 所示。

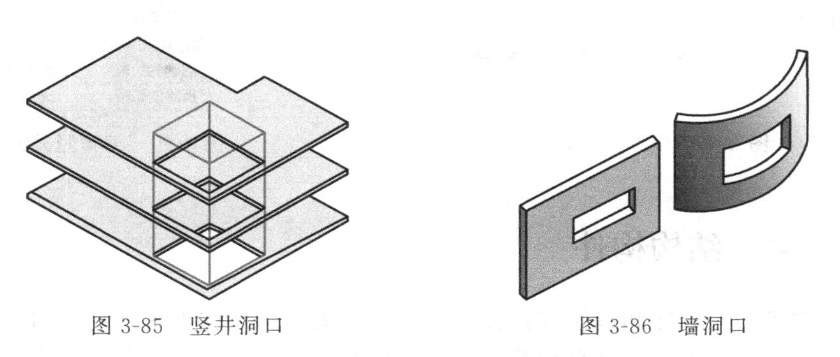

图 3-85　竖井洞口　　　　图 3-86　墙洞口

单击“建筑”选项卡“洞口”面板中的“垂直”指令，拾取屋顶、楼板或天花板的某一面并垂直于某个标高进行剪切，绘制洞口形状，单击“√”命令，完成垂直洞口的创建。垂直洞口如图 3-87 所示。

创建构成老虎窗的墙和屋顶图元，使用“连接屋顶”工具将老虎窗屋顶连接到主屋顶（在此任务中，切勿使用“连接几何图形”屋顶工具，否则会在创建老虎窗洞口时遇到错误）。打开一个可在其中看到老虎窗屋顶及附着墙的平面视图或立面视图，如果此屋顶已拉伸，则打开立面视图。单击“建筑”选项卡“洞口”面板中的“老虎窗”指令，高亮显示建筑模型上的主屋顶，单击以选择它。查看状态栏，确保高亮显示的是主屋顶。“拾取屋顶/墙边缘”工具处于活动状态，此时可以拾取构成老虎窗洞口的边界。将光标放置到绘图区域中，高亮显示有效边界（有效边界包括连接的屋顶或其底面、墙的侧面、楼板的底面、要剪切的屋顶边缘或要剪切的屋顶面上的模型线）。单击“√”命令完成编辑。老虎窗洞口如图 3-88 所示。

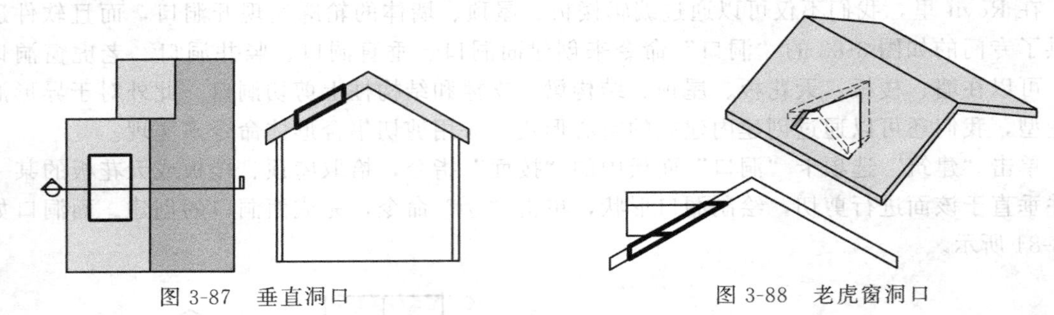

图 3-87　垂直洞口　　　　图 3-88　老虎窗洞口

以别墅为例，用“竖井”指令创建楼梯的洞口，返回“2F”楼层平面，单击“竖井”指令，在楼梯边缘绘制洞口的轮廓，如图 3-89 所示。修改竖井洞口的属性参数，“底部限制条件”为“建筑地坪”，“顶部约束”为“直到标高：2F”，如图 3-90 所示。单击“√”命令完成项目中竖井洞口的创建。

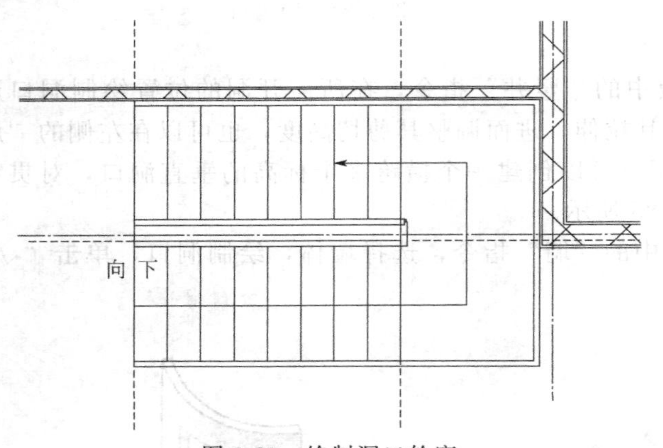

图 3-89　绘制洞口轮廓

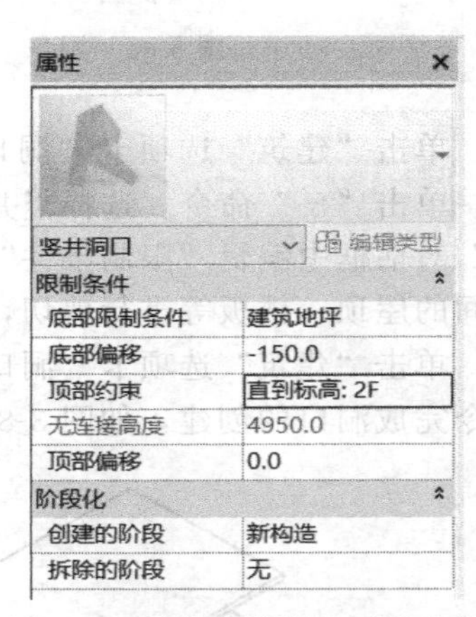

图 3-90　编辑竖井洞口属性参数

3.16　柱、梁、结构构件

本节主要讲述如何创建和编辑建筑柱、结构柱、梁、结构支架等，使读者了解建筑柱和结构柱的应用方法和区别。软件自加载了些柱、梁类型，如果工程需要的类别超出了自加载的族，可以通过“载入族”来添加类别。选择柱、梁如图 3-91、图 3-92 所示。

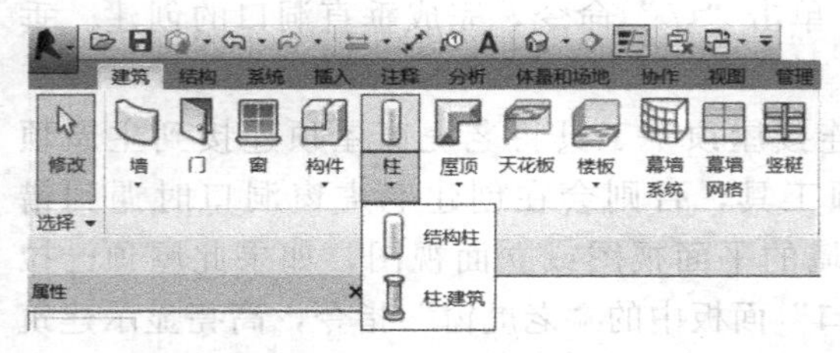

图 3-91　选择柱

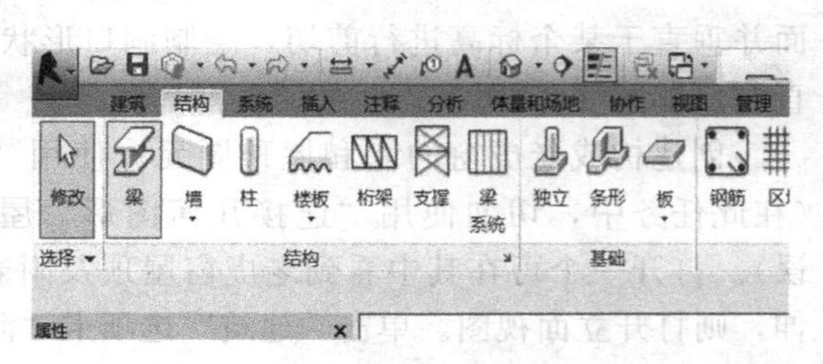

图 3-92　选择梁

3.16.1　结构柱

打开平面视图或三维视图以添加结构柱。可以手动放置每根柱，也可以使用“在轴网处”工具将柱添加到选定轴网交点处。如图 3-93 所示结构柱可以连接到结构图元，如梁、支撑和独立基础。

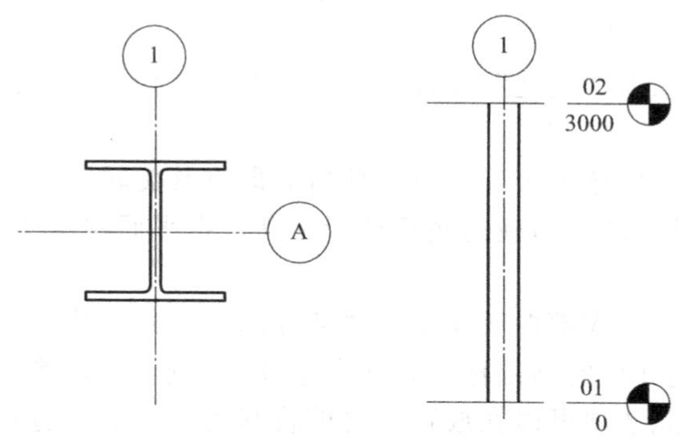

图 3-93　结构柱

放置结构柱方法步骤如下：

① 单击“建筑”选项卡“构建”面板中的“柱”下拉列表“柱：结构”指令，或单击“结构”选项卡“结构”面板中的“柱”指令。

② 从“属性”选项板上的“类型选择器”下拉列表中，选择一种柱类型。

③ 在选项栏上指定下列内容：

• 放置后旋转：选择此选项可以在放置柱后立即将其旋转。

• 标高：（仅限三维视图）为柱的底部选择标高。在平面视图中，该视图的标高即为柱的底部标高。

• 深度：此设置从柱的底部向下绘制。要从柱的底部向上绘制，请选择“高度”。

• 标高/未连接：选择柱的顶部标高；或者选择“未连接”，然后指定柱的高度。

④ 单击以放置柱。柱捕捉到现有几何图形。柱放置在轴网交点时，两组网格线将亮显，如图 3-94 所示。

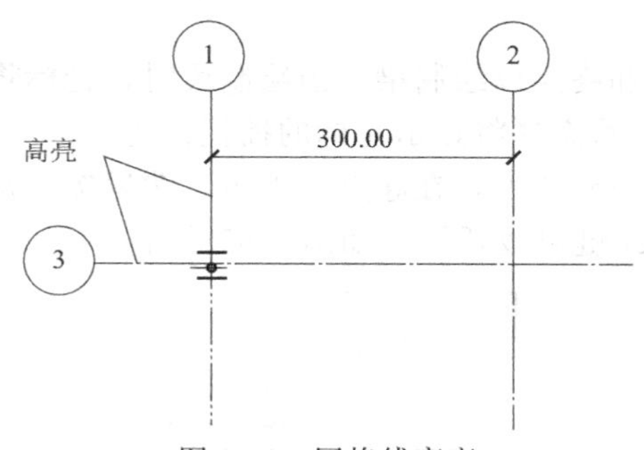

图 3-94　网格线高亮

放置柱时，使用空格键更改柱的方向。每次按空格键时，柱将发生旋转，以便与选定位置的相交轴网对齐。在不存在任何轴网的情况下，按空格键时会使柱旋转 90°。

设置完成后，在绘图区域中单击以放置柱。通常情况下，通过选择轴线或墙放置柱时将使柱对齐轴线或墙。如果在随意放置柱之后要将它们对齐，请单击“修改”选项卡下“修改”面板中的“对齐”工具，然后根据状态栏的提示，选择要对齐的柱。在柱的中间是两个可选择用于对齐的垂直参照平面。

3.16.2 建筑柱

放置建筑柱与放置结构柱的方法基本相同，可以在平面视图和三维视图中添加柱。柱的高度由“底部标高”和“顶部标高”属性以及偏移定义。

放置结构柱方法步骤如下：

① 单击“建筑”选项卡“构建”面板中的“柱”下拉列表“柱：建筑”指令。

② 在选项栏上指定下列内容：

• 放置后旋转：选择此选项可以在放置柱后立即将其旋转。

• 标高：(仅限三维视图）为柱的底部选择标高。在平面视图中，该视图的标高即为柱的底部标高。

• 深度：此设置从柱的底部向下绘制。要从柱的底部向上绘制，请选择“高度”。

• 标高/未连接：选择柱的顶部标高；或者选择“未连接”，然后指定柱的高度。

• 房间边界：选择此选项可以在放置柱之前将其指定为房间边界。

③ 在绘图区域中单击以放置柱。

如果需要移动柱，选择该柱，然后将其拖动到新位置。通常，通过选择轴线或墙放置柱时将会对齐柱。如果在随意放置柱之后要将它们对齐，请单击“修改”选项卡“修改”面板中的“对齐”指令，然后选择要对齐的柱。在柱的中间是两个可选择用于对齐的垂直参照平面。

3.16.3 梁

放置梁的方法步骤如下：

① 单击“结构”选项卡“结构”面板中的“梁”命令。

② 在选项栏上指定下列内容：

• 指定放置平面（如果需要工作平面，而不是当前标高）。

• 指定梁的结构用途。

• 选择“三维捕捉”来捕捉任何视图中的其他结构图元。可在当前工作平面之外绘制梁。例如，在启用了“三维捕捉”之后，不论高程如何，屋顶梁都将捕捉到柱的顶部。

• 选择“链”以依次连续放置梁。在放置梁时的第二次单击将作为下一个梁的起点。按 Esc 键完成链式放置梁。

在绘图区域中单击起点和终点以绘制梁。当绘制梁时，光标将捕捉到其他结构图元（例如柱的质心或墙的中心线）。状态栏将显示光标的捕捉位置。

若要在绘制时指定梁的精确长度，在起点处单击，然后按其延伸的方向移动光标。开始键入所需长度，然后按 Enter 键以放置梁，如图 3-95 所示。

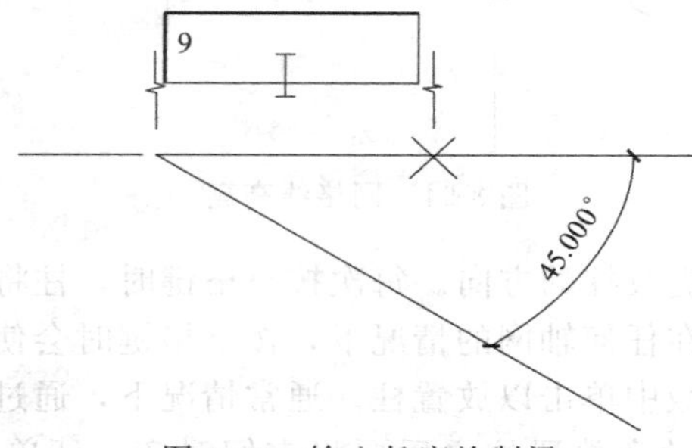

图 3-95 输入长度绘制梁

3.16.4 项目中结构柱、梯边梁的添加

在添加结构柱之前，需要先把结构柱载入项目中，选择“插入”选项卡“从库中载入”面板中的“载入族”指令，如图 3-96 所示。选择“结构”—“柱”—“混凝土”中的“混凝土-矩形-柱”，点击“打开”，如图 3-97 所示。

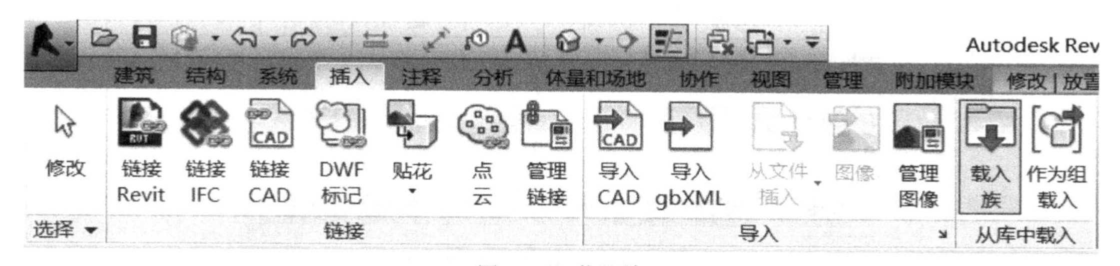

图 3-96　载入族

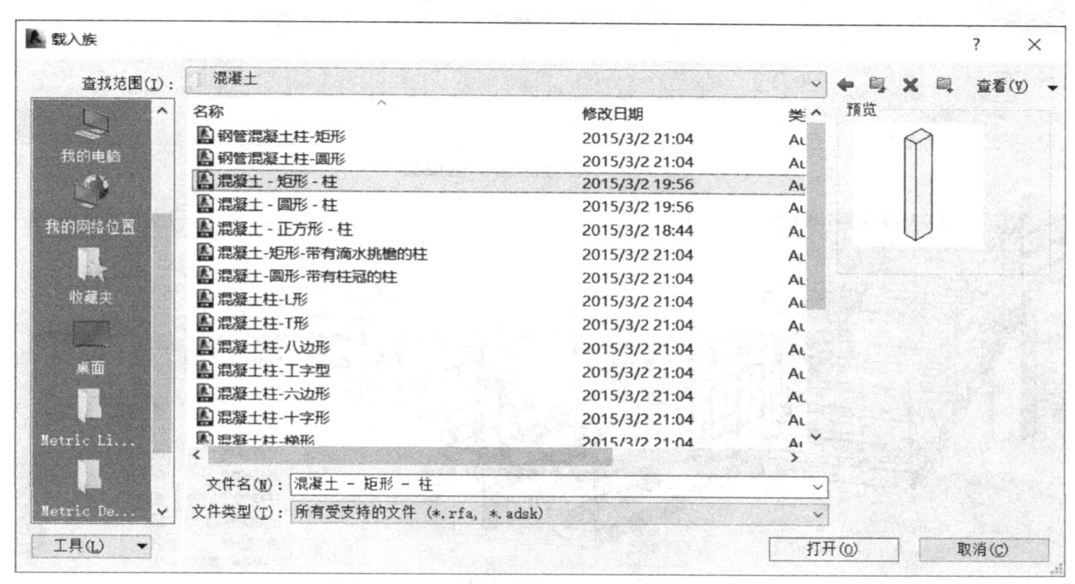

图 3-97　载入矩形结构柱

单击“建筑”选项卡“构建”面板中的“柱”下拉列表“柱：结构”指令，点击“编辑类型”，“复制”一个类型，重命名为“300×300”，修改尺寸标注中的“b”和“h”均为 300，如图 3-98 所示，点击“确定”。

参数设置完毕后，返回 1F 楼层平面点，在选项栏中选择“深度”“建筑地坪”，如图 3-99 所示。点选放置结构柱。需要注意的是室外东立面楼梯下的梯柱放置后需要重新设置高度，如图 3-100 所示。

在添加梁之前，也需要先把梁载入项目中，选择“插入”选项卡“从库中载入”面板中的“载入族”指令。选择“结构”—“结构”—“框架”—“混凝土”中的“混凝土-矩形梁”，点击“打开”。

单击“结构”选项卡“结构”面板中的“梁”指令，点击“编辑类型”，“复制”一个类型，重命名为“室外 300×240”，修改尺寸标注中的“b”和“h”分别为 240 和 300，如图 3-101 所示，点击“确定”。

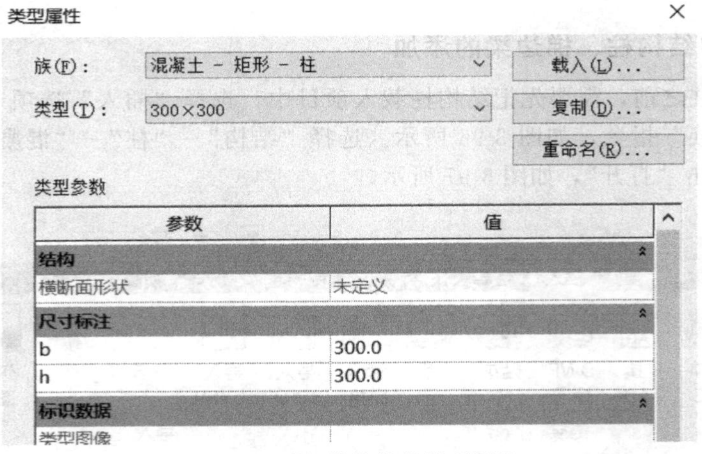

图 3-98　编辑结构柱的类型属性

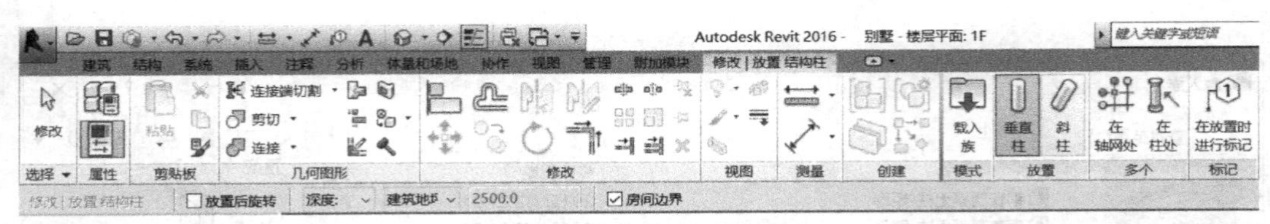

图 3-99　结构柱选项栏设置

图 3-100　修改结构柱

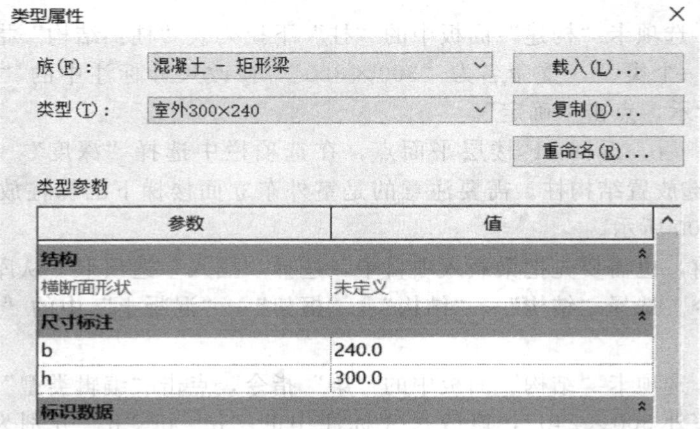

类型属性

族(F)：混凝土 - 矩形梁　　载入(L)...

类型(T)：室外300×240　　复制(D)...

重命名(R)...

类型参数

参数	值
结构	
横断面形状	未定义
尺寸标注	
b	240.0
h	300.0
标识数据	

图 3-101　编辑梁的类型属性

返回三维视图中，应用拾取线工具，配合 Tab 键，拾取楼板上边缘，然后进行对齐，如图 3-102 所示。

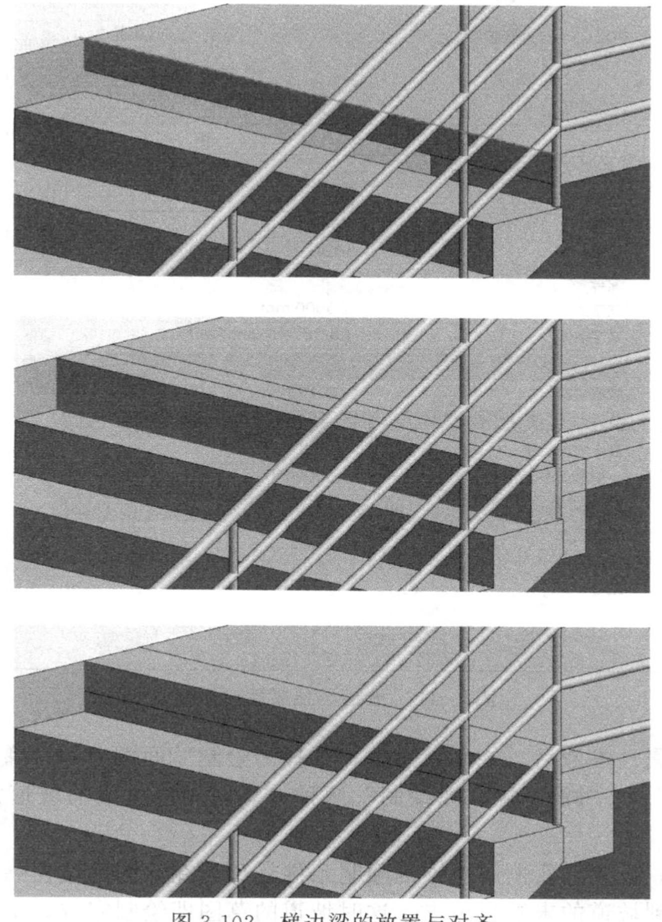

图 3-102 梯边梁的放置与对齐

同理放置其他室外梯边梁与室内梯边梁。

3.17 坡道

在平面视图或三维视图中，可使用坡道工具将坡道添加到建筑模型中。坡道的创建方法与楼梯非常相似，可使用与绘制楼梯所用的相同工具和程序来绘制坡道。可以定义直坡道、L 形坡道、U 形坡道和螺旋坡道，还可以通过修改草图来更改坡道的外边界。

单击“建筑”选项卡“楼梯坡道”面板中的“坡道”指令，点击“编辑类型”，“类型属性”如图 3-103 所示。

造型：设置坡道的造型为“实体”或“结构板”，造型为结构板时才能启用厚度设置。

厚度：设置坡道的厚度。仅当“造型”属性设置为结构板时，厚度设置才会启用。

功能：指示创建的当前坡道是建筑内部的还是外部的。

最大斜坡长度：指定创建的坡道中连续踢面高度的最大数量值。

坡道最大坡度：设置坡道的最大坡度值。

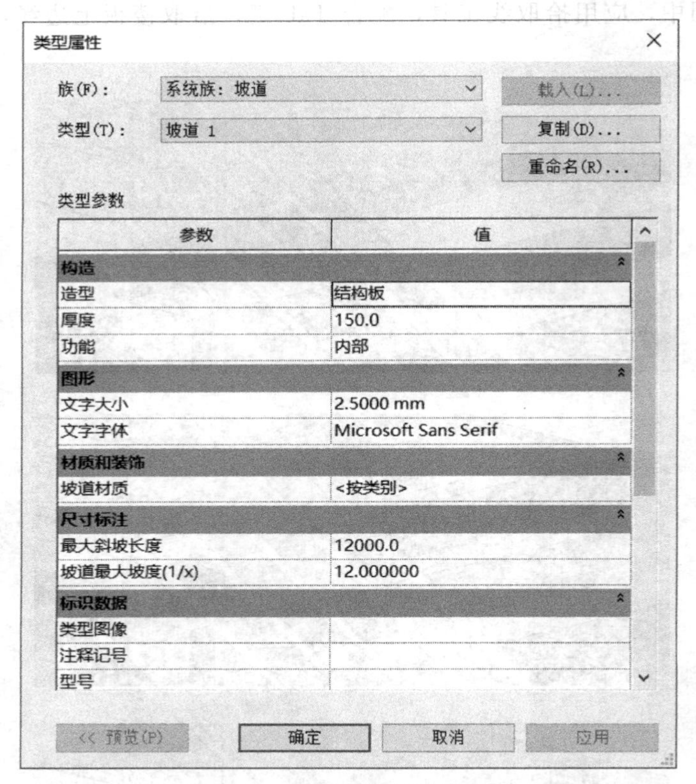

图 3-103　坡道类型属性对话框

在设置完各类属性参数后，绘制状态下，选择“绘制”面板上的“梯段”按钮，坡道的绘制有“直线绘制”和“圆点-端点弧绘制”两种方式，对应生成的坡道为直线形坡道和环形坡道。

以直线形为例，设置好实例属性中的限制条件，可先在绘图区域任一位置单击作为坡道的起点，拖动鼠标到坡道的末端再单击，这时坡道的草图即绘制完成，草图由绿色边界、踢面和中心线组成，如图 3-104 所示，可对其做相应修改调整。

单击“工具”面板中的“栏杆扶手”可对坡道栏杆的类型修改。

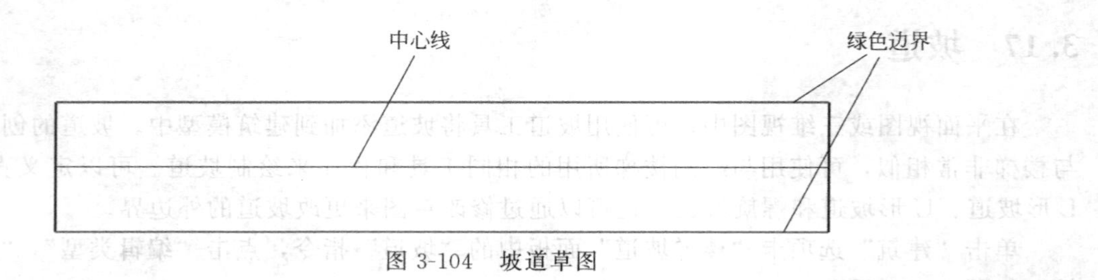

图 3-104　坡道草图

若需要对绘制完成的坡道进行修改，可以选择需要修改的坡道，在“修改｜坡道”上下文选项卡中，单击“模式”面板下的“编辑草图”按钮，进入绘制界面，修改坡道轮廓线，点击完成。

若需修改坡道造型，将坡道类型属性中的坡道造型由结构板改为实体后，坡道样式发生变化，如图 3-105 所示。

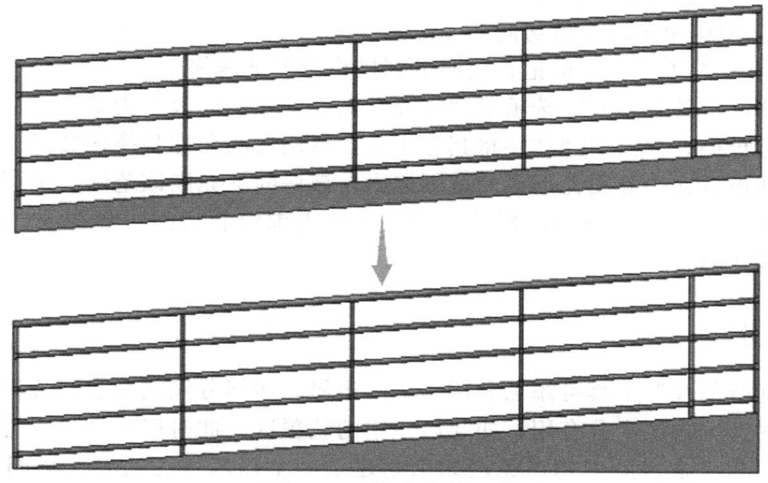

图 3-105 修改坡道造型

3.18 房间和面积

房间是基于图元（例如墙、楼板、屋顶和天花板）对建筑模型中的空间进行细分的部分，这些图元定义为房间边界图元。Revit 在计算房间周长、面积和体积时会参考这些房间边界图元。可以启用/禁用很多图元的“房间边界”参数。当空间中不存在房间边界图元时，还可以使用房间分隔线进一步分割空间。当添加、移动或删除房间边界图元时，房间的尺寸将自动更新。

3.18.1 创建房间

创建房间步骤如下：

① 打开平面视图。

② 单击“建筑”选项卡“房间和面积”面板中的“房间”指令。

③ 要随房间显示房间标记，需选中“在放置时进行标记”：“修改 | 放置房间”选项卡“标记”面板中的“在放置时进行标记”。若要在放置房间时忽略房间标记，关闭此选项。

④ 在选项栏上执行下列操作：

• 对于“上限”，指定将从其测量房间上边界的标高。例如，如果要向标高 1 楼层平面添加一个房间，并希望该房间从标高 1 扩展到标高 2 或标高 2 上方的某个点，则可将“上限”指定为“标高 2”。

• 对于从“上限”标高开始测量的“偏移”，输入房间上边界距该标高的距离。输入正值表示向“上限”标高上方偏移，输入负值表示向其下方偏移。

• 指明所需的房间标记方向。

• 要使房间标记带有引线，请选择“引线”。

• 对于“房间”，选择“新建”创建新房间，或者从列表中选择一个现有房间。

⑤ 要查看房间边界图元，单击“修改 | 放置房间”选项卡“房间”面板中的“高亮显示边界”指令。Revit 将高亮显示所有房间边界图元，并显示一个警告对话框。若要查看模型中所有房间边界图元（包括未在当前视图中显示的图元）的列表，单击警告对话框中的

“扩展”指令。若要退出该警告对话框并消除高亮显示，单击“关闭”。

⑥ 在绘图区域中单击以放置房间。

⑦ 如果随房间放置了一个标记，按照下列操作命名该房间：

· 单击“修改 | 放置房间”选项卡“选择”面板中的“修改”指令。

· 在房间标记中，单击房间文字将其选中，然后用房间名称替换该文字。

如果将房间放置在边界图元形成的范围之内，该房间会充满该范围。也可以将房间放置到自由空间或未完全闭合的空间，稍后在此房间的周围绘制房间边界图元。添加边界图元时，房间会充满边界。

3.18.2 房间分隔

使用“房间分隔线”工具可添加和调整房间边界。房间分隔线是房间边界，在房间内指定另一个房间时，分隔线十分有用，如起居室中的就餐区，此时房间之间不需要墙。房间分隔线在平面视图和三维视图中均可见。如果创建了一个以墙作为边界的房间，则默认情况下，房间面积是基于墙的内表面计算得出的。如果要在这些墙上添加洞口，并且仍然保持单独的房间面积计算，则必须绘制通过该洞口的房间分隔线，以保持最初计算得出的房间面积。

① 打开一个楼板平面视图。

② 单击“建筑”选项卡“房间和面积”面板中的“房间分隔”指令。

③ 选择一个绘制工具，绘制房间分隔线。

3.18.3 项目中房间的添加

以别墅为例，返回一层平面视图，创建一层平面房间。在“建筑”选项卡内的“房间和面积”面板中，单击“房间”命令，在属性对话框中选择带面积的房间标记，如图 3-106 所示。将鼠标指针放置于有封闭空间的房间，单击鼠标左键放置，双击房间名称进入编辑状态，此时房间以红色线段显示，然后输入房间名称为“卫生间”，按 Enter 键确认，如图 3-107 所示，按照相同的方法，放置其他房间并修改各个房间名称。

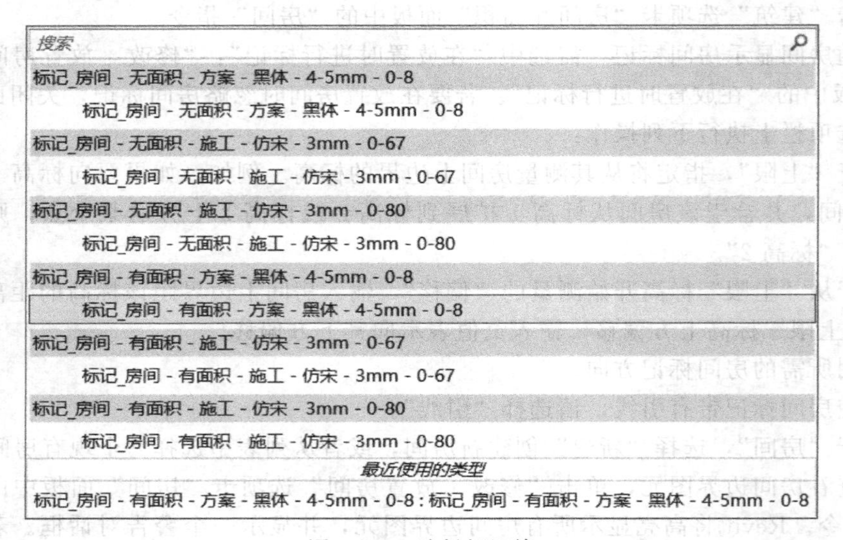

图 3-106 选择标记族

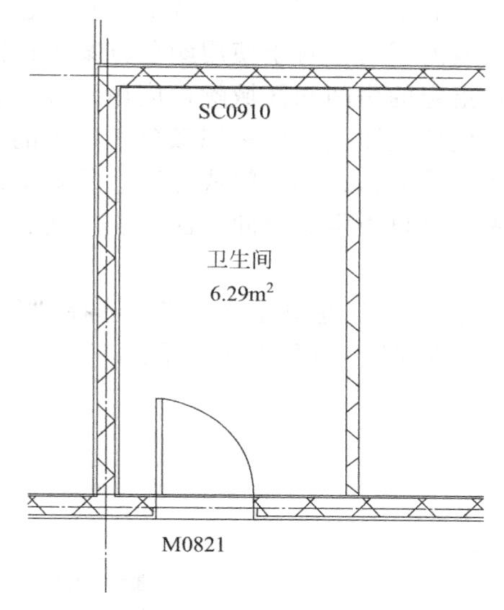

图 3-107　设置房间

对于没有封闭的房间，需要添加房间分割线。切换至一层平面，在“建筑”选项卡内的“房间和面积”面板中，单击“房间分隔”命令，选择“直线”命令，在一层大厅区域添加房间分隔线，将其分成几个区域，如图 3-108 所示。采用上节的方法对其进行标记，修改房间名称。

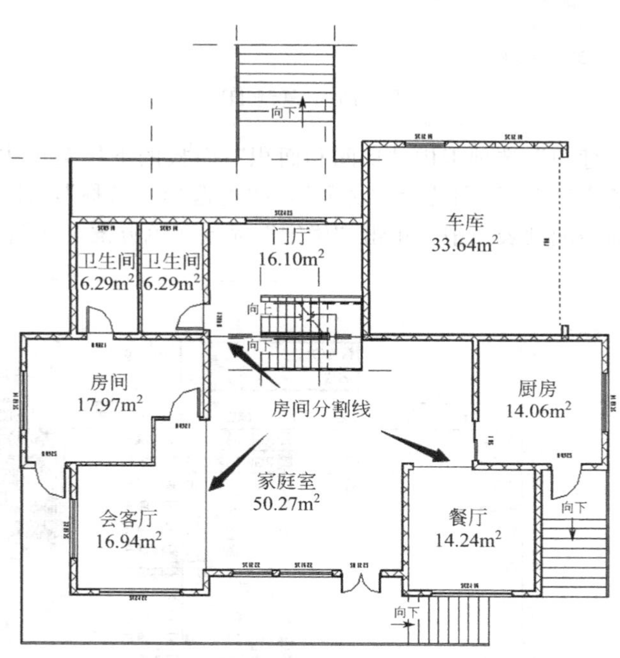

图 3-108　添加房间分隔线

同理完成其他楼层房间的添加。

3.18.4　房间颜色方案

“颜色方案”用于以图形方式表示空间类别。例如，可以按照房间名称、面积、占用或部门创建颜色方案。如果要在楼层平面中按部门填充房间的颜色，那么可将每个房间的“部门”参数值设置为必需的值，然后根据“部门”参数值创建颜色方案，接着可以添加颜色填充图例，以标识每种颜色所代表的部门。对于使用颜色方案的视图，颜色填充图例是颜色表示的关键所在。颜色方案可将指定的房间和区域颜色应用到楼层平面视图或剖面视图中。可向已填充颜色的视图中添加颜色填充图例，以标识颜色所代表的含义。可以根据以下内容的参数值应用颜色方案：①房间；②面积；③空间或分区；④管道或分管。

要使用颜色方案，必须先在项目中定义房间、面积、空间、分区、管道或风管，可以在“属性”选项板上指定参数值。

以别墅为例，在项目浏览器中，右键单击“1F”，选择“复制视图”中的“带细节复制”，并重命名为“1F 颜色填充方案”，如图 3-109 所示。

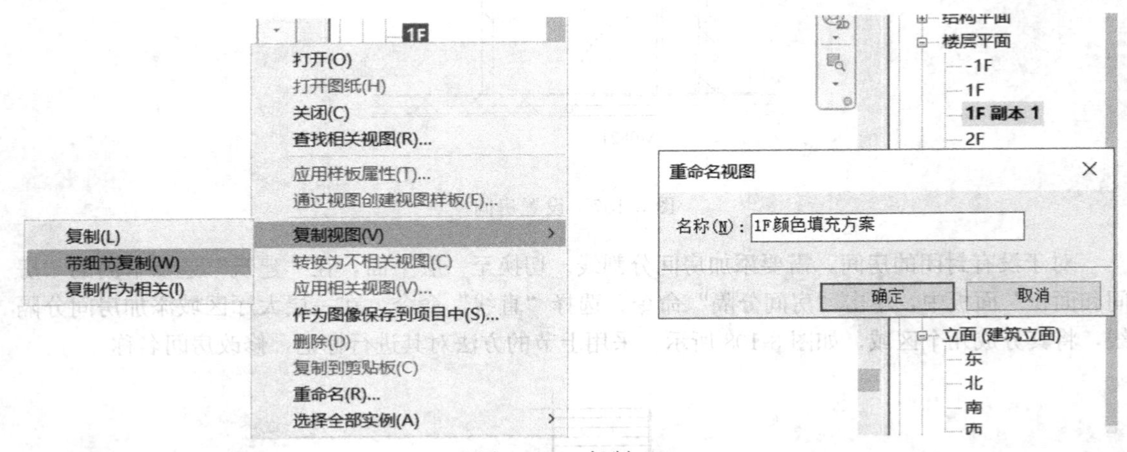

图 3-109　复制 1F

当前视图下，在“建筑”选项卡内“房间和面积”面板的下拉菜单中，选择“颜色方案”命令，弹出“编辑颜色方案”，类别选择“房间”，颜色选择“名称”，此时软件将自动读取项目房间，并显示在当前房间列表当中，单击“确定”完成颜色方案，如图 3-110 所示。

编辑颜色方案

方案
类别：房间
(无)
-1F房间图例
1F房间图例
2F房间图例

方案定义
标题：1F房间图例
颜色(C)：名称
按值(V)
按范围(G)
编辑格式(E)...

	值	可见	颜色	填充样式	预览	使用中
1	主卧室	☐	RGB 032-160	实体填充		是
2	休息室	☐	RGB 032-096	实体填充		是
3	会客厅	☑	RGB 096-160	实体填充		是
4	佣人房	☐	RGB 096-096	实体填充		是
5	储藏室	☐	RGB 096-032	实体填充		是
6	卧室	☐	RGB 160-160	实体填充		是
7	卫生间	☑	RGB 096-175	实体填充		是
8	厨房	☑	RGB 194-161	实体填充		是
9	客房	☑	RGB 032-160	实体填充		是
10	家庭室	☑	RGB 224-160	实体填充		是
11	工作室	☐	RGB 224-096	实体填充		是
12	房间	☐	RGB 224-032	实体填充		是
13	棋牌室	☑	RGB 064-192	实体填充		是

选项
☐ 包含链接中的图元(I)

确定　取消　应用　帮助(H)

图 3-110　编辑颜色方案

如图 3-111 所示，单击“注释”选项卡内的“颜色填充”面板中的“颜色填充 图例”命令，单击空白位置放置，在弹出的“选择空间类型和颜色方案”对话框中选择“房间”和“1F 房间图例”。

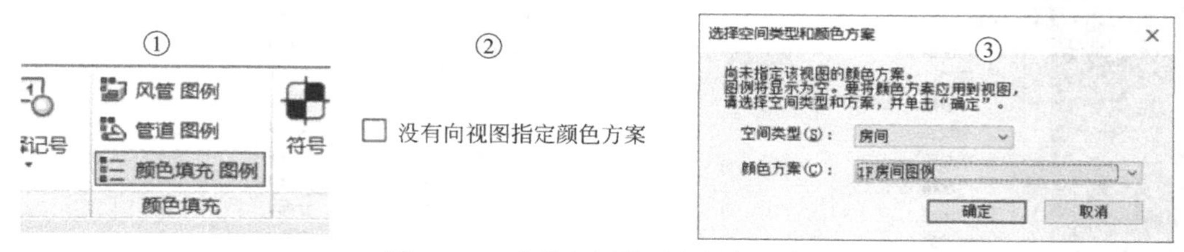

图 3-111　选择空间类型和颜色方案

单击确定后，房间图例放置完成后的效果图如图 3-112 所示，填充图例的位置可进行拖动调整，也可通过拖拽控制柄改变图例的排列方向。

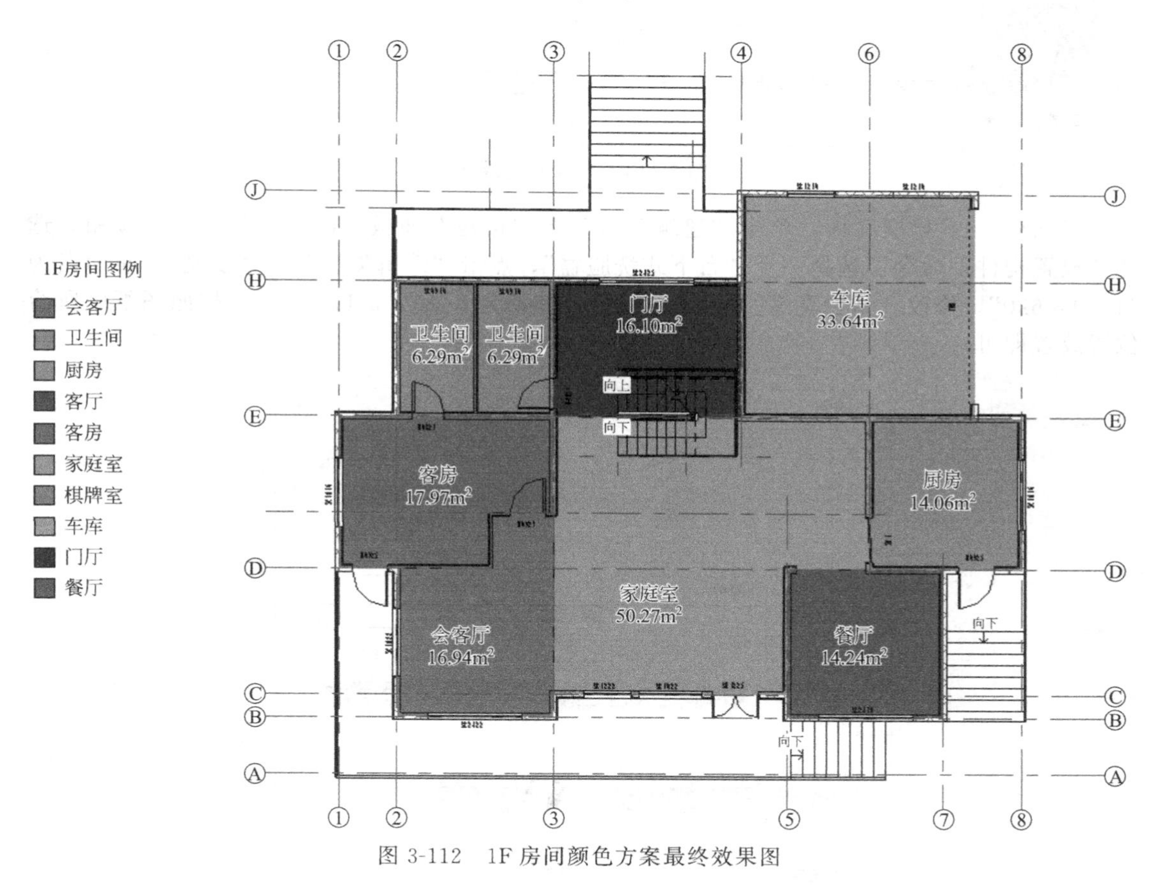

图 3-112　1F 房间颜色方案最终效果图

同理完成其他楼层房间的颜色添加。

3.19　项目中建筑构件的添加

单击“插入”选项卡“从库中载入”面板中的“载入族”指令。选择“建筑”—“卫生器具”—“3D”—“常规卫浴”，分别导入“洗脸盆”“坐便器”“浴盆”，点击“打开”，如

图 3-113 所示。

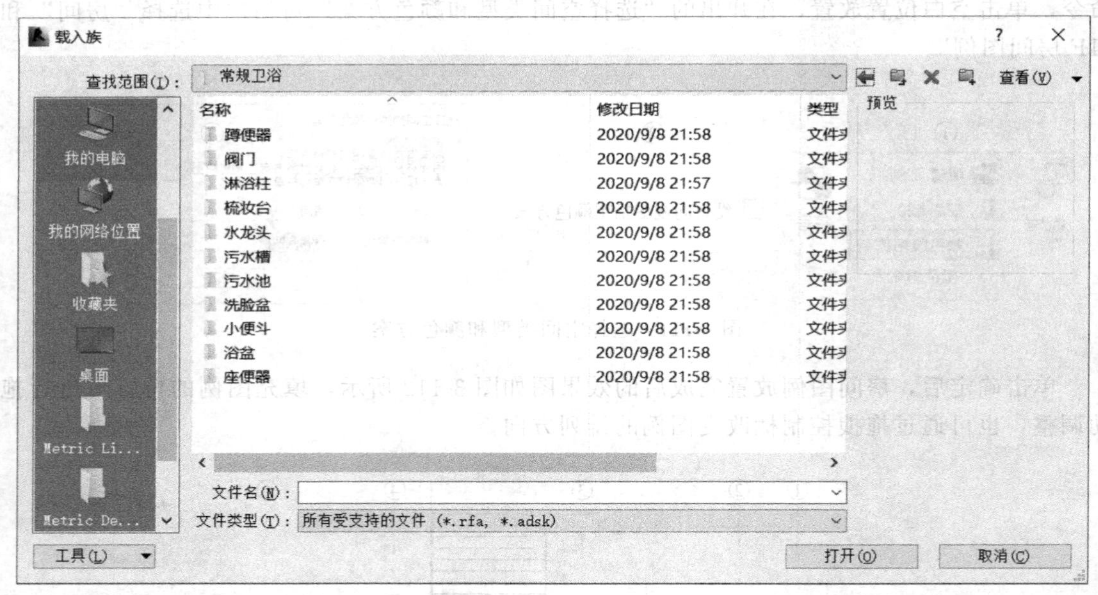

图 3-113　导入卫生器具

返回到－1F 楼层平面，单击“建筑”选项卡“构建”面板中的“构件”下拉按钮，选择“放置构件”命令。选择一个“台下式洗脸盆”，点击“编辑类型”—“复制”，重命名为“1200×620”，修改“柜台宽度”“柜台深度”点击确定，如图 3-114 所示。按照图纸中所给位置放置即可。

类型属性

族(F)：台下式洗脸盆　　载入(L)...

类型(T)：1200×620　　复制(D)...

重命名(R)...

类型参数

参数	值
洗脸盆材质	瓷，亚麻色
水龙头与配件材质	不锈钢，抛光
柜台材质	胡桃木
机械	
WFU	
HWFU	
CWFU	
尺寸标注	
污水出口到墙	235.0
水龙头高度	166.0
柜台宽度	1200.0
柜台厚度	30.0
柜台深度	620.0
标识数据	
类型图像	
注释记号	

<< 预览(P)　确定　取消　应用

图 3-114　修改台下式洗脸盆参数

同理放置坐便器和浴盆，效果图如图3-115所示。重复以上操作，完成一二层卫生器具的放置。

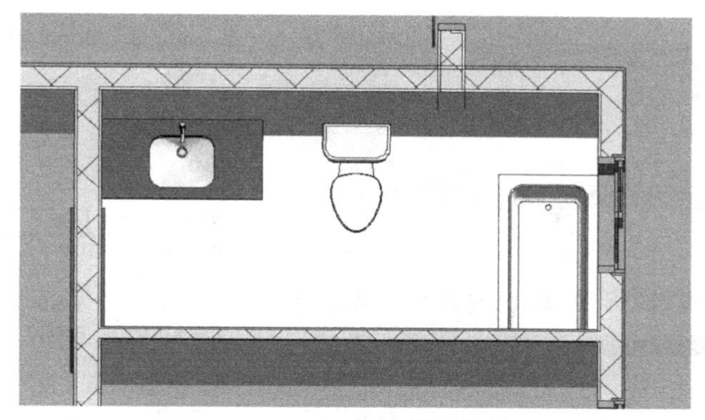

图3-115 一1F卫生器具效果图

3.20 建筑构件案例解析

3.20.1 创建幕墙模型

根据图3-116给定的北立面和东立面，创建玻璃幕墙及其水平竖挺模型。请将模型文件以“幕墙.rvt”为文件名保存。详细步骤如下。

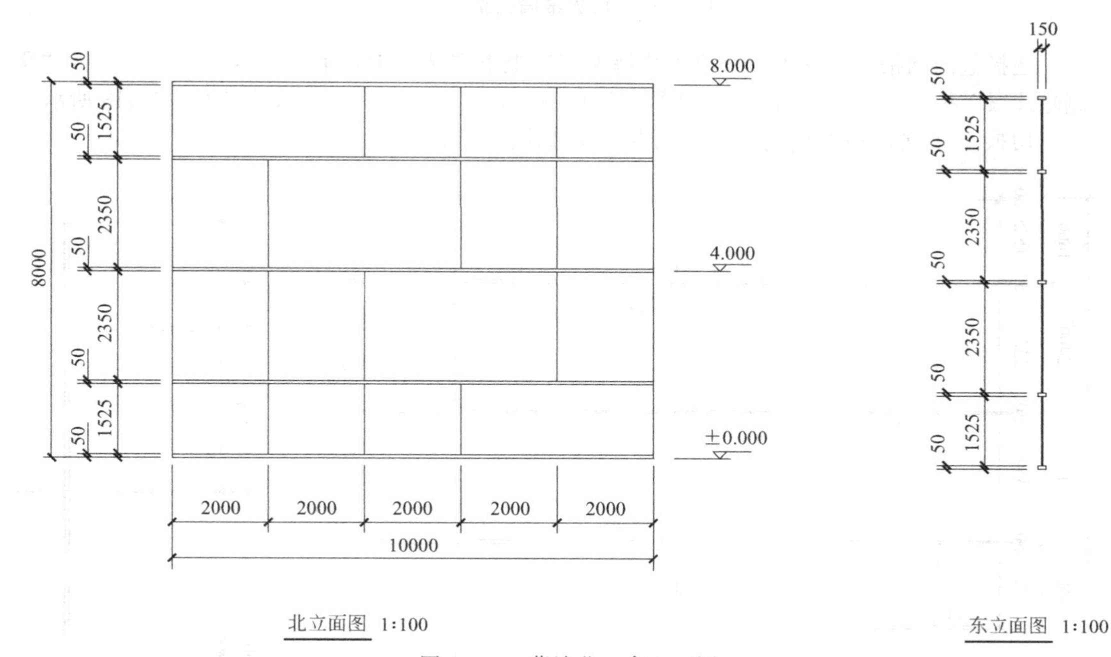

图3-116 幕墙北、东立面图

① 打开Revit软件，选择建筑样板，新建一个项目；切换到标高1楼层平面视图，单击“建筑”选项卡“构建”面板“墙”下拉列表“墙：建筑”按钮；选择墙类型为“幕墙”，单击属性选项板“编辑类型”按钮，在弹出的“类型属性”对话框中设置幕墙类型参数，如

图 3-117 所示；设置左侧幕墙实例参数，自左至右绘制长度为 10000mm 的一段幕墙；切换至南立面视图，单击快速访问工具栏“对齐”按钮进行对齐尺寸标注。

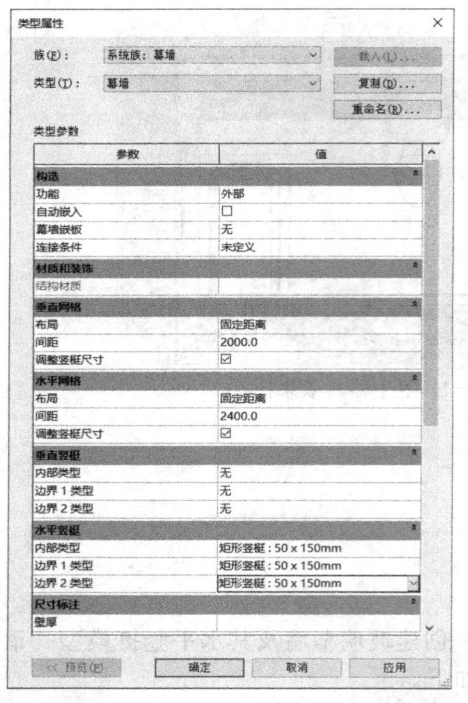

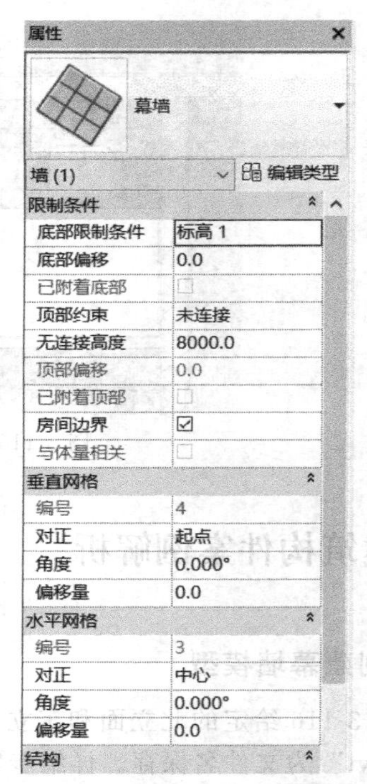

图 3-117　设置幕墙类型参数

② 选择竖向网格线，进入“修改｜幕墙网络”上下文选项卡，单击“幕墙网络”面板“添加/删除线段”按钮；单击竖向网格上需要删除的线段，自动删除，删除后效果如图 3-118 所示。

③ 切换至东立面视图进行对齐尺寸标注，如图 3-119 所示。

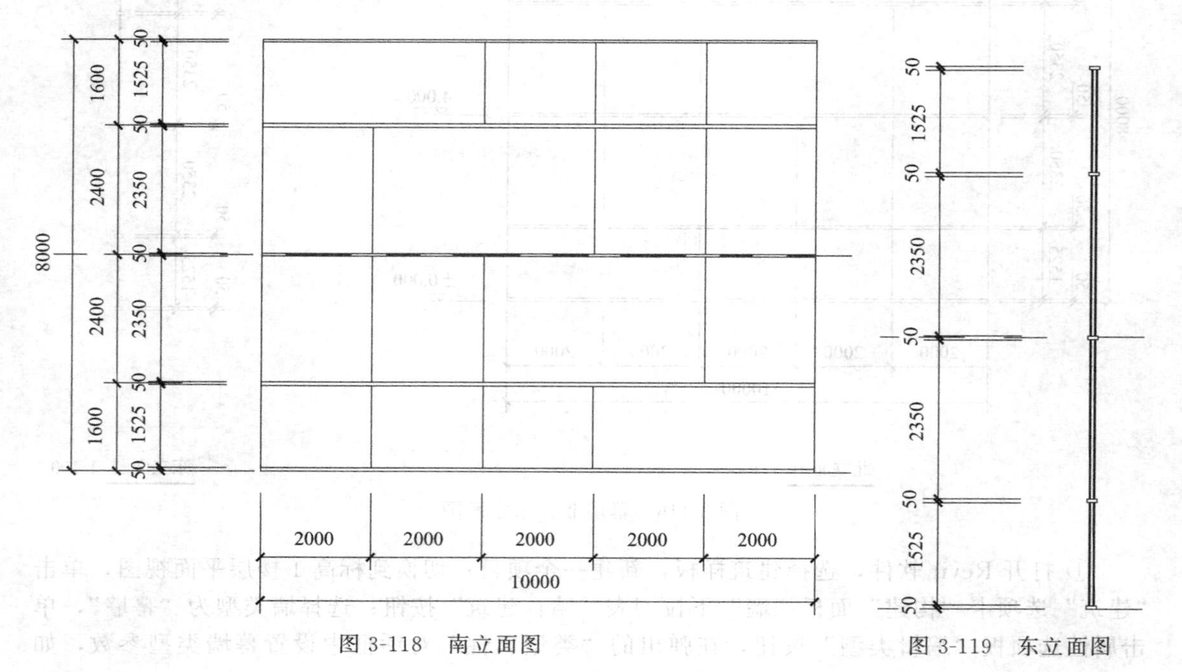

图 3-118　南立面图　　　　图 3-119　东立面图

④ 最后保存模型为项目文件“幕墙”。

3.20.2 创建楼梯模型

按照给出的楼梯平、剖面图（图 3-120），创建楼梯模型，并参照平面图在所示位置建立楼梯剖面模型，栏杆高度为 1100mm，栏杆样式不限。结果以“楼梯”为文件名保存。其他建模所需尺寸可参考给定的平、剖面图自定。详细步骤如下。

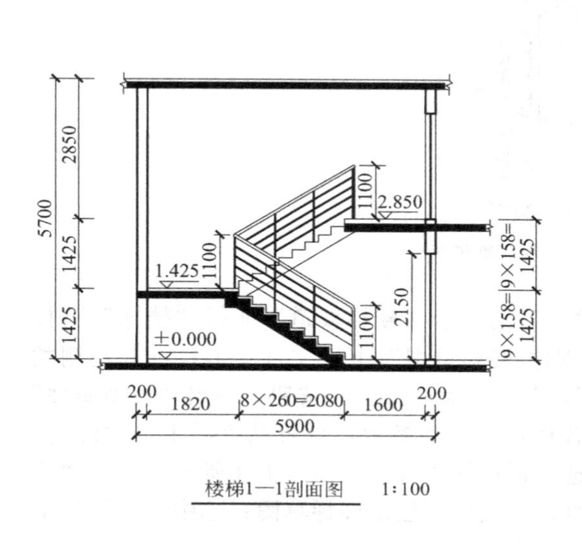

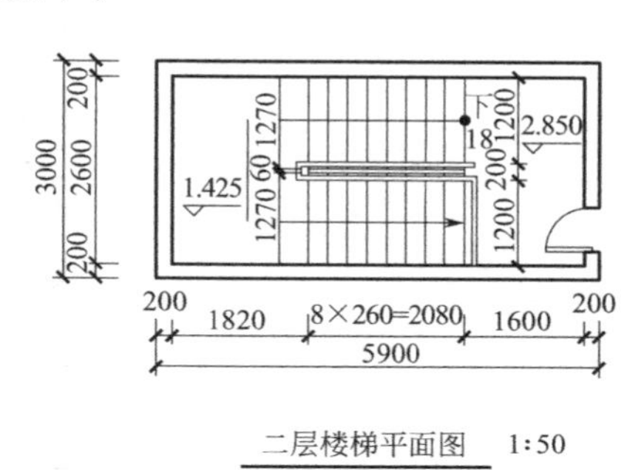

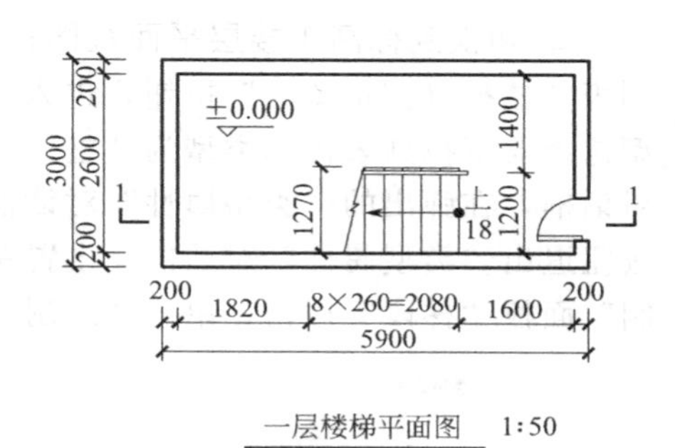

图 3-120 楼梯

① 选择“建筑样板”新建一个项目，切换到南立面视图，修改标高 2 数值为 2.850m，创建标高 3，其标高数值为 5.700m，如图 3-121 所示；切换到标高 1 楼层平面视图，修改平面图的视图比例为 1 : 50；单击“建筑”选项卡“构建”面板“墙”下拉列表“墙：建筑”按钮，进入“修改 | 放置墙”上下文选项卡；选择左侧类型选择器下拉列表墙体类型为“基本墙：常规-200mm”，设置左侧属性选项板实例参数，选项栏“定位线”设置为“面层面：外部”，单击“绘制”面板“直线”按钮，根据提供的图纸沿顺时针绘制墙体，单击快速访

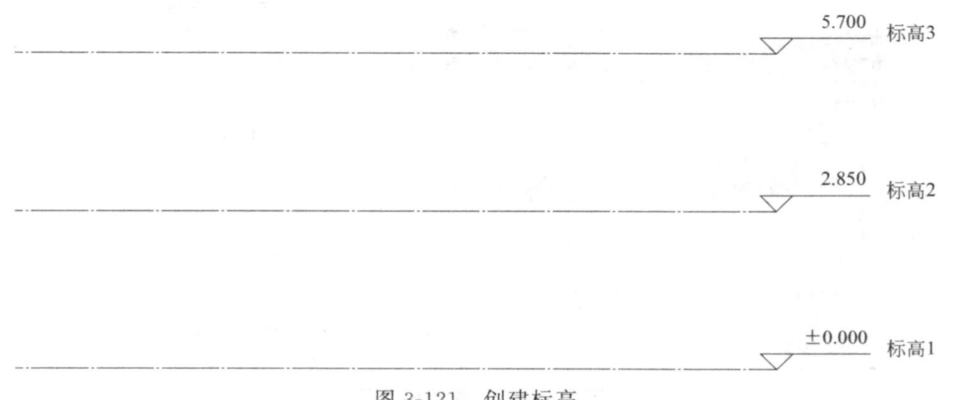

图 3-121 创建标高

问工具栏“参照平面”按钮绘制参照平面并进行对齐尺寸标注，标高 1 和标高 2 楼层平面视图各插入一个单扇平开门（门高度为 2150mm）；切换到三维视图，查看绘制的墙体以及布置的门的三维模型，如图 3-122 所示。

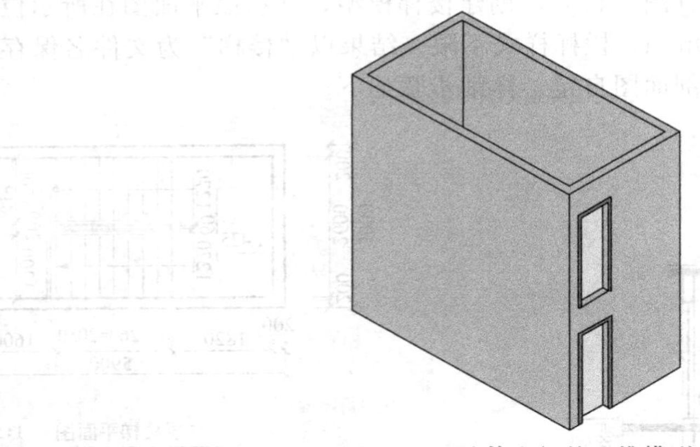

图 3-122 墙体和门的三维模型

② 切换到标高 1 楼层平面视图；单击“建筑”选项卡“楼梯坡道”面板“楼梯”下拉列表“楼梯（按草图）”按钮，进入“修改 | 创建 楼梯草图”上下文选项卡；选择左侧类型选择器下拉列表楼梯类型为“整体浇筑楼梯”，单击“编辑类型”按钮，弹出“类型属性”对话框，在弹出的“类型属性”对话框中，设置楼梯的类型参数，设置结束后单击“确定”按钮退出“类型属性”对话框，设置左侧属性选项板楼梯参数，如图 3-123 所示；激活“绘制”面板“梯段”按钮，单击“绘制”面板“直线”按钮，绘制楼梯草图；选中中间休息平

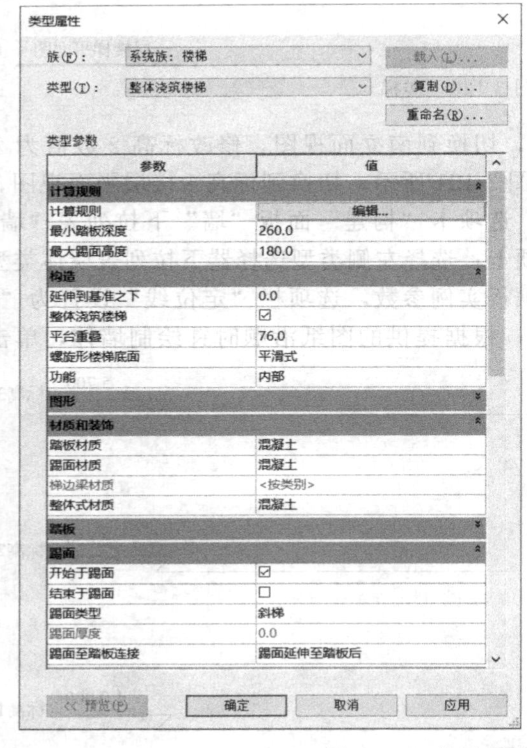

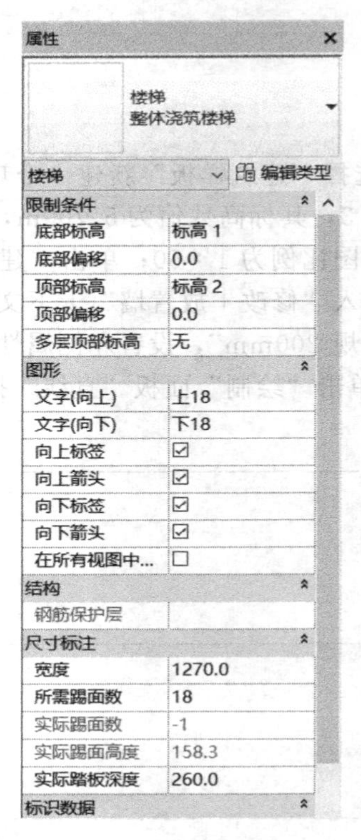

图 3-123 设置楼梯参数

台边缘线对齐至左侧墙体内侧，单击“工具”面板“栏杆扶手”按钮，弹出“栏杆扶手”对话框，在弹出的“栏杆扶手”对话框中，设置“栏杆扶手：默认；位置：在踏板上”，单击“确定”按钮，退出“栏杆扶手”对话框；单击“模式”面板“完成编辑模式”按钮“√”，完成楼梯创建，如图 3-124 所示；切换到三维视图，选中所有墙体，单击右键，选择“替换视图中图形按图元”按钮，在弹出的“视图专有图元图形”对话框中，设置“曲面透明度”为 90，如图 3-125 所示；设置完墙体的曲面透明度后，在三维视图里面可以看到空间的楼梯结构，选择靠墙的栏杆扶手并将其删除，模型如图 3-126 所示。

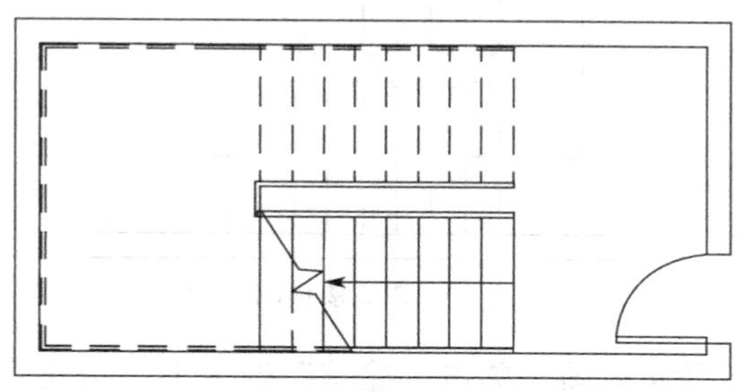

图 3-124　初步完成的楼梯平面图

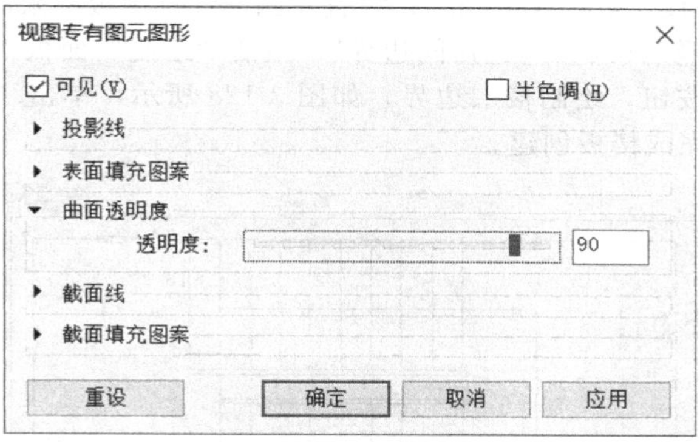

视图专有图元图形

☑可见(V)　☐半色调(H)

▸ 投影线

▸ 表面填充图案

▾ 曲面透明度

透明度：90

▸ 截面线

▸ 截面填充图案

重设　确定　取消　应用

图 3-125　曲面透明度参数设置

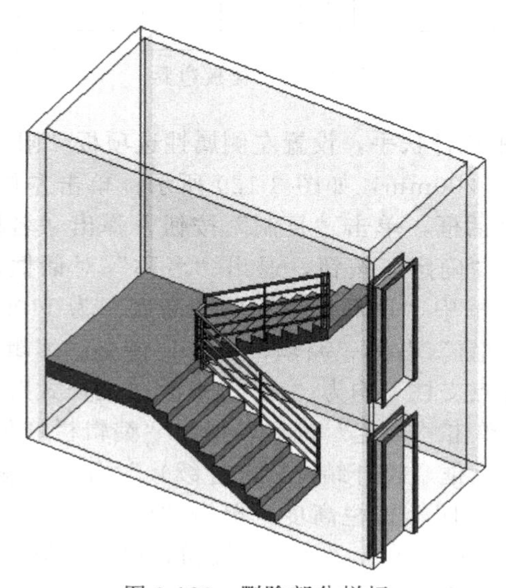

图 3-126　删除部分栏杆

③ 切换到标高 2 楼层平面视图，选中楼梯进入“修改｜楼梯”上下文选项卡，单击“模式”面板“编辑草图”按钮，进入“修改｜楼梯 编辑草图”上下文选项卡；复制一个踢面并且延伸边界线至踢面线，如图 3-127 所示；单击“模式”面板“完成编辑模式”按钮“√”，完成楼梯创建。

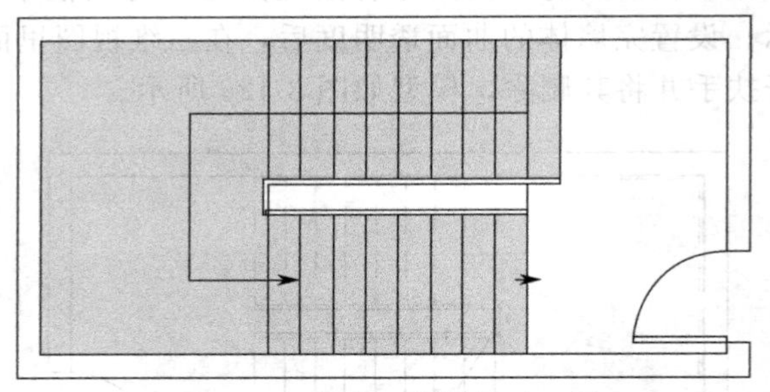

图 3-127　标高 2 楼梯间平面图

④ 切换到标高 2 楼层平面视图，单击“建筑”选项卡“构建”面板“楼板”下拉列表“楼板：建筑”按钮，进入“修改｜创建 楼层边界”上下文选项卡；选择左侧类型选择器下拉列表楼板类型为“楼板：常规-150mm”；设置左侧属性选项板“限制条件”为“标高：标高 2；自标高的高度偏移：0.0；勾选房间边界”；激活“绘制”面板“边界线”按钮，单击“绘制”面板“直线”按钮，绘制楼层边界，如图 3-128 所示，单击“模式”面板“完成编辑模式”按钮“√”，完成楼板创建。

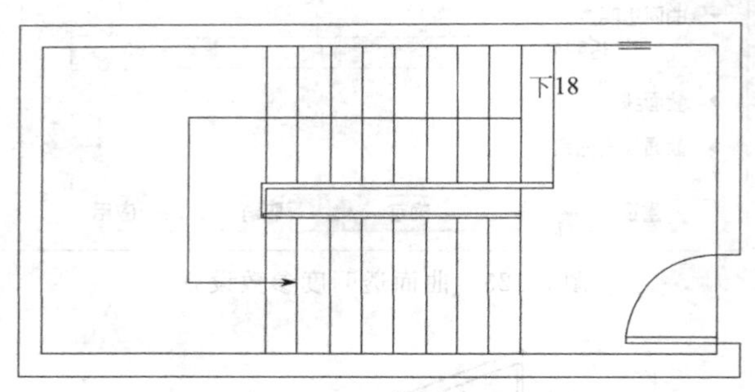

图 3-128　楼板边界

⑤ 修改栏杆扶手。选中栏杆扶手，设置左侧属性选项板“限制条件”下“踏板/梯边梁偏移”为 70，则栏杆间距为 200mm，如图 3-129 所示；单击左侧属性选项板“编辑类型”按钮，弹出“类型属性”对话框，单击“复制”按钮，弹出“名称”对话框，输入名称为“1100mm 栏杆扶手”，单击“确定”按钮，退出“名称”对话框，回到“类型属性”对话框，设置“类型属性”对话框中“顶部扶栏”的“高度”为 1100，如图 3-130 所示；单击“类型属性”对话框“栏杆位置”右侧“编辑”按钮，弹出“编辑栏杆位置”对话框，修改支柱下“起点支柱”和“终点支柱”均为“无”，修改“主样式”下“常规栏杆”项“相对前一栏杆的距离”为 719，单击“确定”按钮，退出“编辑栏杆位置”对话框，如图 3-131 所示；单击“类型属性”对话框“栏杆结构（非连续）”右侧“编辑”按钮，弹出“编辑扶手（非连续）”对话框，修改四个扶栏高度，单击“确定”按钮，退出“编辑扶手（非连续）”对话框，如图 3-132 所示；单击“确定”按钮，退出“类型属性”对话框；创建的楼梯和修改后的栏杆扶手三维模型如图 3-133 所示。

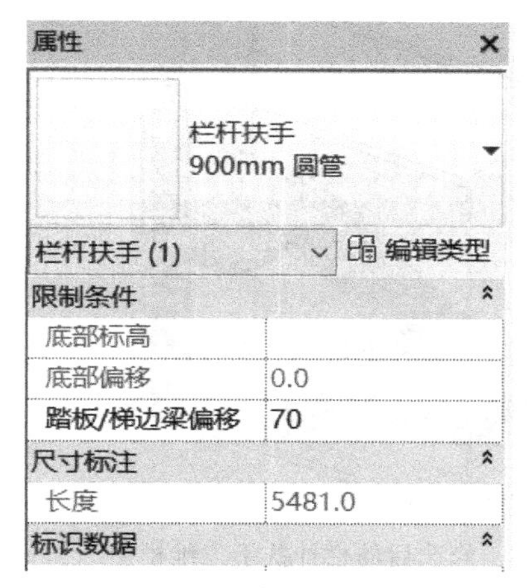

图 3-129　修改栏杆偏移

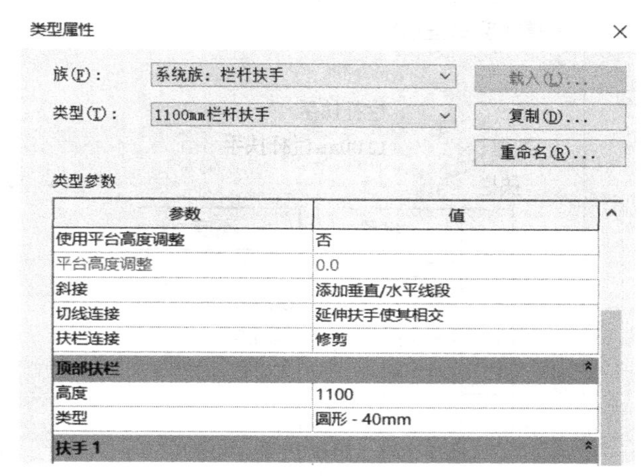

图 3-130　设置顶部扶栏高度

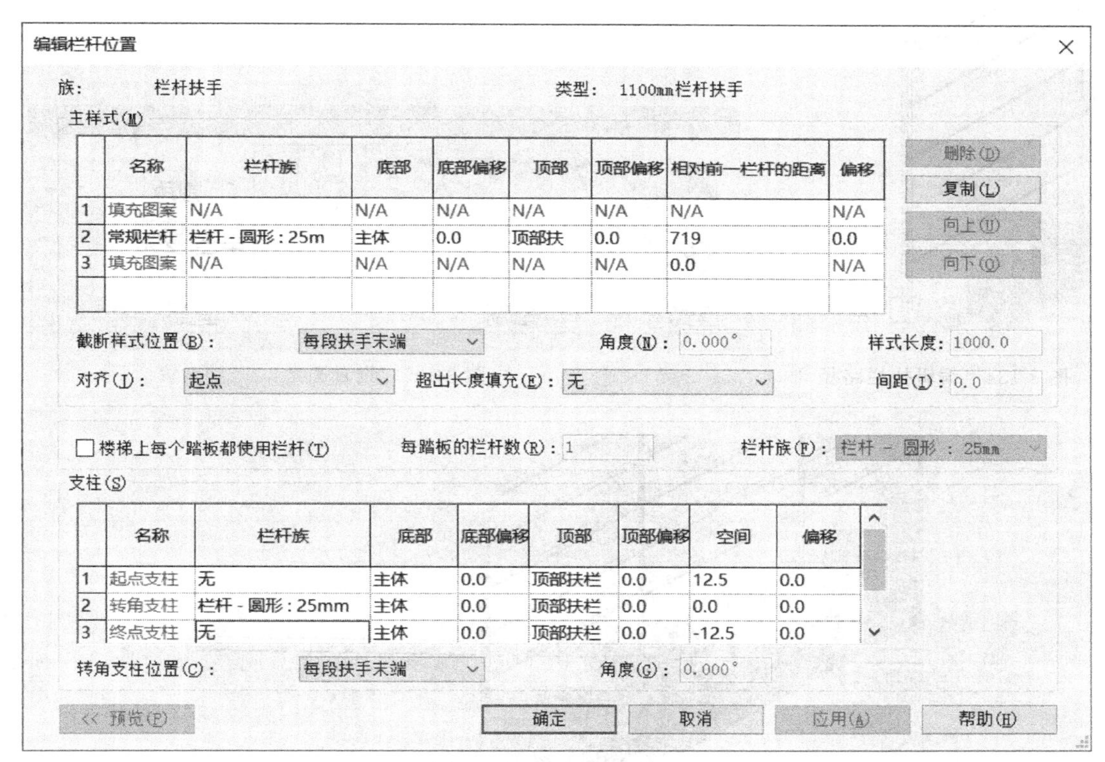

	名称	栏杆族	底部	底部偏移	顶部	顶部偏移	相对前一栏杆的距离	偏移
1	填充图案	N/A	N/A	N/A	N/A	N/A	N/A	N/A
2	常规栏杆	栏杆 - 圆形 : 25m	主体	0.0	顶部扶	0.0	719	0.0
3	填充图案	N/A	N/A	N/A	N/A	N/A	0.0	N/A

	名称	栏杆族	底部	底部偏移	顶部	顶部偏移	空间	偏移
1	起点支柱	无	主体	0.0	顶部扶栏	0.0	12.5	0.0
2	转角支柱	栏杆 - 圆形 : 25mm	主体	0.0	顶部扶栏	0.0	0.0	0.0
3	终点支柱	无	主体	0.0	顶部扶栏	0.0	-12.5	0.0

图 3-131　编辑栏杆位置

⑥ 配合键盘 Tab 键选择顶部扶栏，单击“连续扶栏”面板中“编辑扶栏”按钮，单击“工具”面板“编辑路径”按钮，进入“修改｜扶栏 编辑扶栏路径”上下文选项卡，确定“绘制”面板中绘制的方式为“直线”，系统自动捕捉起点位置继续绘制扶栏路径，如图 3-134 所示；单击“连接”面板“编辑扶栏连接”按钮，根据状态栏提示，单击转角处矩形标记；继续单击“连接”面板“根据类型”下拉列表“圆角”按钮，输入半径为 250，如图 3-135 所示；连续两次单击“模式”面板“完成编辑模式”按钮“√”，完成顶部扶栏的编辑，效果如图 3-136 所示。

图 3-132　编辑扶手

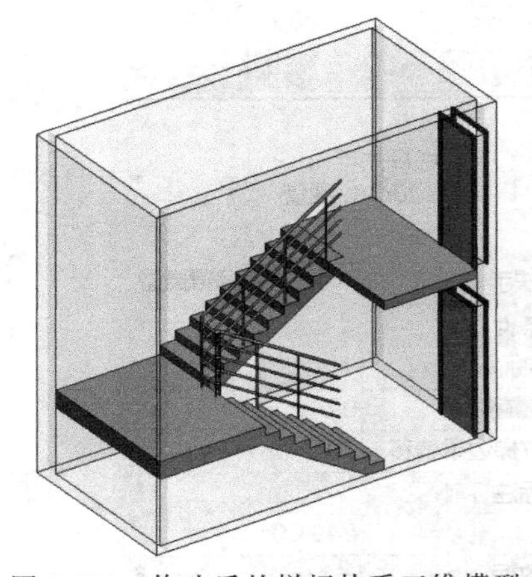

图 3-133　修改后的栏杆扶手三维模型

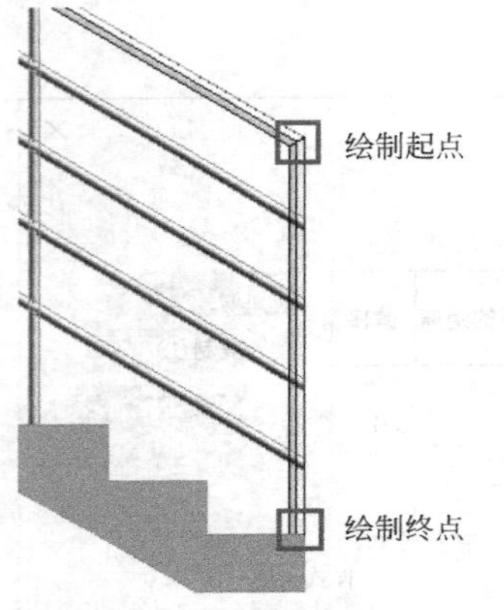

图 3-134　编辑扶栏路径

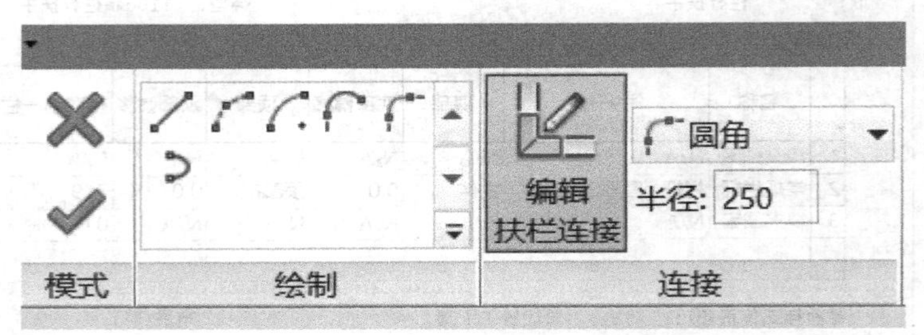

图 3-135　设置圆角

图 3-136　编辑后的扶栏

⑦ 切换到标高 2 楼层平面视图，选择栏杆扶手，单击“模式”面板“编辑路径”按钮，进入“修改 | 栏杆扶手 绘制路径”上下文选项卡；选择绘制的方式为“直线”，修改栏杆扶手路径，如图 3-137 所示；单击“模式”面板“完成编辑模式”按钮“√”，完成栏杆扶手路径绘制，切换到三维视图，查看编辑后的栏杆扶手三维模型。

⑧ 切换到标高 1 楼层平面视图，绘制楼板，如图 3-138 所示；选择标高 1 楼板，进入

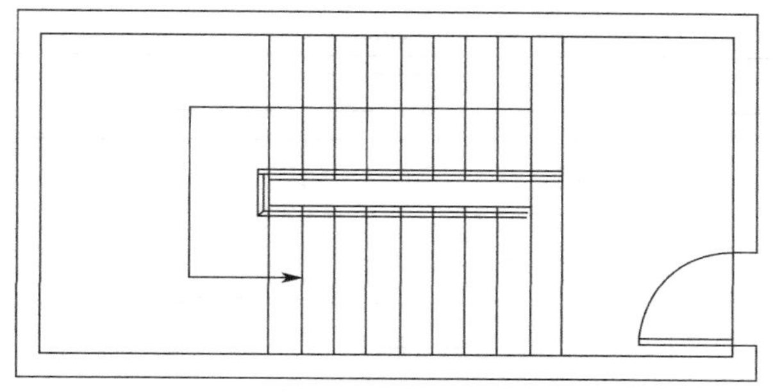

图 3-137 修改栏杆扶手路径

“修改 | 楼板”上下文选项卡，单击“剪切板”面板“复制到剪切板”按钮，单击“粘贴”下拉列表“与选定的标高对齐”按钮，如图 3-139 所示，弹出“选择标高”对话框，在弹出的“选择标高”对话框中，选择“标高 3”，单击“确定”按钮，退出“选择标高”对话框；对标高 3 楼板进行编辑，如图 3-140 所示。

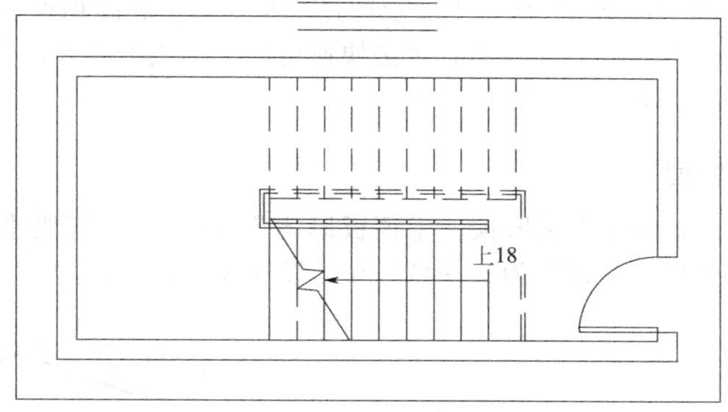

图 3-138 绘制标高 1 楼板

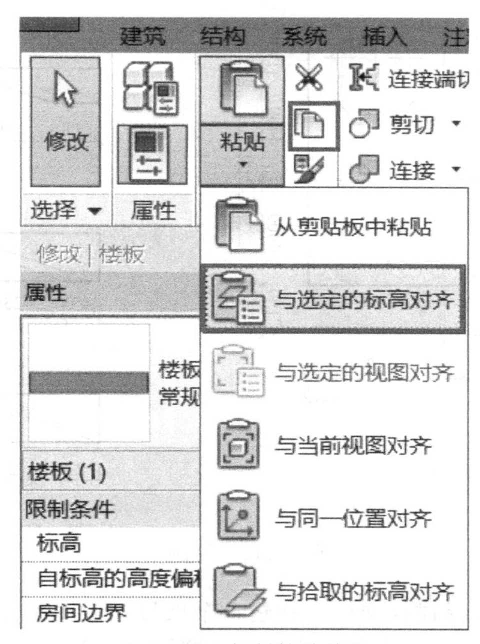

图 3-139 复制粘贴楼板

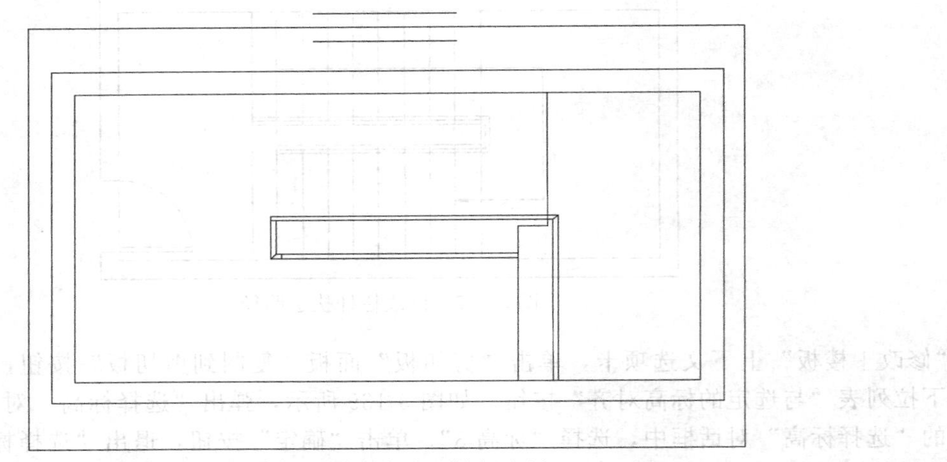

图 3-140　编辑标高 3 楼板边界

⑨ 对“标高 1”和“标高 2”楼层平面视图进行尺寸标注和高程点标注。

⑩ 切换至“标高 1”楼层平面视图；单击快速访问工具栏上的“剖面”按钮，创建 1—1 剖面图，最后，把结果以“楼梯”为文件名保存。

3.20.3　创建屋顶模型

按照图 3-141 平、立面图绘制屋顶，屋顶板厚均为 400mm，其他建模所需尺寸可参考平、立面图自定。结果以“屋顶”为文件名保存。详细步骤如下。

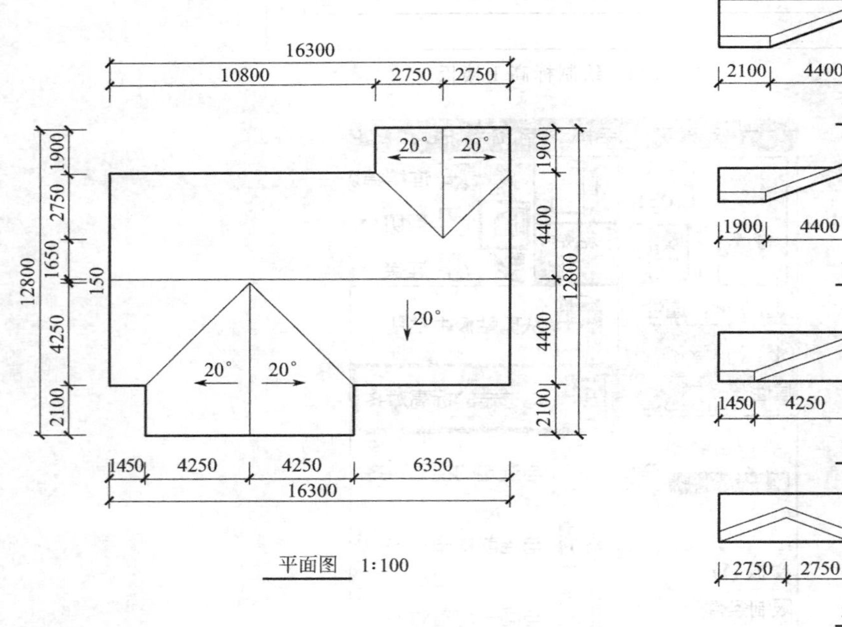

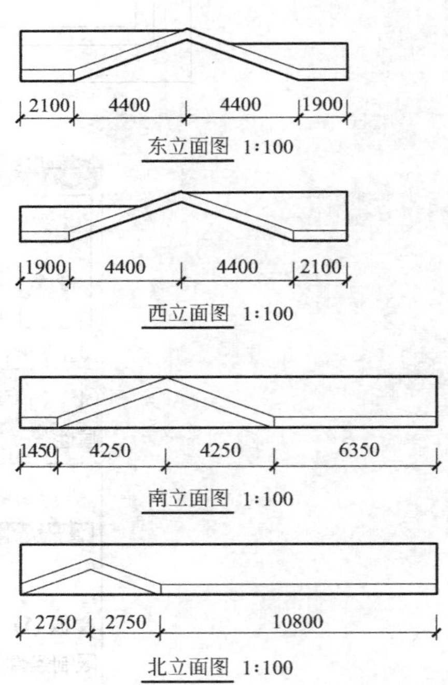

图 3-141　屋顶

① 打开 Revit 软件，选择建筑样板，新建一个项目；切换到标高 2 楼层平面视图，单击“建筑”选项卡“构建”面板“屋顶”下拉列表“迹线屋顶”按钮，进入“修改｜创建 屋顶

迹线”上下文选项卡；选项栏不勾选“定义坡度”，左侧类型选择器下拉列表选择屋顶类型为“基本屋顶：常规-400mm”激活“绘制”面板“边界线”按钮，单击“绘制”面板“直线”按钮，创建屋顶迹线，如图 3-142 所示；选择需要定义坡度的屋顶迹线，左侧属性选项板“限制条件”下勾选“定义屋顶坡度”，设置“尺寸标注”的“坡度”为“20”，如图 3-143 所示；单击“模式”面板“完成编辑模式”按钮“√”，完成迹线屋顶的创建；单击左侧属性选项板“视图范围”右侧“编辑”按钮，弹出“视图范围”对话框，设置“视图范围”对话框参数，如图 3-144 所示。

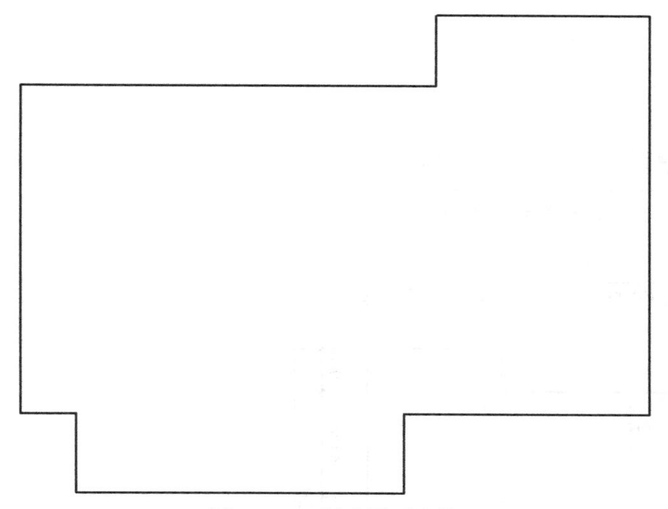

图 3-142　创建屋顶迹线

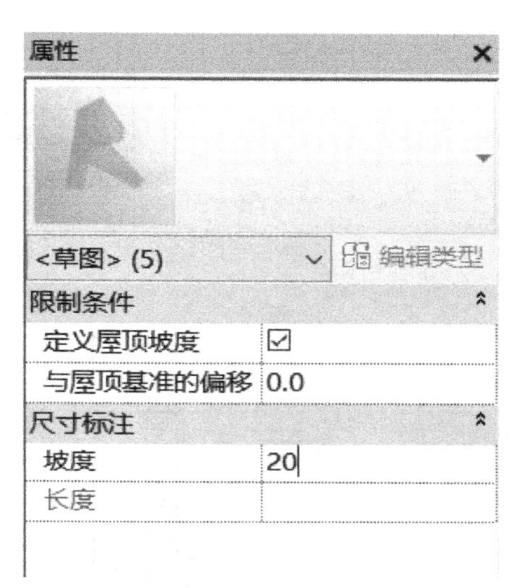

图 3-143　定义坡度

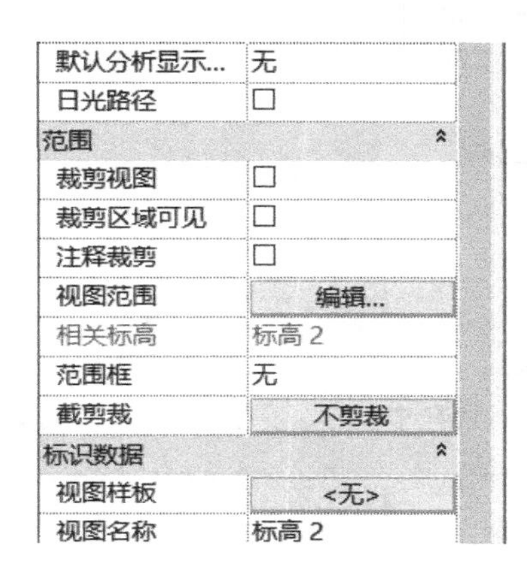

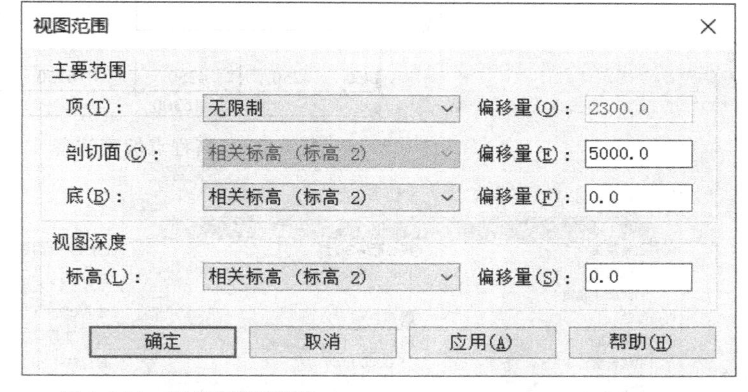

图 3-144　设置视图范围

② 单击快速访问工具栏“对齐尺寸标注”按钮进行尺寸标注；单击“管理”选项卡“设置”面板“项目单位”按钮，弹出“项目单位”对话框，确认“坡度”单位是“°”，如图 3-145 所示；单击“注释”选项卡“尺寸标注”面板“高程点坡度”按钮，标注屋顶坡度，结果如图 3-146 所示；选择屋顶坡度标注，单击左侧属性选项板“编辑类型”按钮，弹出“类型属性”对话框，设置相关参数，如图 3-147 所示。

③ 最后以“屋顶”为文件名保存。最终模型如图 3-148 所示。

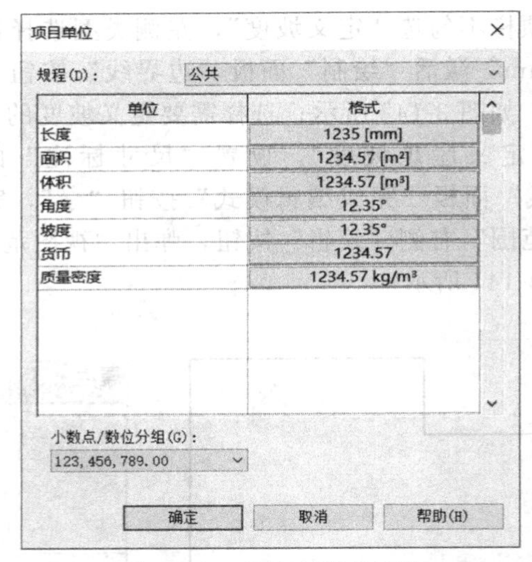

图 3-145　确认高程点坡度

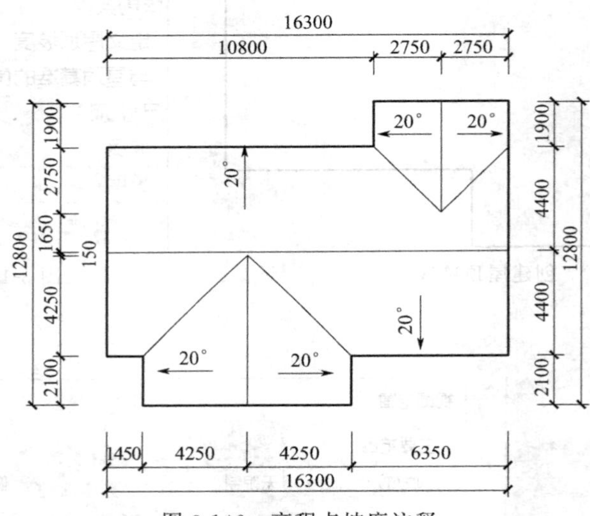

图 3-146　高程点坡度注释

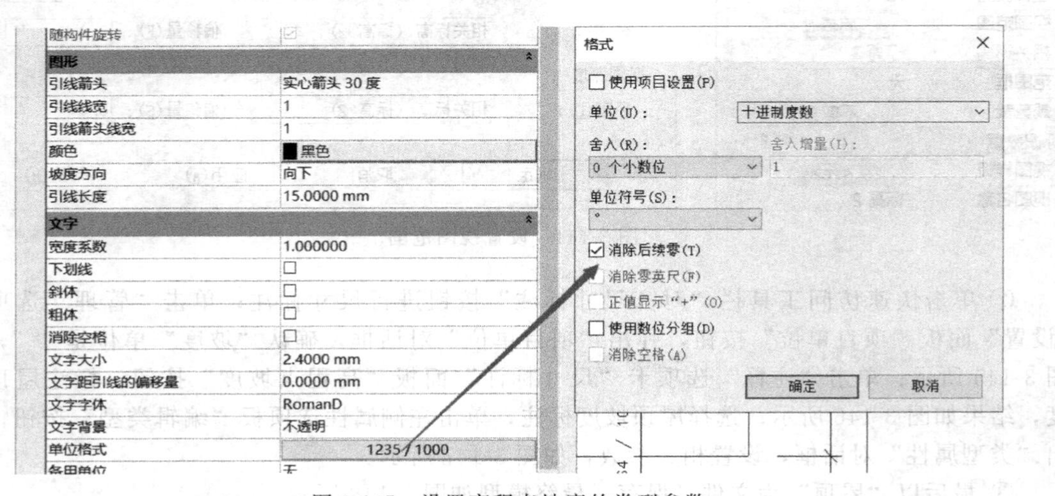

图 3-147　设置高程点坡度的类型参数

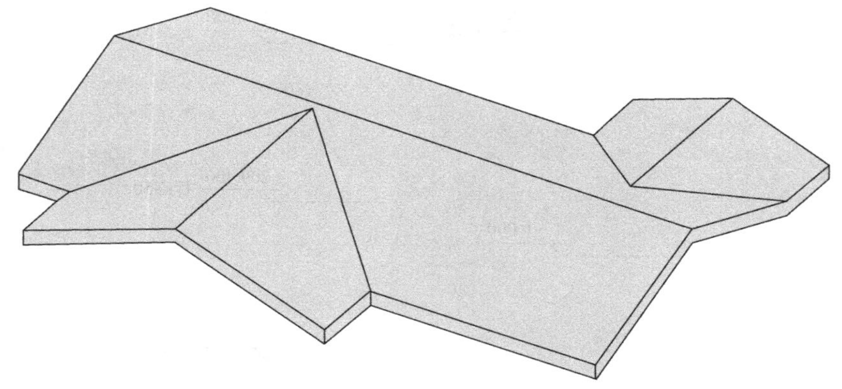

图 3-148　屋顶三维模型

3.20.4　创建标高、轴网

某建筑共 50 层，其中首层地面标高为±0.000，首层层高 6.0m，第二至第四层层高 4.8m，第五层及以上层高 4.2m。按要求建立项目标高，并建立每个标高的楼层平面视图。并且按照图 3-149 平面图中的轴网要求绘制项目轴网。最终结果以“标高轴网”为文件名保存为样板文件。详细步骤如下。

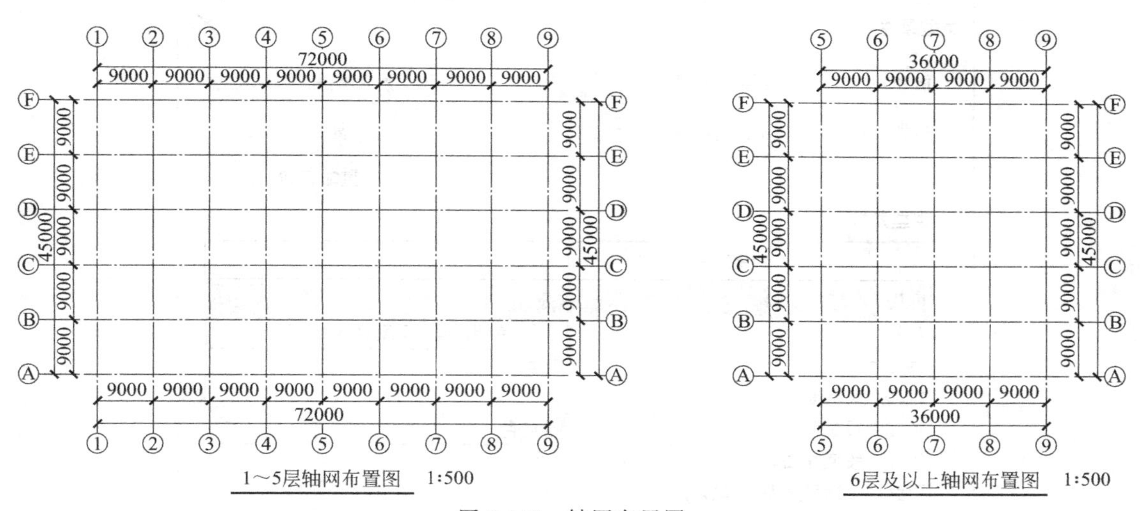

图 3-149　轴网布置图

① 选择“建筑样板”，新建一个项目样板文件，在南立面视图中，修改标高 2 高程数值为 6，使用复制命令创建标高 3（数值为 10.8）、标高 4（数值为 15.6）、标高 5（数值为 20.4），使用阵列命令创建标高 6（数值为 24.6）～标高 51（数值为 213.6），如图 3-150 所示。

② 单击“视图”选项卡“创建”面板“平面视图”下拉列表“楼层平面”按钮，弹出“新建楼层平面”对话框，按住 Shift 键选择“标高 3 至标高 51”，单击“确定”按钮，退出“新建楼层平面”对话框；切换到标高 1 楼层平面视图，单击“建筑”选项卡“基准”面板“轴网”按钮，进入“修改｜放置轴网”上下文选项卡，左侧类型选择器下拉列表选择轴网类型为“6.5mm 编号”，单击“编辑类型”按钮，弹出“类型属性”对话框，设置其类

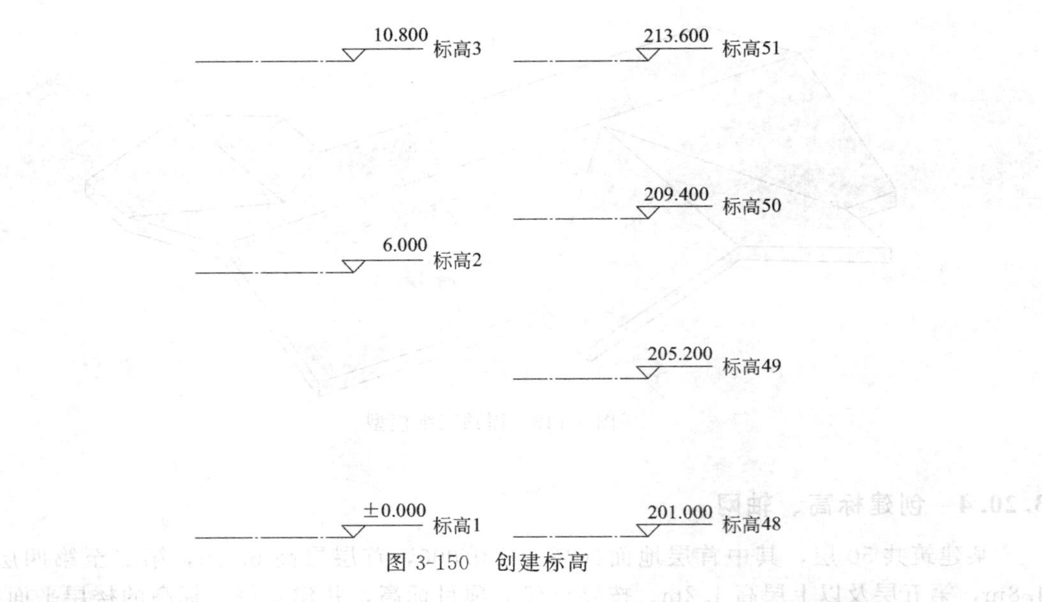

图 3-150　创建标高

型参数，如图 3-151 所示；绘制轴网，视图比例设为 1∶500 并进行对齐尺寸标注，结果如图 3-152 所示。

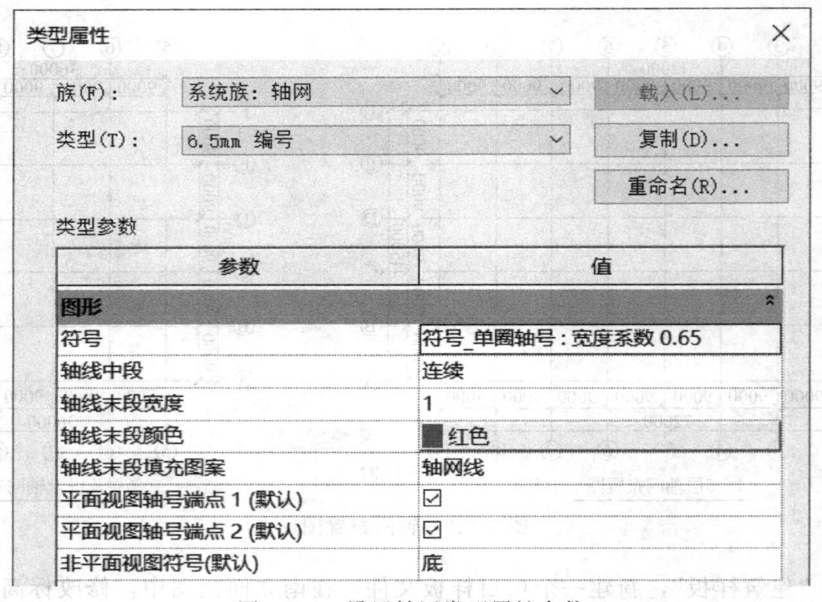

图 3-151　设置轴网类型属性参数

③ 切换到南立面视图，将①～④轴分别解锁拖拽到“标高 6”以下，如图 3-153 所示，则 6 层及 6 层以上楼层平面视图将无法查看①～④轴。

④ 切换到“标高 6”楼层平面视图，将其视图比例设为 1∶500；分别选择Ⓐ～Ⓕ轴左侧，单击 3D 标记，将其切换成 2D 标记，选中Ⓐ～Ⓕ轴，将其左侧拖拉到⑤轴左侧合适位置，对齐尺寸标注，如图 3-154 所示。

⑤ 框选“标高 6”楼层平面视图中Ⓐ～Ⓕ轴，单击“基准”面板中“影响范围”按钮，弹出“影响基准范围”对话框，如图 3-155 所示，选择“楼层平面：标高 7～标高 51”，单

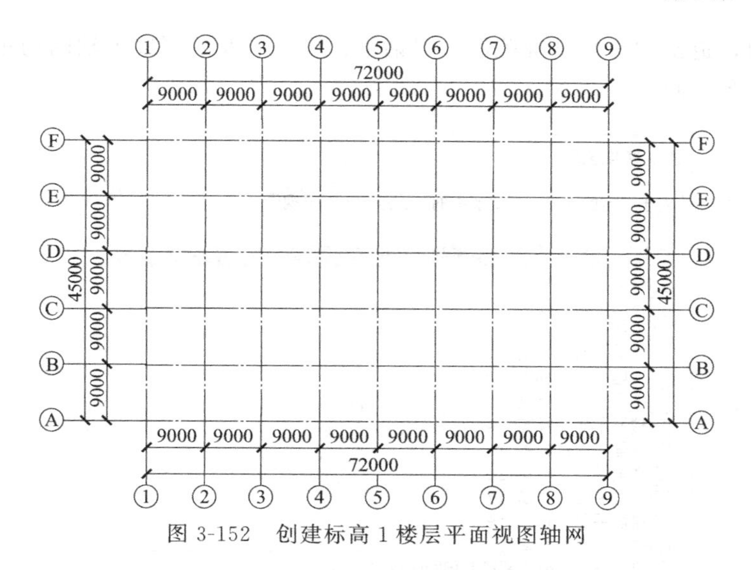

图 3-152　创建标高 1 楼层平面视图轴网

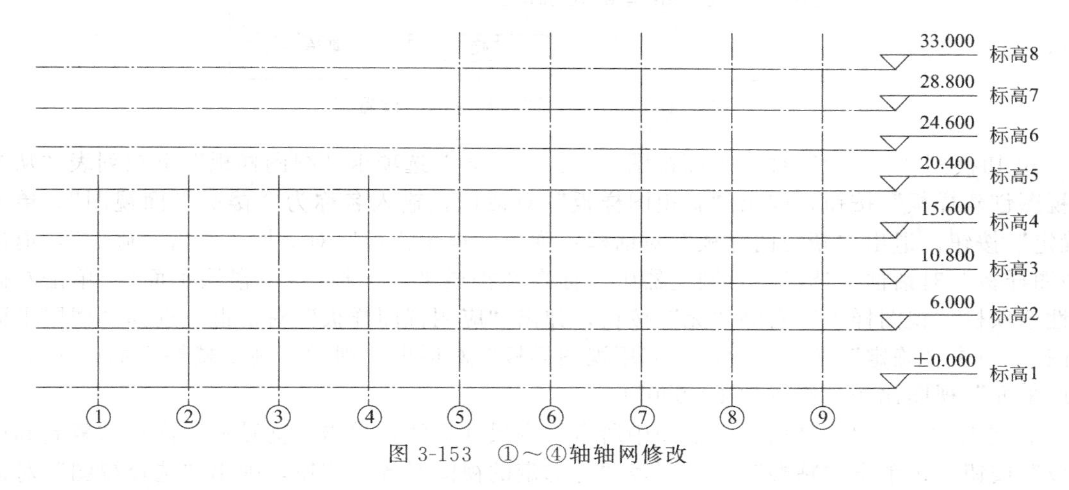

图 3-153　①～④轴轴网修改

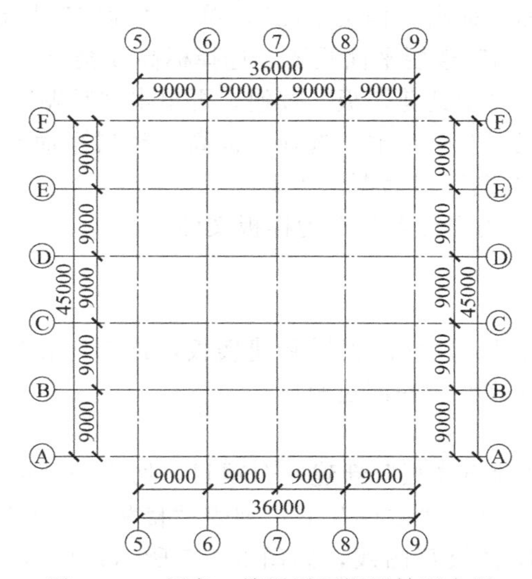

图 3-154　标高 6 楼层平面视图轴网布置

击“确定”按钮，退出“影响基准范围”对话框；则 6 层及 6 层以上轴网均跟标高 6 楼层平面视图的轴网完全一致。

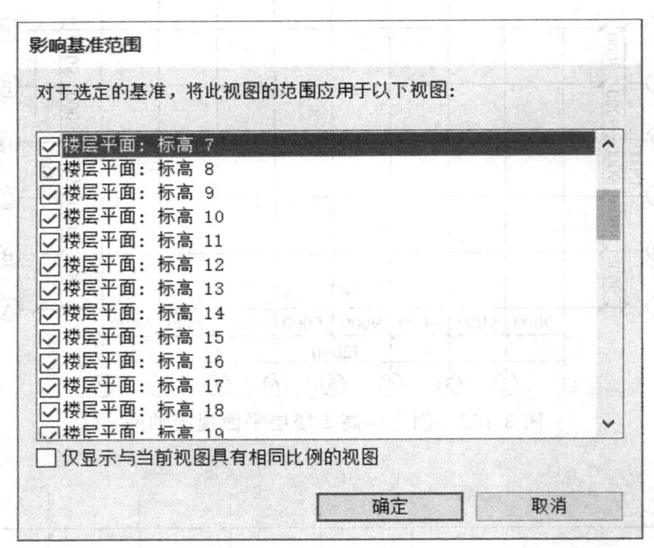

图 3-155　Ⓐ～Ⓕ轴影响范围的设置

⑥ 切换到“标高 1”楼层平面视图，单击“视图”选项卡“视图样板”下拉列表“从当前视图创建样板”按钮，弹出“新视图样板”对话框，输入名称为“楼层平面视图”，单击“确定”按钮，退出“新视图样板”对话框；弹出“视图样板”对话框，单击“确定”，退出“视图样板”对话框；选择项目浏览器中“标高 2 楼层平面～标高 51 楼层平面”，单击左侧属性选项栏“视图样板”右侧“无”按钮，弹出“应用视图样板”对话框，选择“楼层平面视图”；单击“确定”按钮，退出“应用视图样板”对话框，则“标高 2 楼层平面～标高 51 楼层平面”视图比例均修改为 1∶500 了。

⑦ 选择“标高 1”楼层平面视图中所有对齐尺寸标注，单击“剪贴板”面板“复制到剪切板”按钮，再单击“粘贴”下拉列表“与选定的视图对齐”按钮，弹出“选择视图”对话框，选择“标高 2 楼层平面～标高 5 楼层平面”，单击“确定”按钮，退出“选择视图”对话框；同理，切换到“标高 6”楼层平面视图，选择标高 6 楼层平面视图中所有对齐尺寸标注，单击“剪贴板”面板“复制到剪切板”按钮，再单击“粘贴”下拉列表“与选定的视图对齐”按钮，弹出“选择视图”对话框，选择“标高 7 楼层平面～标高 51 楼层平面”单击“确定”按钮，退出“选择视图”对话框。

⑧ 最后以“标高轴网”为文件名保存为样板文件。

3.20.5　创建楼板模型

根据图 3-156 中给定的尺寸及详图大样新建楼板，顶部所在标高为±0.000，构造层保持不变，用水泥砂浆层进行放坡，并创建洞口。

详细步骤如下。

① 打开 Revit，选择“建筑样板”新建一个项目，切换到“标高 1”楼层平面视图，单击“建筑”选项卡“构建”面板“楼板”下拉列表“楼板：建筑”按钮，选择绘制方式为“矩形”，按照给的尺寸绘制楼板草图线，如图 3-157 所示；单击“修改｜创建 楼层边界”上下文选项卡“模式”面板“完成编辑模式”按钮，完成楼板的创建。

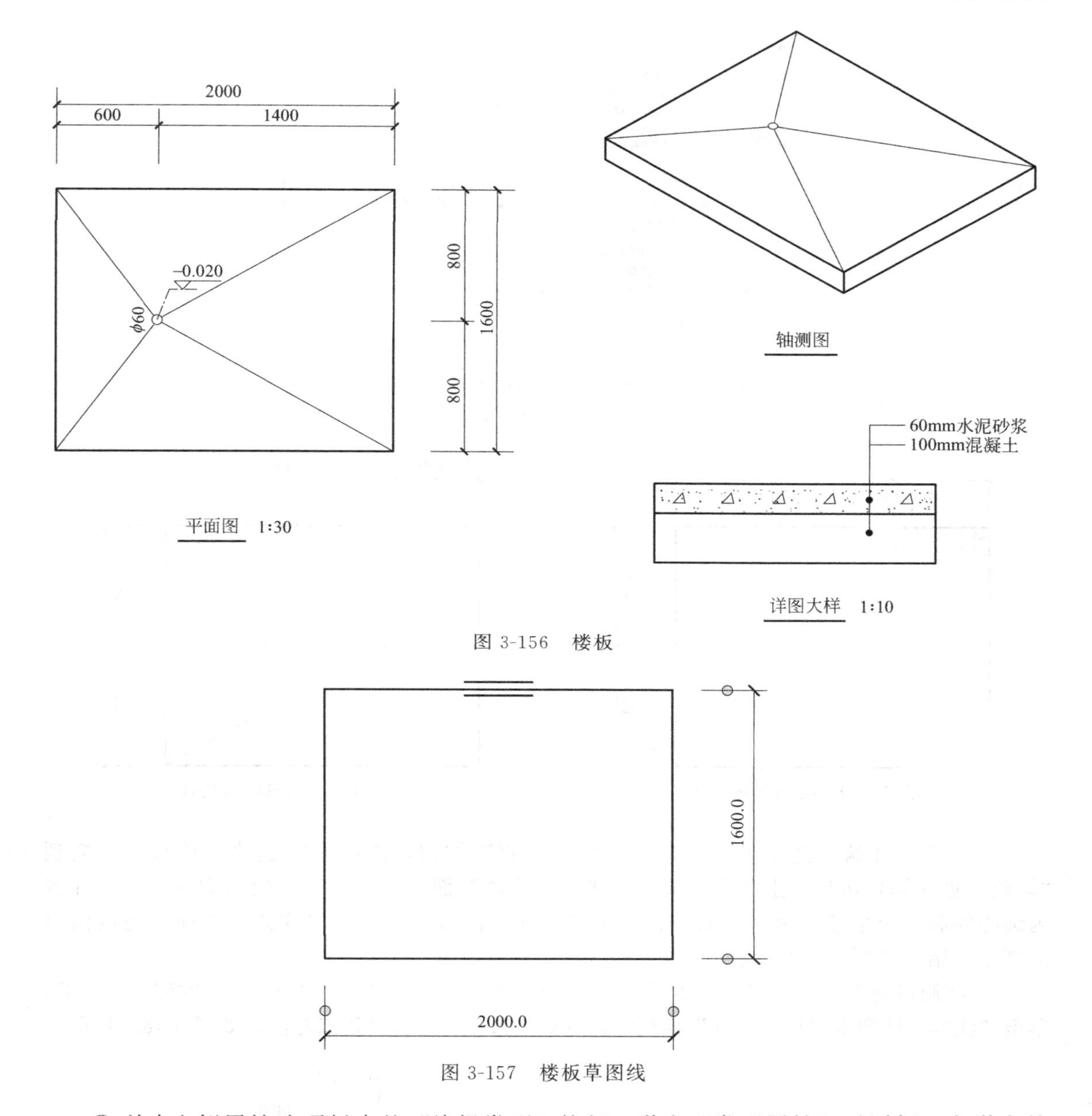

图 3-156　楼板

图 3-157　楼板草图线

② 单击左侧属性选项板中的“编辑类型”按钮，弹出“类型属性”对话框，在弹出的“类型属性”对话框中，单击“复制”按钮，修改“名称”为“卫生间楼板”，单击“确定”按钮，退出“名称”对话框；单击“结构”右侧“编辑”按钮，打开“编辑部件”对话框，单击“插入”按钮，添加一个层，将“结构 [1] ”修改为“面层 1 [4] ”，使用“向上”按钮来确定面层的位置，将“面层 1 [4] ”厚度改为 60，“结构 [1] ”厚度改为 100；设置“面层 1 [4] ”材质为“水泥砂浆”，“结构 [1] ”材质为“混凝土”，如图 3-158 所示。

③ 单击“建筑”选项卡“工作平面”面板“参照平面”按钮，绘制参照平面，如图 3-159 所示；选中楼板，自动切换到“修改 | 楼板”上下文选项卡，单击“形状编辑”面板“添加点”按钮，在参照平面交点添加一个点，单击“修改子图元”按钮，选中刚刚添加的点，修改点的高程为“－20mm”，按 Enter 键确认，按 Esc 键两次退出“修改子图元”命令，结果如图 3-160 所示。

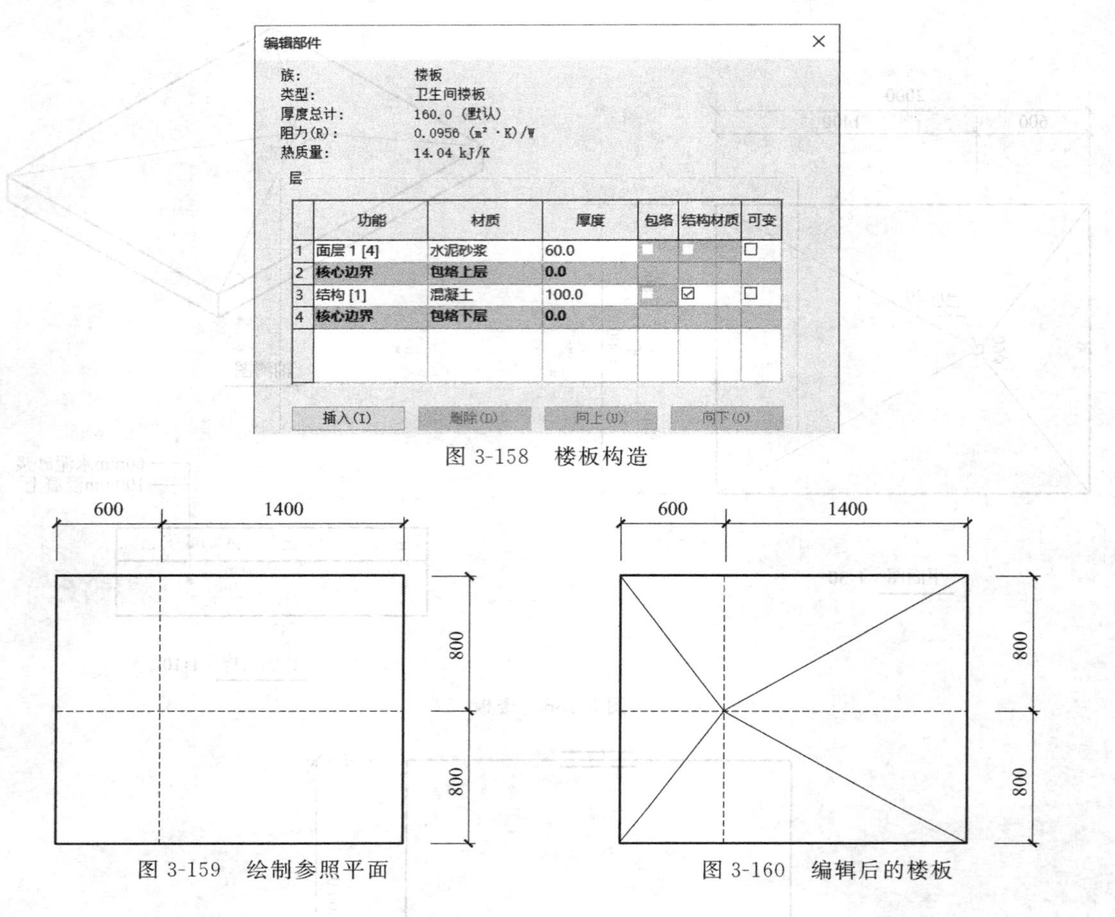
编辑部件

族：楼板
类型：卫生间楼板
厚度总计：160.0（默认）
阻力(R)：0.0956 $(m^2 \cdot K)/W$
热质量：14.04 kJ/K

层

	功能	材质	厚度	包络	结构材质	可变
1	面层 1 [4]	水泥砂浆	60.0	☐	☐	☐
2	**核心边界**	**包络上层**	**0.0**			
3	结构 [1]	混凝土	100.0	☐	☑	☐
4	**核心边界**	**包络下层**	**0.0**			

插入(I) 删除(D) 向上(U) 向下(O)

图 3-158 楼板构造

图 3-159 绘制参照平面

图 3-160 编辑后的楼板

④ 单击“建筑”选项卡“洞口”面板“垂直”按钮，选择刚刚创建的楼板，切换到“修改｜创建洞口边界”上下文选项卡；选择“绘制”面板上的“圆”绘制方式，以添加点为圆心绘制一个半径为 30mm 的圆；单击“模式”面板“完成编辑模式”按钮，完成洞口的创建，结果如图 3-161 所示。

⑤ 在洞口处添加一个剖面，如图 3-162 所示；切换到剖面视图，视觉样式切换为“真实”，单击“注释”选项卡“尺寸标注”面板“高程点”按钮，进行高程点标注，如图 3-163 所示。

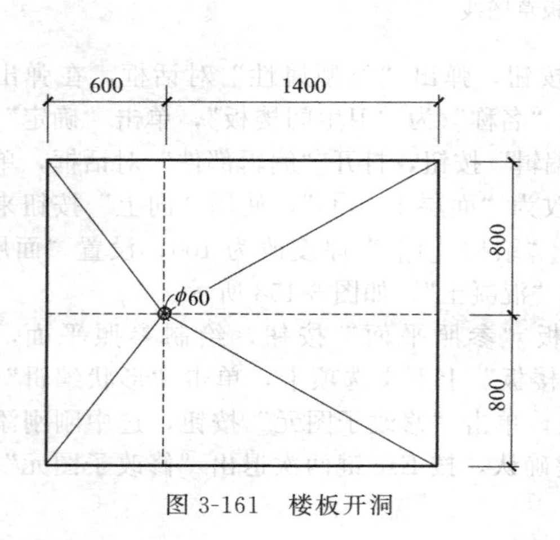

图 3-161 楼板开洞

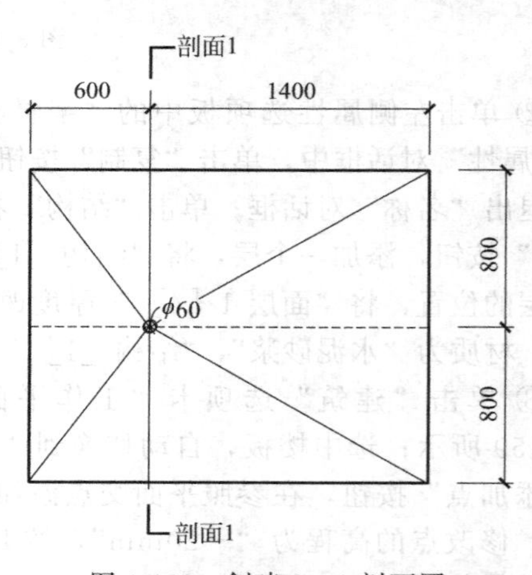

图 3-162 创建 1—1 剖面图

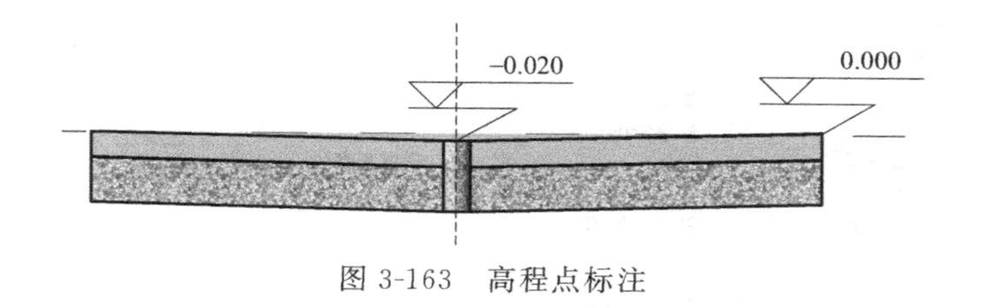

图 3-163　高程点标注

3.20.6　创建墙体与幕墙

根据图 3-164，创建墙体与幕墙，墙体构造与幕墙竖梃连接方式如图所示，竖梃尺寸为 100mm×50mm，请将模型以“幕墙”为文件名保存。详细步骤如下。

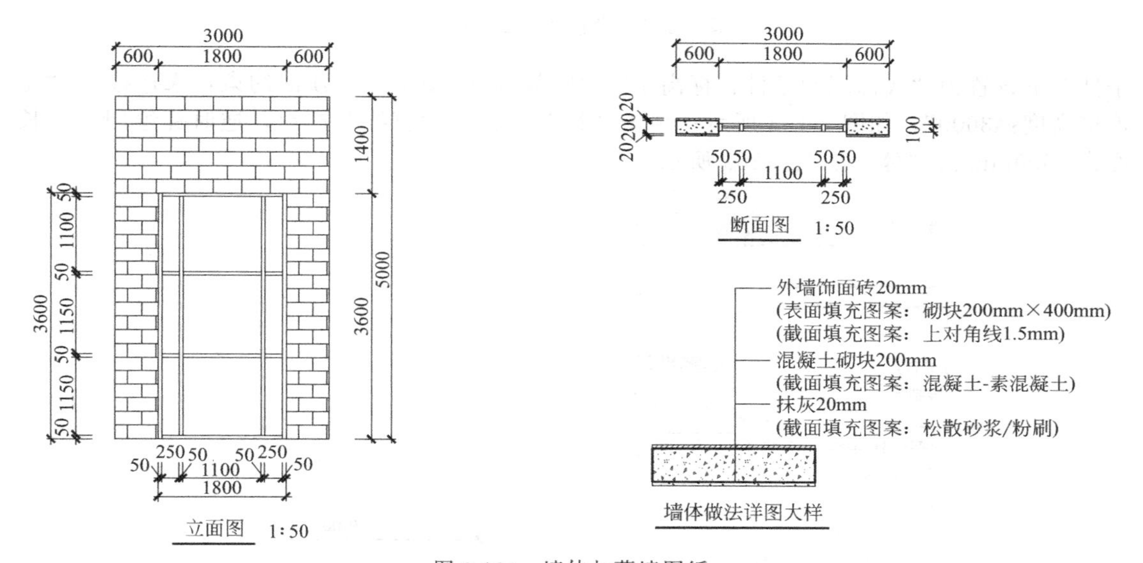

图 3-164　墙体与幕墙图纸

① 打开 Revit 2016 软件，选择“建筑样板”，新建一个项目，切换到标高 1 楼层平面视图，单击“建筑”选项卡“构建”面板“墙”下拉列表“墙：建筑”按钮，进入“修改｜放置墙”上下文选项卡；类型选择器下拉列表选择墙类型为“基本墙：常规-200mm”，单击“编辑类型”按钮，弹出“类型属性”对话框，单击“复制”按钮，弹出“名称”对话框，“名称”输入“外墙 240mm”，单击“确定”按钮，退出“名称”对话框，单击“结构”右侧“编辑”按钮，弹出“编辑部件”对话框，设置墙体构造，如图 3-165 所示。

② 左侧属性选项板“限制条件”设置为“定位线：墙中心线”；“底部限制条件：标高 1”；“底部偏移：0.0”；“顶部约束：未连接”；“无连接高度：5000”，如图 3-166 所示；单击“绘制”面板“直线”按钮，逆时针绘制一段长度为 3000mm 的墙体，如图 3-167 所示。

③ 切换到标高 1 楼层平面视图，单击“建筑”选项卡“构建”面板“墙”下拉列表“墙：建筑”按钮，进入“修改｜放置墙”上下文选项卡；类型选择器下拉列表选择墙类型为“幕墙”，单击“编辑类型”按钮，弹出“类型属性”对话框，单击“复制”按钮，弹出“名称”对话框，“名称”输入“幕墙 1”，单击“确定”按钮，退出“名称”对话框，勾选“自动嵌入”选项，单击“确定”按钮，退出“类型属性”对话框；左侧属性选项板“限制

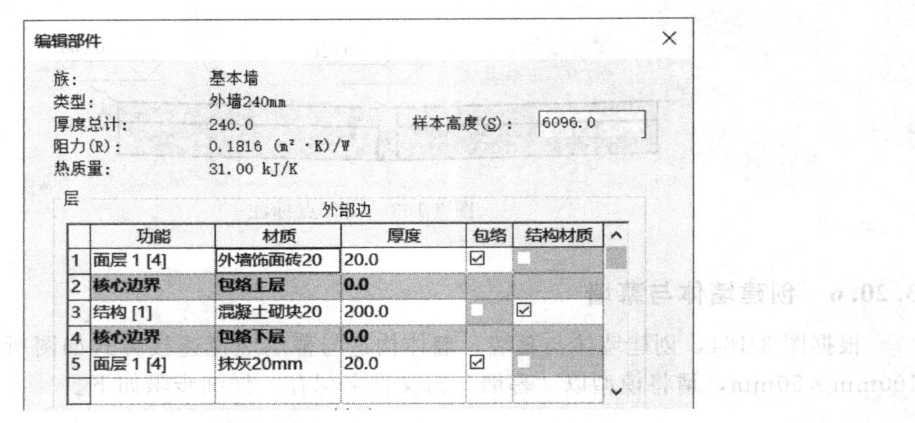

图 3-165　设置外墙 240 构造

条件”下设置为“底部限制条件：标高 1”；“底部偏移：0.0”；“顶部约束：未连接”；“无连接高度：3600”，如图 3-168 所示；单击“绘制”面板“直线”按钮，逆时针绘制一段长度为 1800mm 的墙体，如图 3-169 所示。

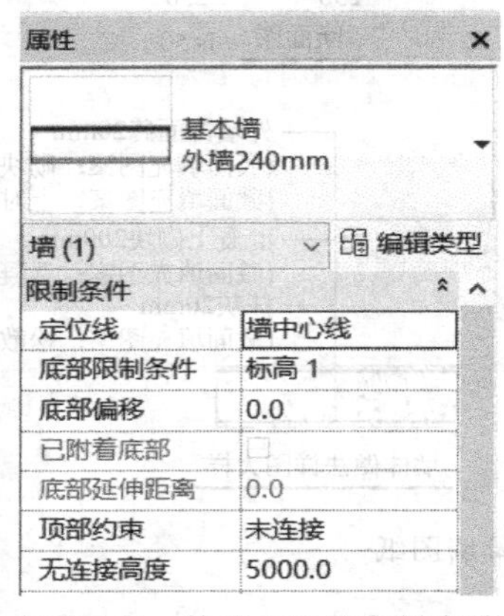

图 3-166　外墙 240 的实例参数

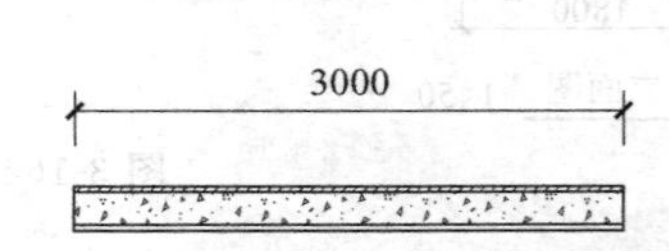

图 3-167　绘制 3000mm 长墙体

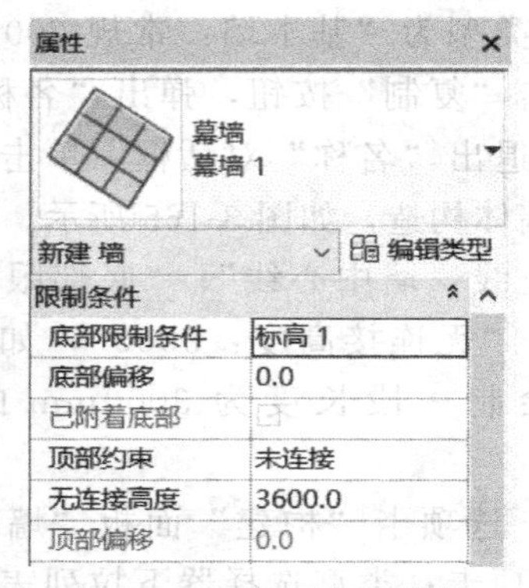

图 3-168　设置实例参数

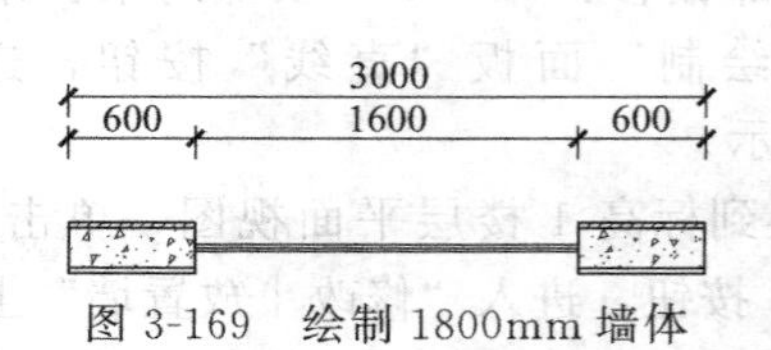

图 3-169　绘制 1800mm 墙体

④ 切换到南立面视图，单击“建筑”选项卡“构建”面板“幕墙网络”按钮，进入“修改｜放置幕墙网络”上下文选项卡，单击“放置”面板“全部分段”按钮，划分幕墙网

络，如图 3-170 所示。

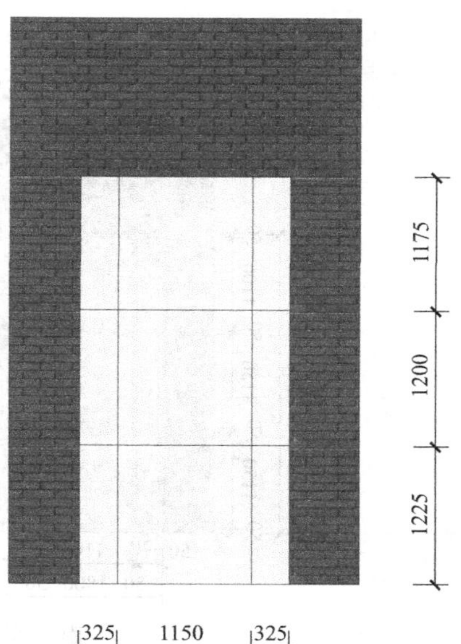

图 3-170　划分幕墙网络

⑤ 单击“建筑”选项卡“构建”面板“竖梃”按钮，进入“修改｜放置竖梃”上下文选项卡；类型选择器下拉列表选择竖梃类型为“矩形竖梃：100mm × 50mm”，单击“编辑类型”按钮，弹出“类型属性”对话框，单击“复制”按钮，弹出“名称”对话框，“名称”输入“100mm × 50mm”，单击“确定”按钮，退出“名称”对话框，“厚度”设置为“100”，如图 3-171 所示，单击“确定”按钮，退出“类型属性”对话框；单击“放置”面板“全部网络线”按钮，选择网络线，进行放置竖梃；同时选择顶部和顶部的中间水平竖梃，进入“修改｜幕墙竖梃”上下文选项卡，单击“竖梃”面板“结合”按钮，调整水平竖梃和垂直竖梃之间的连接方式。

⑥ 分别切换到南立面视图和标高 1 楼层平面视图，视图比例均设置为 1∶50，进行对齐尺寸标注；切换到三维视图，查看模型效果，如图 3-172～图 3-174 所示。

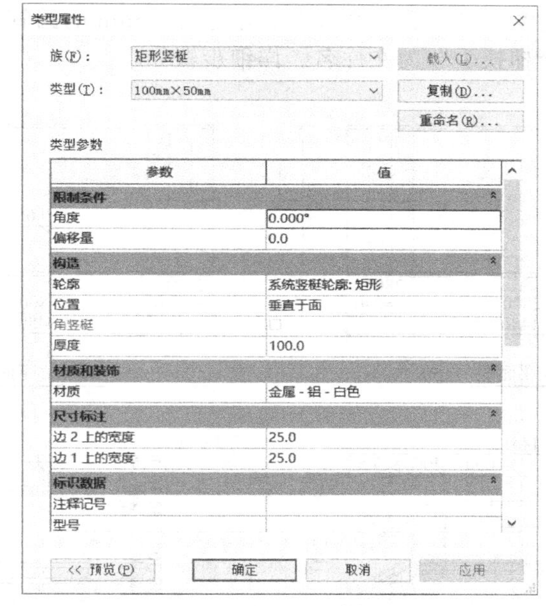

图 3-171　设置竖梃类型属性

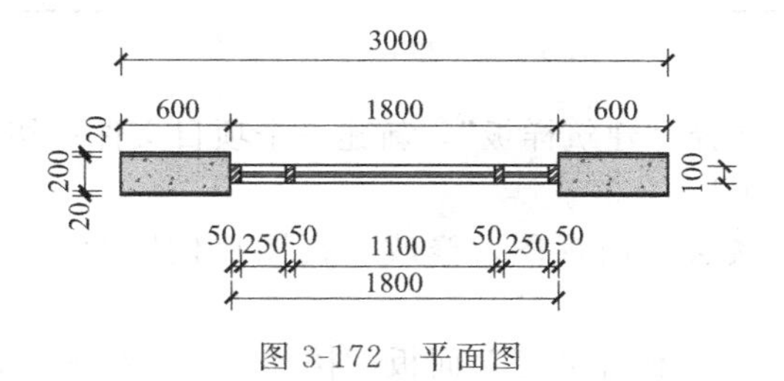

图 3-172　平面图

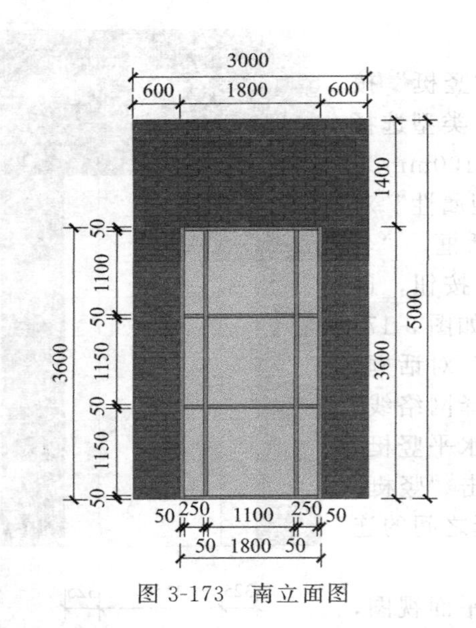

图 3-173　南立面图

图 3-174　幕墙三维模型

3.20.7　创建楼梯与扶手

请根据图 3-175 创建楼梯与扶手，顶部扶手为直径 30mm 的圆管，栏杆扶手的标注均为中心间距。将模型以“楼梯扶手”为文件名。详细步骤如下。

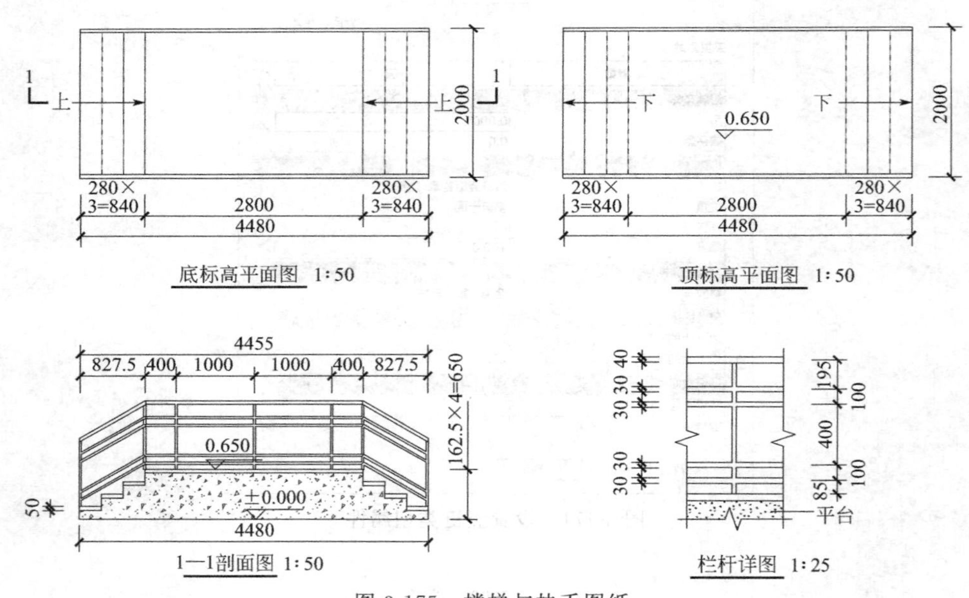

图 3-175　楼梯与扶手图纸

① 打开 Revit 软件，选择“建筑样板”，新建一个项目文件；切换到“南立面视图”，双击“标高 2”数值 4.000 改为 0.650。

② 切换到“标高 1”楼层平面视图，修改“视图比例”为 1∶50，绘制“参照平面”，如图 3-176 所示。

③ 单击“建筑”选项卡“楼梯坡道”面板“楼梯”下拉列表“楼梯（按构件）”按钮，

进入“修改｜创建楼梯”上下文选项卡；确认“构件”面板“梯段”绘制方式为“直梯”，选择“类型选择器”下拉列表“楼梯类型”为“整体浇筑楼梯”，单击“编辑类型”按钮，弹出“类型属性”对话框，设置“最大踢面高度：162.5”“最小踏板深度：280”“最小梯段宽度 2000”；单击“平台类型”右侧的“材质隐藏”按钮，弹出“类型属性”对话框，复制一个“名称”为“650mm 厚度的平台”，“整体厚度”设置为 650，单击“整体式材质”右侧“材质隐藏”按钮，设置“整体式材质”为“混凝土，轻质”，且“截面填充图案”设置为“混凝土素混凝土”，如图 3-177 所示；单击“梯段类型”右侧的“材质隐藏”按钮，设置“整体式材质”为“混凝土，轻质”，勾选“踏板”选项，如图 3-178 所示；属性选项板设置“限制条件”为“底部标高：标高 1”“底部偏移：0.0”“顶部标高：标高 2”“顶部偏移：0.0”，如图 3-179 所示“尺寸标注”为“所需踢面数：4”“实际踏板深度：280”，确认选项栏“定位线：梯段中心；偏移量 0.0；实际梯段宽度 2000；勾选自动平台”。

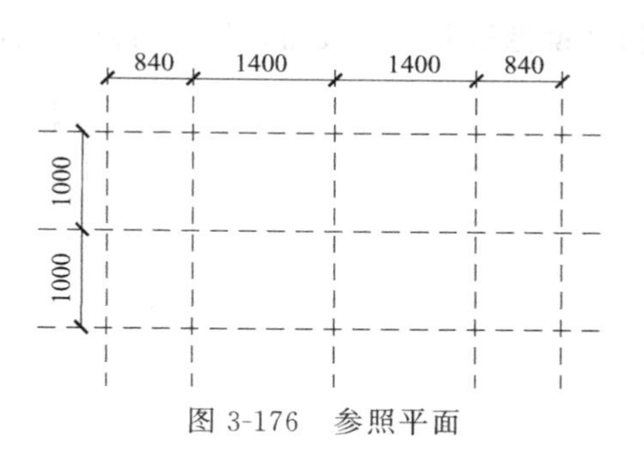

图 3-176　参照平面

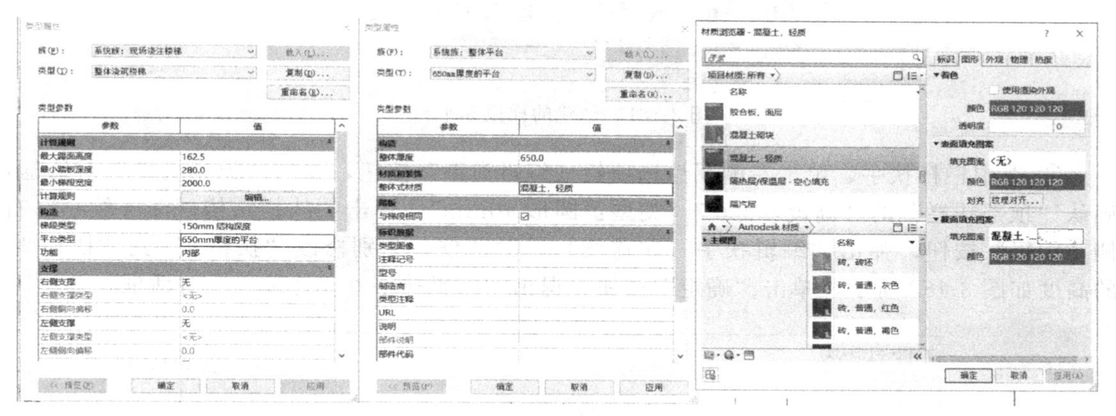
图 3-177　设置材质

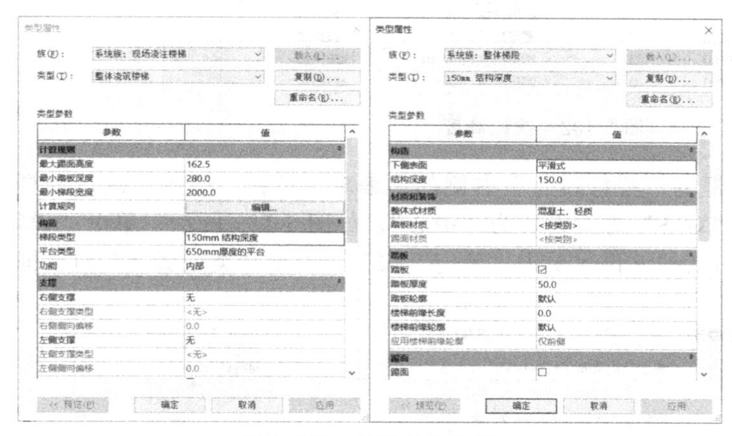
图 3-178　梯段类型参数

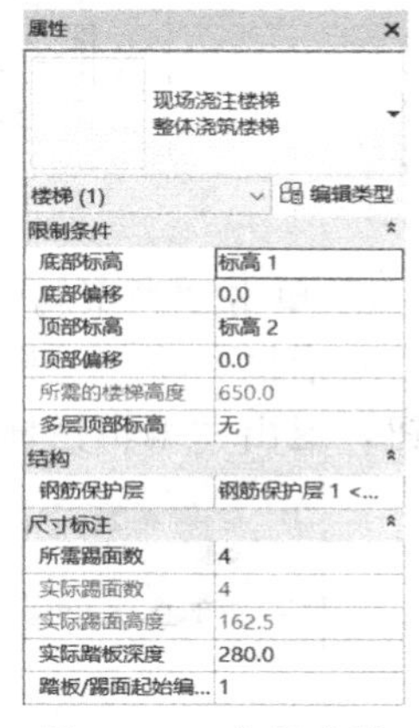

图 3-179　实例参数

④ 将最右侧位置作为绘制起点向右绘制梯段；选择绘制的左侧梯段，单击“修改”面

板“镜像拾取轴”按钮，创建右侧梯段，结果如图 3-180 所示。

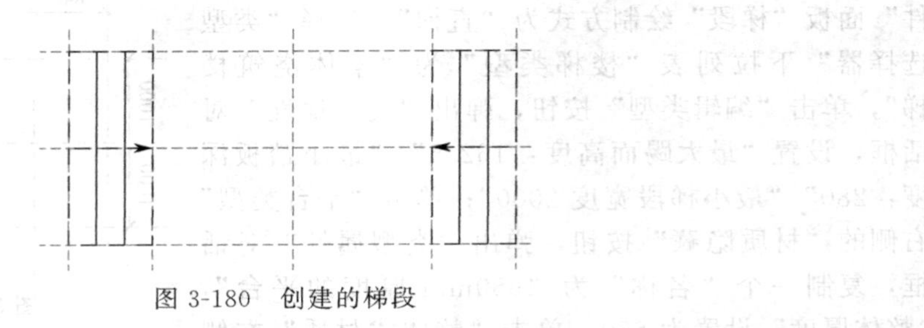

图 3-180　创建的梯段

⑤ 切换到三维视图，激活“构件”面板“平台”按钮，单击“拾取两个梯段”按钮，接着选择两个梯段，结果如图 3-181 所示；单击“模式”面板“完成编辑模式”按钮，基本完成楼梯的创建。

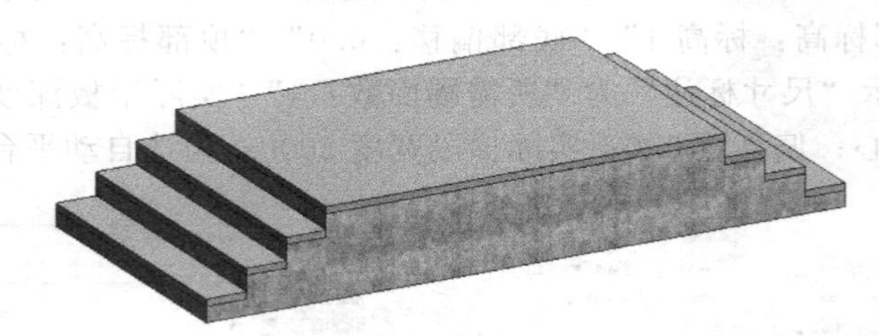

图 3-181　创建的梯段和平台

⑥ 选中栏杆扶手，单击左侧属性选项板“编辑类型”按钮，弹出“类型属性”对话框，确认“顶部扶栏”的“高度：900”“类型：圆形 40mm”，单击“扶栏结构（非连续）”右侧“编辑”按钮，弹出“编辑扶手（非连续）”对话框，分别修改“扶栏 4”到“扶栏 1”的高度如图 3-182 所示，单击“确定”按钮，退出“编辑扶手（非连续）”对话框。

编辑扶手(非连续)

族：　栏杆扶手

类型：　900mm 圆管

扶栏

	名称	高度	偏移	轮廓	材质
1	扶栏 1	700.0	0.0	圆形扶手 : 30mm	<按类别>
2	扶栏 2	600.0	0.0	圆形扶手 : 30mm	<按类别>
3	扶栏 3	200.0	0.0	圆形扶手 : 30mm	<按类别>
4	扶栏 4	100.0	0.0	圆形扶手 : 30mm	<按类别>

图 3-182　扶栏高度

⑦ 单击“类型属性”对话框的“栏杆位置”右侧的“编辑”按钮，弹出“编辑栏杆位置”对话框，将“主样式”的“对齐”方式设置为“中心”，如图 3-183 所示；单击“确定”按钮，退出“编辑栏杆位置”对话框，再次单击“确定”按钮，退出“类型属性”对话框。

图 3-183　设置对齐方式

⑧ 将模型以“楼梯扶手”为文件名保存。切换到三维视图，查看创建的楼梯三维模型效果，如图 3-184 所示。

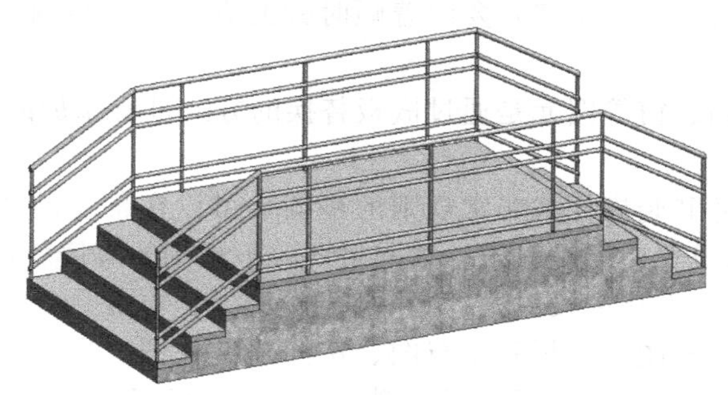

图 3-184　三维模型

3.21　模型设计阶段重点总结

（1）最常用的四个快捷指令：对齐（AL）、尺寸标注（DI）、可见性设置（VV）、修剪（TR）。

（2）进行新项目的创建，需要根据不同的项目类型，选择不同的样板文件，例如：创建的是建筑模型就需要选择“建筑样板”，而结构模型就需要选择“结构样板”，也可以选择自己设置的样板文件。

（3）通过复制命令创建的标高，需要通过“视图-平面视图-楼层平面”指令，选择经过复制创建的标高，让它们在“项目浏览器-楼层平面”里进行显示。

（4）如果仅仅对某一个楼层的轴网长度进行调整，就需要先选择轴网并把它转换为 2D 模式，然后再进行长度的调整，这样就不会影响到别的视图立面的轴网显示情况。

（5）利用 ViewCube 导航工具可以把三维模型定向到某一个楼层平面进行模型的查看。

（6）在 Revit 里面进行所有元素的创建（包括实体图元、标记图元、材质信息等），最好都使用复制、重新命名的方法进行，例如本项目中使用到的“别墅-标高、别墅-200-1F 外墙、别墅-1F 楼板、别墅-双扇门、别墅-1F-外墙外抹灰、别墅-屋顶、别墅-浴盆”。

（7）对图元进行材质赋予的时候最好使用“新建材质”的命令，并且对其进行重新命名，因为在 3Dmax、Lumion 等软件中对模型进行后期的材质添加处理，这些软件都是对材质的名称进行区别，相同的名称会进行一次性的材质添加处理，所以如果想让创建的模型更加丰富多彩就需要对图元的材质进行区别化的命名，如果利用别的软件进行材质的添加处理，对重新命名的材质可以不用赋予具体的材质类型，仅仅有不同的材质名称就可以。

（8）绘制的楼板出现在选择的标高下面，而绘制的屋顶则是出现在选择标高的上面。

（9）可以在平楼板上面设置坡度，前提是需要对楼板的上面层设置为“可变”。

（10）对于“载入族”类型的图元，例如柱、梁、门、窗、家具、灯具等需要先载入项目中然后才能够进行图元的添加。

（11）在进行项目创建的时候，最好养成先在“编辑类型”里面对图元按照实际工程的要求进行设置，然后在项目中进行创建的好习惯，这样更有利于增加对工程项目的理解。

（12）创建图元的时候最好是一层一层地进行创建，而不要采用直接设置底部和顶部的标高进行一次性的创建，因为这样不利于对项目进行多样化材质的编辑，也不利于后期对每一层材料的统计。

（13）即便是通过复制的方法在不同标高创建的图元，每一层创建的图元都要进行重新命名，方便后期对图元的识别，也方便对材料进行统计。

（14）墙体（包含普通墙和幕墙）要沿着顺时针的方向进行绘制，因为涉及墙体内外侧不同材质的设置和显示。

（15）幕墙里面的门、窗等图元是通过嵌板替换的方式进行添加的，而不是直接添加门、窗图元。

（16）对于网格尺寸和竖梃样式非常规则的幕墙，可以在幕墙的“编辑类型”里面对网格、竖梃进行一次性的设置，但是对于一些网格划分不规则的幕墙就需要用“幕墙网格”工具和“竖梃”工具进行个性化的设置。

（17）对于天花板排布图、地板砖排布图、房间图例视图、尺寸标记视图等需要在经过复制或者利用项目出已经出现的平面视图（例如：项目中已经提供了天花板平面视图）进行创建，而不要直接在最原始的楼层平面视图中进行创建，这样会让最原始的平面视图更加清晰，也方便更多视图的创建，方便平面视图的分类管理，对于原始平面视图中出现的这些专业视图信息，用快捷键“VV”可见性设置进行隐藏。

（18）因为 Revit 模型中所有的图元在不同的视图立面都是相互关联的，所以当在某个视图里面不想看到某些图元的时候可选择用“VV”可见性设置进行隐藏，而不能直接进行删除，否则的话其他视图同样的图元都会消失。

（19）当对楼梯的边界和踢面进行编辑的时候，需要先选择“边界”和“踢面”命令。

（20）只有竖井洞口能够同时创建很多相同的洞口图元，面洞口垂直于选择的图元自己的表面，垂直洞口垂直于选择图元所在的标高平面。

（21）在对图元的材质和颜色进行编辑的时候，在“图形”里面设置的内容在着色模式下进行显示，而在“外观”里面设置的内容在真实模式下进行显示，不同的显示方式在工作区域下方的“视图选项栏”里面可以进行切换。

（22）在进行房间和面积标记的时候可以利用“房间分割”和“面积分割”对区域进行人为的划分，对不封闭的区域进行封闭操作，然后再进行房间和面积的标记。

（23）当创建的一些图元找不到的时候通常可以通过下面两种方法进行处理：①检查当前视图的视图范围是否设置正确；②在可见性设置里面查看该类模型是否勾选了显示。

第4章 场地和其他

通过场地创建工具可完成项目地形曲面、场地构件、地坪等相关模型的创建。

4.1 地形表面

在 Revit 软件中，创建地形表面可使用三种方式，分别为：手动放置点、指定实例和指定文本点。

手动放置点：手动指定高程点位置及高程或相对高程。

指定实例：使用导入的包含三维高程信息的 DWG 等文件。

指定文本点：文本点文件为使用逗号分隔的文件格式（可以是 CSV 或 TXT 文件）。点文件中必须包含 X、Y 和 Z 坐标值作为文件的第一个数值。忽略该文件的其他信息（如点名称）。如需添加其他数值信息，必须显示在 X、Y 和 Z 坐标值之后。

在此着重介绍利用手动放置点的方式创建地形表面。

单击“体量和场地”选项卡“场地建模”面板中的“地形表面”指令，默认情况下，功能区上的“放置点”工具处于活动状态。切换至场地平面视图。按上述执行方式执行，单击放置点，在选项栏中设置放置点高程值，如图 4-1 所示，并在绘图区域放置点，完成点放置后，如图 4-2 所示。

图 4-1 放置高程点选项栏

绝对高程：点显示在指定的高程处。可将点放置在活动绘图区域中的任何位置。

相对于表面：通过该选项，可将点放置在现有地形表面上的指定高程处，从而编辑现有地形表面。要使该选项的使用效果更明显，需要在着色的三维视图中工作。

单击完成，完成地形表面的创建，如图 4-3 所示。

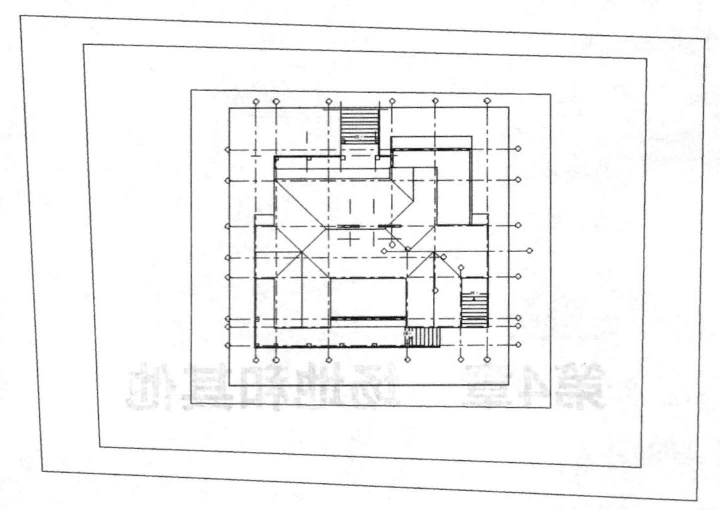

图 4-2　地形表面

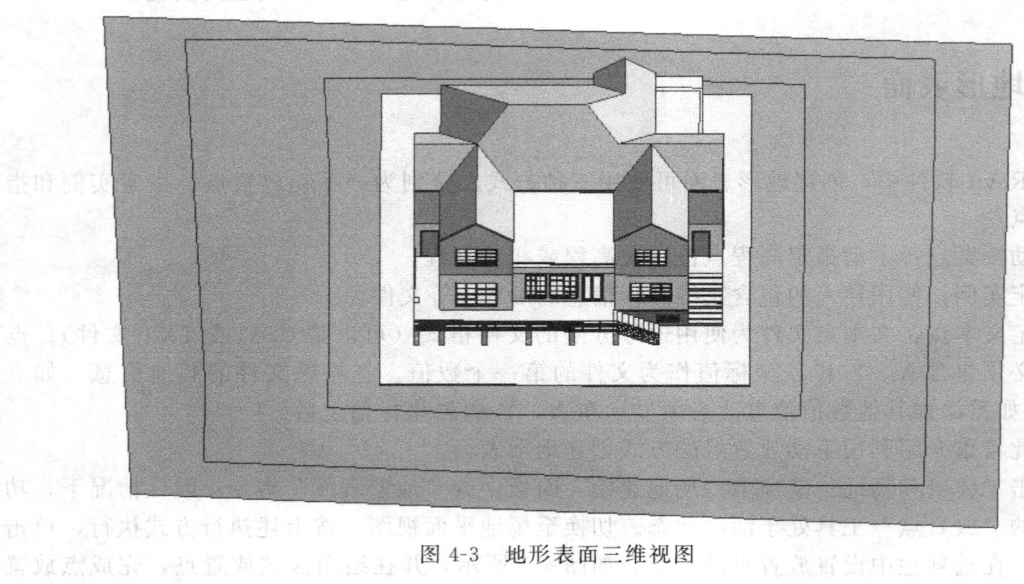

图 4-3　地形表面三维视图

4.2　拆分表面、合并表面、子面域

完成绘制建筑地坪后，本节将使用“子面域”工具在地形表面上绘制道路。

(1) 子面域工具是对现有的地形表面绘制一定的区域。例如可以使用子面域在地形表面绘制道路、停车场、转向箭头和禁用标记等内容。

(2) 子面域工具和建筑地坪不同，建筑地坪工具会创造出单独的水平表面，并剪切地形，而创建子面域不会生成单独的地平面，而是在地形表面上圈定了某块可以定义不同属性集（如材质）的表面区域。

创建子面域不会生成单独的表面，若要创建可独立编辑的单独表面，可使用“拆分表面”或“合并表面”工具。

在项目浏览器中双击“楼层平面”下的“场地”，进入场地平面视图。在“体量和场地”选项卡内的“修改场地”面板中使用“子面域”命令，进入草图编辑模式，如图 4-4 所示，开始进行绘制。

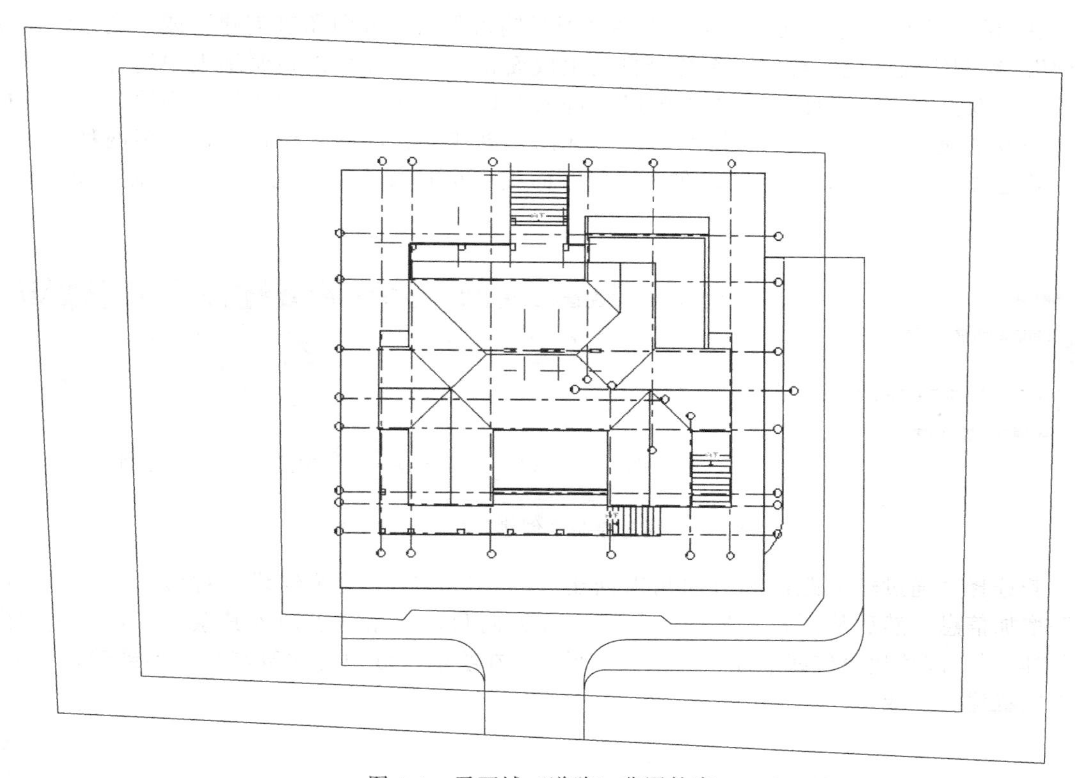

图 4-4　子面域（道路）草图轮廓

如图 4-5 所示，在“属性”对话框中，选择“沥青（道路）”材质，点击“完成编辑模式”完成子面域（道路）的绘制。

图 4-5　子面域（道路）材质设置及完成效果图

4.3 建筑红线

在 Revit 中创建建筑红线，可以选择“通过输入距离和方向角来创建”或“通过绘制来创建”。绘制完成的建筑红线，系统会自动生成面积信息，并可以在明细表中统计。在项目浏览器中双击“楼层平面”下的“场地”，进入场地平面视图。在“体量和场地”选项卡内的“修改场地”面板中点击“建筑红线”，弹出“创建建筑红线”对话框，出现两种绘制方式，若选择“通过绘制来创建”，在“绘制”面板中可选择合适的方式进行绘制，如图 4-6 所示。

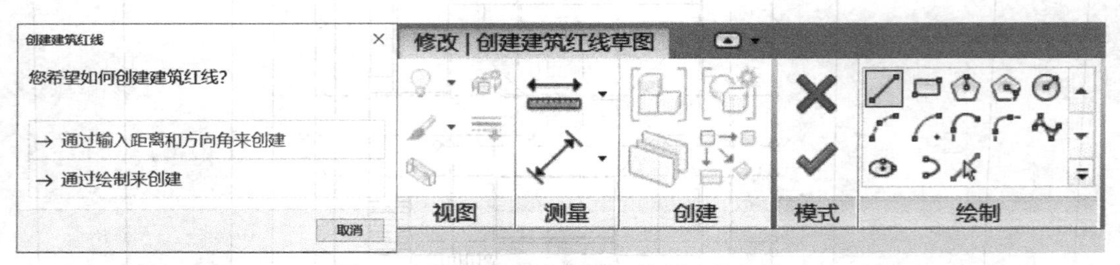

图 4-6 “通过绘制来创建”绘制建筑红线

若选择“通过输入距离和方向角来创建”的方法，在“建筑红线”对话框中通过“插入”增加信息，然后从测量数据中添加距离和方向角，根据需求插入其余的线，通过“向上”“向下”调整建筑红线顺序，如图 4-7 所示，在绘图区域中将建筑红线移动到确切位置，单击放置建筑红线。

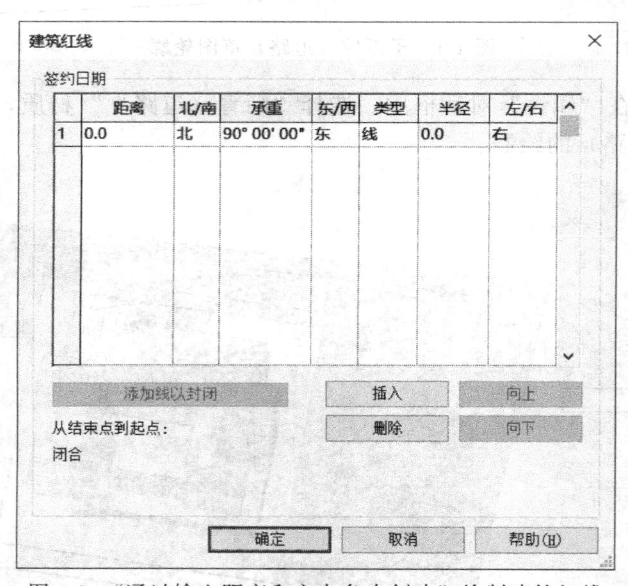

图 4-7 “通过输入距离和方向角来创建”绘制建筑红线

如图 4-8 所示，单击选中“建筑红线”，在“属性”对话框中可以看到建筑红线面积值，该值为只读，不可在此参数中输入新的值，在项目所需的经济技术指标中可根据此数据填写基地面积。

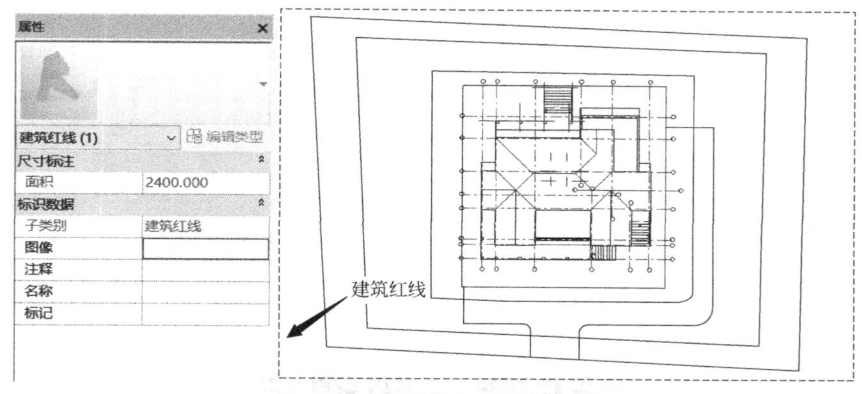

图 4-8　建筑红线属性

4.4　场地构件

Revit 可在场地平面中放置场地专用构件（如树、电线杆和消防栓）。如果未在项目中载入场地构件，则会出现提示消息“指出尚未载入相应的族”。

打开场地视图，切换到“体量和场地”选项卡，单击“场地建模”面板中的“场地构件”，从“类型选择器”中选择所需的构件。在绘图区域中单击以添加一个或多个构件，以树为例，如图 4-9 所示。

图 4-9　放置场地构件

如图 4-10 所示，放置好场地构件后可以将视觉样式改为“真实”，场地构件会更真实地展现出来。

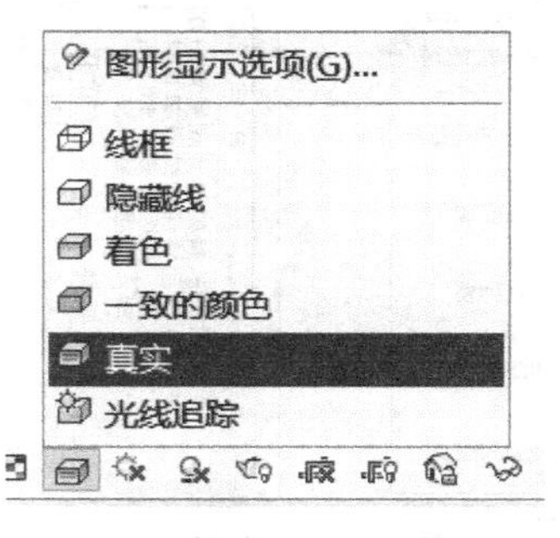

图 4-10　修改视觉样式

第5章　明细表

明细表以表格形式显示信息，这些信息是从项目中的图元属性中提取的。可在设计过程中的任何时候创建明细表。对项目的修改会影响明细表，明细表将自动更新以反映这些修改。可将明细表导出到其他软件程序中，如Excel。

明细表可以帮助用户统计模型中的任意构件，例如门、窗和墙体。明细表内所统计的内容，由构件本身的参数提供。用户在创建明细表的时候，选择需要统计的关键字即可。

Revit中的明细表共分为六种类型，分别是“明细表/数量”“图形柱明细表”“材质提取”“图纸列表”“注释块”“视图列表”。在实际项目中，经常用到的是“明细表/数量”明细表，通过“明细表/数量”明细表所统计的数值，可以作为项目概预算的工程量使用。本章通过“房间明细表”和“门窗明细表”来介绍“明细表/数量”明细表的使用方法。

5.1　房间明细表

如图5-1所示，单击“视图”选项卡“创建”面板中的“明细表”下拉按钮，选择“明细表/数量”命令，弹出“新建明细表”对话框，勾选“建筑”，取消勾选其他选项，在“类别”中选取“房间”，点击“确定”按钮。

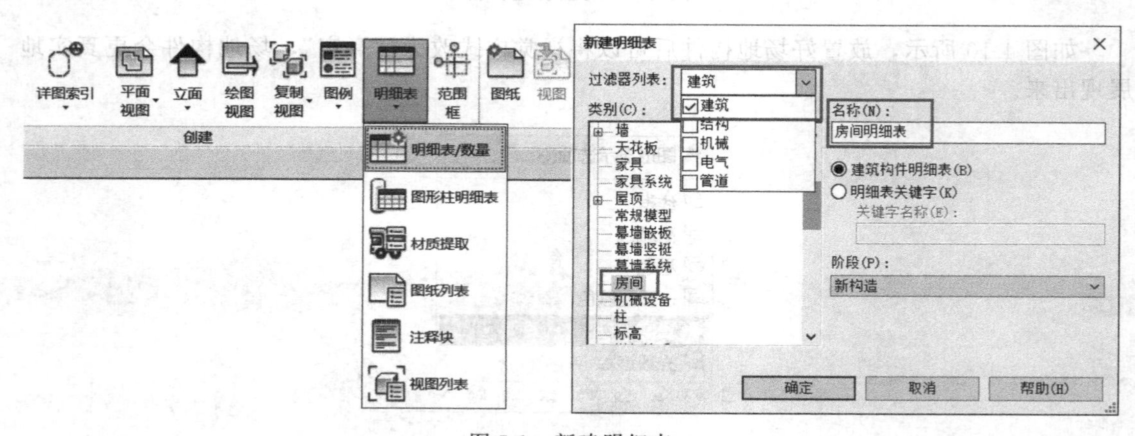

图5-1　新建明细表

对“明细表属性”对话框的相关内容进行设置，在“明细表字段”中添加名称、周长、面积和合计；在“排序/成组”中设置排序方式为“名称”，勾选“总计”，并选择“标题、合计和总数”；在“格式”内“字段：面积”中的下拉菜单里选择“计算总数”；在“外观”中取消勾选“数据前的空行”，如图 5-2 所示。

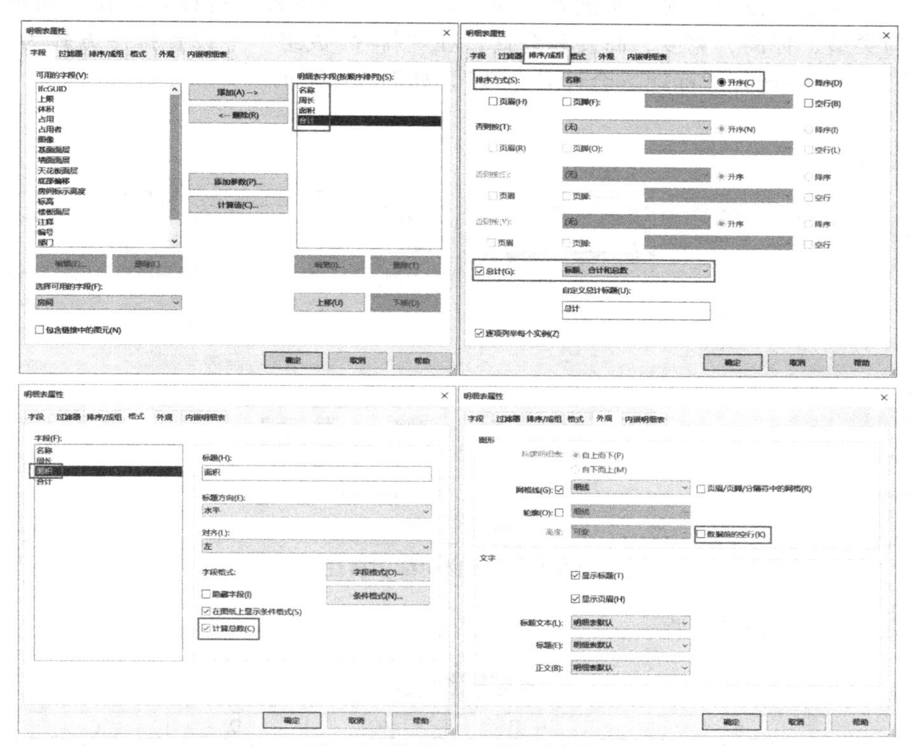

图 5-2　设置房间明细表属性

完成后的效果如图 5-3 所示。

<房间明细表>			
A	B	C	D
名称	周长	面积	合计
主卧	21200	22.24	1
休息室	15400	12.72	1
会客厅	18200	16.94	1
卧室	11100	6.85	1
储藏室	8500	3.99	1
卧室	14800	13.33	1
卫生间	11100	6.84	1
卫生间	10500	6.29	1
卫生间	10500	6.29	1
厨房	15000	14.06	1
客房	18250	17.97	1
家庭室	30600	50.27	1
工作室	8500	3.99	1
房间	14400	12.92	1
房间	11500	7.41	1
房间	36830	58.30	1
棋牌室	15000	14.06	1
次卧	15150	14.43	1
衣帽间	13860	10.72	1
衣帽间	11150	6.65	1
视听室	18200	20.14	1
走廊	26140	27.32	1
车库	23200	33.64	1
门厅	16200	16.10	1
餐厅	15200	14.24	1
总计：25		417.70	

图 5-3　房间明细表效果

5.2 门窗明细表

与创建房间明细表类似，在“新建明细表”对话框中勾选“建筑”，在“类别”中选取“窗”，点击“确定”按钮。对“明细表属性”对话框相关内容进行设置，在“明细表字段”中添加族与类型、标高、宽度、高度和合计：在“排序/成组”中设置排序方式为“族与类型”，勾选总计，并选择“标题、合计和总数”，如图 5-4 所示。

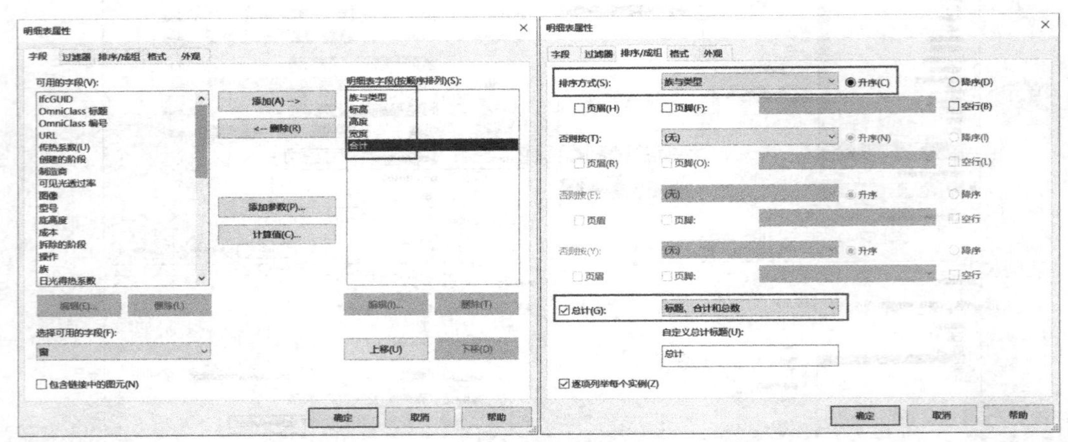

图 5-4　设置窗明细表属性

完成后的效果如图 5-5 所示。

<窗明细表>

A	B	C	D	E
族与类型	标高	高度	宽度	合计
推拉窗2 - 带贴面: SC0908	建筑地坪	800	900	1
推拉窗2 - 带贴面: SC0908	建筑地坪	800	900	1
推拉窗2 - 带贴面: SC0910	1F	1000	900	1
推拉窗2 - 带贴面: SC0910	1F	1000	900	1
推拉窗2 - 带贴面: SC0916	2F	1600	900	1
推拉窗2 - 带贴面: SC0916	2F	1600	900	1
推拉窗2 - 带贴面: SC0916	2F	1600	900	1
推拉窗2 - 带贴面: SC0916	2F	1600	900	1
推拉窗2 - 带贴面: SC1210	1F	1000	1200	1
推拉窗2 - 带贴面: SC1216	1F	1600	1200	1
推拉窗2 - 带贴面: SC1216	2F	1600	1200	1
推拉窗2 - 带贴面: SC1216	2F	1600	1200	1
推拉窗2 - 带贴面: SC1216	2F	1600	1200	1
推拉窗2 - 带贴面: SC1216	2F	1600	1200	1
推拉窗2 - 带贴面: SC1222	1F	2200	1200	1
推拉窗2 - 带贴面: SC1308	建筑地坪	800	1300	1
推拉窗2 - 带贴面: SC1622	1F	2200	1600	1
推拉窗2 - 带贴面: SC1808	建筑地坪	800	1800	1
推拉窗2 - 带贴面: SC1816	1F	1600	1800	1
推拉窗2 - 带贴面: SC1816	1F	1600	1800	1
推拉窗2 - 带贴面: SC1816	2F	1600	1800	1
推拉窗2 - 带贴面: SC1822	1F	2200	1800	1
推拉窗2 - 带贴面: SC2416	1F	1600	2400	1
推拉窗2 - 带贴面: SC2416	2F	1600	2400	1
推拉窗2 - 带贴面: SC2422	1F	2200	2400	1
推拉窗2 - 带贴面: SC2425	1F	2500	2400	1
推拉窗2 - 带贴面: SC3022	2F	2200	3000	1
总计: 27				

图 5-5　窗明细表效果

同理完成门明细表，如图 5-6 所示。

<门明细表>

A	B	C	D	E
族与类型	标高	高度	宽度	合计
单扇 - 与墙齐: M0821	-1F	2100	800	1
单扇 - 与墙齐: M0821	-1F	2100	800	1
单扇 - 与墙齐: M0821	1F	2100	800	1
单扇 - 与墙齐: M0821	1F	2100	800	1
单扇 - 与墙齐: M0821	2F	2100	800	1
单扇 - 与墙齐: M0821	2F	2100	800	1
单扇 - 与墙齐: M0821	2F	2100	800	1
单扇 - 与墙齐: M0921	-1F	2100	900	1
单扇 - 与墙齐: M0921	-1F	2100	900	1
单扇 - 与墙齐: M0921	-1F	2100	900	1
单扇 - 与墙齐: M0921	-1F	2100	900	1
单扇 - 与墙齐: M0921	1F	2100	900	1
单扇 - 与墙齐: M0921	2F	2100	900	1
单扇 - 与墙齐: M0921	2F	2100	900	1
单扇 - 与墙齐: SM0925	1F	2500	900	1
单扇 - 与墙齐: SM0925	1F	2500	900	1
卷帘门: FBM	建筑地坪	3000	5240	1
双扇推拉门5: SM1	1F	2100	1200	1
双扇推拉门5: SM2	2F	2100	800	1
双面嵌板玻璃门: M1221	2F	2100	1200	1
双面嵌板玻璃门: SM1225	1F	2500	1200	1
总计: 21				

图 5-6　门明细表效果

第6章 相机、渲染

6.1 相机

6.1.1 透视三维视图

透视三维视图用于显示三维视图中的建筑模型，在透视三维视图中，越远的构件显示得越小，越近的构件显示得越大。可以在透视图中选择图元并修改其类型和实例属性。创建或查看透视三维视图时，视图控制栏会指示该视图为透视视图。

在项目浏览器中切换至“1F”楼层平面，单击“视图”选项卡“创建”面板中的“三维视图”下拉按钮，选择“相机”命令（如果清除选项栏上的“透视图”选项，则创建的视图会是正交三维视图，不是透视视图）。在绘图区域单击一次以放置相机，再次单击放置目标点，如图 6-1 所示，将跳转到透视三维视图。返回“1F”楼层平面视图，在“三维视图 1”上单击鼠标右键，选择“显示相机”，在“1F”楼层平面视图中将显示相机，可以对相机的位置、方向，以及拍摄的深度进行调整。

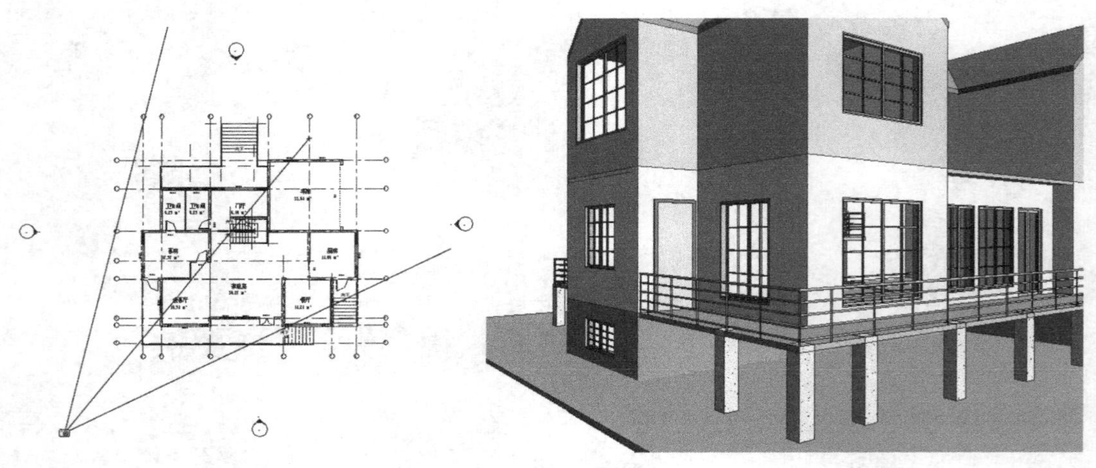

图 6-1　透视三维视图

6.1.2　正交三维视图

正交三维视图用于显示三维视图中的建筑模型，与透视三维视图不同的是，在正交三维视图中，不管相机距离的远近，所有构件的大小均相同。

在项目浏览器中切换至“1F”楼层平面，单击“视图”选项卡“创建”面板中的“三维视图”下拉按钮，选择“相机”命令，在选项栏上取消勾选“透视图”复选框选项。在绘图区域单击一次以放置相机，再次单击放置目标点，如图 6-2 所示，将跳转到正交三维视图。

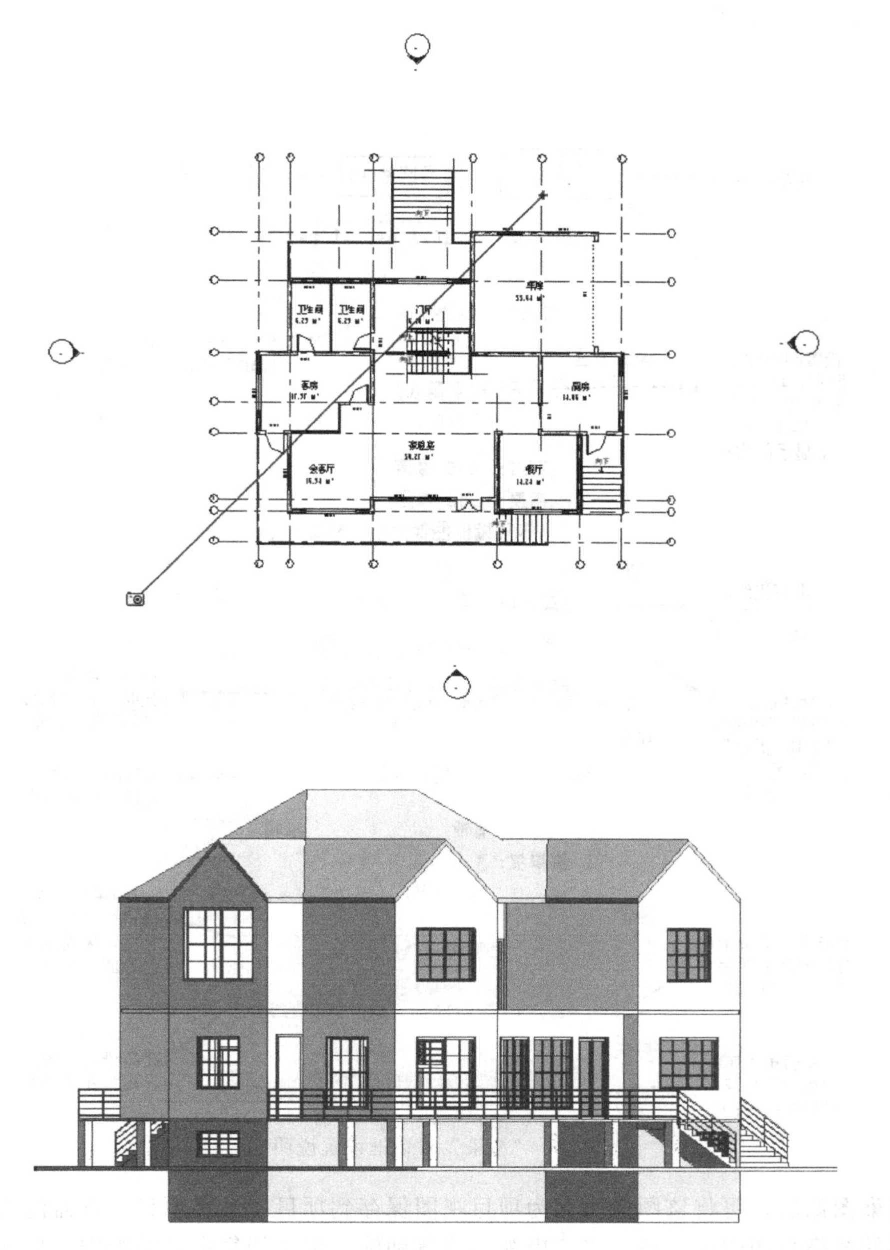

图 6-2　正交三维视图

6.2 渲染

在 Revit 中，通过使用渲染工具，可为建筑模型创建照片级真实感图像。Revit 根据渲染方式的不同可分为单机渲染与云渲染两种，其中单机渲染指的是通过本地计算机，设置相关渲染参数，进行独立渲染。云渲染也称为联机渲染，可使用 Autodesk360 中的渲染从任何计算机上创建真实照片级的图像和全景。

打开透视三维视图，单击“视图”选项卡“演示视图”面板中的“渲染”指令。打开“渲染”对话框，如图 6-3 所示。

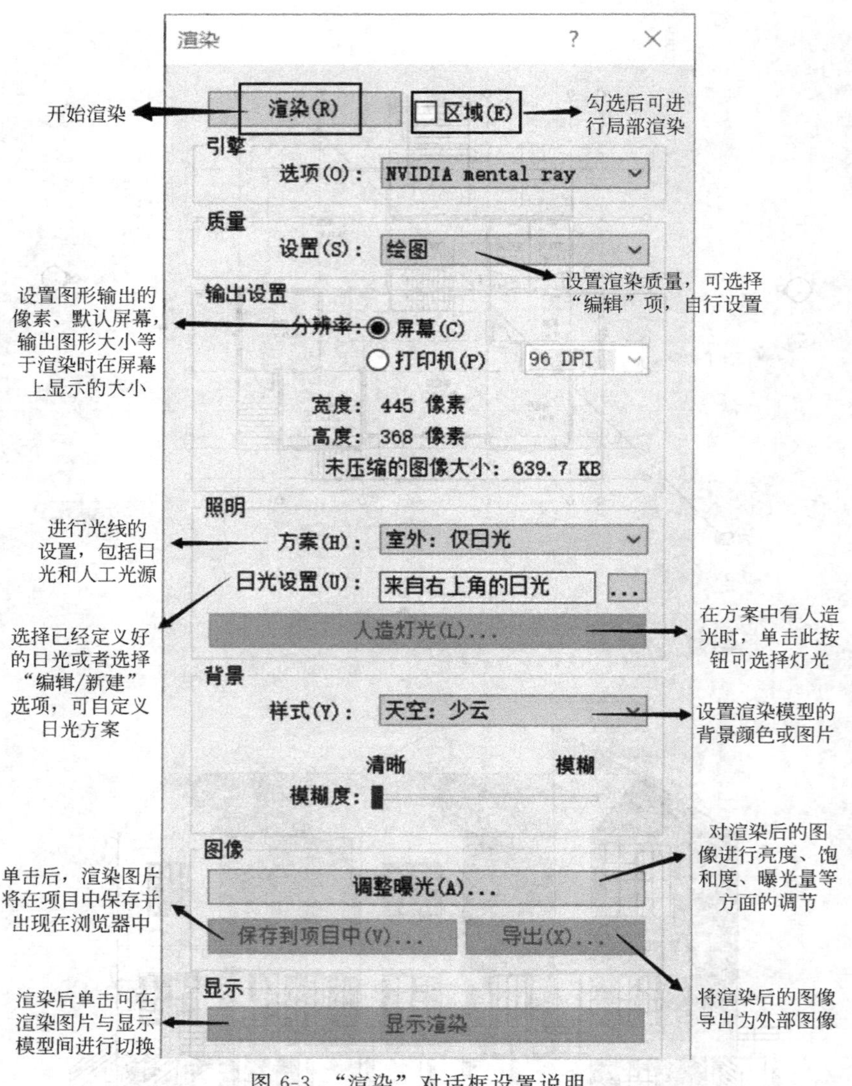

图 6-3 “渲染”对话框设置说明

在渲染图像后，可将该图像另存为项目视图保存到项目中。在项目浏览器渲染一栏下可找到保存的渲染视图图像。还可将渲染视图放置到施工图文档集中的图纸中。也可单击“导出”按钮将图像文件导出到计算机中用于保存。此文件存储在项目之外指定的位置中。

Revit 支持保存的图像文件类型有 BMP、JPEG、JPG、PNG 和 TIFF。

设置渲染选项后进行渲染，效果如图 6-4 所示。

图 6-4　渲染效果图

第7章 图纸

在 Revit 中，为施工图文档集中的每个图纸创建一个图纸视图，然后在每个图纸视图上放置多个图形或明细表。图纸是施工图文档集的一个独立的页面。在项目中，可创建各种样式的图纸，包括平面施工图、剖面施工图以及大样节点详图等。

7.1 新建图纸

单击“视图”选项卡“图纸组合”面板中的“图纸”指令。弹出“新建图纸”对话框，如图 7-1 所示。选择图纸标题栏并新建图纸视图。在“选择标题栏”列表框下，可选择带有标题栏的图纸大小。例如，“A0 公制”“A1 公制”“A2 公制”等，若没有需要的尺寸标题栏，可单击按钮将族库中其他标题栏载入当前项目中，然后在该对话框中就会出现载入的新公制标题，也可选择“无”创建不带标题栏的图纸。这里选择“A0 公制”，单击“确定”按钮，完成图纸的创建，如图 7-2 所示。Revit 会自动创建一张图纸视图，在项目浏览器“图纸”列表中也会添加图纸“J0-1-未命名”。

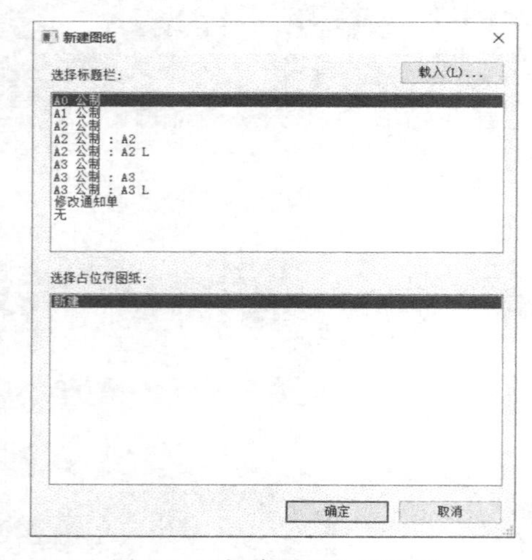

图 7-1 “新建图纸”对话框

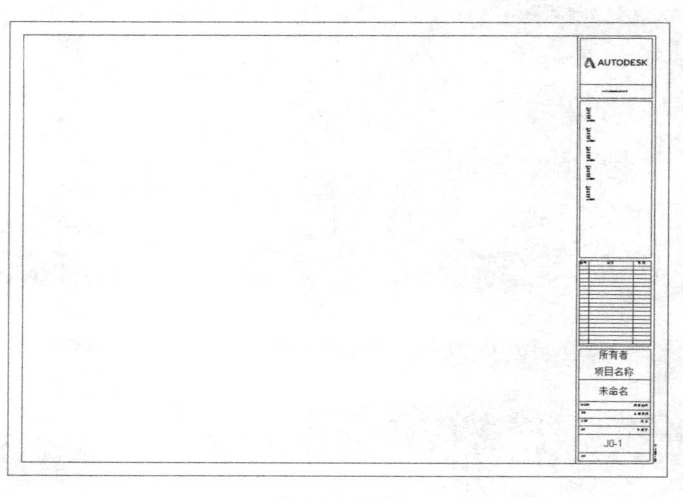

图 7-2 图纸

7.2　布置视图

使用此工具将项目浏览器中的视图添加到图纸中。可在图纸中添加建筑的一个或多个视图，包括楼层平面、场地平面、天花板平面、立面、三维视图、剖面、详图视图、绘图视图和渲染视图。每个视图仅可放置到一个图纸中。要在项目的多个图纸中添加特定视图，可创建视图副本。

要将视图添加到图纸中，可使用下列方法之一：

• 在项目浏览器中，展开视图列表，找到该视图，然后将其拖拽到图纸上。

• 单击“视图”选项卡“图纸组合”面板中的“视图”指令。在弹出的“视图”对话框中选择一个视图，然后单击“在图纸中添加视图”，如图 7-3 所示。

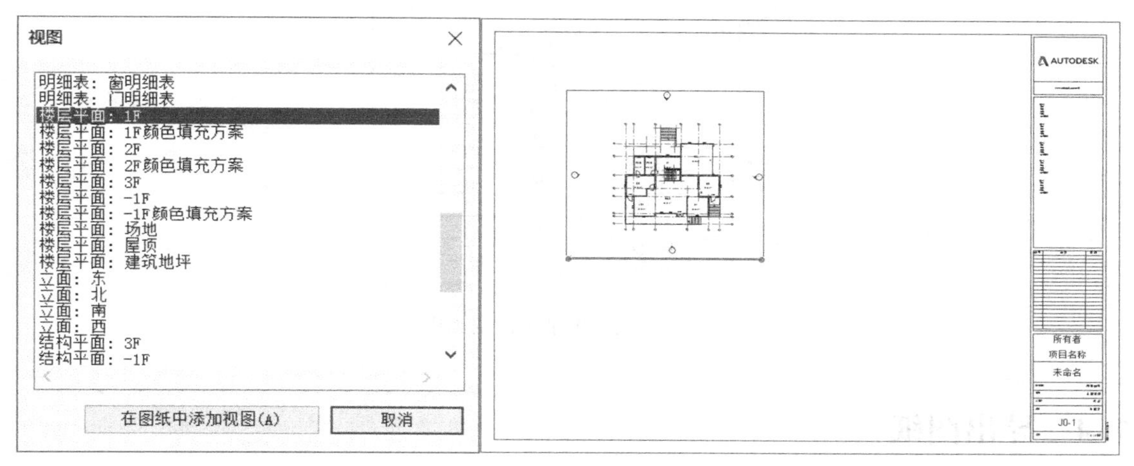

图 7-3　在图纸中添加视图

选择图纸中的平面视图，在属性栏中可以通过对“图纸上的标题”内容进行修改来命名图纸上对应视图的名称。

在项目浏览器中展开“图纸”选项，在图纸“J0-1-未命名”上单击右键，在弹出的列表中选择重命名，输入合适的“编号”和“名称”。

7.3　添加明细表

Revit 可以将明细表放置到施工图文档集中的图纸上，同一明细表可以存在于多个图纸上，如果将明细表放在图纸上，则会增加文档集的信息内容，具体的步骤如下。

① 在项目中，打开要向其添加明细表的图纸。

② 在项目浏览器中的“明细表/数量”下，选择明细表，然后将其拖拽到绘图区域中的图纸上。当光标位于图纸上时，松开鼠标键，Revit 会在光标处显示明细表的预览。

③ 将明细表移动到所需的位置，然后单击以将其放置在图纸上。

④ 将明细表放置到图纸上以后，可以对其进行修改。在图纸视图中的明细表上单击鼠标右键，然后单击“编辑明细表”，此时显示明细表视图，可以编辑明细表的单元。

⑤ 单击选择图纸视图中的明细表，蓝色三角形可调整每列的列宽，右边界中间的 Z 形

截断控制柄可拆分明细表，如图 7-4 所示，四向箭头控制柄可以进行移动、重新连接已拆分表格等操作。

房间明细表			
名称	周长	面积	合计
主卧室	21200	22.24	1
休息室	15400	12.72	1
会客厅	18200	16.94	1
佣人房	11100	6.85	1
储藏室	8500	3.99	1
卧室	14800	13.33	1
卫生间	11100	6.84	1
卫生间	10500	6.29	1
卫生间	10500	6.29	1
厨房	15000	14.06	1
客房	18250	17.97	1
家庭室	30600	50.27	1
工作室	8500	3.99	1
房间	14400	12.92	1
房间	11500	7.41	1
房间	36830	58.30	1
棋牌室	15000	14.06	1
次卧	15150	14.43	1
衣帽间	13860	10.72	1
衣帽间	11150	6.65	1
视听室	18200	20.14	1
走廊	26140	27.32	1
车库	23200	33.64	1
门厅	16200	16.10	1
餐厅	15200	14.24	1
总计:25		417.70	

图 7-4　调整图纸中的明细表

7.4　导出图纸

Revit 支持导出 CAD（DWG 和 DXF）、ACIS（SAT）和 DGN 文件格式，具体描述如下：

① DWG（绘图）格式是 AutoCAD 和其他 CAD 应用程序所支持的格式。

② DXF（数据传输）是一种被多种 CAD 应用程序都支持的开放格式。DXF 文件是描述二维图形的文本文件，由于文本没有经过编码或压缩，因此 DXF 文件通常很大。如果将 DXF 用于三维图形，则需要执行某些清理操作，以便正确显示图形。

③ SAT 是适用于 ACIS 的格式，它是受许多 CAD 应用程序支持的实体建模技术。

④ DGN 是受 Bentley Systems Inc. 中 MicroStation 所支持的文件格式。

如果在三维视图中使用其中一种导出工具，则 Revit 会导出实际的三维模型，而不是模型的二维表达。要导出三维模型的二维表达，应将三维视图添加到图纸中并导出图纸视图，然后可以在 AutoCAD 中打开该视图的二维版本。

如果导出的是项目的某个特定部分，可在三维视图中使用剖面框，在二维视图中使用裁剪区域，完全处于剖面框或裁剪区域以外的图元不会包含在导出的文件中。

以导出 DWG 为例，Revit 所有的平面、立面、剖面、三维视图和图纸等都可以导出为 DWG 格式图形，而且导出后的图层、线型、颜色等可以根据需要在 Revit 中设置。在项目浏览器中打开一个视图，单击应用程序菜单，在列表中选择“导出”—“CAD 格式”—“DWG 文件”工具，弹出“DWG 导出”对话框，如图 7-5 所示。

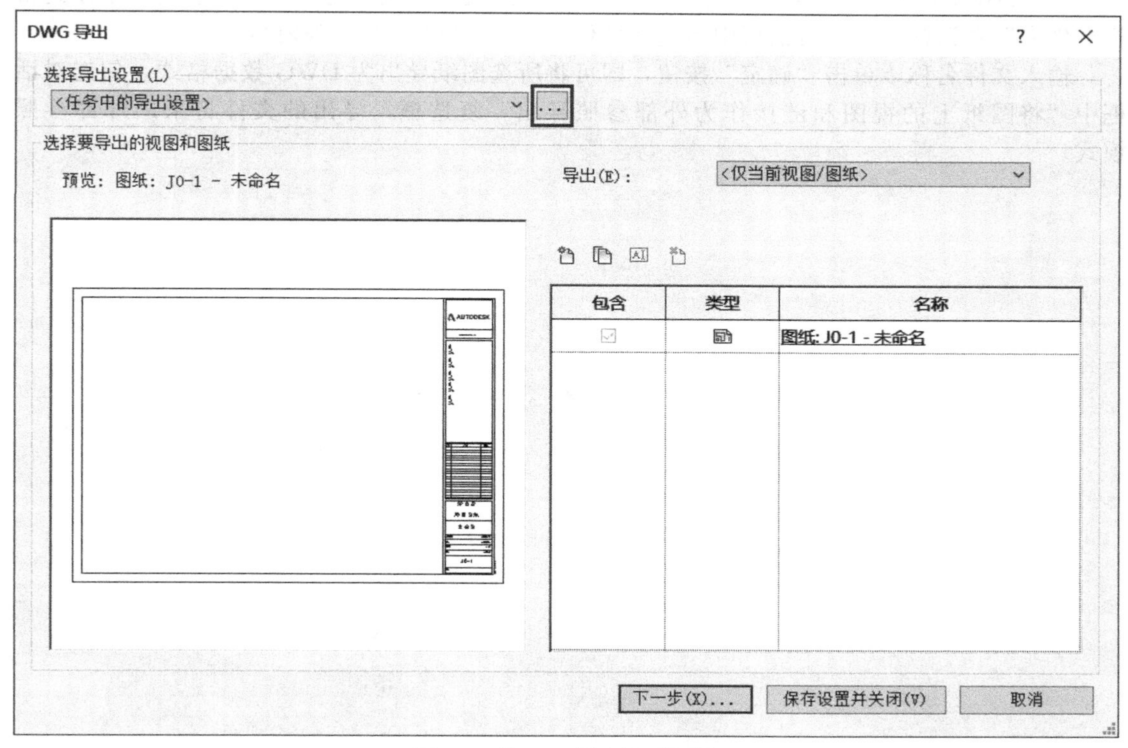

图 7-5　“DWG 导出”对话框

如图 7-5 所示，单击“选择导出设置”右边的按钮，弹出“修改 DWG/DXF 导出设置”对话框，在该对话框中可分别对 Revit 模型导出为 CAD 时的图层、线型、填充图案、文字和字体、颜色、实体、单位和坐标等内容进行设置，设置完成后单击“确定”按钮，如图 7-6 所示。

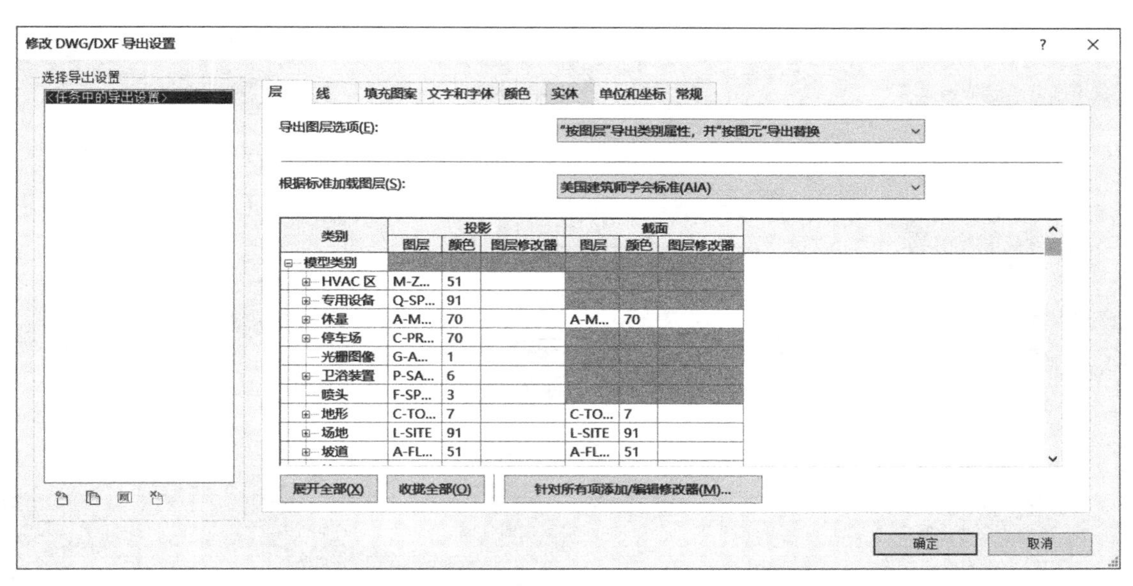

图 7-6　“修改 DWG/DXF 导出设置”对话框

在“DWG 导出”对话框中，单击“下一步”按钮，弹出“导出 CAD 格式—保存到目标文件夹”对话框，在该对话框中指定文件保存格式、DWG 版本等内容。

输入文件名称，单击“确定”按钮，即可将所选图纸导出为 DWG 数据格式。勾选对话框中“将图纸上的视图和链接作为外部参照导出”复选框，导出的文件将采用外部参照模式。

第8章　族

族是 Revit 中一个非常重要的概念，通过参数化族的创建，可像 AutoCAD 中的块一样，在工程设计中大量反复使用，以提高三维设计效率。

族是一个包含通用参数和相关图形表示的图元组。属于一个族的不同图元的部分或全部参数可能有不同的值，但是参数的集合是相同的。族中的这些变体称作族类型或类型。

“族”的创建是 Revit 建模过程中一个重要且耗时较长的环节。

8.1　创建族

族的三种类型（系统族、可载入族和内建族）中，由于可载入族具有高度可自定义的特性，且可以重复利用，所以可载入族是 Revit 中最经常创建和修改的族。可载入族用于创建建筑构件、系统构件和些注释图元的族，例如窗、门、橱柜、装置、家具和植物、锅炉、热水器、空气处理设备和卫浴装置以及常规自定义的这些注释图元（符号和标题栏）。下面以可载入族为例，介绍创建族的方法。

创建族文件时，需要选择一个与该族所要创建的图元类型相对应的族样板，该样板相当于一个构建块，其中包含在开始创建族以及 Revit 在项目中放置族时所需要的信息。Revit 自带族样板十分丰富，因此在选择样板时需要考虑其分类、功能、使用方式等属性。如图 8-1 所示，新建一个“族”文件，即可弹出“新族-选择样板文件”对话框，对话框会显示默认位置子文件夹中所安装的可用英制或公制族样板，在这里可以选择我们需要的族样板。

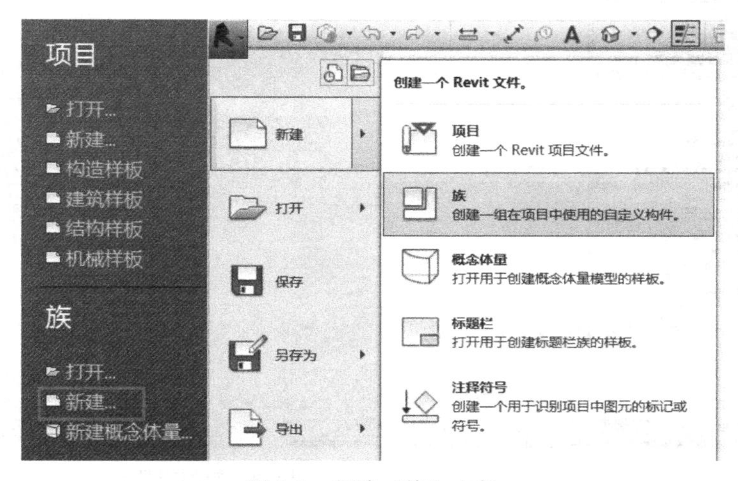

图 8-1　新建“族”文件

选择族样板文件后，预览图像会显示在对话框的右上角。选择要使用的族样板（以“公制常规模型族样板”为例），如图 8-2 所示，然后单击“打开”，即进入了族编辑器环境。

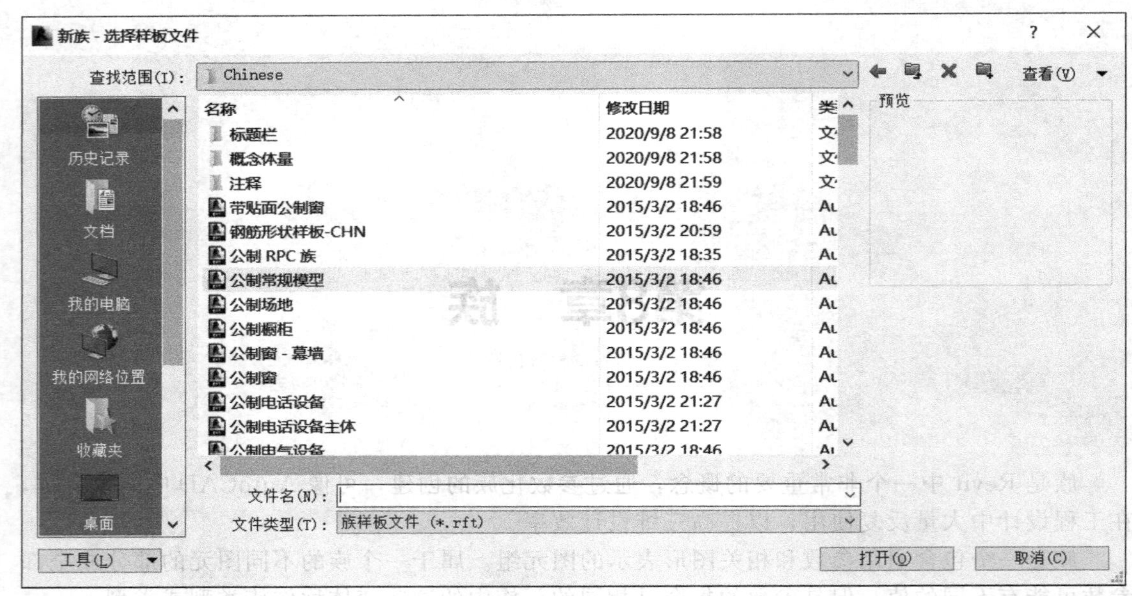

图 8-2　族样板的选择

8.2　操作界面

如图 8-3 所示，族创建的操作界面与项目创建的操作界面相似，其特征在于“创建”选项卡下提供了不同的工具。本节主要介绍与项目操作界面的不同之处。

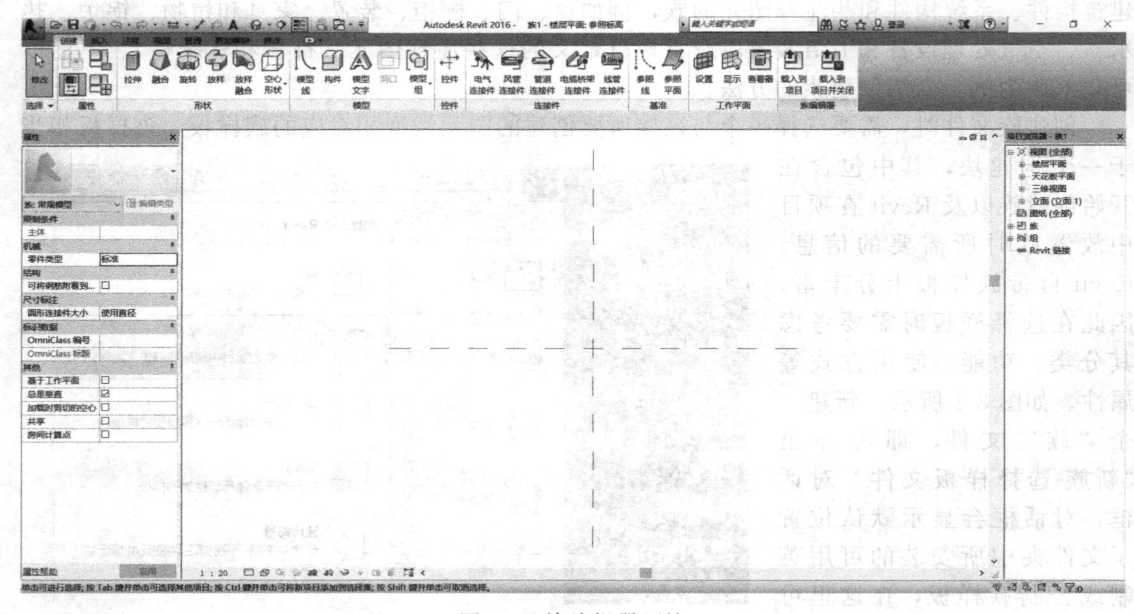

图 8-3　族编辑器环境

对于大多数族，将显示两条或更多条绿色的虚线，它们是在创建族几何图形时使用的参照平面或工作平面。在公制常规模型的环境下，“创建”选项卡下“形状”面板上工具的特点是先选择形状的生成方式，再进行绘制，主要的工具有拉伸、融合、旋转、放样、放样融合及对应的空心形状命令，具体的创建方式在接下来几节进行介绍。

“创建”选项卡“属性”面板：

族类别和族参数：用于执行当前正在创建的族的族类别和相关族参数，如图 8-4 所示。

族类型：通过此功能可为族文件添加多种族类型并可在不同类型下添加相关参数，以通过参数控制此类型的形状、材质等特性，如图 8-5 所示。

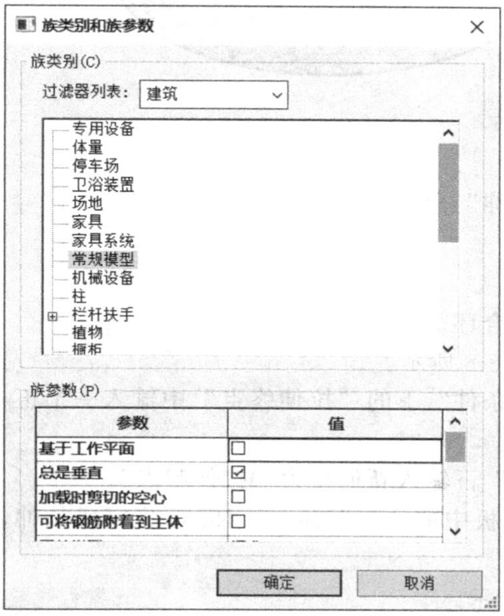

图 8-4　“族类别和族参数”对话框

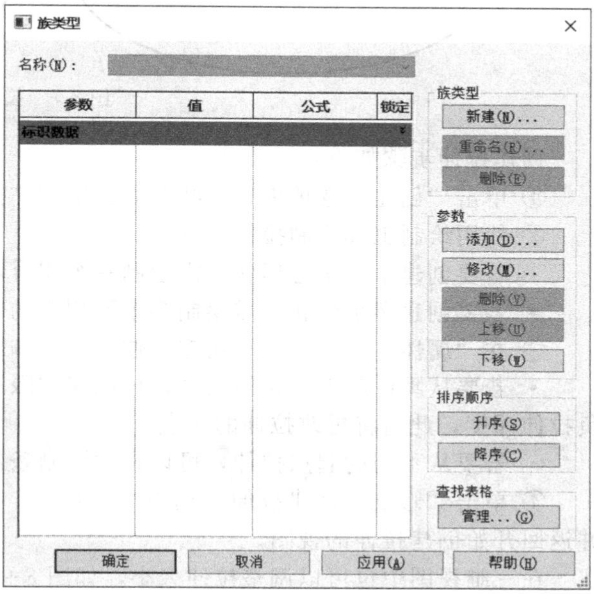

图 8-5　“族类型”对话框

“创建”选项卡“形状”面板：

用于创建族的三维模型，包括实心和空心两种形式，创建方法包括拉伸、融合、旋转、放样、放样融合，上述几种方法将在以后章节中详细介绍。

“创建”选项卡“控件”面板：

控件：用于添加翻转箭头，以便在项目中灵活控制构件的方向，如图 8-6 所示。

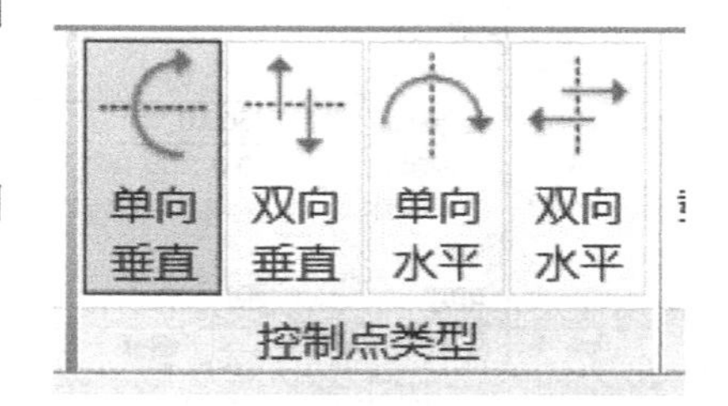

图 8-6　“控件”面板

“创建”选项卡“连接件”面板：

电气连接件：用于在构件中添加电气连接件。

风管连接件：用于在构件中添加风管连接件。

管道连接件：用于在构件中添加管道连接件。

线管连接件：用于在构件中添加线管连接件。

8.3　创建拉伸

“拉伸”命令是通过拉伸二维形状（轮廓）来创建三维实心形状，如图 8-7 所示。

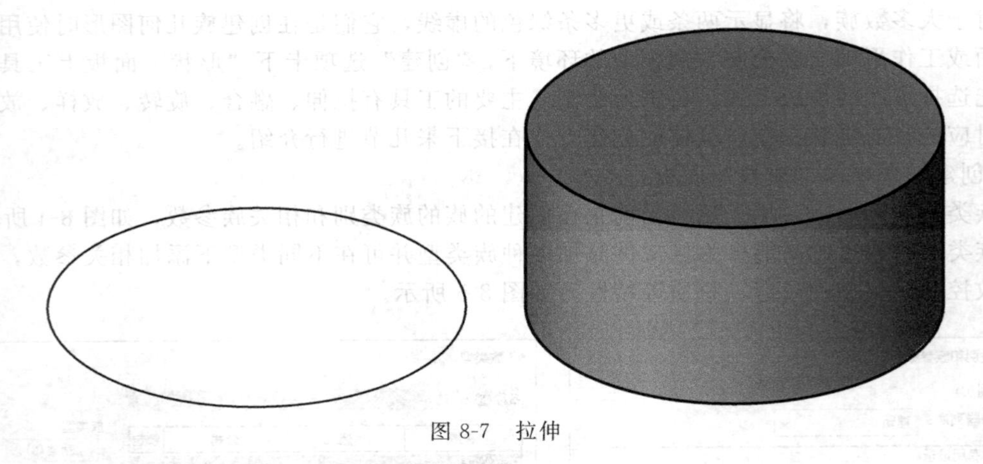

图 8-7　拉伸

创建拉伸步骤如下：

① 单击“创建”选项卡“形状”面板中的“拉伸”命令。

② 使用绘制工具绘制拉伸轮廓。

- 若要创建单个实心形状，需绘制一个闭合环。
- 若要创建多个形状，需绘制多个不相交的闭合环。

③ 在“属性”选项板上，指定拉伸属性，如图 8-8 所示。

- 若要从默认起点 0 拉伸轮廓，可以在“限制条件”下的“拉伸终点”中输入一个正/负拉伸深度，此值将更改拉伸的终点。
- 若要从不同的起点拉伸，可以在“限制条件”下输入新值作为“拉伸起点”。

④ 单击“修改｜创建拉伸”选项卡“模式”面板中的“√”命令。Revit 将完成拉伸，并返回开始创建拉伸的视图。

在三维视图中也可以调整拉伸大小，如图 8-9 所示。

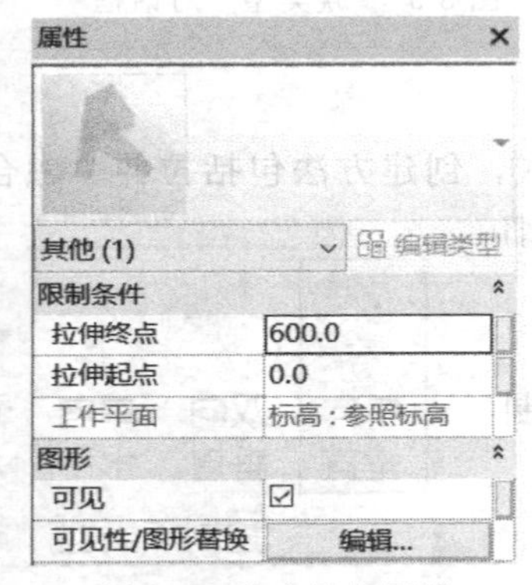

图 8-8　指定拉伸属性

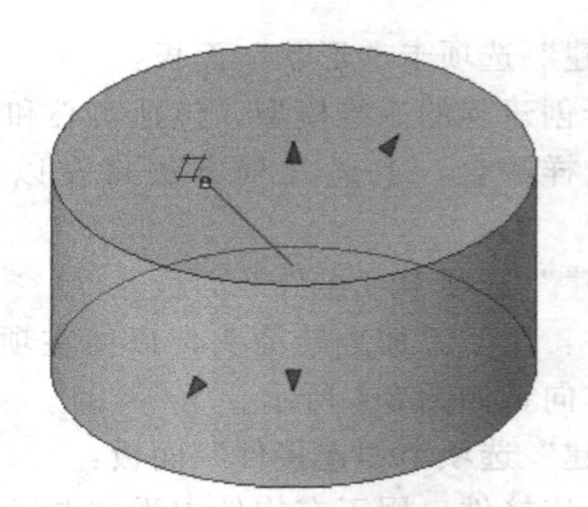

图 8-9　调整拉伸大小

8.4　创建融合

“融合”命令用于创建实心三维模型，该形状将沿其长度发生变化，从起始形状融合到最终形状。也就是说，绘制底部和顶部二维轮廓并指定高度，将两个轮廓融合在一起生成模型，如图 8-10 所示。

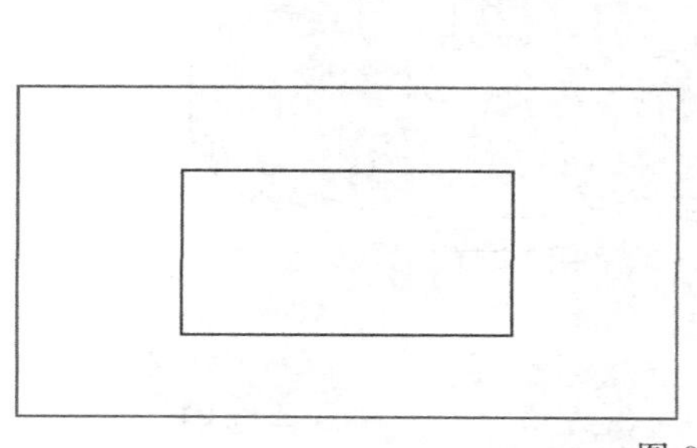
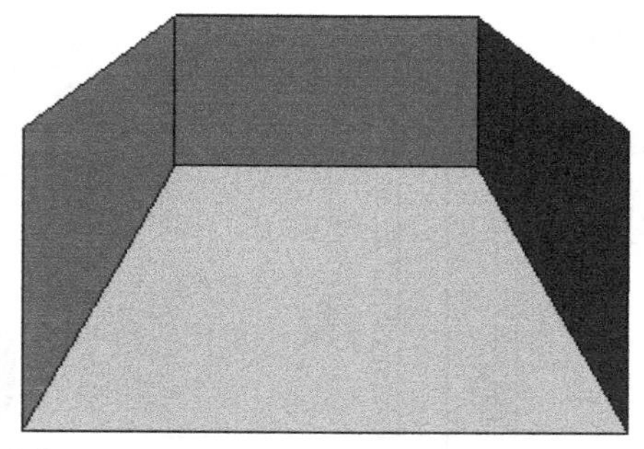

图 8-10　融合

创建融合步骤如下：

① 单击“创建”选项卡“形状”面板中的“融合”命令。

② 在“修改 | 创建融合底部边界”选项卡上，使用绘制工具绘制融合的底部边界，例如绘制一个正方形。

③ 在“属性”选项板上，指定融合属性。

• 若要指定从默认起点 0 开始计算的深度，可以在“约束”的“第二端点”中输入一个值。

• 若要指定从 0 以外的起点开始计算的深度，可以在“约束”的“第二端点”和“第一端点”中输入值。

④ 使用底部边界完成后，在“修改 | 创建融合底部边界”选项卡“模式”面板上，单击“编辑顶部”指令，如图 8-11 所示。

⑤ 在“修改 | 创建融合顶部边界”选项卡上，绘制融合顶部的边界。例如绘制另一个方形。

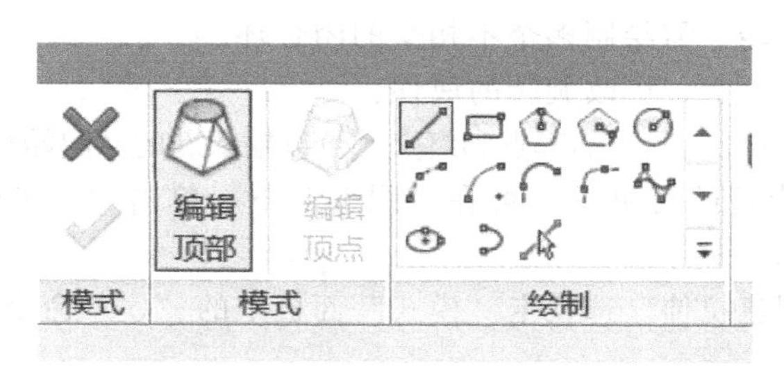

图 8-11　编辑顶部

⑥ 单击“修改 | 创建拉伸”选项卡“模式”面板中的“√”命令完成编辑。

8.5　创建旋转

“旋转”命令是通过绘制封闭的二维轮廓，并指定中心轴来创建模型，如图 8-12 所示。

创建旋转步骤如下：

① 单击“创建”选项卡“形状”面板中的“旋转”命令。

② 放置旋转轴：

• 在“修改 | 创建旋转”选项卡“绘制”面板上，单击“轴线”命令，如图 8-13 所示。

• 在所需方向上指定轴的起点和终点。

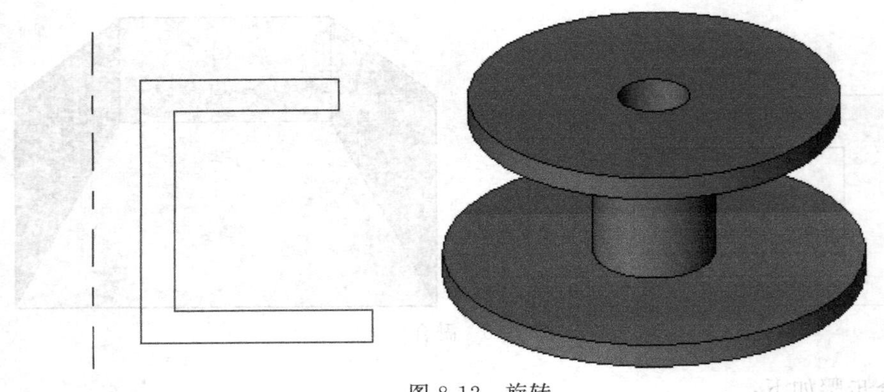

图 8-12　旋转

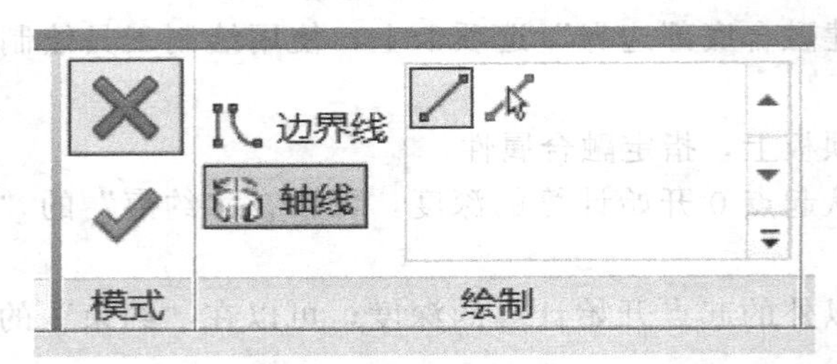

图 8-13　绘制轴线

③ 使用绘制工具绘制形状，以围绕着轴旋转：

• 单击“修改｜创建旋转”选项卡“绘制”面板中的“边界线”指令。

• 若要创建单个旋转，需绘制一个闭合环。

• 若要创建多个旋转，需绘制多个不相交的闭合环。

④ 在“属性”选项板上，更改旋转的属性：

• 若要修改要旋转的几何图形的起点和终点，可以输入新的“起始角度”和“结束角度”。

• 若要设置实心旋转的可见性，可在“图形”下，单击“可见性/图形替换”对应的“编辑”。

⑤ 单击“修改｜创建拉伸”选项卡“模式”面板中的“√”命令完成编辑。

8.6　创建放样

“放样”命令通过绘制路径，并创建二维截面轮廓生成模型，如图 8-14 所示。

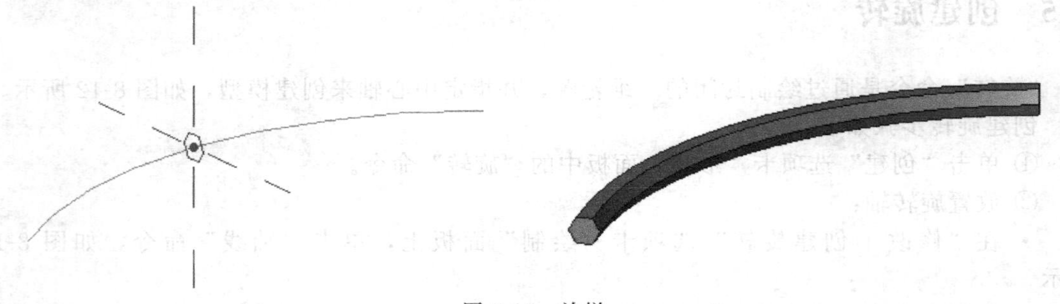

图 8-14　放样

创建放样步骤如下：

① 单击“创建”选项卡“形状”面板中的“放样”命令。

② 指定放样路径，如图 8-15 所示。

• 若要为放样绘制新的路径，单击“修改｜放样”选项卡“放样”面板中的“绘制路径”指令。路径既可以是单一的闭合路径，也可以是单一的开放路径，但不能有多条路径。路径可以是直线和曲线的组合。

图 8-15　指定放样路径

• 若要为放样选择现有的线，单击“修改｜放样”选项卡“放样”面板中的“拾取路径”指令。可以使用“拾取路径”工具以制作使用多个工作平面的放样。若要选择路径管段现有几何图形的边，单击“拾取三维边”，或者拾取现有绘制线，观察状态栏以了解正在拾取的对象。该拾取方法自动将绘制线锁定到正拾取的几何图形上，并允许在多个工作平面中绘制路径，以便绘制出三维路径。

③ 单击“模式”面板中的“√”命令完成编辑路径。

④ 绘制轮廓：单击“修改｜放样”选项卡“放样”面板，确认〈按草图〉已经显示出来，然后单击“编辑轮廓”指令。

如果显示“转到视图”对话框，则选择要从中绘制该轮廓的视图，然后单击“确定”。例如，如果在平面视图中绘制路径，应选择立面视图来绘制轮廓，如图 8-16 所示。该轮廓草图可以是单个闭合环形，也可以是不相交的多个闭合环形。在靠近轮廓平面和路径的交点附近绘制轮廓。

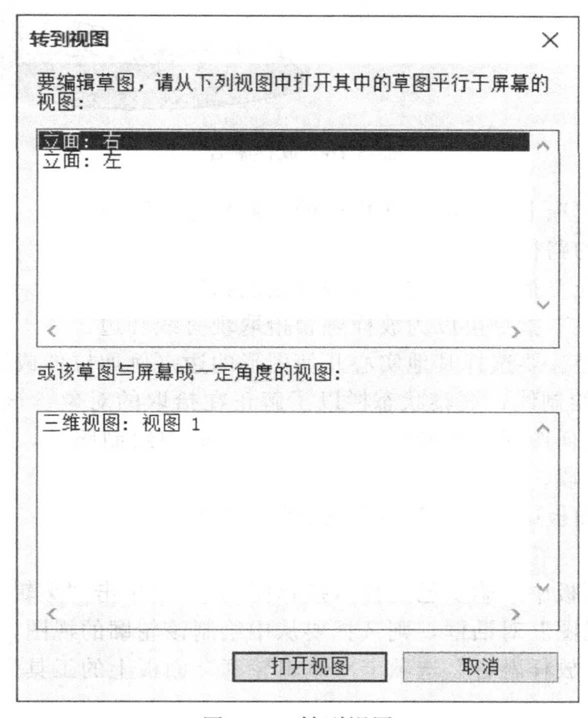

图 8-16　转到视图

在红点处绘制该轮廓，如图 8-17 所示。轮廓必须是闭合环。

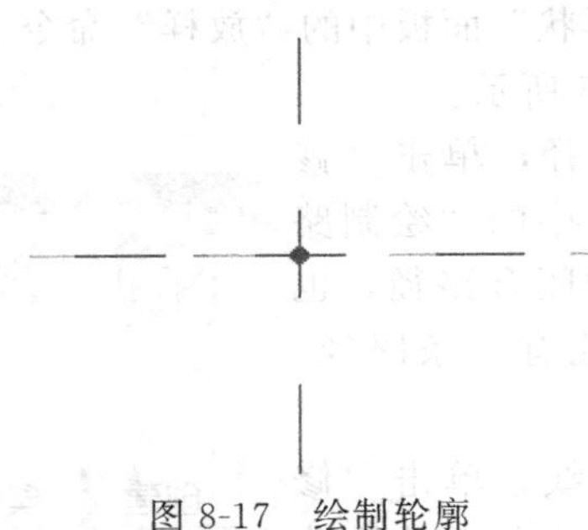

图 8-17　绘制轮廓

单击“模式”面板中的“√”命令完成编辑轮廓。

⑤ 在“属性”选项板上，指定放样属性。

⑥ 单击“修改 | 放样”选项卡“模式”面板中的“√”命令完成编辑模式。

8.7　创建放样融合

“放样融合”命令是通过创建两个不同的二维轮廓，然后沿路径对其进行放样生成模型，如图 8-18 所示。

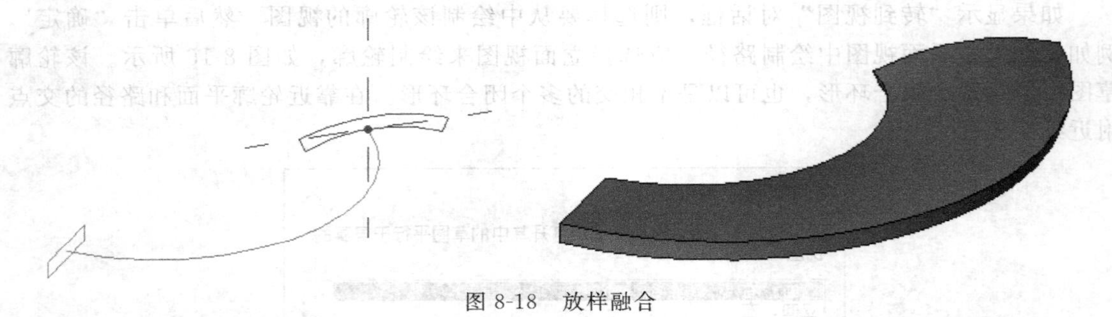

图 8-18　放样融合

① 单击“创建”选项卡“形状”面板中的“放样融合”命令。

② 指定放样融合的路径。

- 单击“绘制路径”指令可以为放样融合绘制路径。
- 单击“拾取路径”指令可以为放样融合拾取现有线和边。

③ 绘制或拾取路径。要选择其他实心几何图形的边（例如拉伸或融合体），单击“拾取路径”。或者拾取现有绘制线，观察状态栏以了解正在拾取的对象。该拾取方法自动将绘制线锁定到正在拾取的几何图形，并允许在多个工作平面中绘制路径，以便绘制出三维路径。放样融合路径只能有一段。

④ 单击“模式”面板中的“√”命令完成编辑路径。

⑤ 绘制轮廓 1：

在“放样融合”面板中，确认已选择〈按草图〉，然后单击“编辑轮廓”。

如果显示“进入视图”对话框，则选择要从中绘制该轮廓的视图，然后单击“确定”。

可以使用“修改 | 放样融合”选项卡“编辑轮廓”面板上的工具来绘制轮廓。轮廓必须是闭合环。

单击“模式”面板中的“√”命令完成编辑轮廓。

⑥ 单击“修改｜放样融合”选项卡“放样融合”面板中的“选择轮廓 2”。

⑦ 使用以上步骤载入或绘制轮廓 2。

⑧ 在“属性”选项板上，指定放样融合属性。

⑨ 完成后，单击“模式”面板中的“√”命令完成编辑模式。

8.8　创建空心形状

“空心形状”命令是用于删除“实心形状”的一部分，如图 8-19 所示。

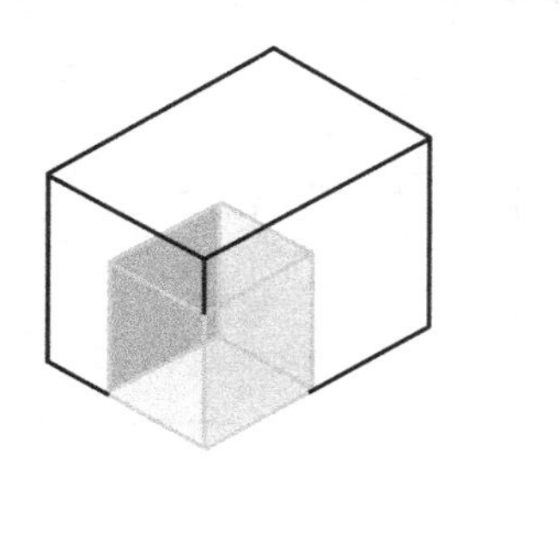

图 8-19　空心形状

如图 8-20 所示，“空心形状”包括“空心拉伸”“空心融合”“空心旋转”“空心放样”“空心放样融合”等。“空心形状”的创建步骤、方法与“实心形状”的操作模式一致。

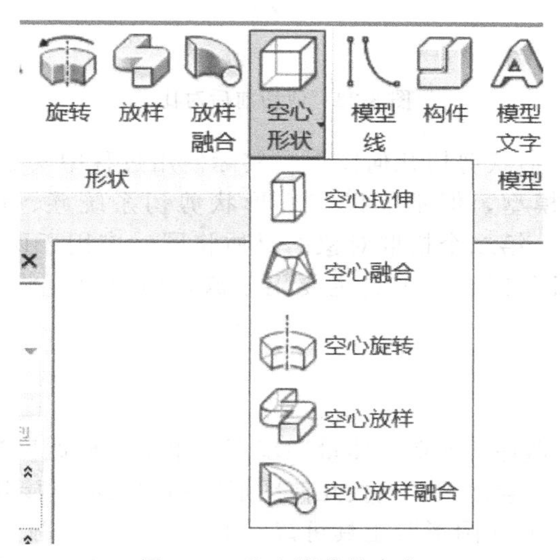

图 8-20　空心形状的内容

8.9　三维形状的修改

无论是构件族还是体量族，对其三维形状均可以再进行编辑和修改，使其达到最终需要的形状，族中提供了剪切、连接、拆分面等功能。

8.9.1 剪切

在项目环境、族编辑器环境或概念体量环境下，单击“修改”选项卡下的“几何图形”面板的“剪切”下拉菜单，会出现“剪切几何图形”和“取消剪切几何图形”两个工具，如图 8-21 所示。使用“剪切几何图形”工具可以拾取并选择要剪切和不剪切的几何图形。创建空心形状时，空心仅影响现有的几何图形。可以使用“剪切几何图形”工具让空心形状去剪切空心就位之后创建的实心形状，如图 8-22 所示。

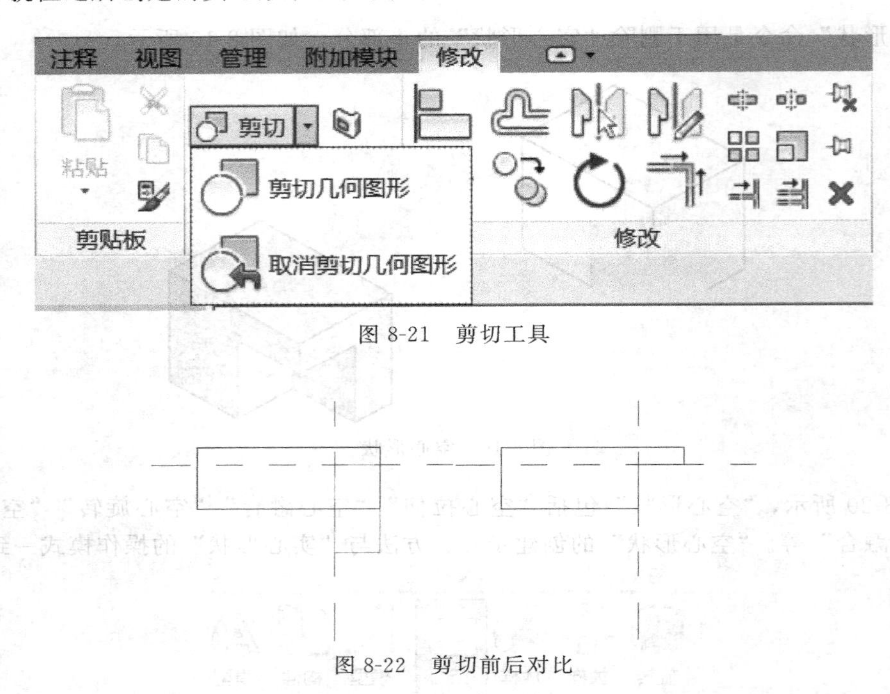

图 8-21　剪切工具

图 8-22　剪切前后对比

通常情况下是以空心形状剪切几何图形，实际使用过程中实心形状也可以剪切概念体量和模型族实例创建的模型，但不能以实心形状剪切系统族、详图族和轮廓族。使用“剪切几何图形”命令时，第二个拾取对象的材质将同时应用于两个对象。虽然“剪切几何图形”和“取消剪切几何图形”工具主要用于族，但也可以将其用于嵌入幕墙和剪切项目几何图形。

8.9.2 连接

在项目环境、族编辑器环境或概念体量环境下，单击“修改”选项卡下的“几何图形”面板的“连接”下拉菜单，会出现“连接几何图形”和“取消连接几何图形”两个工具，如图 8-23 所示。使用“连接几何图形”工具可以在共享公共面的两个或多个主体图元（如墙和楼板）之间创建连接，也可以连接主体和内建族或者主体和项目族，如图 8-24 所示。

在族编辑器中连接几何图形时，会在不同形状之间创建连接。但是在项目中，连接图元实际上会根据下列方案剪切其他图元：

① 墙剪切柱；

② 结构图元剪切主体图元（墙、屋顶、天花板和楼板）；

③ 楼板、天花板和屋顶剪切墙；

④ 檐沟、封檐带和楼板边剪切其他主体图元。檐口不剪切任何图元。

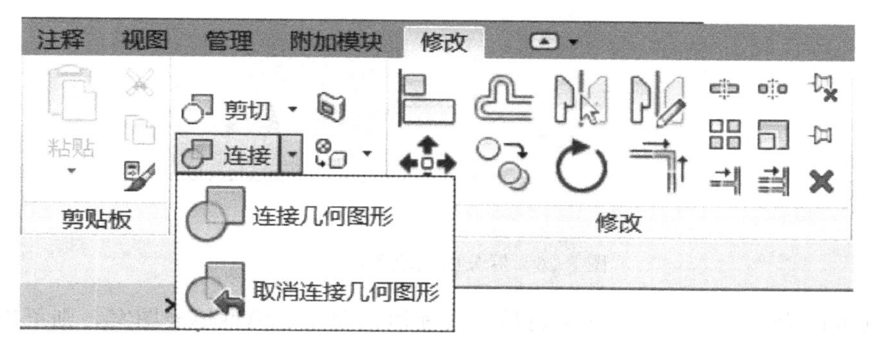

图 8-23　连接工具

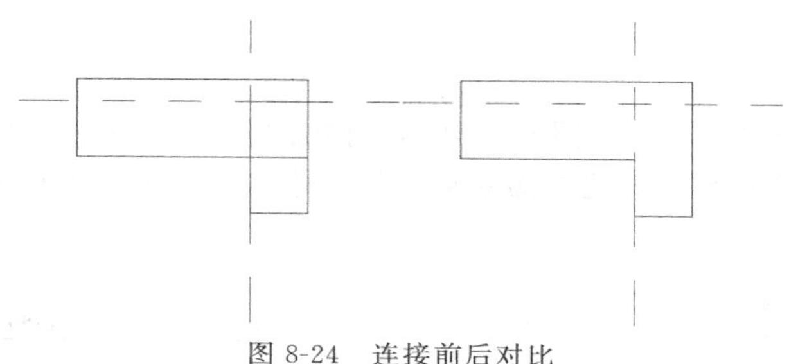

图 8-24　连接前后对比

需要注意的是使用“连接几何图形”命令时，第一个拾取对象的材质将同时应用于两个对象，同时删除连接图元之间的可见边，之后连接的图元便可以共享相同的线宽和填充样式。

8.9.3　拆分面和填色

在项目环境、族编辑器环境或概念体量环境下，“修改”选项卡下的“几何图形”面板中有“拆分面”和“填色”两个工具，其中“填色”工具的下拉菜单有“填色”和“删除填色”两个命令，如图 8-25 所示。使用“拆分面”工具可以将图元（如墙和楼板）的面分割成若干区域，以便应用不同的材质，此工具只能拆分图元的选定面，而不会产生多个图元或修改图元的结构，如图 8-26 所示。

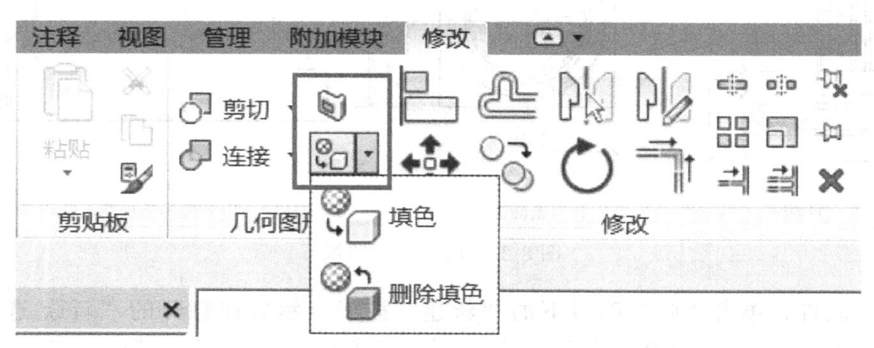

图 8-25　拆分面及填色工具

在拆分面后，可使用“填色”工具为此部分面应用不同材质，该工具不改变图元的结构，可以填色的图元包括墙、屋顶、体量、族和楼板。将光标放在图元附近时，如果图元高

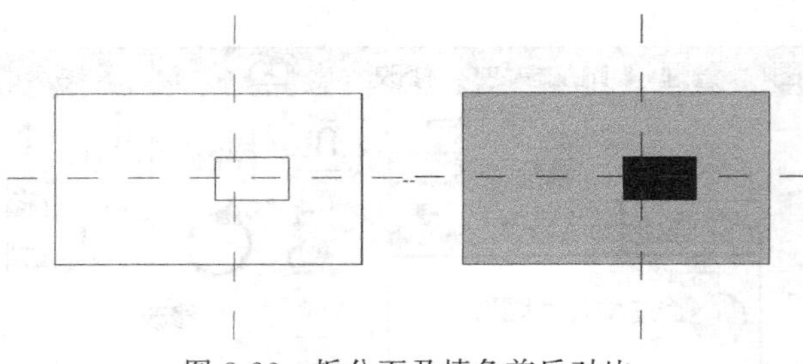

图 8-26　拆分面及填色前后对比

亮显示，则可以为该图元填色。如果材质的表面填充图案是模型填充图案，则可以在填充图案中为尺寸标注或对齐选择参照。

8.10　族的应用

本节以陶立克柱建模为例，如图 8-27 所示，详细讲解利用构件族创建模型的过程。

根据给定尺寸用构建集形式建立陶立克柱的实体模型，并以“陶立克柱”为文件名保存。详细步骤如下。

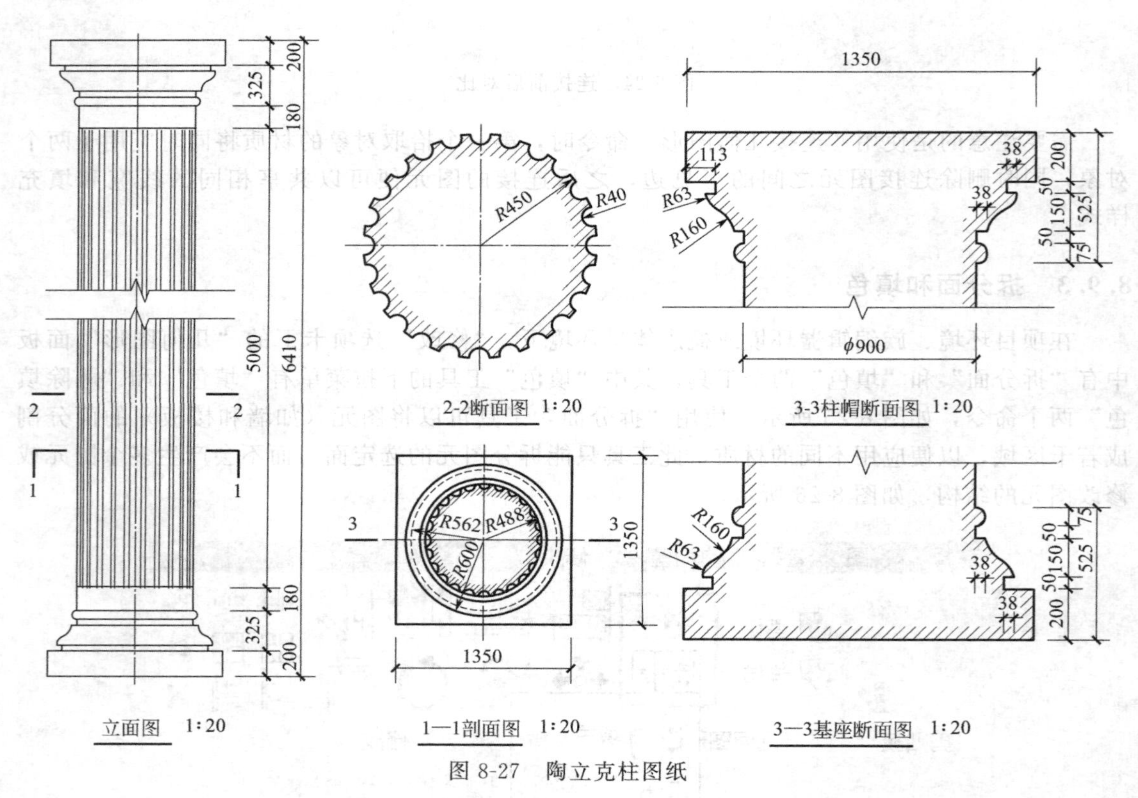

图 8-27　陶立克柱图纸

① 打开软件，单击“族”面板下的“新建”按钮，然后在打开的“新族-选择样板文件”对话框中，选择“公制常规模型. rft”文件，接着单击“打开”按钮，如图 8-28 所示。

② 切换到“创建”选项卡，在“形状”面板中单击“拉伸”按钮，接着在“修改｜创建拉伸”选项卡中的“绘制”面板选择“圆形”绘制方式，在视图中绘制半径为 450mm、高度为 5000mm 的柱轮廓，如图 8-29 所示。

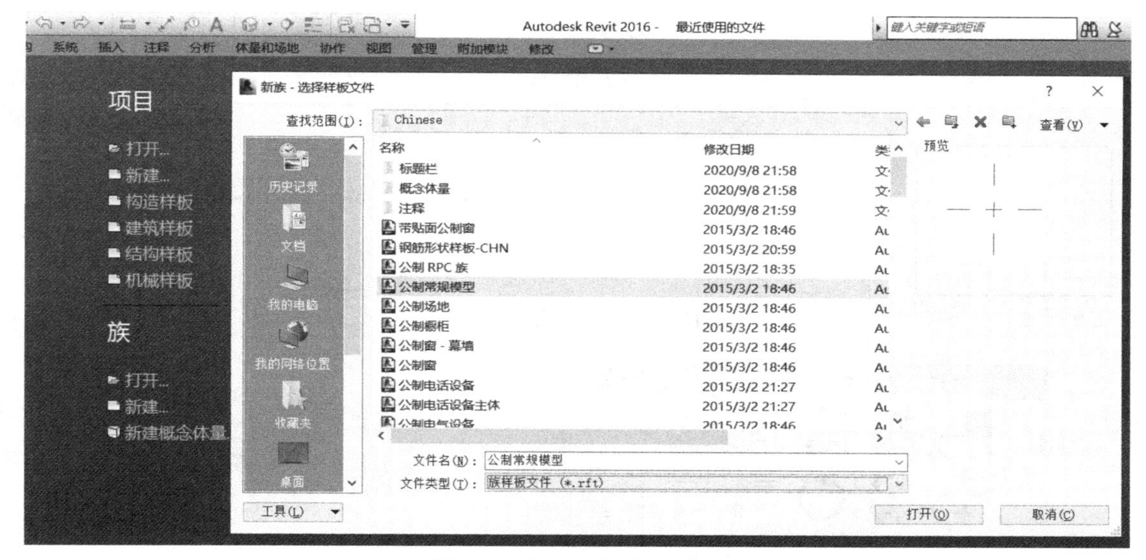

图 8-28　打开公制常规模型

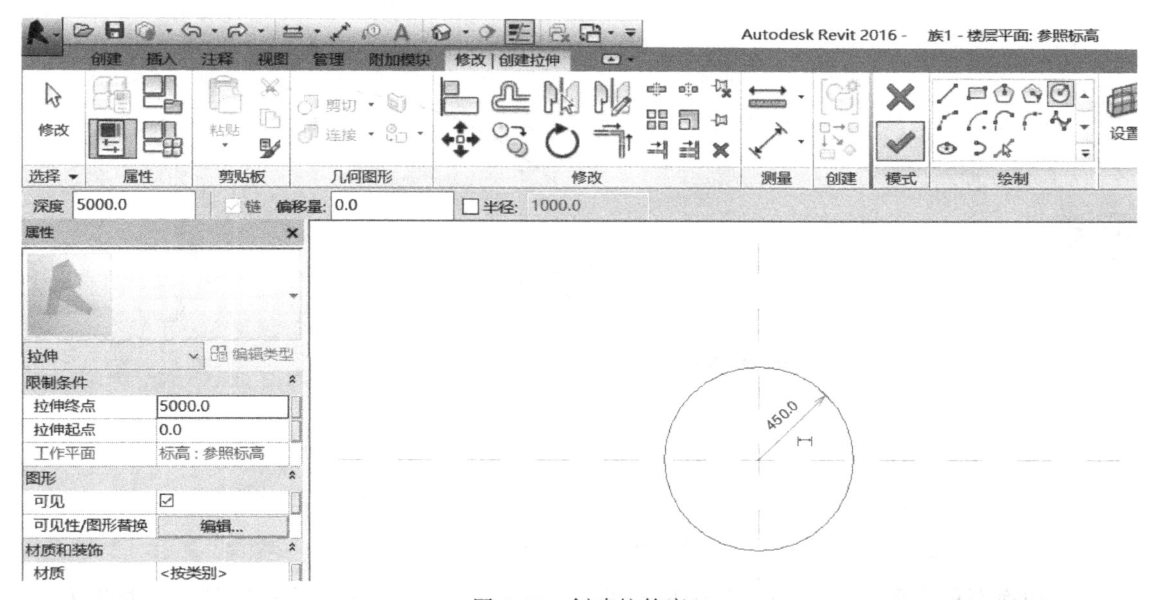

图 8-29　创建柱轮廓

③ 再次切换到“创建”选项卡，在“形状”面板中单击空心形状中的“拉伸”按钮，接着选择“圆形”绘制方式，在视图中大圆的上部绘制半径为 40mm 的圆，点击“完成编辑模式”完成空心模型的创建，如图 8-30 所示。

④ 选择创建的空心模型，切换至“修改”选项卡，在“修改”面板中单击“阵列”按钮，如图 8-31 所示。在选项栏中选取“径向”，项目数输入“7”，移动到设置为“最后一个”，角度设置为“90”，单击“地点”并将旋转中心移动到大圆中心，顺时针选取竖向和水平的参照平面，生成 1/4 圆弧的空心形状，再利用镜像工具，生成剩余的空心形状，完成陶立克柱中间部分的创建，如图 8-32 所示。

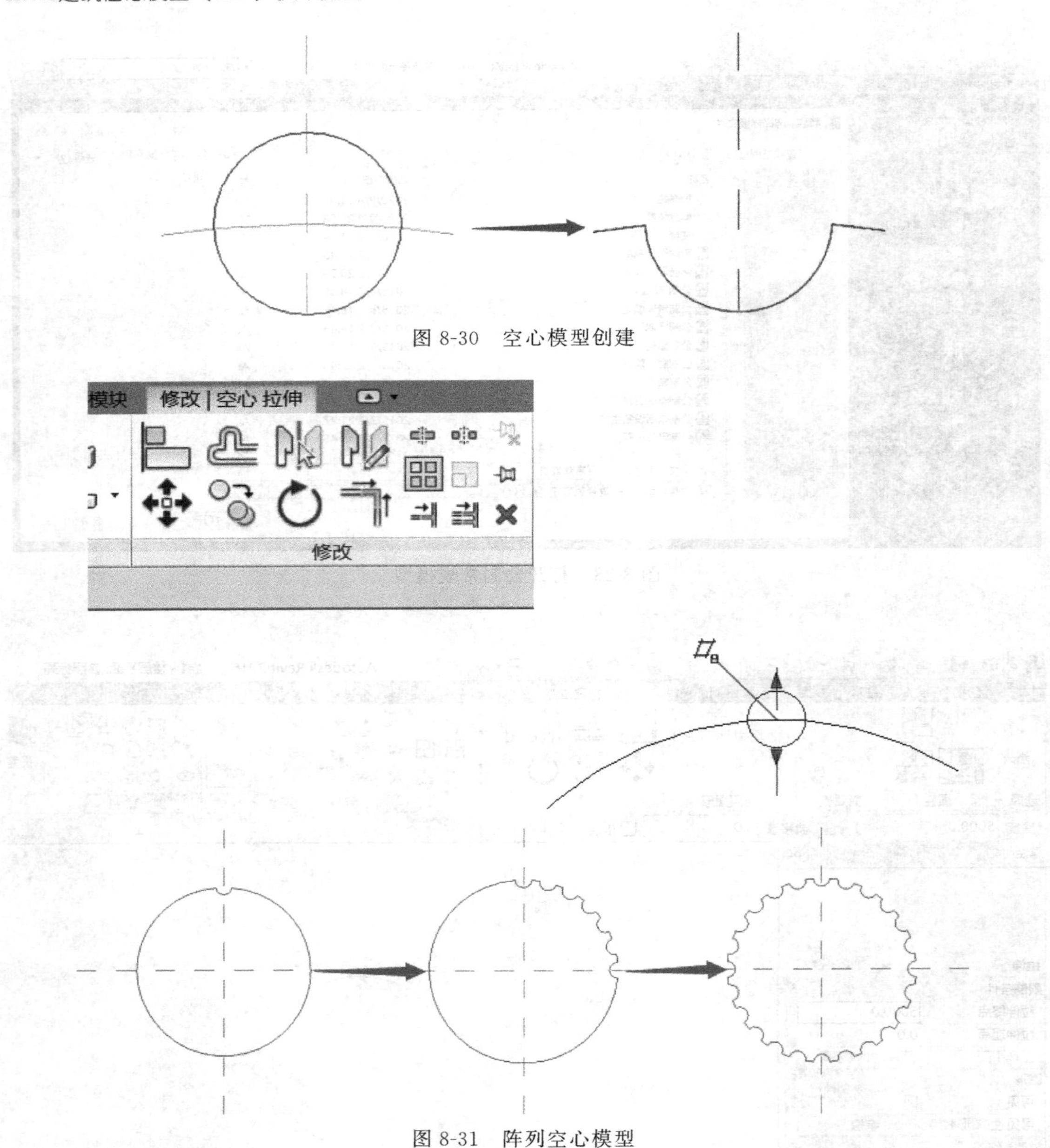

图 8-30 空心模型创建

图 8-31 阵列空心模型

⑤ 切换至前立面，在“创建”选项卡的“形状”面板中单击“旋转”按钮，接着利用“修改 | 创建旋转”选项卡下“绘制”面板中“边界线”包含的直线等相关命令绘制轮廓线，轮廓线绘制完成后选择对应轴线，点击“完成编辑模式”完成柱帽的创建，再利用“镜像”工具生成另外的柱帽，完成的模型如图 8-33 所示。

⑥ 切换至参照标高，在“创建”选项卡的“形状”面板中单击“拉伸”按钮，接着选择“修改 | 创建拉伸”选项卡下“绘制”面板中的“矩形”绘制方式，按题目尺寸绘制长宽均为 1350mm 的正方形，利用“移动”工具使正方形居中，点击“完成编辑模式”完成支座的创建。切换至正立面，拖动“造型操纵柄”至上部柱帽位置（下端与柱帽上端对齐），在“属性”对话框中的“拉伸终点”输入数值确定最终位置，再利用“复制”工具生成另外的支座，如图 8-34 所示。

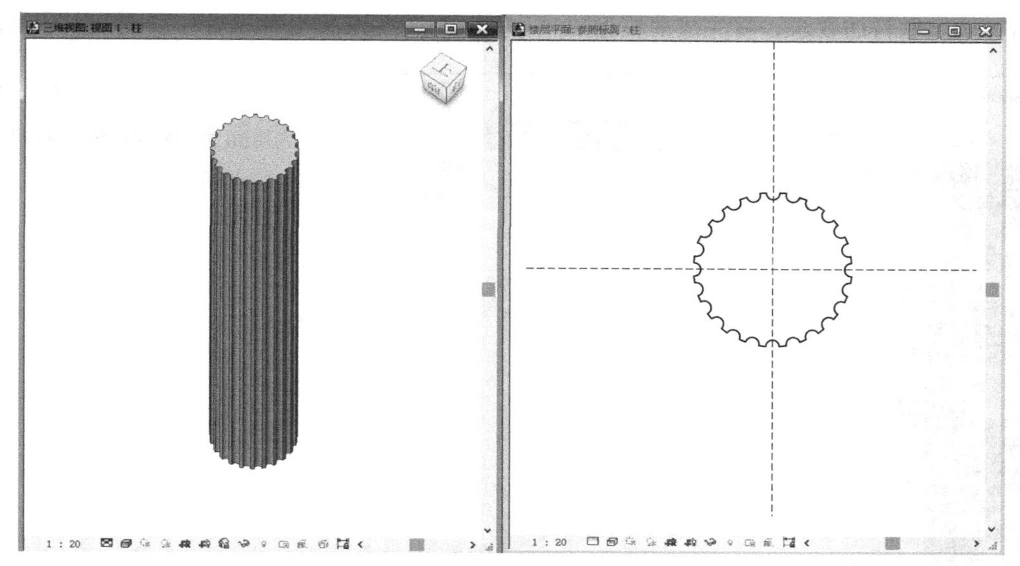

图 8-32　完成陶立克柱中间部分

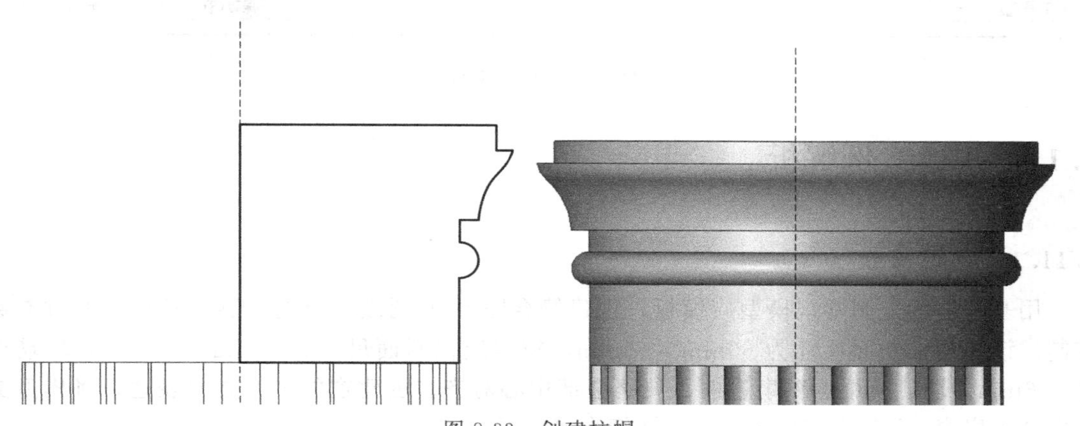

图 8-33　创建柱帽

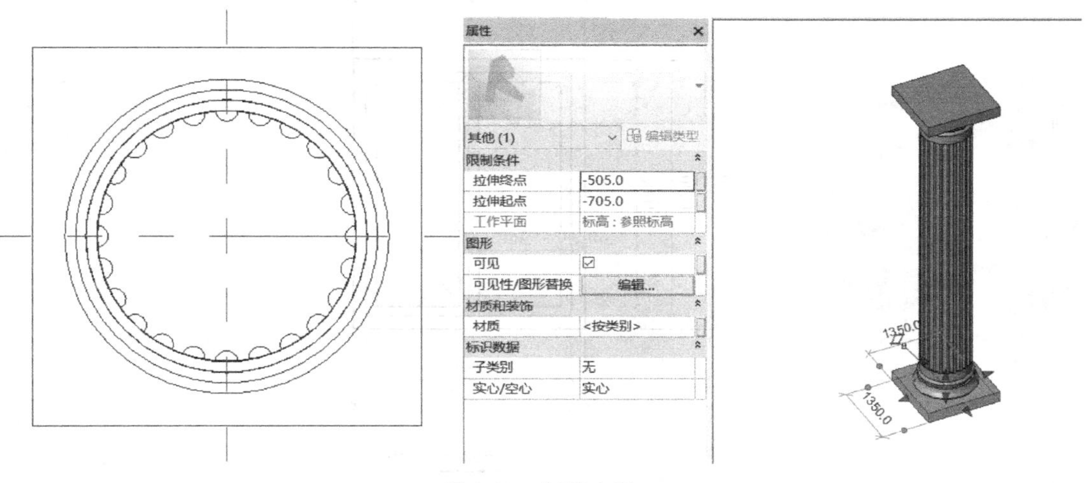

图 8-34　创建支座

⑦ 按照题目的要求，将完成的模型以“陶立克柱”为文件名称保存，如图 8-35 所示。

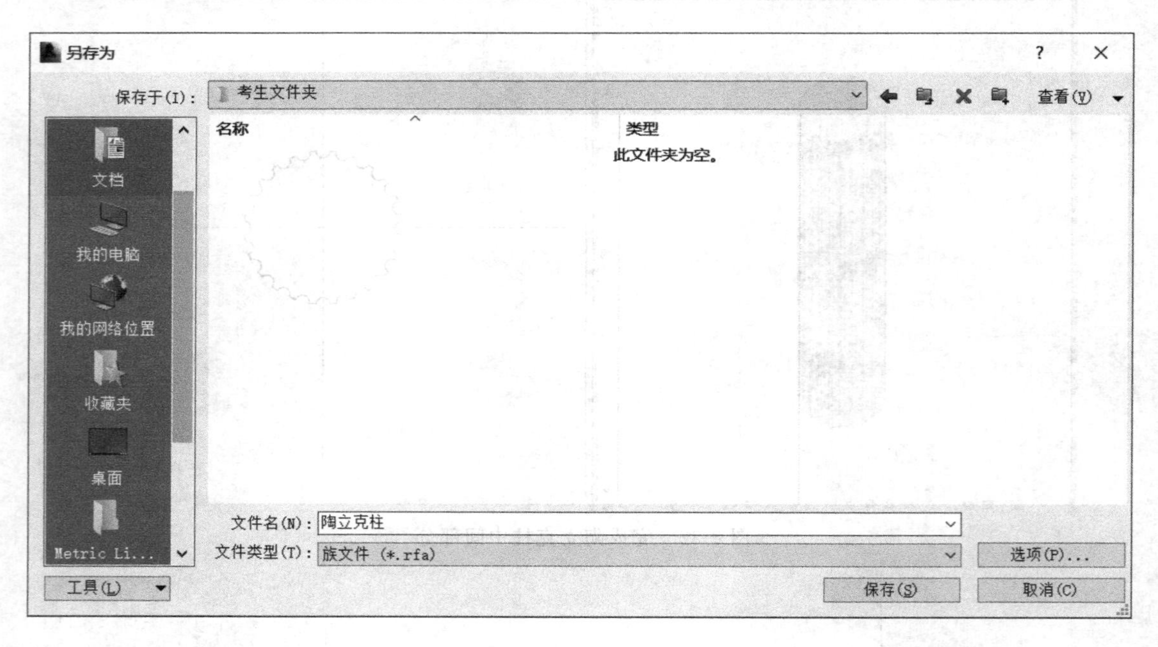

图 8-35　保存文件

8.11　构建案例解析

8.11.1　创建窗族

用基于墙的公制常规模型族模板，创建符合图 8-36 图纸要求的窗族，各尺寸通过参数控制。该窗窗框断面尺寸为 60mm×60mm，窗扇边框断面尺寸为 40mm×40mm，玻璃厚度为 6mm。墙、窗框、窗扇边框、玻璃全部中心对齐。创建窗的平、立面表达，将模型文件以“双扇窗.rfa”为文件名保存。详细步骤如下。

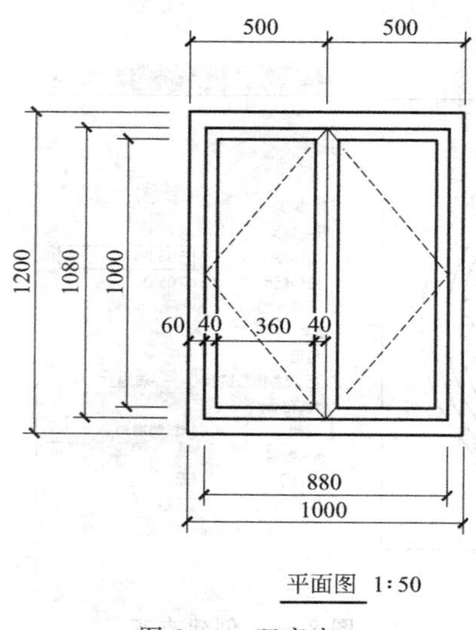

图 8-36　双扇窗

① 打开 Revit 软件，选择“族→新建→基于墙的公制常规模型”族样板；系统默认进入“参照标高”楼层平面视图，切换到“放置边”立面视图，绘制参照平面并且进行对齐尺寸标注，如图 8-37 所示；选择对齐尺寸标注，添加参数“窗台高度”“窗高度”“窗宽度”，如图 8-38～图 8-40 所示。

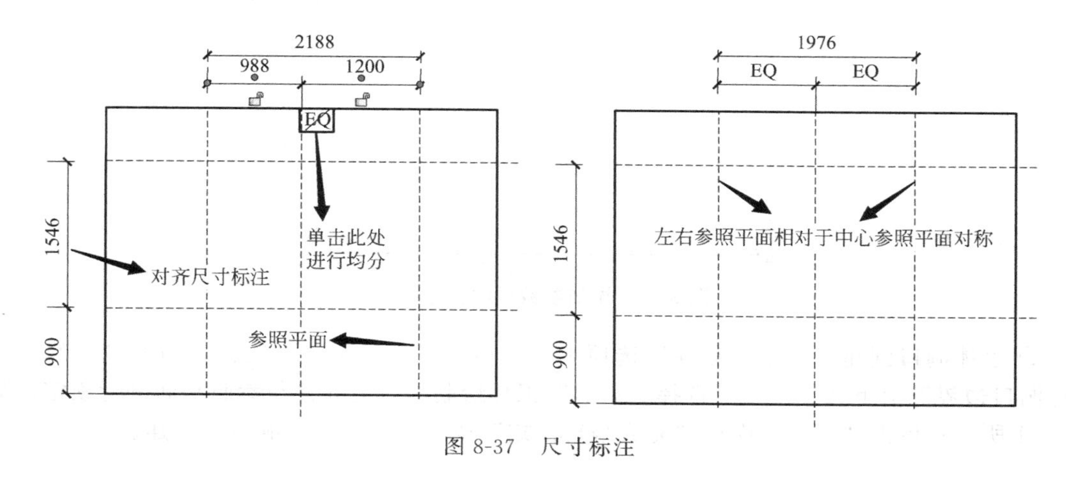

图 8-37　尺寸标注

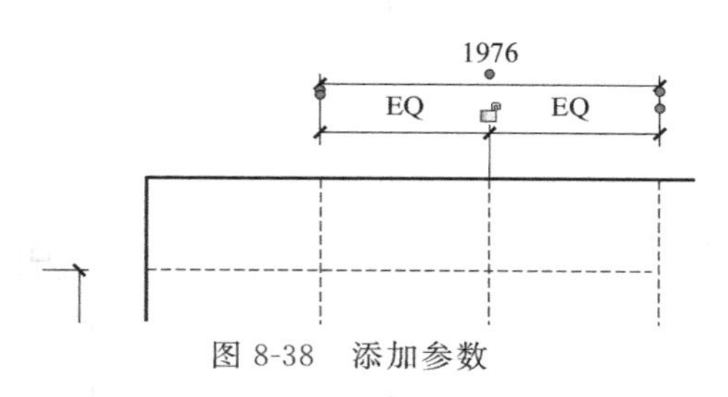

图 8-38　添加参数

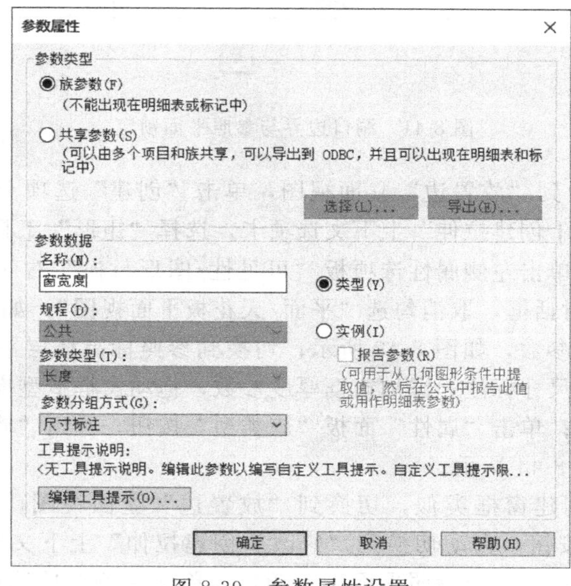

图 8-39　参数属性设置

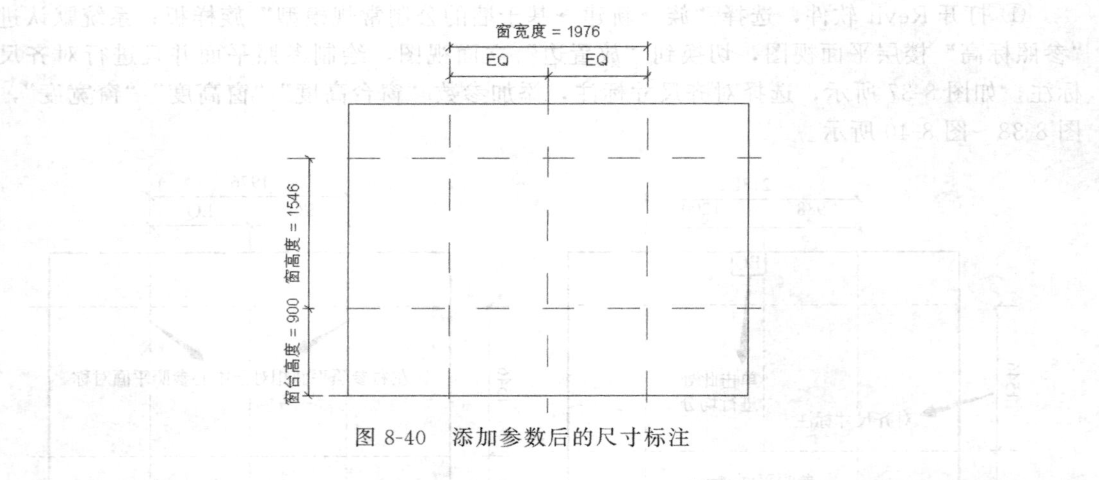

图 8-40 添加参数后的尺寸标注

② 墙体洞口创建。单击“创建”选项卡“模型”面板“洞口”按钮，切换到“修改丨创建洞口边界”上下文选项卡，选择“矩形”工具绘制洞口边界并与参照平面进行锁定，如图 8-41 所示；单击“模式”面板“完成编辑模式”按钮，完成墙体洞口的创建。

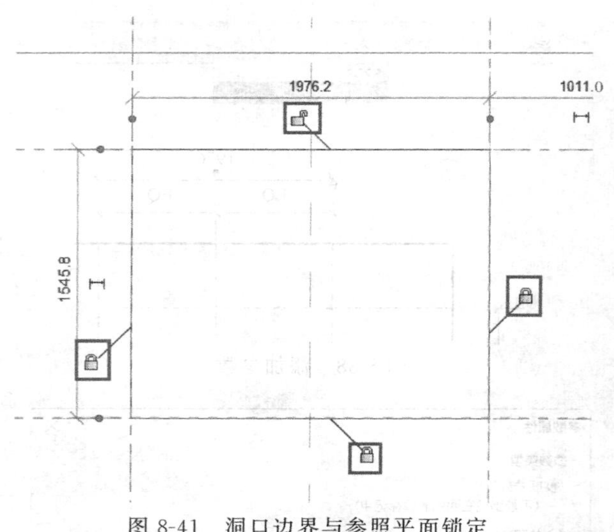

图 8-41 洞口边界与参照平面锁定

③ 创建窗框。切换到“放置边”立面视图，单击“创建”选项卡“形状”面板上“拉伸”按钮，进入“修改丨创建拉伸”上下文选项卡，选择“矩形”工具绘制两个拉伸轮廓并与参照平面进行锁定；单击左侧属性选项板“可见性/图形替换”右侧“编辑”按钮，弹出“族图元可见性设置”对话框，取消勾选“平面/天花板平面视图”，如图 8-42 所示；对齐尺寸标注且添加窗框宽度参数，如图 8-43 所示；切换到参照标高楼层平面视图，绘制两条水平参照平面并进行对齐尺寸标注，添加窗框厚度参数，拖动窗框造型操纵柄与刚刚绘制的参照平面对齐并进行锁定；单击“属性”面板“族类型”按钮，弹出“族类型”对话框，设置窗框族类型参数，如图 8-44 所示。

④ 创建窗扇。与创建窗框类似，切换到“放置边”立面视图，单击“创建”选项卡“形状”面板“拉伸”按钮，自动切换到“修改丨创建拉伸”上下文选项卡，选择“矩形”工具绘制左侧窗扇拉伸轮廓并与参照平面进行锁定，单击左侧属性选项板“可见性/图形替

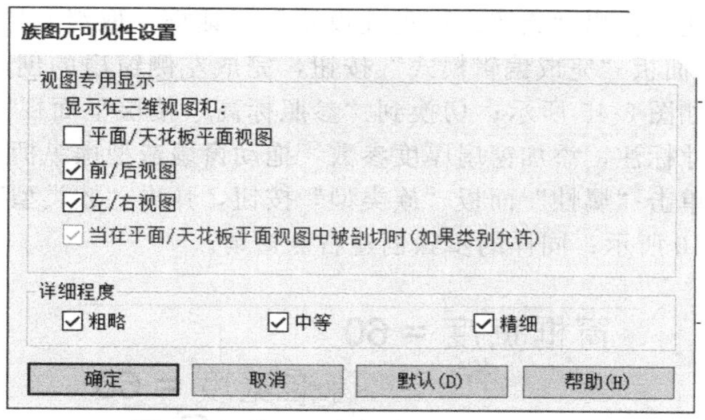

图 8-42　设置“窗框族”图元可见性

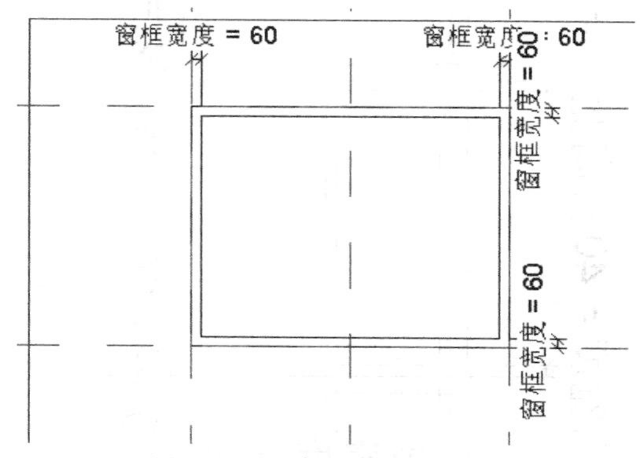

图 8-43　添加窗框宽度参数

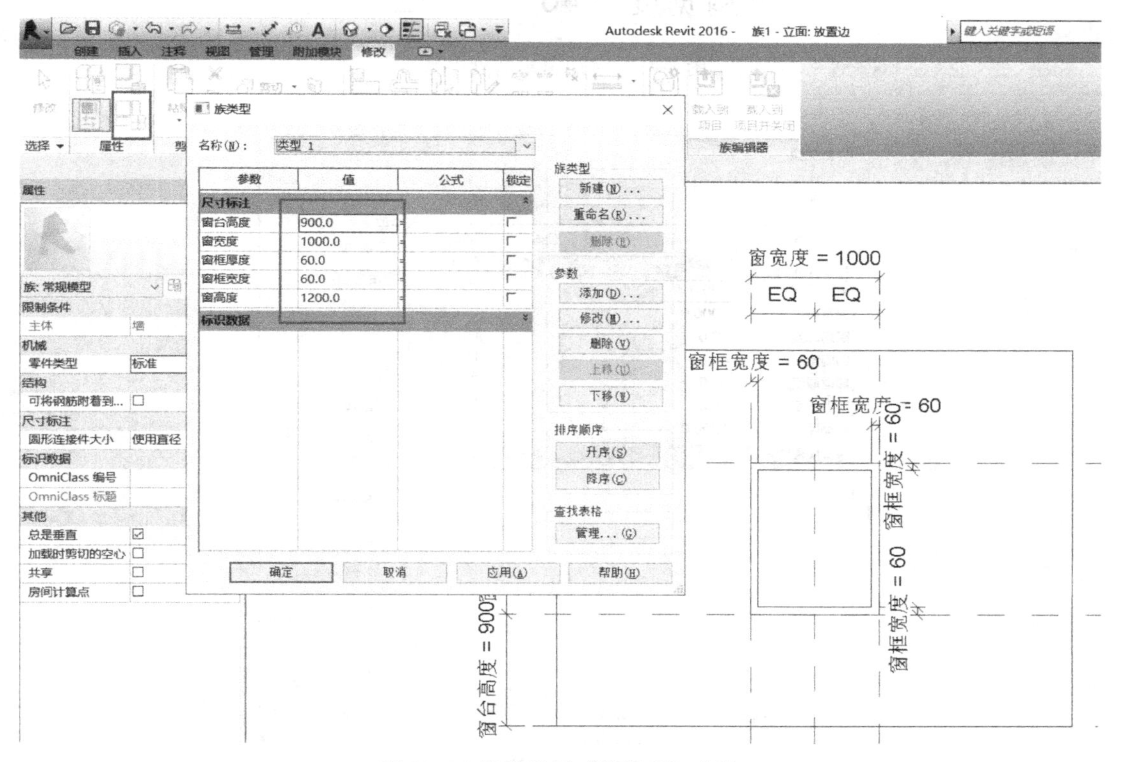

图 8-44　设置窗框“族类型”参数

换”右侧“编辑”按钮，弹出“族图元可见性设置”对话框，取消勾选“平面/天花板平面视图”；单击“模式”面板“完成编辑模式”按钮，完成左侧窗扇的创建；对齐尺寸标注并添加窗扇宽度参数，如图 8-45 所示；切换到“参照标高”楼层平面视图，绘制两条水平参照平面并进行对齐尺寸标注，添加窗扇厚度参数，拖动窗扇造型操纵柄与刚刚绘制的参照平面对齐并进行锁定；单击“属性”面板“族类型”按钮，弹出“族类型”对话框，设置窗扇族类型参数，如图 8-46 所示；同样的步骤创建右侧窗扇。

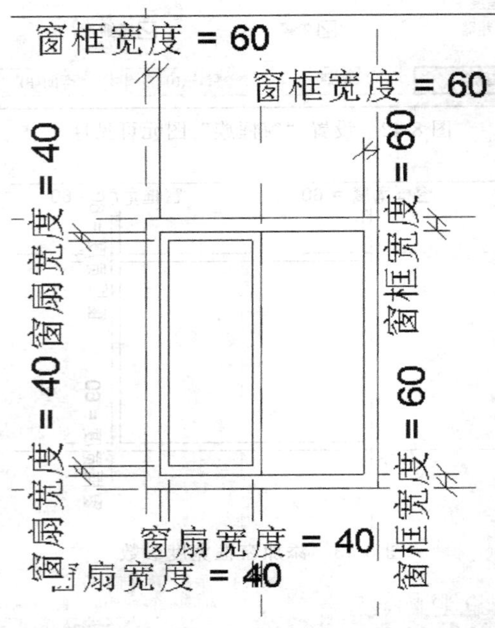

图 8-45　添加窗扇宽度参数

参数	值	公式	锁定
尺寸标注			
窗台高度	900.0	=	
窗宽度	1000.0	=	
窗扇厚度	40.0	=	
窗扇宽度	40.0	=	
窗框厚度	60.0	=	
窗框宽度	60.0	=	
窗高度	1200.0	=	
标识数据			

图 8-46　设置窗扇“族类型”参数

⑤ 创建玻璃。与创建窗框步骤一样，切换到“放置边”立面视图，单击“创建”选项卡“形状”面板“拉伸”按钮，自动进入“修改丨创建拉伸”上下文选项卡，选择“矩形”工具绘制玻璃拉伸轮廓并与参照平面进行锁定；单击左侧属性选项板“可见性/图形替换”右侧“编辑”按钮，弹出“族图元可见性设置”对话框，取消勾选“平面/天花板平面视图”；单击“模式”面板“完成编辑模式”按钮，完成玻璃的创建；切换到“参照标高”楼层平面视图，绘制两条水平参照平面并进行对齐尺寸标注，添加玻璃厚度参数，拖动玻璃造型操纵柄与刚刚绘制的参照平面对齐并进行锁定；单击“属性”面板“族类型”按钮，弹出“族类型”对话框，设置玻璃厚度为 6mm；切换到三维视图查看创建的窗框、窗扇和玻璃三维模型效果，如图 8-47 所示。

图 8-47 三维模型

⑥ 立面表达。切换到放置边立面视图，单击“注释”选项卡“详图”面板“符号线”按钮，选择子类别为“隐藏线（截面）”，采用直线绘制方式绘制窗开启线，如图 8-48 所示。

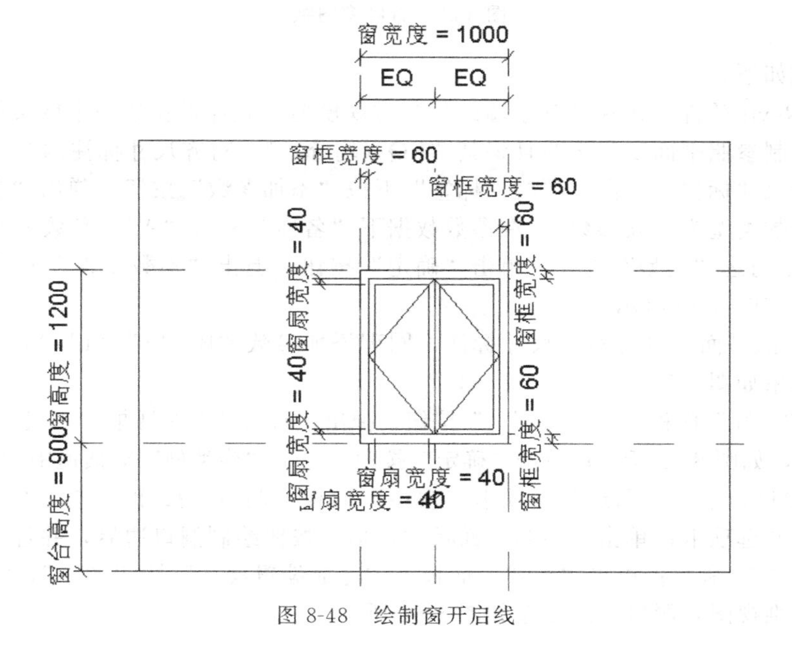

图 8-48 绘制窗开启线

⑦ 平面表达。切换到参照标高楼层平面视图，单击“注释”选项卡“详图”面板“符号线”按钮，选择子类别为“常规模型（截面）”，直线方式绘制两条水平符号线。

⑧ 最后保存模型为族文件“双扇窗. rfa”。

8.11.2 建立百叶窗构建集

按图 8-49 中的尺寸建立模型。所有参数采用图中参数名字命名，设置为类型参数，扇叶个数可以通过参数控制，并对窗框和百叶窗百叶赋予合适材质，请将模型文件以“百叶窗”为文件名保存。将完成的“百叶窗”载入项目中，插入任意墙面中示意。

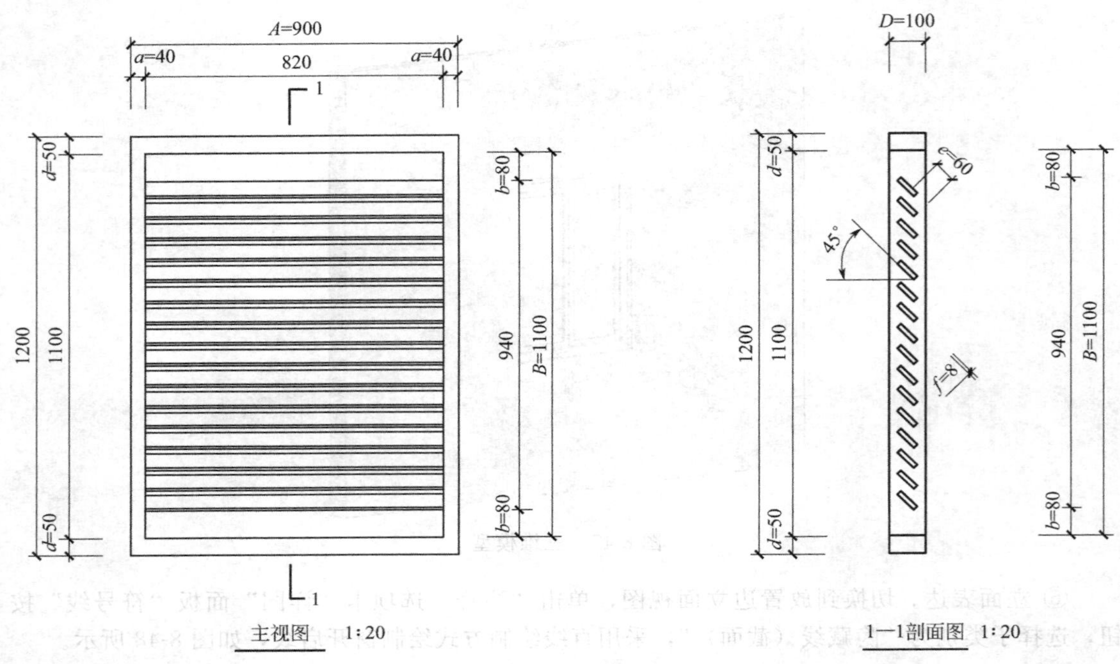

图 8-49 百叶窗图纸

详细步骤如下。

① 打开 Revit 软件，选择“基于墙的公制常规模型”族样板新建一个族文件；切换到后立面视图，绘制参照平面 1 和 2 并且将其“EQ（均分）”，对齐尺寸标注两个参照平面之间的尺寸；选择尺寸标注，单击选项栏“标签”下拉“添加参数”按钮，弹出“参数属性”对话框，确定参数类型为“族参数”，在参数数据下“名称”输入“A”，参数分组方式为“尺寸标注”，确定勾选“类型”选项，单击“确定”按钮，退出“参数属性”对话框，A 参数即添加完成，如图 8-50 所示。

② 绘制参照平面，进行对齐尺寸标注，同理添加参数“B”“a”“b”“d”“窗台高度”“窗高度”，结果如图 8-51 所示。

③ 单击“属性”面板“（族类型）”按钮，弹出“族类型”对话框中“尺寸标注”，修改各个参数数值，如图 8-52 所示；单击“确定”按钮，退出“族类型”对话框中“尺寸标注”。

④ 绘制洞口。单击“创建”选项卡“模型”面板“洞口”按钮，进入“修改 | 创建洞口边界”上下文选项卡；单击“绘制”面板“矩形”按钮绘制洞口边界，并且与参照平面进行锁定，如图 8-53 所示；单击“模式”面板上“完成编辑模式”按钮“√”，完成洞口的创建，切换到三维视图，洞口三维模型如图 8-54 所示。

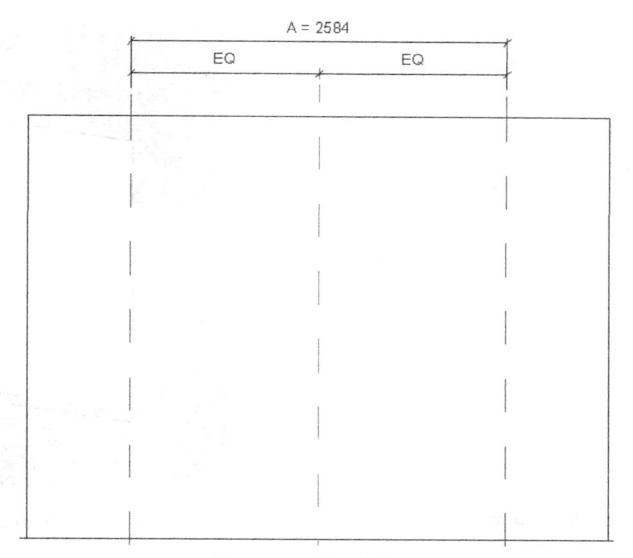

图 8-50　添加参数 A

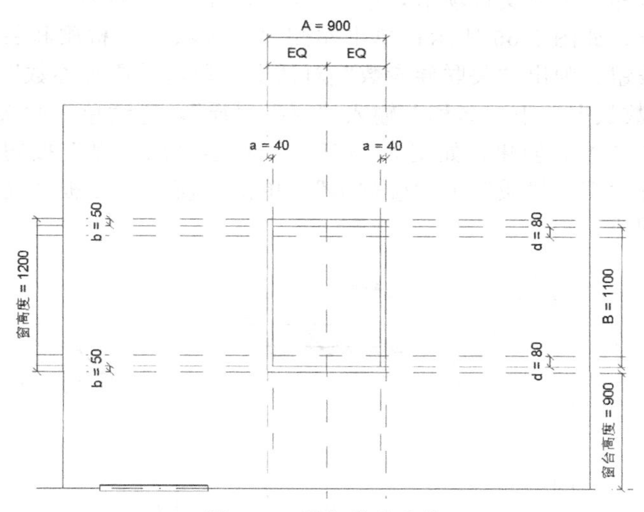

图 8-51　添加其他参数

尺寸标注			
A	900.0	=	
B(报告)	1100.0	=	
a	40.0	=	
b	50.0	=	
d	80.0	=	
窗台高度	900.0	=	
窗高度(报告)	1200.0	=	

图 8-52　修改参数

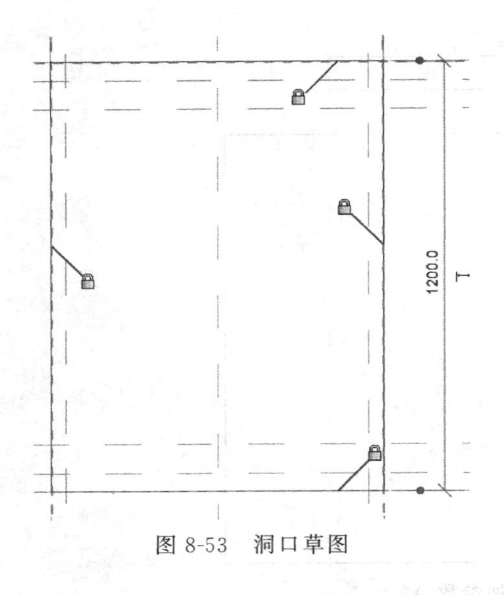

图 8-53 洞口草图

图 8-54 洞口三维模型

⑤ 绘制窗框。切换到后立面视图，单击“创建”选项卡“形状”面板“拉伸”按钮，进入“修改 | 创建拉伸”上下文选项卡，单击“绘制”面板“矩形”按钮绘制草图，将草图与参照平面进行锁定，如图 8-55 所示；单击左侧属性选项板“材质和装饰”下“材质”右侧“关联族参数”按钮，弹出“关联族参数”对话框，单击“添加参数”按钮，弹出“参数属性”对话框，“参数数据”下“名称”输入“窗框材质”，连续单击两次“确定”按钮，完成“窗框材质”类型参数的创建，如图 8-56 所示；单击“族类型”按钮，在弹出的“族类型”对话框中，设置“窗框材质”为“樱桃木”；单击“模式”面板“完成编辑模式”按钮“√”，完成窗框的创建。

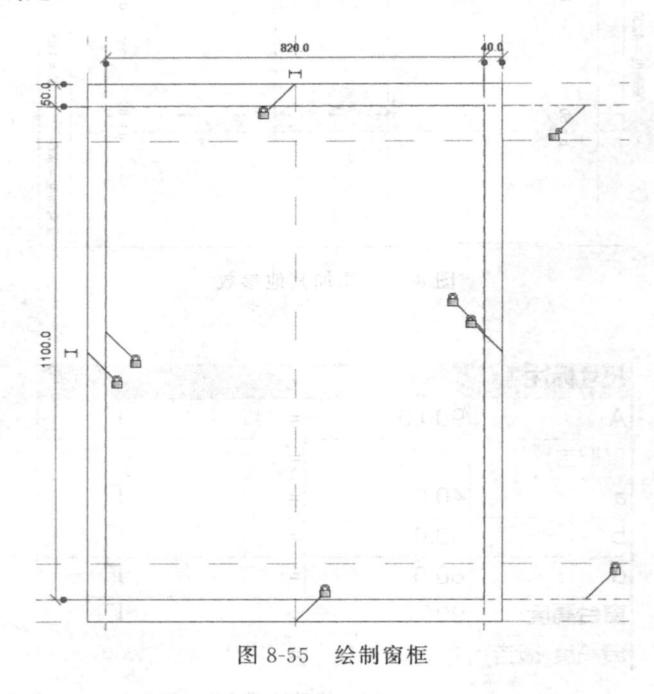

图 8-55 绘制窗框

⑥ 切换到“参照标高”楼层平面视图，绘制两个参照平面 3 和 4，并且将其“EQ（均

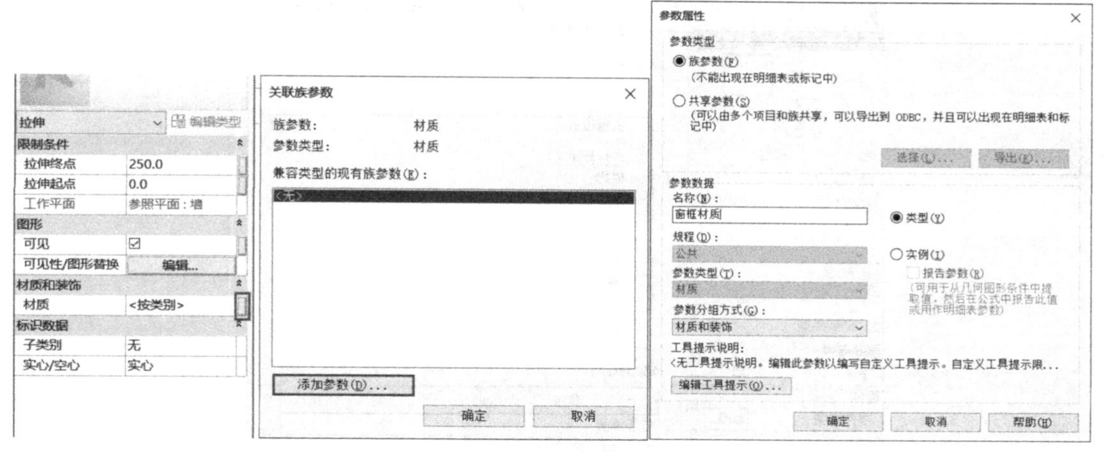

图 8-56　添加窗框材质参数

分）”（注意：标注时必须通过 Tab 键选择中心参照平面，否则无法进行均分），并且对齐尺寸标注参照平面 3 和 4 之间的尺寸，选择对齐尺寸标注，单击选项栏“标签”下拉“〈添加参数〉”按钮，弹出“参数属性”对话框，确定参数类型为“族参数”，在参数数据下“名称”输入“D”，参数分组方式为“尺寸标注”，勾选“类型”选项，单击“确定”按钮，退出“参数属性”对话框，即 D 参数添加完成。选中窗框，显示造型操纵柄，分别将其拖动至两个刚刚绘制的参照平面上，并进行锁定，单击“族类型”按钮，设置“D”为“100”，切换至三维视图，查看窗框模型，如图 8-57 所示。

图 8-57　窗框三维模型

⑦ 单击“属性”面板“族类别和族参数”按钮，弹出“族类别和族参数”对话框，确定“族类别”下“过滤器列表”为“建筑”，在列表中选择“窗”选项，单击“确定”按钮，退出“族类别和族参数”对话框，如图 8-58 所示；以“百叶窗”为文件名保存。

⑧ 单击应用程序菜单下拉列表，新建族，选择“公制常规模型”族样板，在“族类别和族参数”对话框中选择“窗”选项。

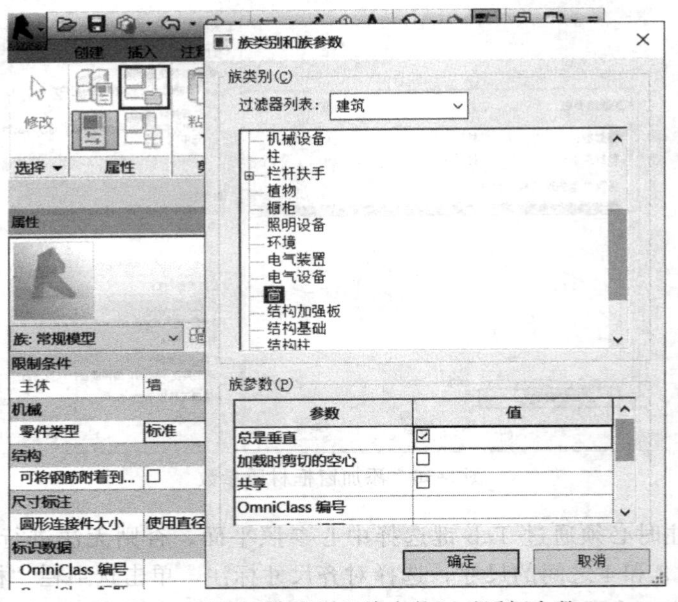

图 8-58 设置“族类别和族参数”对话框参数

⑨ 切换到“参照标高”楼层平面视图，绘制参照平面，对齐尺寸标注，添加参数“L”；单击“创建”选项卡“形状”面板“放样”按钮，进入“修改｜放样”上下文选项卡，单击“放样”面板“绘制路径”按钮，进入“修改｜放样 绘制路径”上下文选项卡；选择“绘制”面板“直线”绘制方式绘制路径，单击“模式”面板“完成编辑模式”按钮“√”，完成放样路径的绘制，如图 8-59 所示。单击“放样”面板“载入轮廓”按钮，按照“轮廓→框架→混凝土→混凝土-矩形梁-轮廓”载入轮廓族，选择轮廓“混凝土-矩形梁-轮廓：300mm×600mm”，如图 8-60 所示；单击“模式”面板“完成编辑模式”按钮“√”，完成轮廓族的载入；单击“模式”面板“完成编辑模式”按钮“√”，完成放样模型的创建。选择创建的百叶片模型；右键单击“项目浏览器→族→轮廓→混凝土-矩形梁-轮廓 300mm×600mm”的“类型属性”按钮，如图 8-61 所示；弹出“类型属性”对话框，单击“类型属性”对话框中“尺寸标注”下“b”以及“h”后面的“关联性”族参数按钮，如图 8-62 所示，添加类型参数“e”和“f”；单击“族类型”按钮，在弹出的“族类型”对话框中的“尺寸标注”，设置“e”和“f”参数值，如图 8-63 所示。

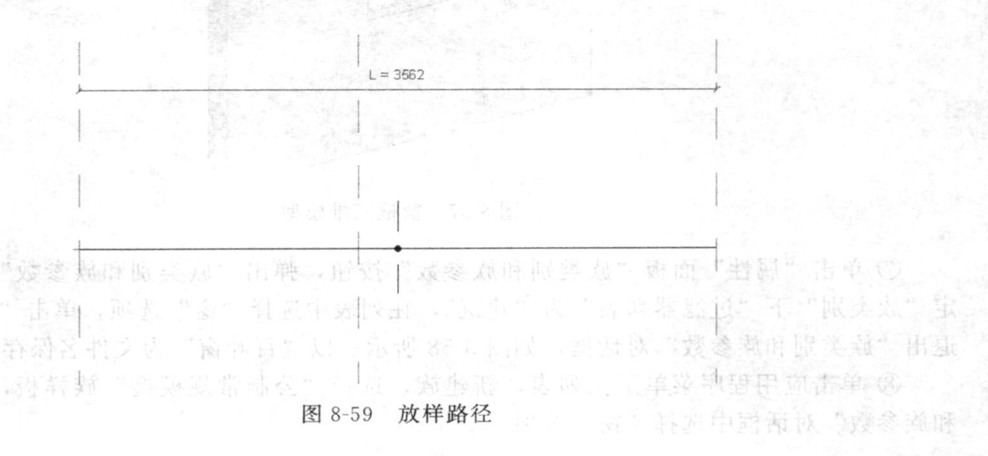

图 8-59 放样路径

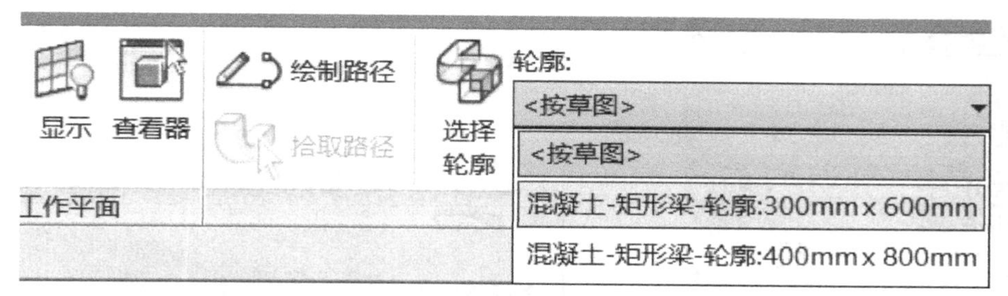

图 8-60　选择轮廓

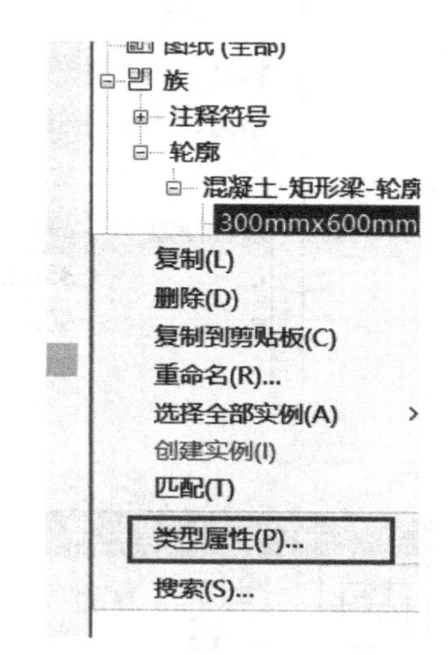

图 8-61　激活“类型属性”按钮

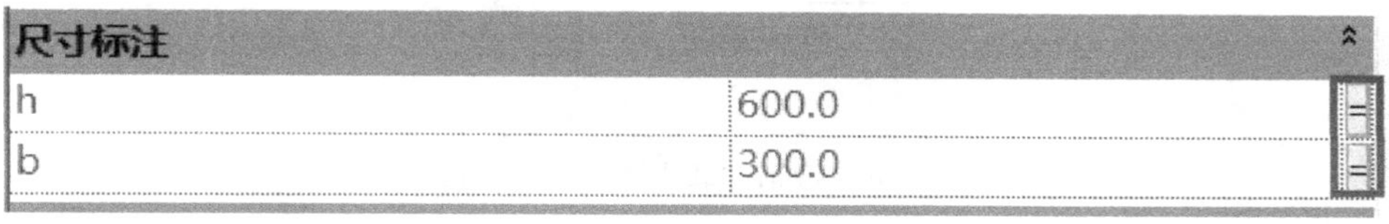

尺寸标注	
h	600.0
b	300.0

图 8-62　“族参数”按钮

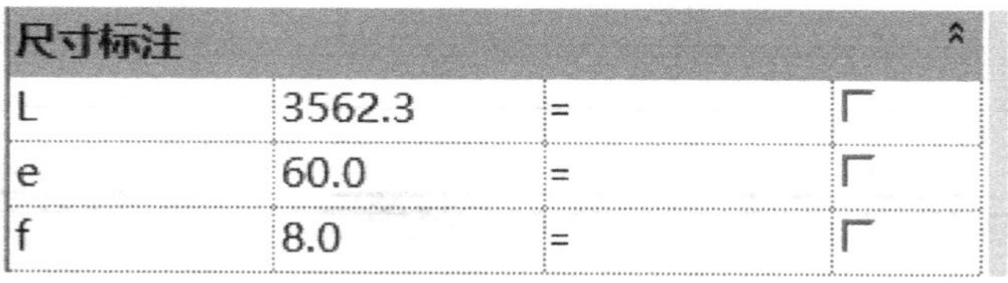

尺寸标注			
L	3562.3	=	
e	60.0	=	
f	8.0	=	

图 8-63　设置参数

⑩ 切换到“左”立面图，选择创建的百叶片模型，左侧属性选项板“轮廓”下“角度”设置为“45.000°”，添加“百叶片”关联性族参数，如图 8-64 所示。单击“族类型”按钮，在弹出的“族类型”对话框中，设置“百叶片材质”为“竹木”，如图 8-65 所示。

⑪ 单击“族编辑器”面板“载入到项目”按钮，如图 8-66 所示；系统自动将视图切换至“百叶窗”族环境，将“百叶片”放置在“参照标高”楼层平面视图“窗框”旁边，如图 8-67 所示。

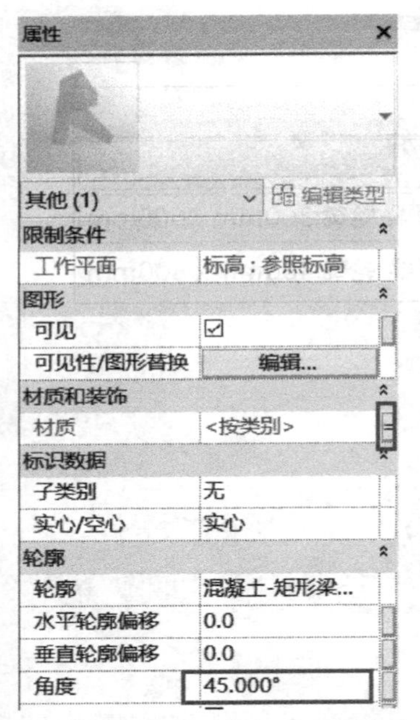

图 8-64　设置角度添加关联性参数

族类型

名称(N)：

参数	值	公式	锁定
构造			
材质和装饰			
百叶片材质	竹木	=	
尺寸标注			
L	3562.3	=	
e	60.0	=	
f	8.0	=	

图 8-65　设置材质

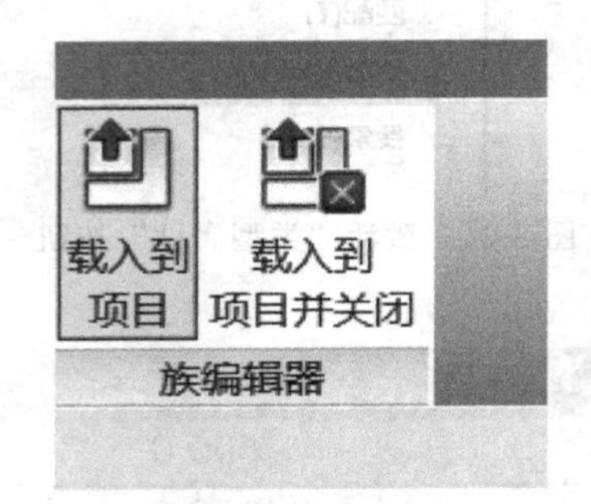

图 8-66　激活“载入到项目”按钮

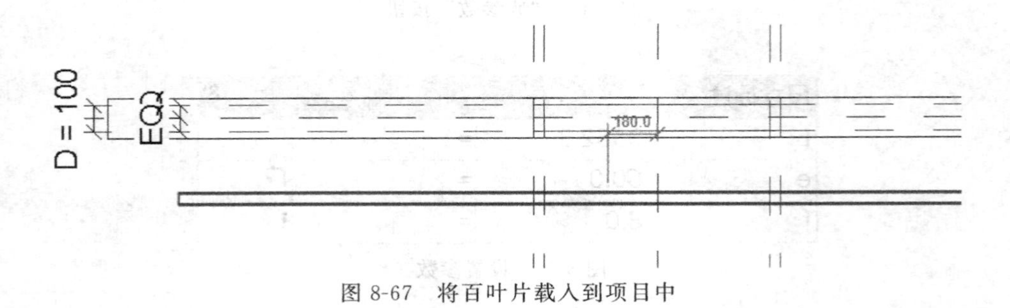

图 8-67　将百叶片载入到项目中

⑫ 选择“百叶片”，单击左侧属性选项板“编辑类型”按钮，弹出“类型属性”对话框，添加“百叶片材质”“L”“e”“f”关联性族参数，如图 8-68 所示；单击“族类型”按钮，在弹出的“族类型”对话框中，设置“L”参数值，如图 8-69 所示；切换至“后”立面视图，单击“修改”面板“对齐”按钮，将“百叶片”边缘对齐至参照平面并且进行锁定。切换至“左”立面视图，同理将“百叶片”对齐至中心参照平面并且进行锁定，三维效果如

图 8-70 所示。

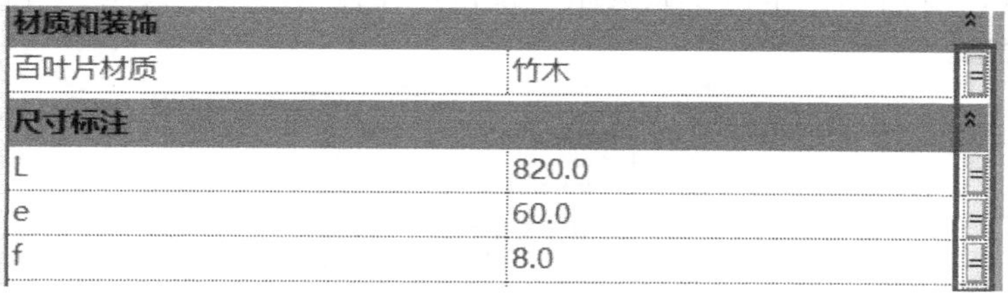

材质和装饰	
百叶片材质	竹木
尺寸标注	
L	820.0
e	60.0
f	8.0

图 8-68　添加关联性参数

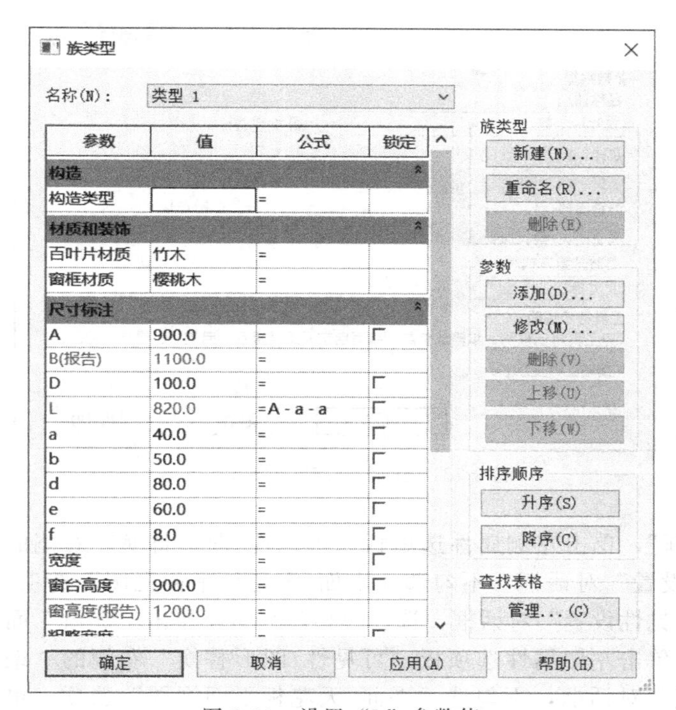

图 8-69　设置“L”参数值

图 8-70　三维效果

⑬ 选择“百叶片”，单击“修改”面板“阵列”按钮，设置选项栏“项目数”为“16”，勾选“最后一个”，同时勾选“成组并关联”，如图 8-71 所示，单击“百叶片”最上边界作为阵列的起点，单击上边的参照平面作为阵列终点，按键盘 Esc 键两次完成阵列（注意：阵列时，由于勾选了“成组并关联”选项，系统将阵列出来的模型自动命名为模型组 1）；单击“修改”面板“对齐”按钮，将最上面的一个模型阵列组 1 的边界对齐至参照平面 7 并进行锁定，同理将最上面的一个模型阵列组 1 的右边界对齐至参照平面并进行锁定，结果如图 8-72 所示。

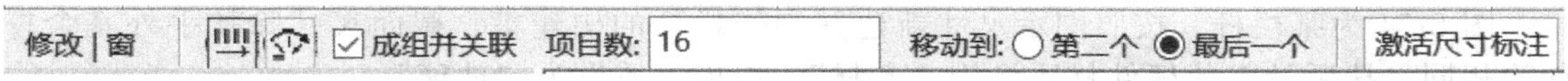

修改 | 窗　☑ 成组并关联　项目数: 16　移动到: ○ 第二个 ◉ 最后一个　激活尺寸标注

图 8-71　设置阵列

⑭ 选择模型阵列组，通过键盘 Tab 键选中阵列个数尺寸，单击选项栏“标签”按钮，展开下拉列表，选择“添加参数”选项，弹出“参数属性”对话框，确定“参数类型”为“族参数”，在参数数据下“名称”输入“百叶片个数”，“参数分组方式”为“尺寸标注”，

勾选“类型”选项，单击“确定”按钮，退出“参数属性”对话框，即“百叶片个数”参数添加完成，如图 8-73 所示。单击“族类型”按钮，在弹出的“族类型”对话框中，查看添加的所有参数信息。

图 8-72 初步完成的百叶窗

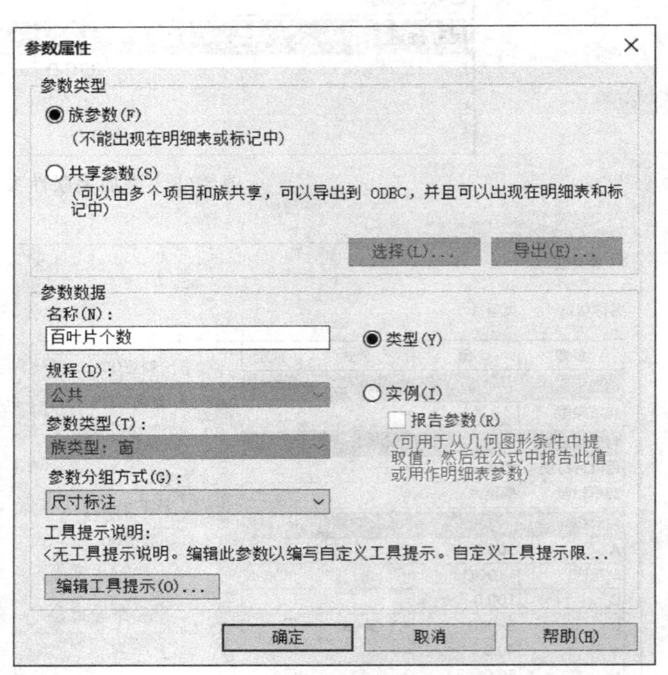

图 8-73 添加“百叶片个数”参数

⑮ 切换到三维视图，选中“窗框”，单击左侧属性选项板“可见性/图形替换”右侧的“编辑”按钮，弹出“族图元可见性设置”对话框，不勾选“平面/天花板平面视图”选项，单击“确定”按钮，退出“族图元可见性设置”对话框，选择模型阵列组，单击“成组”面板“编辑组”按钮，选择一片百叶，单击左侧属性选项板“可见性/图形替换”右侧的“编辑”按钮，弹出“族图元可见性设置”对话框，不勾选“平面/天花板平面视图”选项，单击“确定”按钮，退出“族图元可见性设置”对话框，最后单击“编辑组”对话框“完成”按钮，退出“编辑组”对话框。

⑯ 切换到“参照标高”楼层平面视图；单击“注释”选项卡“详图”面板“符号线”按钮，子类别选择“常规模型［投影］”，绘制两根平行于百叶窗宽度方向的符号线，对齐尺寸标注并进行 EQ（均分）；单击“控件”面板“控件”按钮，添加“双向水平和双向垂直控件”；打开“建筑样板”，新建一个项目；切换到标高 1 楼层平面视图，任意绘制一面墙体，将“百叶窗”载入至项目中，放置在墙体上示意。

8.11.3 制作栏杆构建集

图 8-74 为某栏杆。按照图示尺寸新建并制作栏杆的构建集，截面尺寸除扶手外其余杆件均相同。扶手及其他杆件材质设为“木材”，挡板材质设为“玻璃”。

详细步骤如下。

① 打开 Revit，选择“族→新建→公制常规模型”族样板，新建一个项目，切换到“左”立面视图，绘制距离参照标高的垂直距离为 1200mm 的参照平面 A，单击“创建”选项卡“形状”面板“拉伸”按钮，进入“修改｜创建拉伸”上下文选项卡，单击“绘

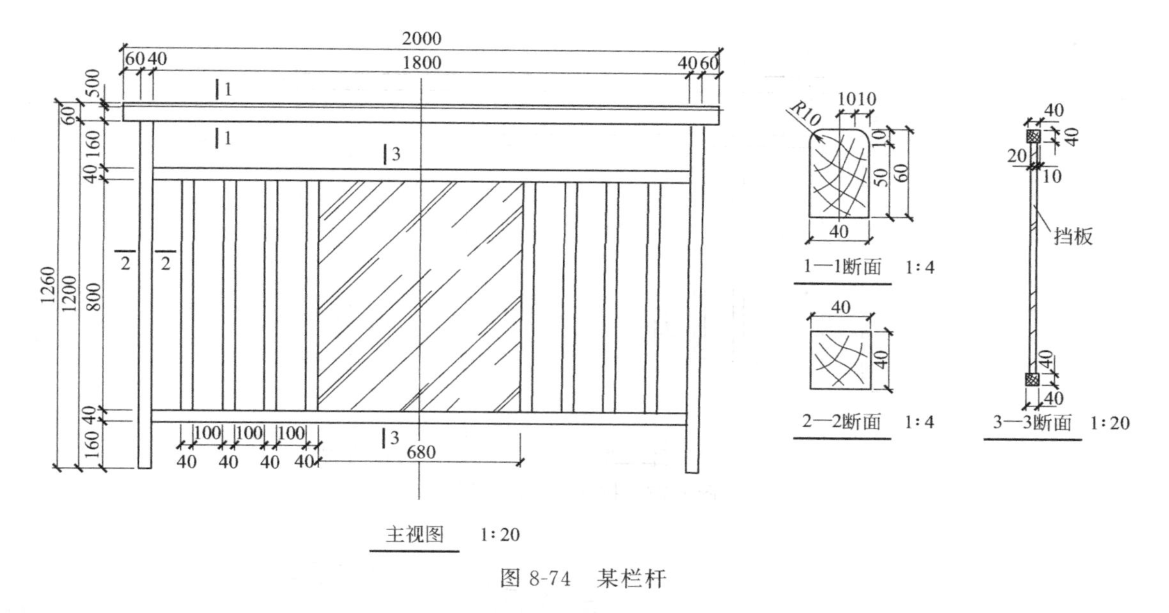

图 8-74　某栏杆

制”面板“矩形”按钮，绘制拉伸封闭草图；单击“绘制”面板“圆角弧”按钮，选项栏勾选“圆角弧”“半径 10mm”，点选相邻的两条直线即可生成半径为 10mm 的圆角，如图 8-75 所示；左侧属性选项板“限制条件”下“拉伸起点：－1000”“拉伸终点：1000”，工作平面为“参照平面：中心（左/右）”；设置左侧属性选项板“材质和装饰”下“材质：木材”；最后单击“模式”面板“完成编辑模式”按钮“√”，完成拉伸模型的创建，如图 8-76 所示。

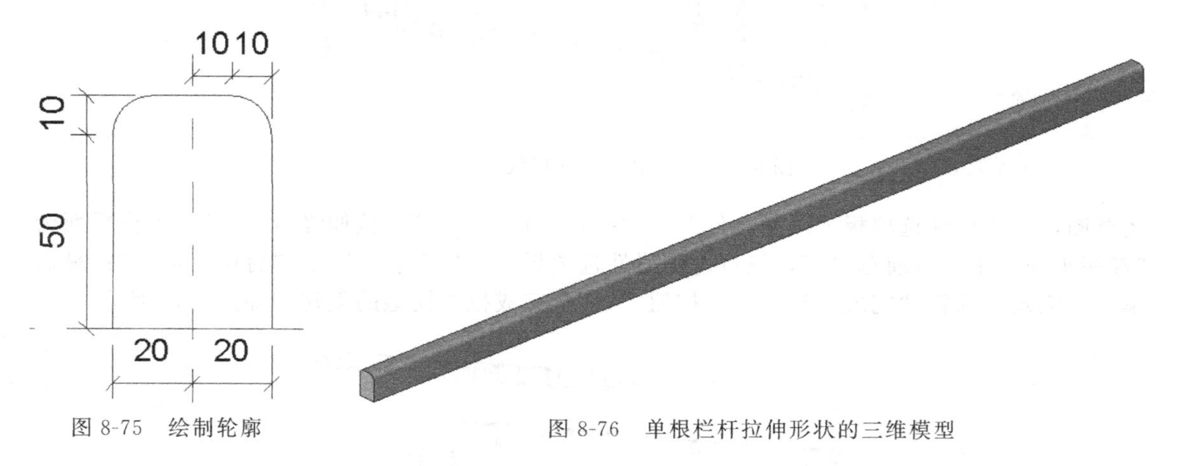

图 8-75　绘制轮廓

图 8-76　单根栏杆拉伸形状的三维模型

② 切换到前立面视图，单击“创建”选项卡“形状”面板“拉伸”按钮，进入“修改｜创建拉伸”上下文选项卡，单击“绘制”面板“直线”按钮，绘制拉伸封闭草图，如图 8-77 所示；左侧属性选项板“限制条件”下“拉伸起点：－20”“拉伸终点：20”，工作平面为“参照平面：中心（前/后）”，设置左侧属性选项板“材质和装饰”下“材质：木材”；最后单击“模式”面板“完成编辑模式”按钮“√”，完成拉伸模型的创建，如图 8-78 所示。

③ 切换到前立面视图，单击“创建”选项卡“形状”面板“拉伸”按钮，进入“修改｜创建拉伸”上下文选项卡，单击“绘制”面板“矩形”按钮，在栏杆中间处绘制拉伸封

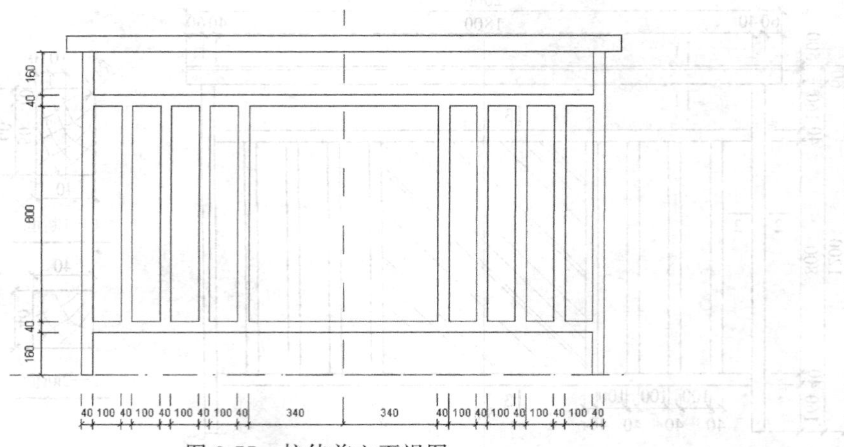

图 8-77　拉伸前立面视图

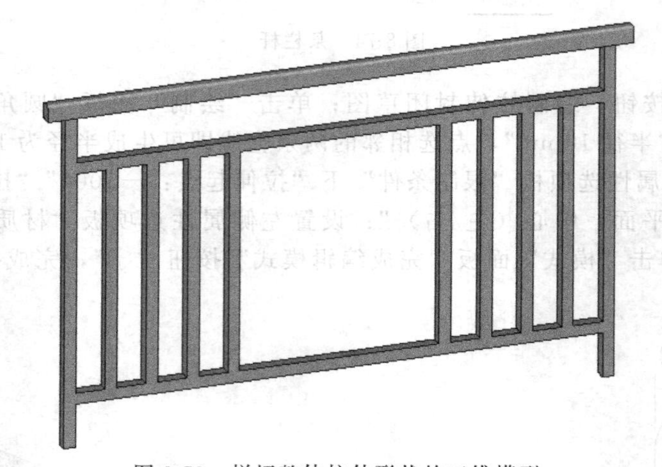
图 8-78　栏杆整体拉伸形状的三维模型

闭草图，左侧属性选项板“限制条件”下“拉伸起点：－10”“拉伸终点：10”，工作平面为“参照平面：中心（前/后）”，设置左侧属性选项板“材质和装饰”下“材质：玻璃”；最后单击“模式”面板“完成编辑模式”按钮“√”，完成拉伸模型的创建，如图 8-79 所示。

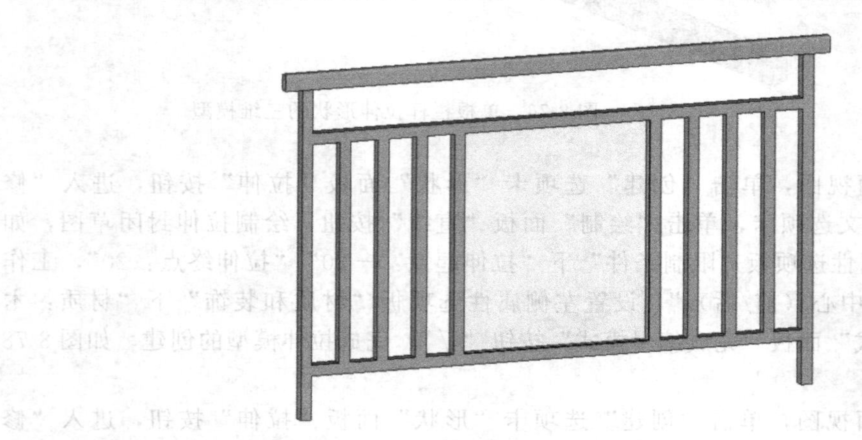
图 8-79　完成栏杆的三维模型

8.11.4 创建椅子模型

图8-80为某椅子模型。按图示尺寸新建并制作椅子构建集，椅子靠背与坐垫材质设为“布”，其他设为“刚”。详细步骤如下。

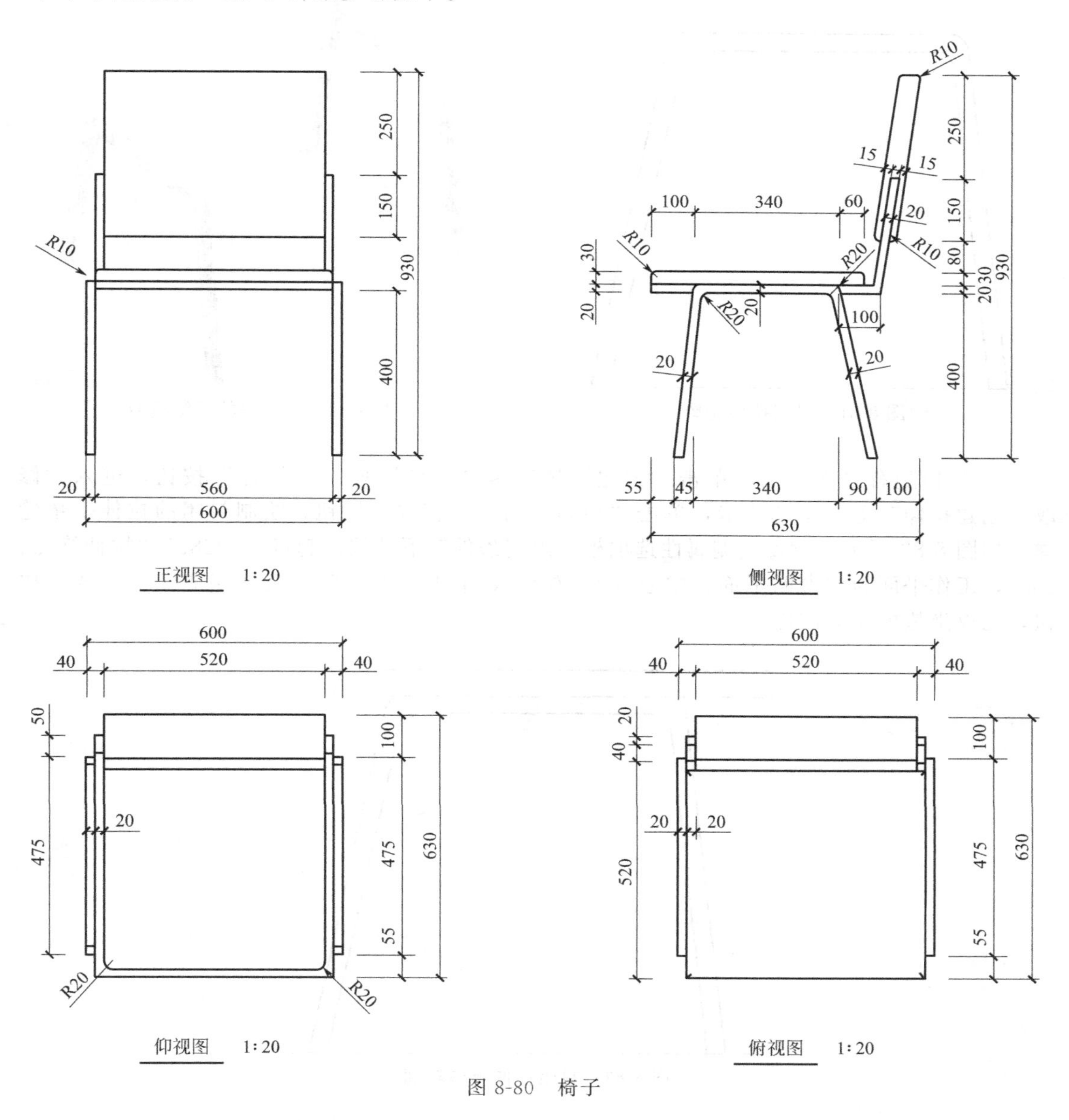

图8-80 椅子

① 打开Revit软件，选择“公制常规模型”族样板，新建一个族文件；切换到右立面视图，绘制参照平面并且进行对齐尺寸标注；单击“创建”选项卡“形状”面板“拉伸”按钮，进入“修改｜创建拉伸”上下文选项卡，单击“绘制”面板“直线”绘制方式，绘制封闭的拉伸轮廓；单击“绘制”面板“圆角弧”按钮，设置选项栏“勾选半径，半径为20mm”对封闭的拉伸轮廓A进行圆角处理；设置左侧属性选项板“限制条件”下“拉伸起点：－300”“拉伸终点：－280”，工作平面为“参照平面：中心（左/右）”，如图8-81所示；单击“模式”面板“完成编辑模式”按钮，完成拉伸模型椅子腿的创建。

② 切换到前立面视图，选择拉伸创建的椅子腿；单击“修改”面板“镜像拾取轴”按钮，拾取“参照平面：中心（左/右）参照”，创建另一个椅子腿；切换到三维视图，查看椅子腿模型，如图 8-82 所示。

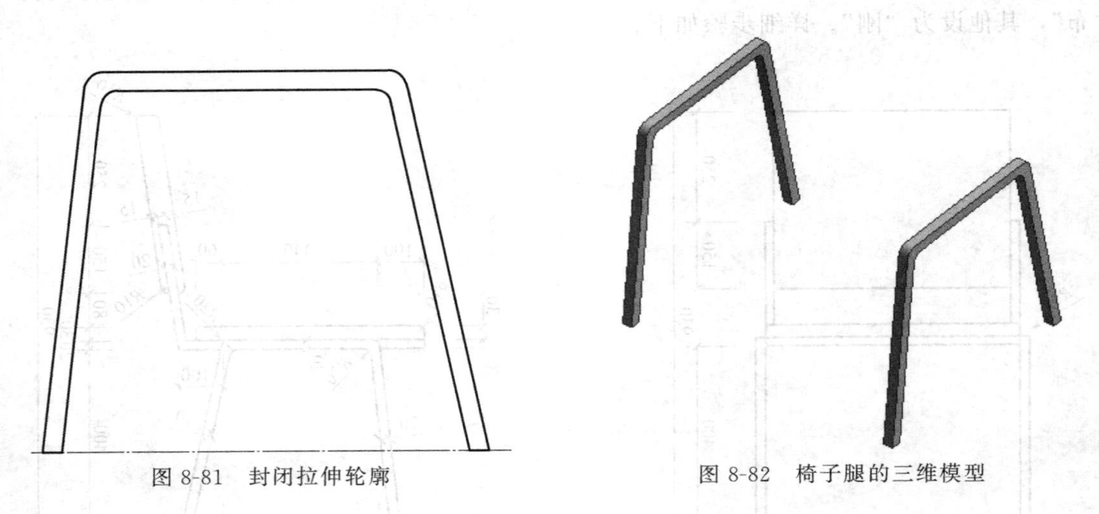

图 8-81 封闭拉伸轮廓　　图 8-82 椅子腿的三维模型

③ 切换到右立面视图，单击“创建”选项卡“形状”面板“拉伸”按钮，进入“修改｜创建拉伸”上下文选项卡，单击“绘制”面板“直线”按钮，绘制封闭的拉伸坐垫轮廓，如图 8-83 所示；设置左侧属性选项板“限制条件”下“拉伸起点：－280”“拉伸终点：280”，工作平面为“参照平面：中心（左/右）”，单击“模式”面板“完成编辑模式”按钮，完成坐垫模型的创建。

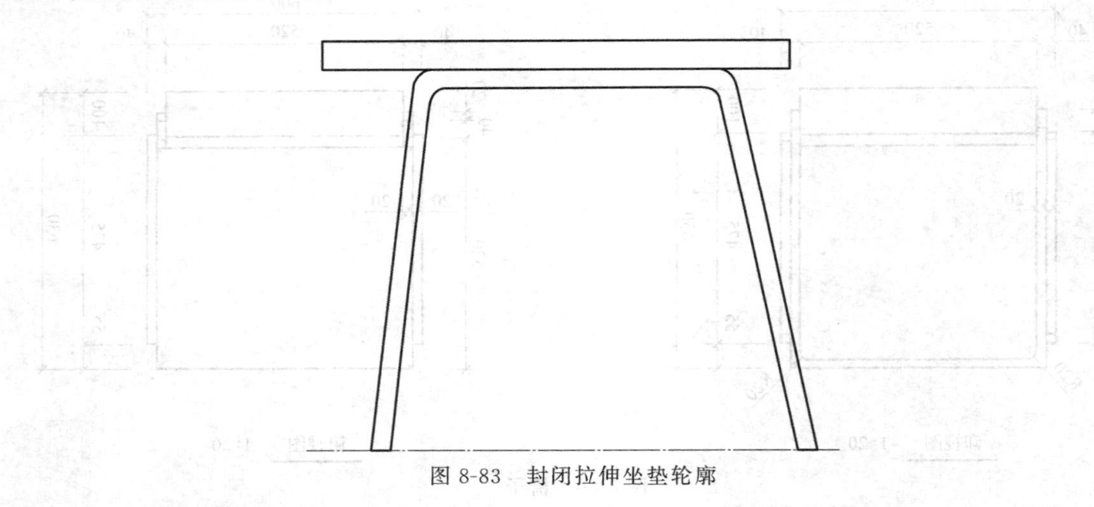

图 8-83 封闭拉伸坐垫轮廓

④ 切换到参照标高楼层平面，选择创建的坐垫；单击“创建”选项卡“形状”面板“空心形状”下拉列表“空心放样”按钮，进入“修改放样”上下文选项卡；单击“放样”面板“绘制路径”按钮，“矩形”绘制方式以坐垫轮廓四周绘制路径；单击“模式”面板“完成编辑模式”按钮，接着单击“放样”面板“编辑轮廓”按钮，弹出“转到视图”对话框，选择“立面：右”，单击“打开视图”按钮，退出“转到视图”对话框，系统自动切换到右立面视图，绘制轮廓，如图 8-84 所示；连续两次单击“模式”面板“完成编辑模式”按钮，完成“空心放样”模型的创建；切换到三维视图，查看坐垫上表面四条边圆角情况，

如图 8-85 所示。

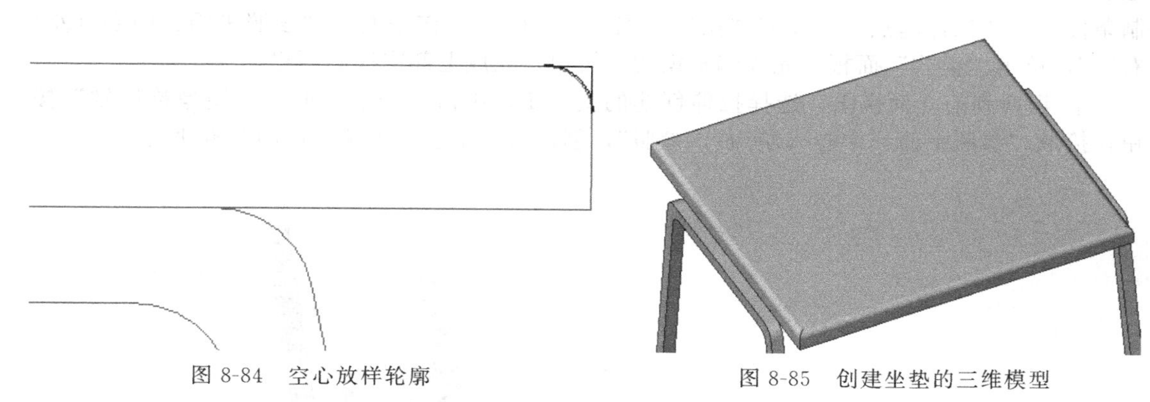

图 8-84　空心放样轮廓　　　　图 8-85　创建坐垫的三维模型

⑤ 切换到右立面视图，单击“创建”选项卡“工作平面”面板“设置”按钮，指定坐垫底部的“参照平面”为新的工作平面，转到参照标高楼层平面视图；单击“创建”选项卡“形状”面板“拉伸”按钮，进入“修改丨创建拉伸”上下文选项卡，单击“绘制”面板“直线”按钮，绘制封闭的拉伸轮廓；单击“绘制”面板“圆角弧”按钮，设置选项栏“勾选半径，半径为 20mm”对封闭的拉伸轮廓进行圆角处理，如图 8-86 所示；设置左侧属性选项板“限制条件”下“拉伸起点：0”“拉伸终点：20”，单击“模式”面板“完成编辑模式”按钮；切换到右立面视图查看支撑，如图 8-87 所示。

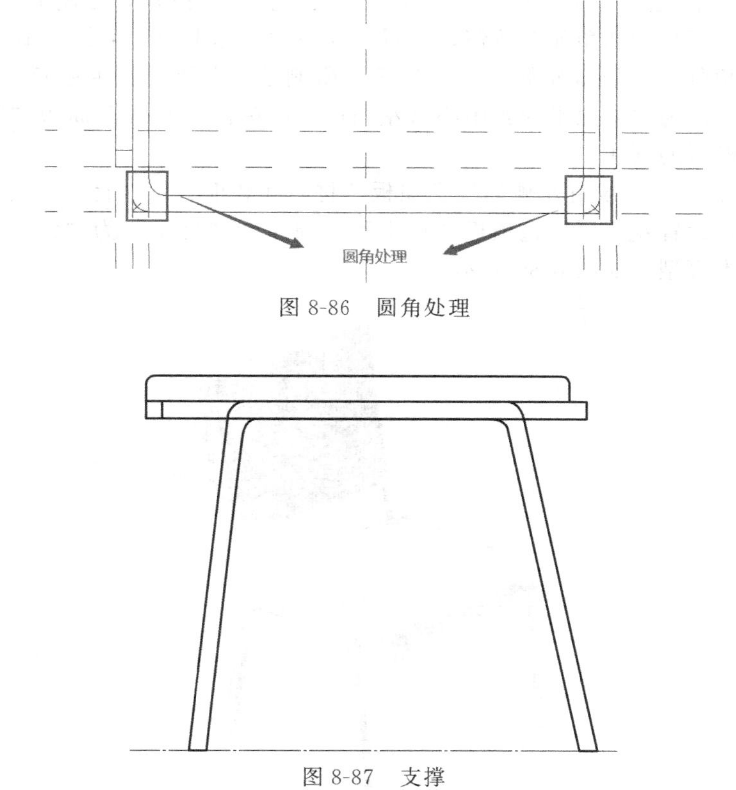

图 8-86　圆角处理

图 8-87　支撑

⑥ 单击“创建”选项卡“形状”面板“拉伸”按钮，进入“修改丨创建拉伸”上下文

选项卡，单击“绘制”面板“直线”按钮，绘制封闭的拉伸轮廓，设置左侧属性选项板“限制条件”下“拉伸起点：－280”“拉伸终点：－260”，工作平面为“参照平面：中心（左/右）”，单击“模式”面板“完成编辑模式”按钮，完成上部支撑的创建。

⑦ 切换到前立面视图，选择拉伸创建的支撑 L，单击“修改”面板“镜像拾取轴”按钮，拾取“参照平面：中心（左/右）参照”，创建另一个上部支撑，如图 8-88 所示。

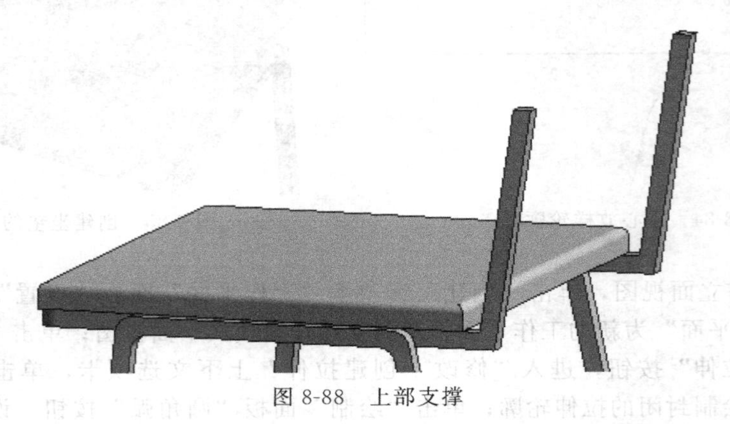

图 8-88　上部支撑

⑧ 切换到三维视图，选择上部支撑，单击“几何图形”面板“连接”下拉列表“连接几何图形”按钮，首先选择上部支撑，再选择下部支撑，则上下部就连接成一个整体。

⑨ 切换到右立面视图，单击“创建”选项卡“形状”面板“拉伸”按钮，进入“修改｜创建拉伸”上下文选项卡，单击“绘制”面板“直线”按钮，绘制靠背封闭的拉伸轮廓；单击“绘制”面板“圆角弧”按钮，设置选项栏“勾选半径，半径为 10mm”对封闭的拉伸轮廓进行圆角处理；设置左侧属性选项板“限制条件”下“拉伸起点：260”“拉伸终点：260”，工作平面为“参照平面：中心（左/右）”，单击“模式”面板“完成编辑模式”按钮，完成靠背模型的创建。

⑩ 选择坐垫和靠背，设置左侧属性选项板“材质和装饰”下“材质”为“布”；同理选择椅子腿和支撑，设置左侧属性选项板“材质和装饰”下“材质”为“钢”；切换到三维视图，查看最终三维模型，如图 8-89 所示。

图 8-89　椅子三维模型

8.11.5　创建 U 形墩柱

根据图 8-90 给定数据，用构建集形式创建 U 形墩柱，整体材质为混凝土。详细步骤如下。

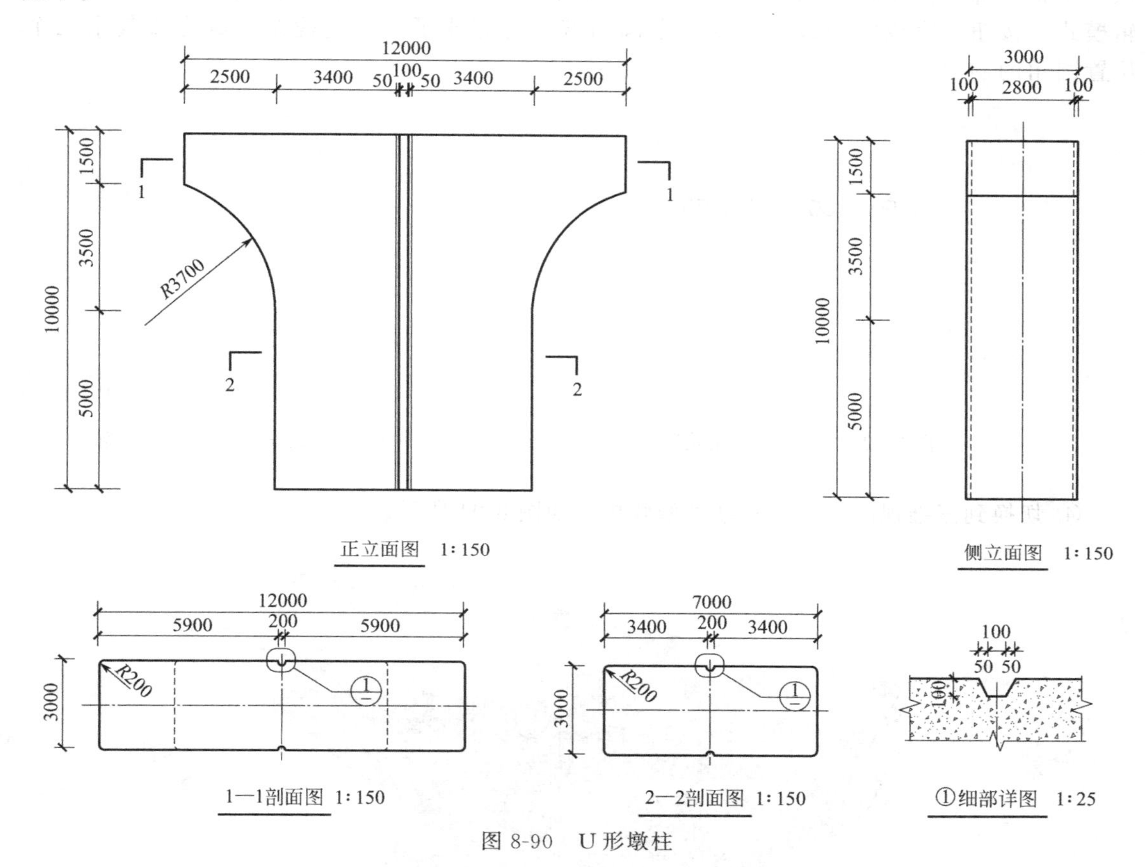

图 8-90　U 形墩柱

① 打开 Revit，单击“族-新建”按钮，打开“新建”对话框，选择“公制常规模型”族样板，单击右下角“打开”按钮，进入族编辑器环境，切换到“前”立面视图，单击“创建”选项卡“形状”面板“拉伸”按钮，单击“绘制”面板“直线”按钮，“圆弧位置”绘制方式为“起点终点半径弧”，绘制如图 8-91 所示轮廓；设置左侧属性选项板“限制条件”下“拉伸起点：－1500”“拉伸终点：1500”工作平面为“参照平面：中心（前/后）”，设置“材质”为“混凝土”；最后单击“模式”面板“完成编辑模式”按钮，完成实心拉伸形体创建。

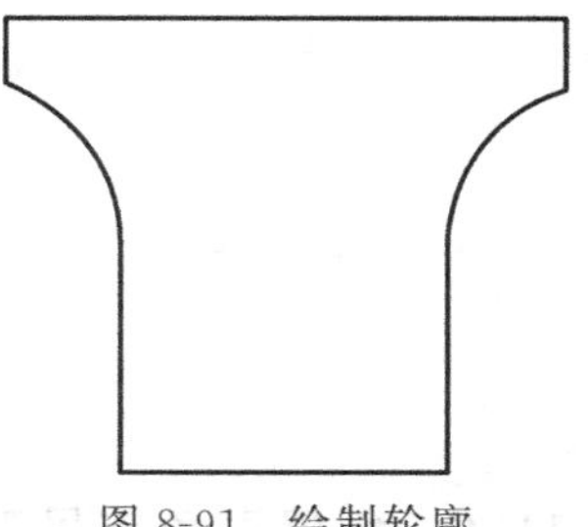

图 8-91　绘制轮廓

② 切换到“参照标高”楼层平面视图；单击属性选项板“视图范围”右侧“编辑”按钮，弹出“视图范围”对话框，设置“顶：无限制”“剖切面偏移量：40000”；单击“创建”选项卡“形状”面板“空心形状”下拉列表“空心拉伸”按钮，单击“绘制”面板“直线”按钮，绘制轮廓如图 8-92 所示；设置左侧属性选项板“限制条件”下“拉伸起点：0”“拉伸终点：10000”工作平面为“参照标高”；最后单击“模式”面板“完成编辑模式”按钮，完成空心拉伸形体的创建。

③ 切换到三维视图，单击“创建”选项卡“形状”面板“空心放样”按钮，进入“修改｜放样”上下文选项卡；单击“放样”面板“拾取路径”按钮，首先拾取圆弧，接着再拾取放样路径；单击“模式”面板“完成编辑模式”按钮；接着再单击“放样”面板“编辑轮廓”按钮，绘制轮廓，如图 8-93 所示；连续两次单击“模式”面板“完成编辑模式”按钮，完成空心放样，则一个圆角就创建完成了；通过镜像工具完成其余三个位置圆角的创建。

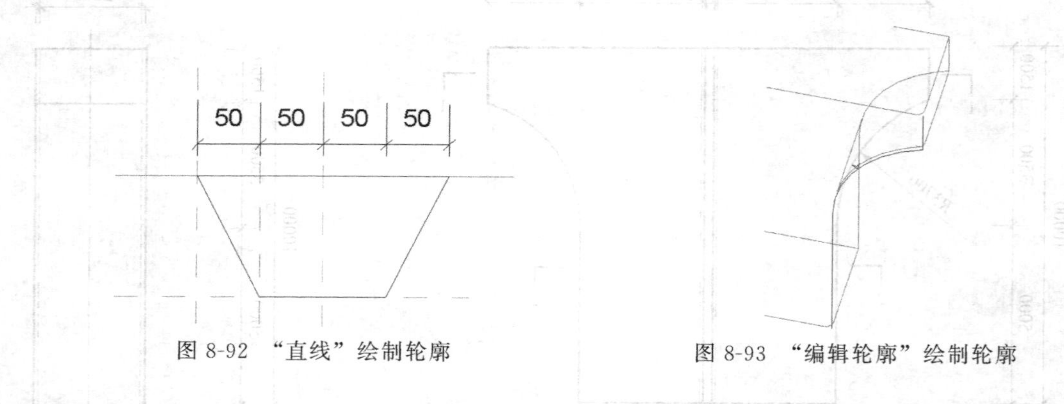

图 8-92 “直线”绘制轮廓　　图 8-93 “编辑轮廓”绘制轮廓

④ 切换到三维视图，查看三维模型效果，如图 8-94 所示。

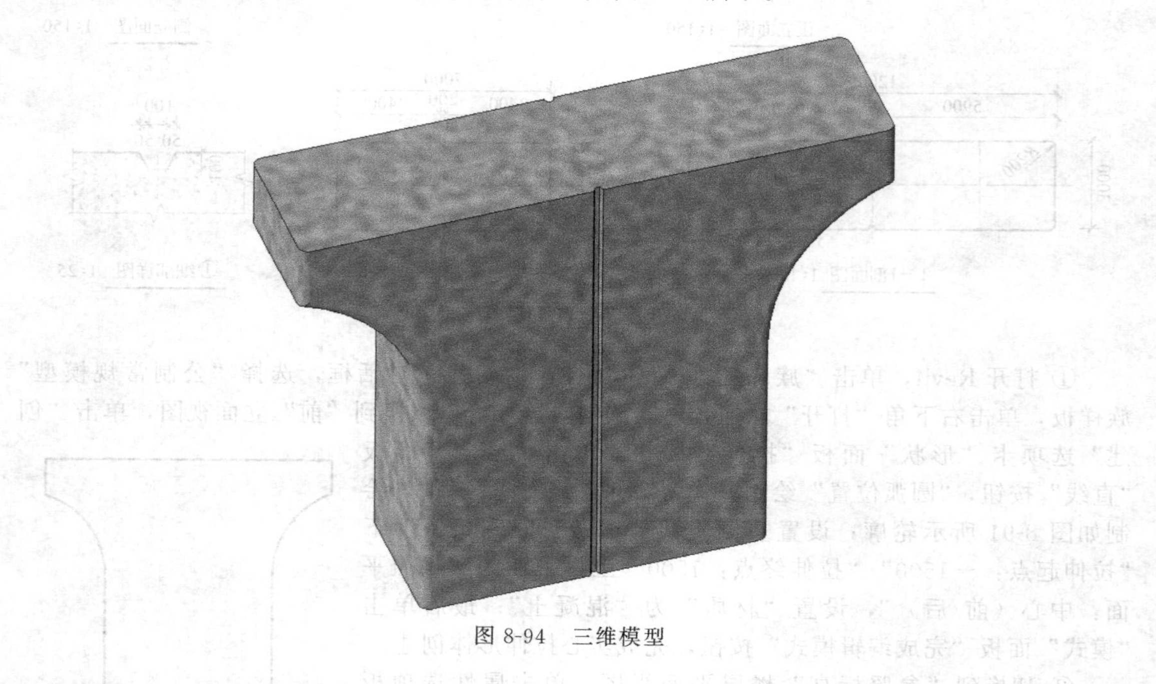

图 8-94 三维模型

8.11.6 创建直角支吊架

根据图 8-95 给定数值用构建集形式创建直角支吊架。详细步骤如下。

① 打开软件 Revit，选择“族→新建→公制常规模型”族样板，新建一个族文件；切换到“前”立面视图，绘制参照平面，如图 8-96 所示。单击“创建”选项卡“形状”面板“放样”按钮，进入“修改｜放样”上下文选项卡；单击“放样”面板“绘制路径”按钮，进入“修改｜放样 绘制路径”上下文选项卡，“直线”绘制方式绘制路径，如图 8-96 所示，

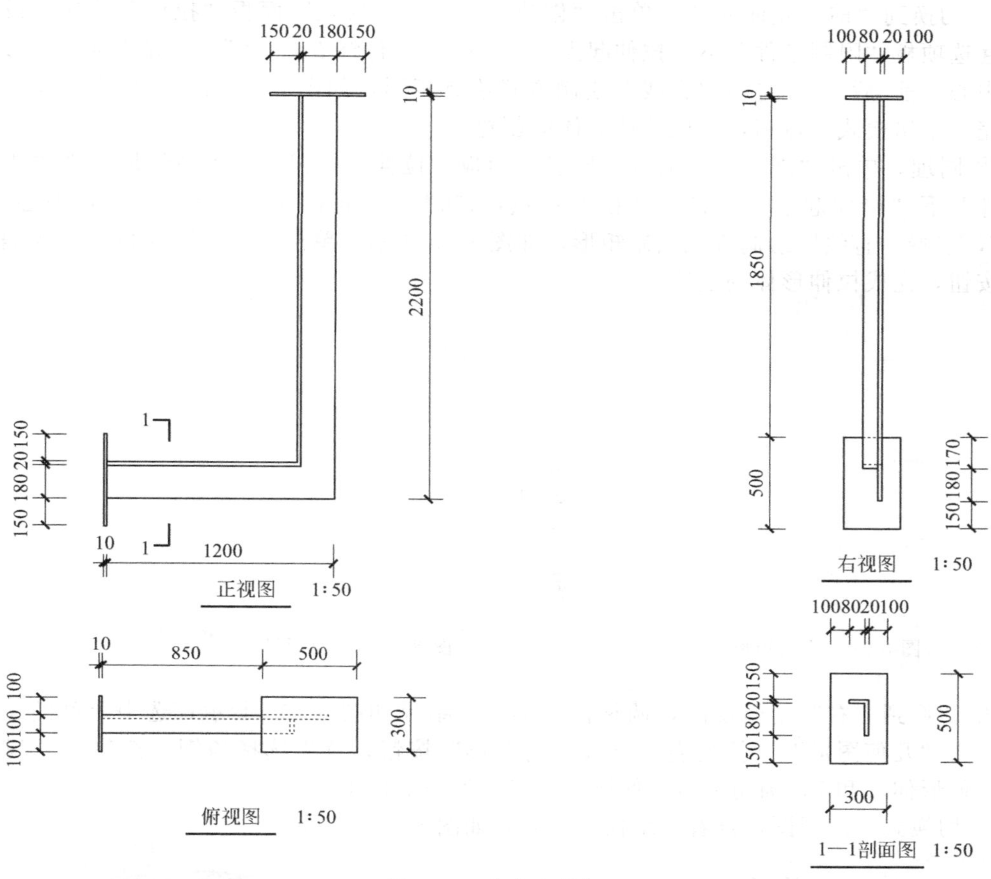

图 8-95　直角支吊架

单击“模式”面板“完成编辑模式”按钮，回到“修改｜放样”上下文选项卡；单击“放样”面板“编辑轮廓”按钮，弹出“转到视图”对话框，选择“立面：右”，接着单击“打开视图”按钮，系统自动切换到“右”立面视图，“直线”绘制方式绘制轮廓，如图 8-97 所示。单击“模式”面板“完成编辑模式”按钮，回到“修改｜放样”上下文选项卡，再次单击“模式”面板“完成编辑模式”按钮完成放样，角钢创建完成。

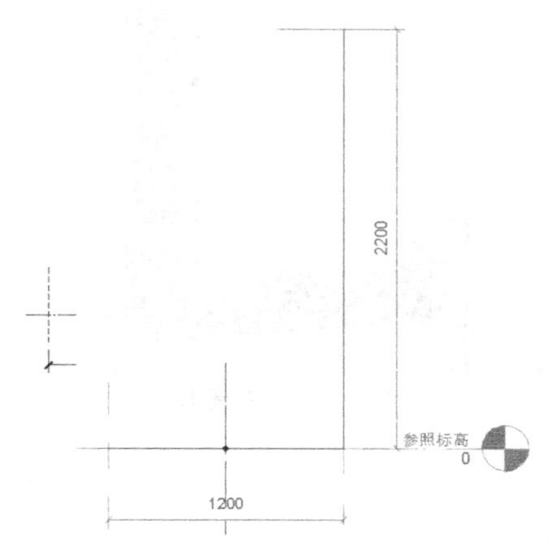

图 8-96　绘制参照平面，放样路径

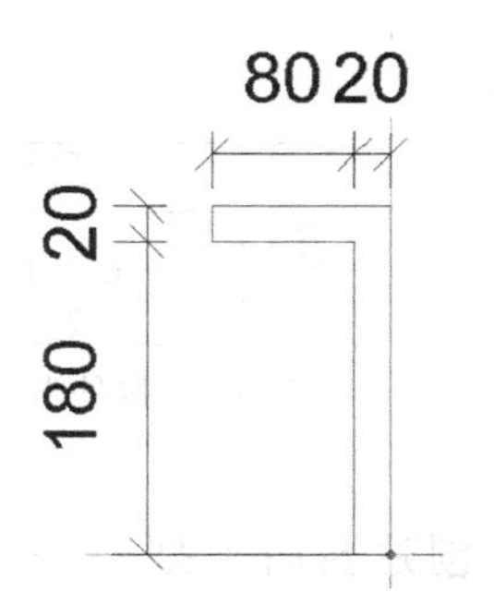

图 8-97　绘制放样轮廓

② 切换到“前”立面视图，单击“创建”选项卡“形状”面板“拉伸”按钮，设置左侧属性选项板“限制条件”下“拉伸起点：－100”“拉伸终点：100”，工作平面为“参照平面：中心（前/后）”，选择“直线”绘制方式绘制矩形，如图 8-98 所示，单击“模式”面板“完成编辑模式”按钮，完成拉伸形体的创建。

③ 同理，单击“创建”选项卡“形状”面板“拉伸”按钮，设置左侧属性选项板“限制条件”下“拉伸起点：－150”“拉伸终点：150”，工作平面为“参照平面：中心（前/后）”，选择“直线”绘制方式绘制矩形，如图 8-99 所示，单击“模式”面板“完成编辑模式”按钮，完成拉伸形体的创建。

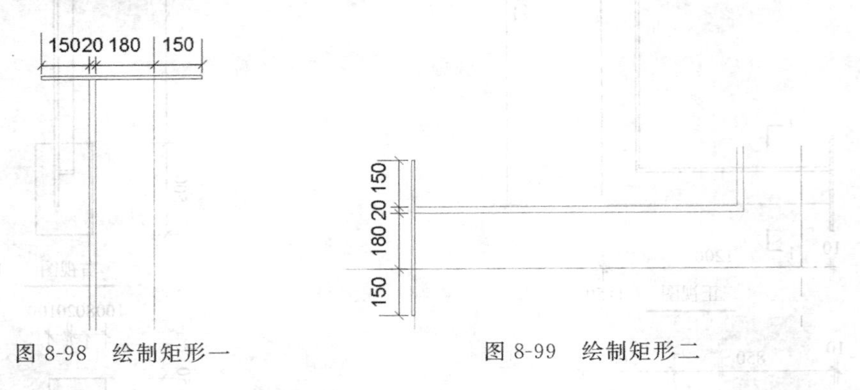

图 8-98　绘制矩形一　　　　图 8-99　绘制矩形二

④ 切换到“右”立面视图，调整拉伸形体，结果如图 8-100 所示；选中上部的拉伸形体，单击“几何图形”下拉列表“连接几何图形”按钮，首先选择角钢，按住 Ctrl 键同时选择拉伸形体 5 和 7，则角钢与拉伸形体连接成为一个整体了。

⑤ 切换到三维视图，查看三维模型效果，如图 8-101 所示。

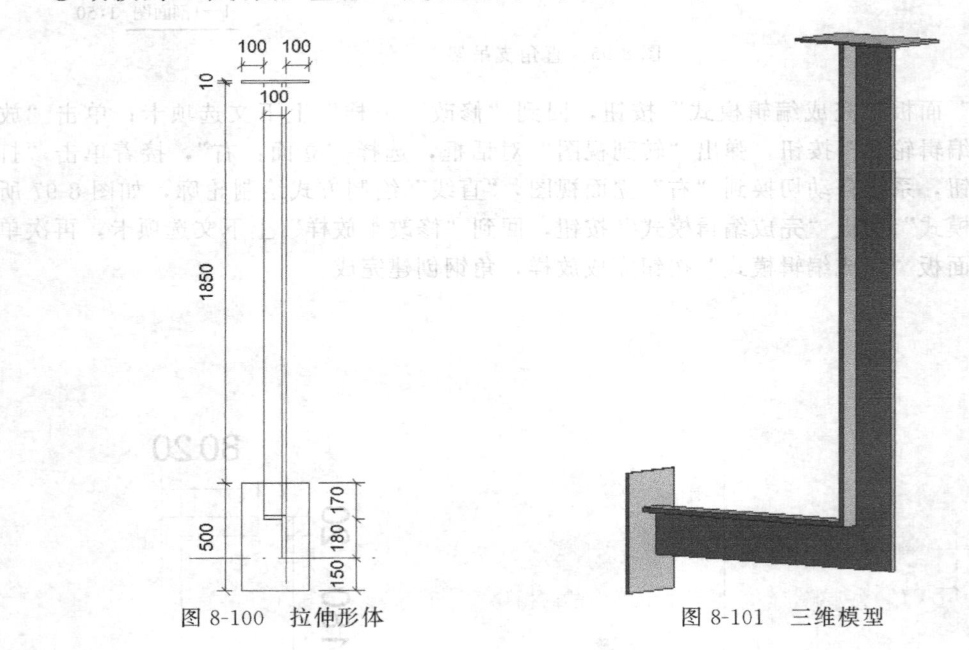

图 8-100　拉伸形体　　　　图 8-101　三维模型

8.11.7　创建台阶模型一

根据图 8-102 给定尺寸生成台阶实体模型。详细步骤如下。

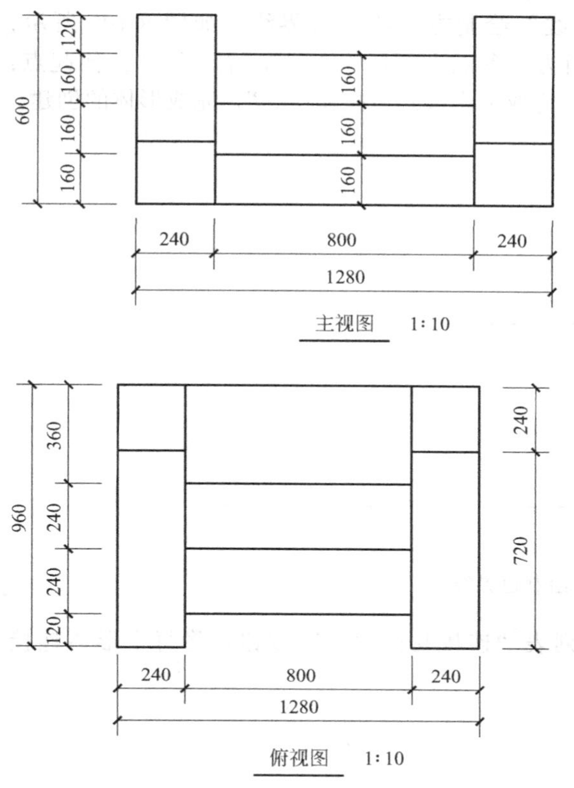

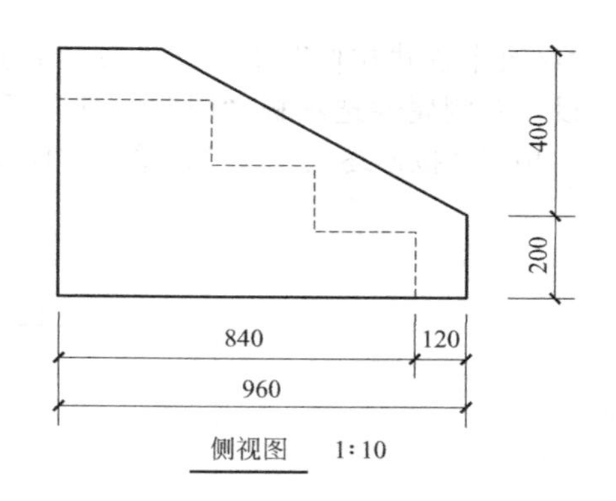

图 8-102 台阶

① 打开 Revit，选择“族→新建→公制常规模型”族样板，新建族文件。

② 切换至“左”立面视图，单击“创建”选项卡“形状”面板“拉伸”按钮，进入“修改 | 创建拉伸”上下文选项卡；选择“直线”绘制方式，绘制边界线，如图 8-103 所示；设置左侧属性选项板“限制条件”下工作平面为“参照平面：中心（左/右）”“拉伸起点：−640”“拉伸终点：−400”；单击“模式”面板“完成编辑模式”按钮“√”，完成形体的创建。切换到“前”立面视图，选择形体，进入“修改 | 拉伸”上下文选项卡，单击“修改”面板“镜像拾取轴”按钮，拾取“参照平面：中心（左/右）”作为镜像轴，则另一部分形体创建完成，如图 8-104 所示。

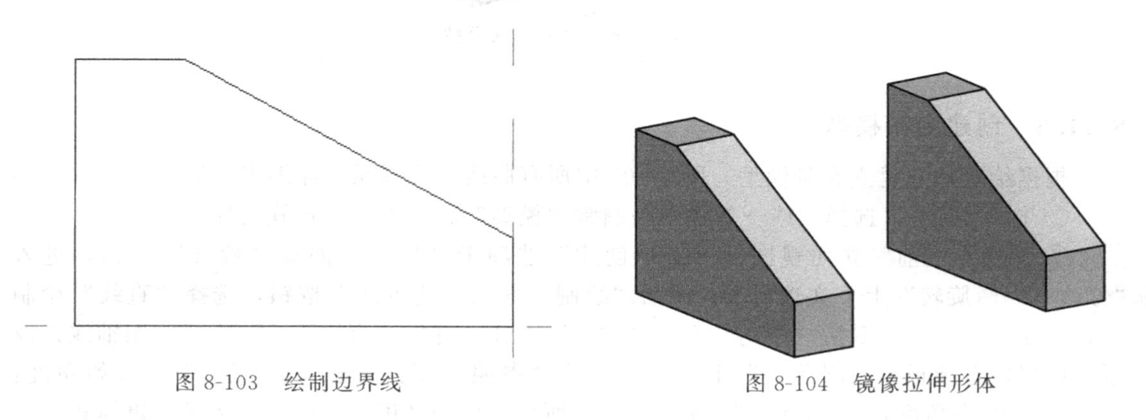

图 8-103 绘制边界线　　图 8-104 镜像拉伸形体

③ 切换至“左”立面视图，单击“创建”选项卡“形状”面板“拉伸”按钮，进入

“修改 | 创建拉伸”上下文选项卡；选择“直线”绘制方式绘制边界线，如图 8-105 所示；设置左侧属性选项板“限制条件”下工作平面为“参照平面：中心（左/右）”“拉伸起点：－400”“拉伸终点：400”；单击“模式”面板“完成编辑模式”按钮“√”，完成形体的创建。

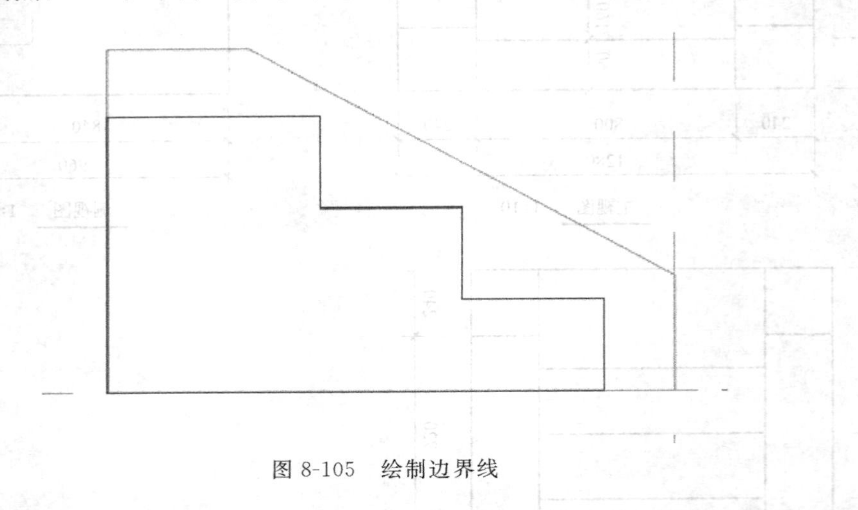

图 8-105　绘制边界线

④ 切换到三维视图，单击“连接”下拉列表“连接几何图形”按钮，将每个形体连接成了一个整体，如图 8-106 所示。

图 8-106　台阶三维模型

8.11.8　创建台阶模型二

根据给定尺寸建立台阶模型，图 8-107 中所有曲线均为圆弧。详细步骤如下。

① 打开 Revit，选择“族→新建→公制常规模型”族样板，新建族文件。

② 切换至“前”立面视图；单击“创建”选项卡“形状”面板“旋转”按钮，进入“修改 | 编辑旋转”上下文选项卡；激活“绘制”面板“边界线”按钮，选择“直线”绘制方式，绘制边界线；激活“绘制”面板“轴线”按钮，选择“直线”绘制方式绘制轴线；设置左侧属性选项板“限制条件”下工作平面为“参照平面：中心（前/后）”“起始角度：0.000°”“结束角度：－30.000°”，如图 8-108 所示。单击“模式”面板“完成编辑模式”按钮“√”，完成形体的创建。

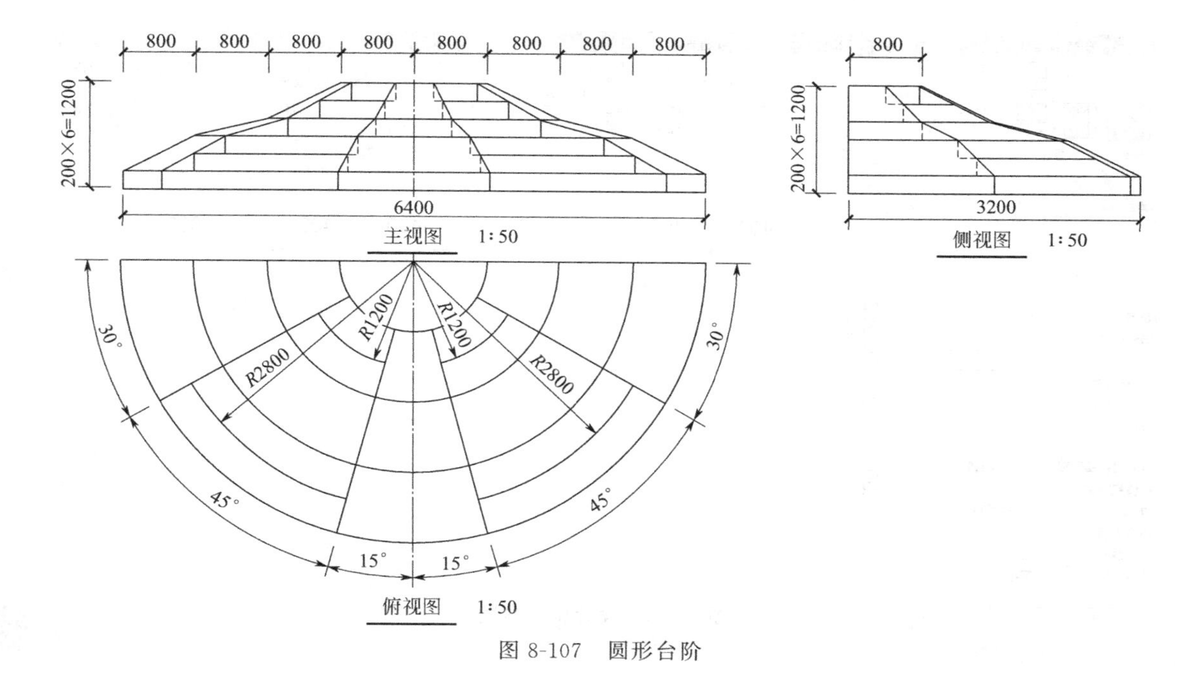

图 8-107　圆形台阶

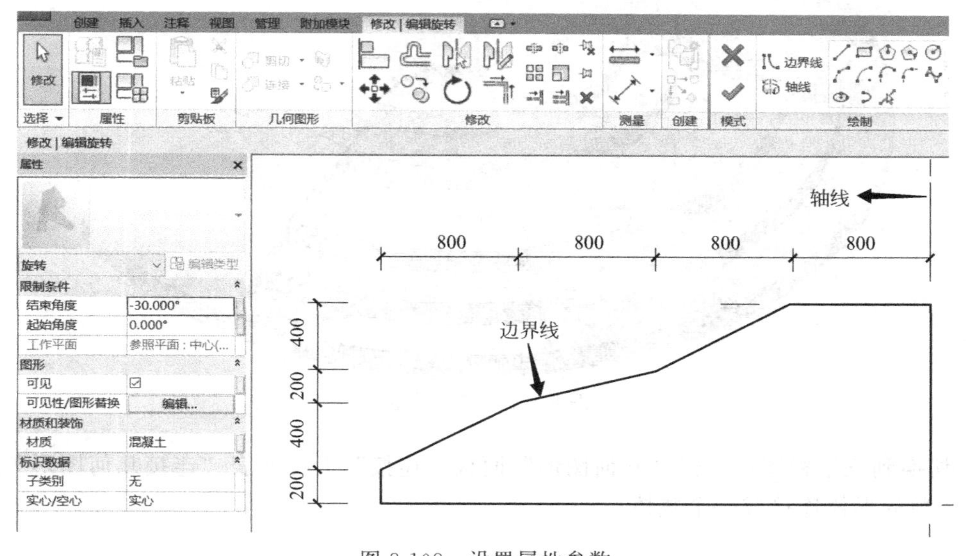

图 8-108　设置属性参数

③ 单击“创建”选项卡“形状”面板“旋转”按钮，进入“修改｜创建旋转”上下文选项卡；激活“绘制”面板“边界线”按钮，选择“直线”绘制方式绘制边界线；激活“绘制”面板“轴线”按钮，选择“直线”绘制方式绘制轴线；设置左侧“属性”选项板“限制条件”下工作平面为“参照平面：中心（前/后）”“起始角度：－30.000°”“结束角度：－75.000°”，如图 8-109 所示。单击“模式”面板“完成编辑模式”按钮“√”，完成形体的创建。

④ 切换到“参照标高”楼层平面视图；应用“修改”面板“旋转”命令和“镜像拾取轴”命令，创建完整的三维模型，结果如图 8-110 所示。

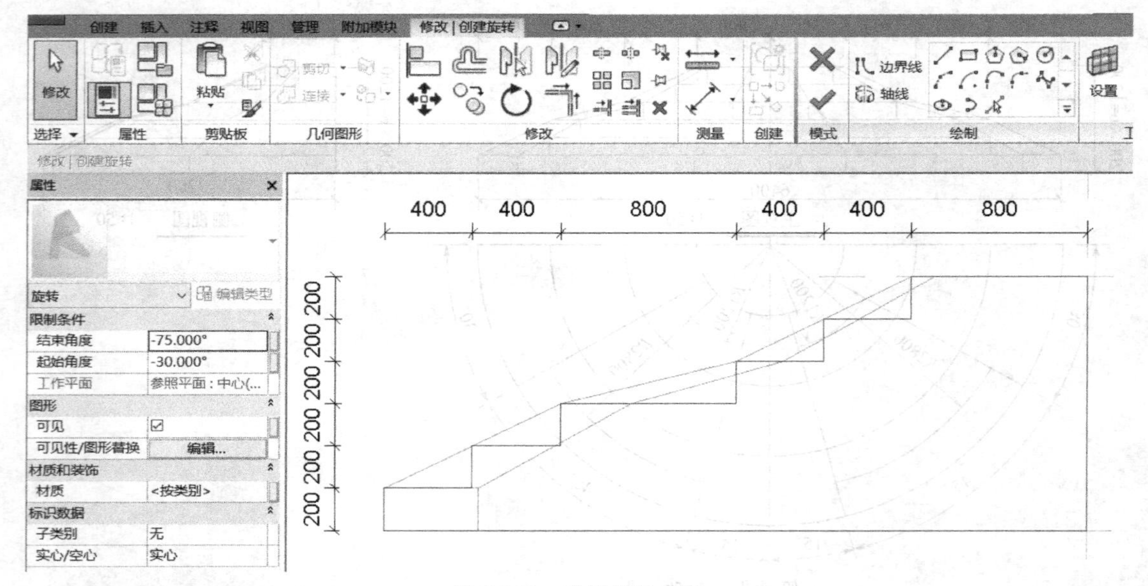

图 8-109　设置属性参数

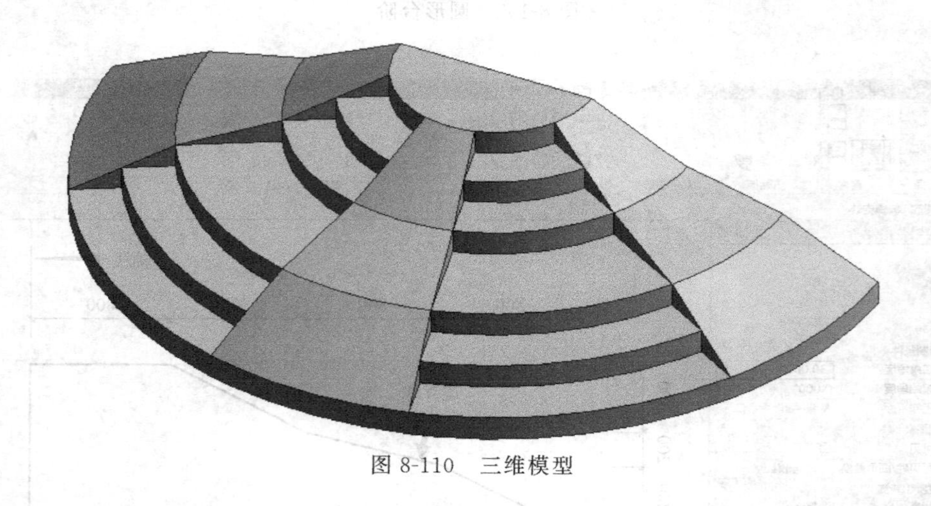

图 8-110　三维模型

⑤ 切换到三维视图，单击“几何图形”面板“连接”下拉列表“连接几何图形”按钮，将五个单独的形体连接成一个整体。

8.11.9　创建斜拉桥三维模型

根据图 8-111 给出的对称斜拉桥的左半部分三视图，用构建集方式创建该斜拉桥的三维模型，题中倾斜拉索直径为 500mm，拉索上方交于一点，该点位于柱中心距顶端 5m 处。详细步骤如下。

① 打开 Revit，选择“族→新建→公制常规模型”族样板，新建一个族文件。

② 切换到“左”立面视图，单击“创建”选项卡“形状”面板“拉伸”按钮，用“直线”绘制方式绘制拉伸边界，如图 8-112 所示，设置左侧属性选项板“限制条件”下工作平面为“参照平面：中心（左/右）”“拉伸起点：−7500”“拉伸终点：7500”，单击“完成编辑模式”按钮“√”，拉伸形体创建完成。

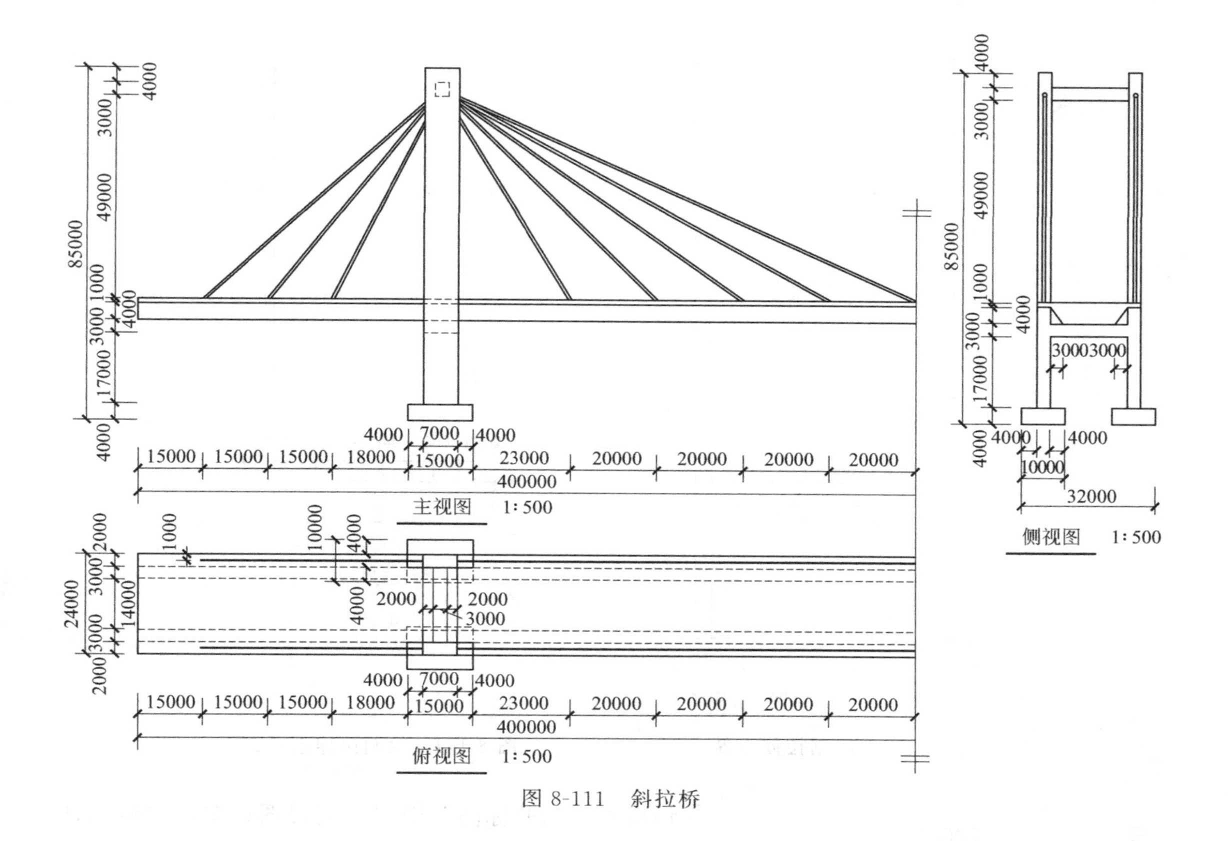

图 8-111　斜拉桥

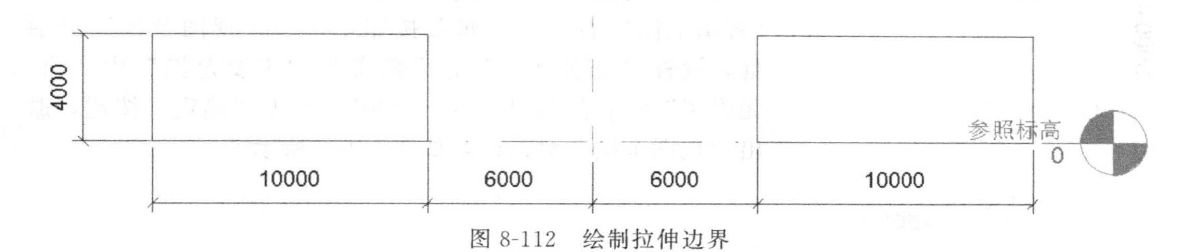

图 8-112　绘制拉伸边界

③ 切换到“左”立面视图，单击“创建”选项卡“形状”面板“拉伸”按钮，用“直线”绘制方式绘制拉伸边界，如图 8-113 所示，设置左侧属性选项板“限制条件”下工作平面为“参照平面：中心（左/右）”“拉伸起点：−3500”“拉伸终点：3500”，单击“完成编辑模式”按钮“√”，拉伸形体创建完成。

④ 切换到“左”立面视图，单击“创建”选项卡“形状”面板“拉伸”按钮，用“直线”绘制方式绘制拉伸边界，如图 8-114 所示，设置左侧属性选项板“限制条件”下工作平面为“参照平面：中心（左/右）”“拉伸起点：−70500”“拉伸终点：110500”，单击“完成编辑模式”按钮“√”，拉伸形体创建完成。

⑤ 切换到“左”立面视图，单击“创建”选项卡“形状”面板“拉伸”按钮，用“直线”绘制方式绘制拉伸边界，如图 8-115 所示，设置左侧属性选项板“限制条件”下工作平面为“参照平面：中心（左/右）”“拉伸起点：−1500”“拉伸终点：1500”，单击“完成编辑模式”按钮“√”，拉伸形体创建完成。

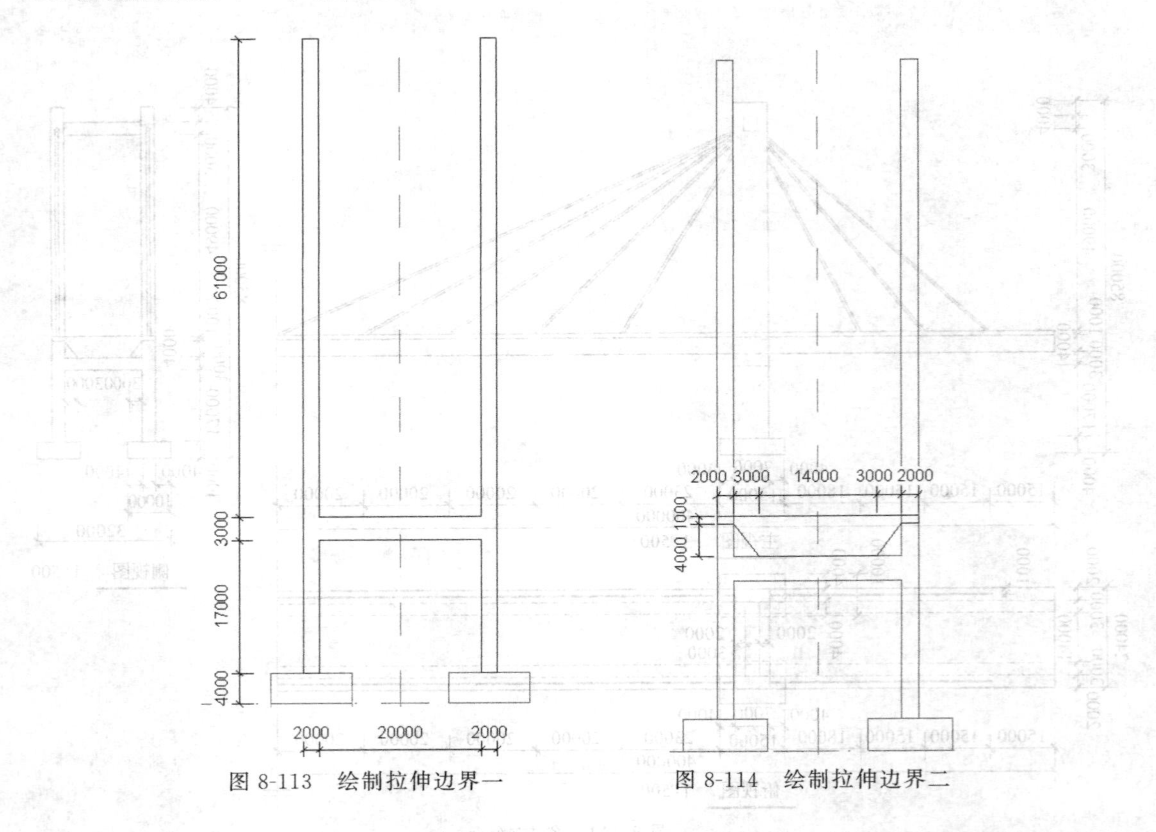

图 8-113　绘制拉伸边界一　　　　图 8-114　绘制拉伸边界二

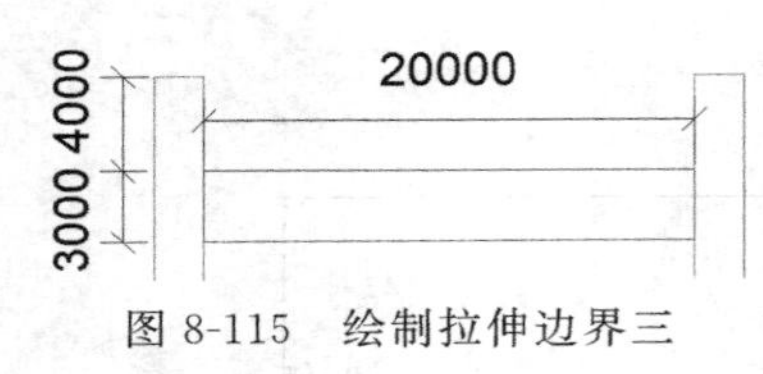

图 8-115　绘制拉伸边界三

⑥ 切换到“参照标高”楼层平面视图；单击左侧属性选项板“视图”下拉列表“楼层平面：参照标高”；单击“视图范围”右侧“编辑”按钮，弹出“视图范围”对话框，设置“视图范围”对话框参数“主要范围”中“顶：无限制”“剖切面偏移量：50000”，单击“确定”按钮，退出“视图范围”对话框，如图 8-116 所示。

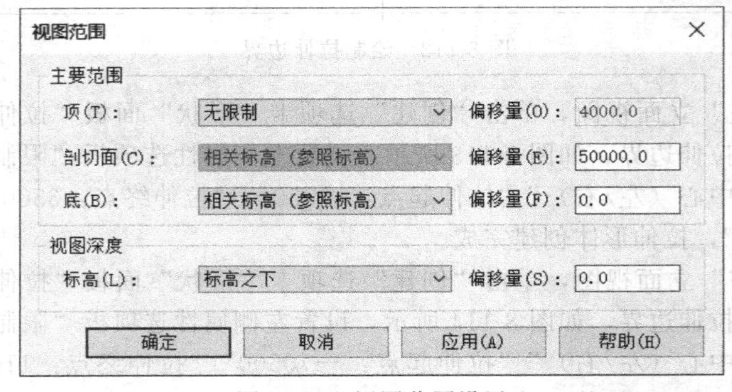

图 8-116　视图范围设置

⑦ 设置“参照平面 1”作为工作平面，如图 8-117 所示，系统自动切换至“前”立面视图；单击“放样”按钮，进入“修改｜放样”上下文选项卡，绘制路径，如图 8-118 所示；三维视图下，绘制半径为 250mm 的圆作为放样轮廓；单击“完成编辑模式”按钮“√”，拉索 01 创建完成，如图 8-119 所示；同理，创建其余拉索，如图 8-120 所示。

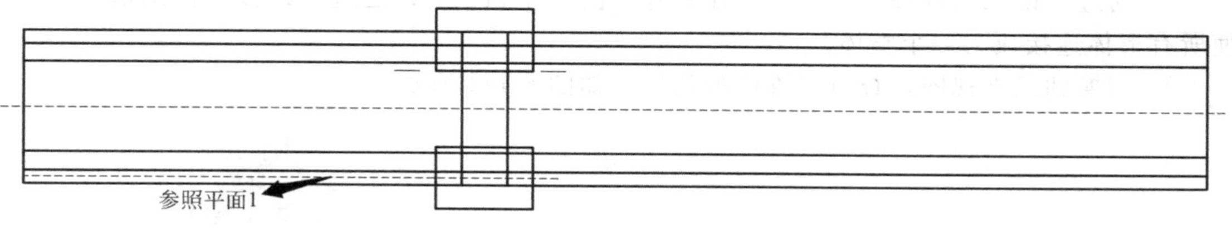

图 8-117　设置参照平面 1 为工作平面

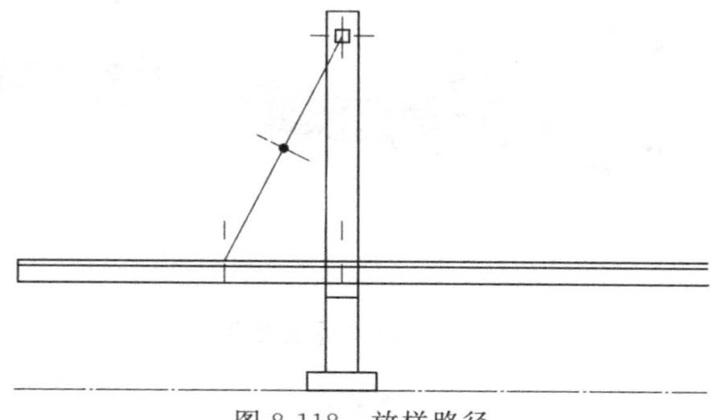

图 8-118　放样路径

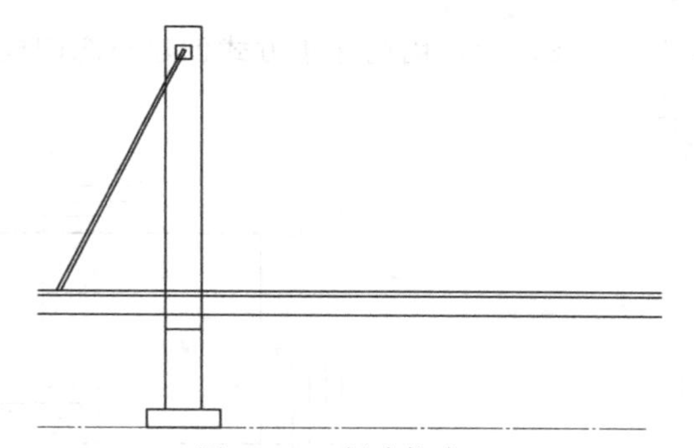

图 8-119　创建拉索 01

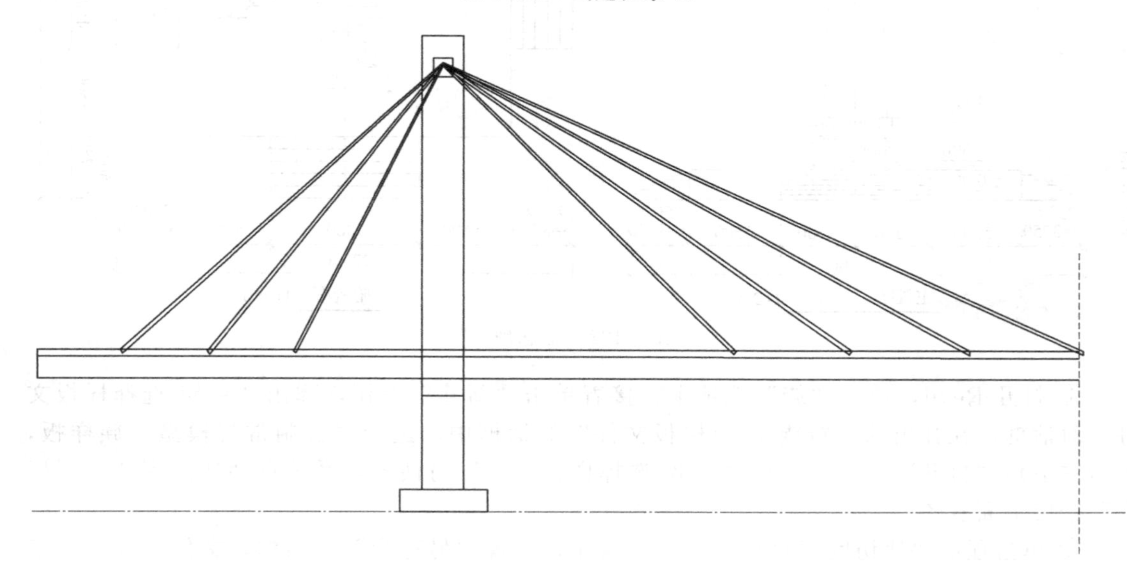

图 8-120　创建其余拉索

⑧ 通过“镜像拾取轴”工具，创建另外一侧形体和拉索；通过“连接几何图形”工具，使所有形体连接成为一个整体。

⑨ 切换到三维视图，查看三维模型效果，如图 8-121 所示。

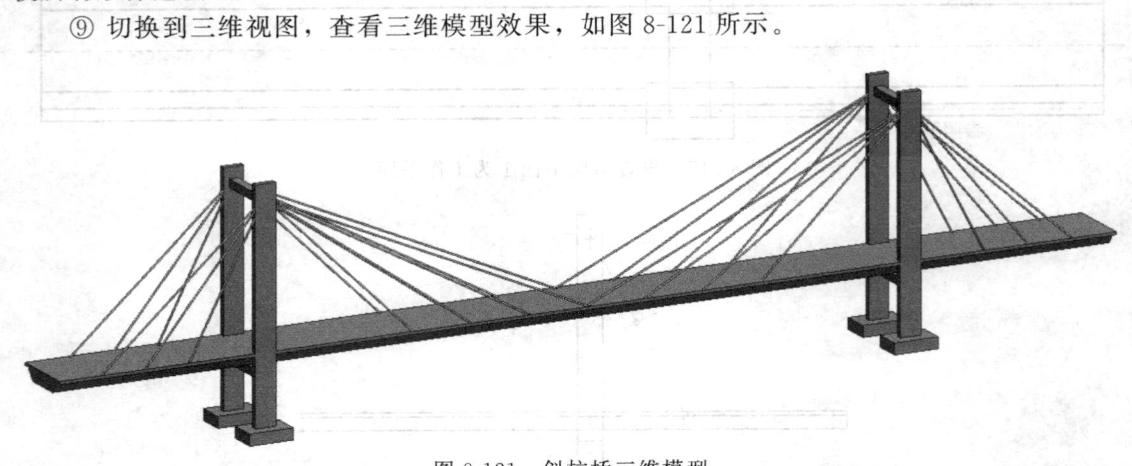

图 8-121　斜拉桥三维模型

8.11.10　创建纪念碑模型

根据图 8-122 给定的投影图及尺寸，用构建集方式创建纪念碑模型。详细步骤如下。

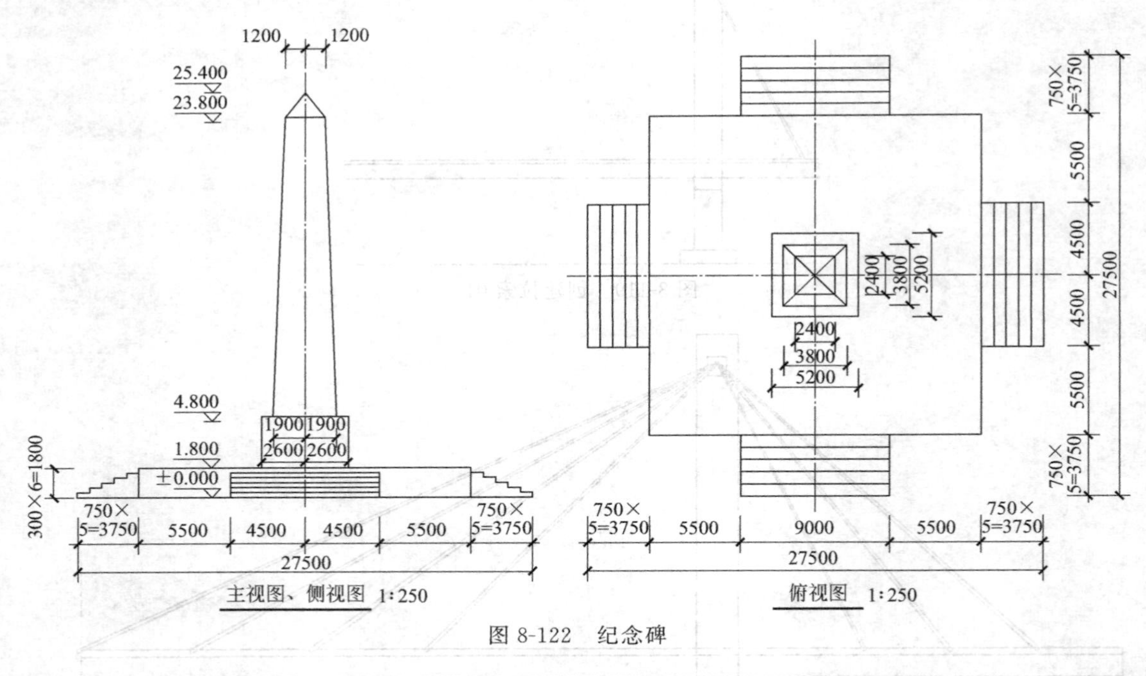

图 8-122　纪念碑

① 打开 Revit，单击“族”选项卡，接着单击“新建”按钮，弹出“新族-选择样板文件”对话框，在弹出的“新族-选择样板文件”对话框中，选择“公制常规模型”族样板，单击右下角“打开”按钮，退出“新族-选择样板文件”对话框，系统自动切换到“参照标高”楼层平面视图。

② 单击顶部快速访问工具栏“保存”按钮，出现“另存为”对话框，文件名设为“纪念碑”，单击“打开”按钮，退出“另存为”对话框。

③ 平台的创建。切换到“参照标高”楼层平面视图，单击“创建”选项卡“形状”面板“拉伸”按钮，进入“修改｜创建拉伸”上下文选项卡；单击“绘制”面板“矩形”按钮，选项栏设置“偏移量：10000”，绘制“矩形模型线”；左侧属性选项板“限制条件”设置为“拉伸起点：0.0”“拉伸终点：1800.0”工作平面为“标高：参照标高”，如图 8-123 所示，单击“模式”面板“完成编辑模式”按钮“√”，完成平台的创建；切换到三维视图，查看创建的平台三维模型效果。

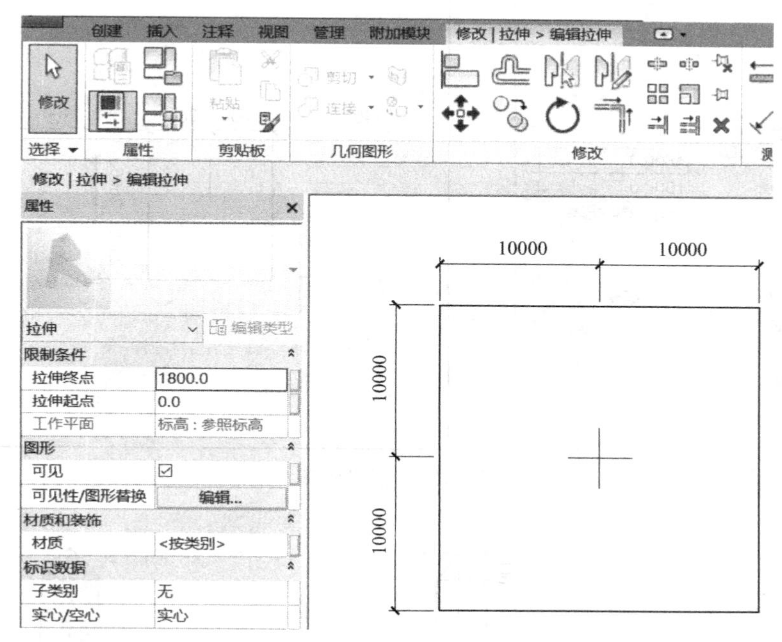

图 8-123　创建平台

④ 底座的创建。单击“创建”选项卡“形状”面板“拉伸”按钮，进入“修改｜创建拉伸”上下文选项卡；单击“绘制”面板“矩形”按钮，选项栏设置“偏移量：2600”，绘制“矩形模型线”；左侧属性选项板“限制条件”设置为“拉伸起点：1800.0”“拉伸终点：4800.0”工作平面为“标高：参照标高”，如图 8-124 所示，单击“模式”面板“完成编辑模式”按钮“√”，完成底座的创建。切换到三维视图，查看创建的底座三维模型效果。

⑤ 塔身和塔尖的绘制。切换到“参照标高”楼层平面视图，单击“创建”选项卡“形状”面板“放样”按钮，进入“修改｜创建放样”上下文选项卡；单击“放样”面板“绘制路径”按钮，进入“修改｜放样 绘制路径”上下文选项卡，单击“绘制”面板“矩形”按钮，绘制一个边长为 3800mm 的正方形路径，单击“模式”面板“完成编辑模式”按钮“√”，完成放样路径的绘制，如图 8-125 所示。单击“放样”面板“编辑轮廓”按钮，进入“修改｜放样 编辑轮廓”上下文选项卡，系统弹出“转到视图”对话框，在弹出的“转到视图”对话框中选择“立面：左”，单击“打开视图”按钮，退出“转到视图”对话框，系统自动切换到“左”立面视图，单击“绘制”面板“直线”按钮，绘制放样轮廓，如图 8-126 所示，再次单击“模式”面板“完成编辑模式”按钮“√”，完成塔身和塔尖的创建。切换到三维视图，查看创建的塔身和塔尖三维模型效果，如图 8-127 所示。

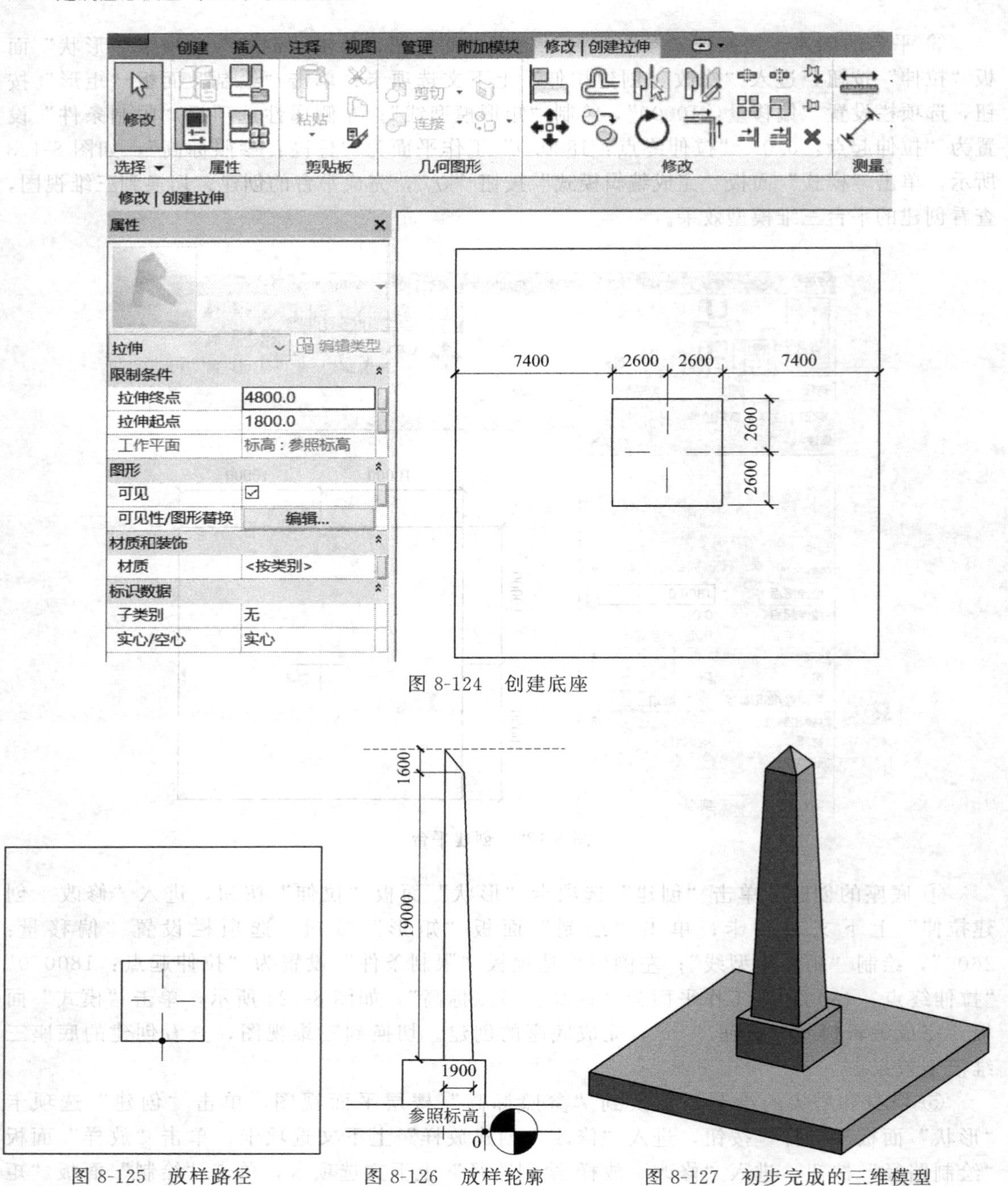

图 8-124　创建底座

图 8-125　放样路径　　图 8-126　放样轮廓　　图 8-127　初步完成的三维模型

⑥ 台阶的创建。切换到“前”立面视图，单击“创建”选项卡“形状”面板“拉伸”按钮，进入“修改｜创建拉伸”上下文选项卡，单击“绘制”面板“直线”按钮，绘制台阶模型线，如图 8-128 所示，单击“模式”面板“完成编辑模式”按钮“√”，完成拉伸台阶的创建。切换至“参照标高”楼层平面视图，选择刚刚创建的台阶，通过拖动造型控制柄调整至台阶边界正确位置；选择刚刚调整好正确位置的台阶，通过旋转阵列工具，完成其余三个位置台阶的绘制，设置视图范围，如图 8-129 所示。

⑦ 保存族文件。创建的三维模型，如图 8-130 所示。

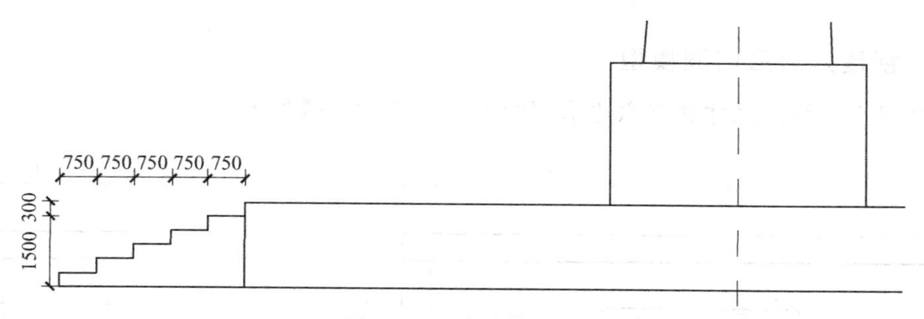

图 8-128　台阶模型线

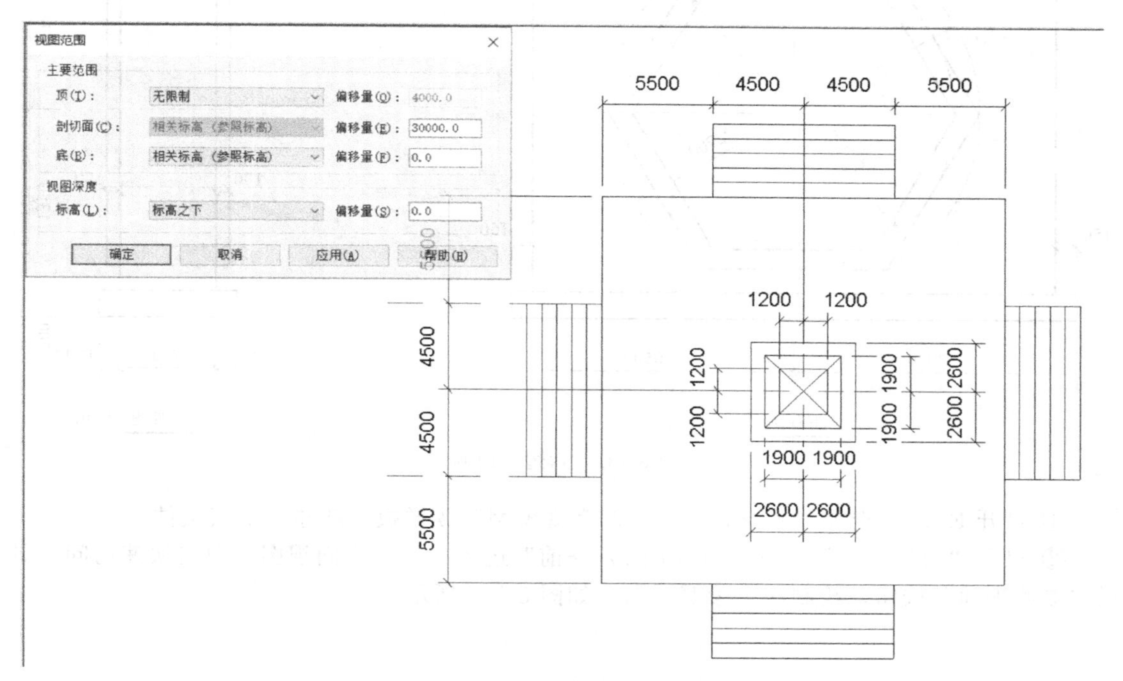

图 8-129　视图范围设置

图 8-130　三维模型

8.11.11　创建六边形门洞模型

根据图 8-131 给定尺寸建立六边形门洞模型。详细步骤如下。

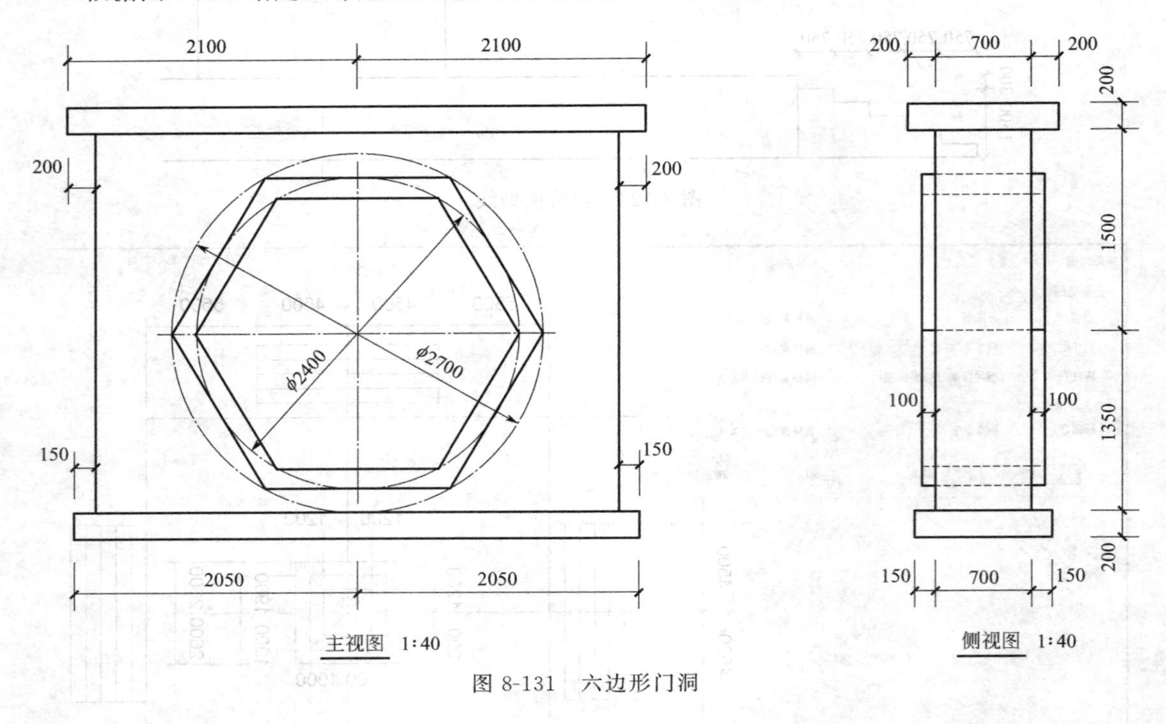

图 8-131　六边形门洞

① 打开 Revit，选择“族→新建→公制常规模型”族样板，新建一个族文件。

② 双击“项目浏览器→立面（立面 1）→前”进入“前”立面视图；单击快速访问工具栏“参照平面”按钮，绘制四个参照平面，如图 8-132 所示。

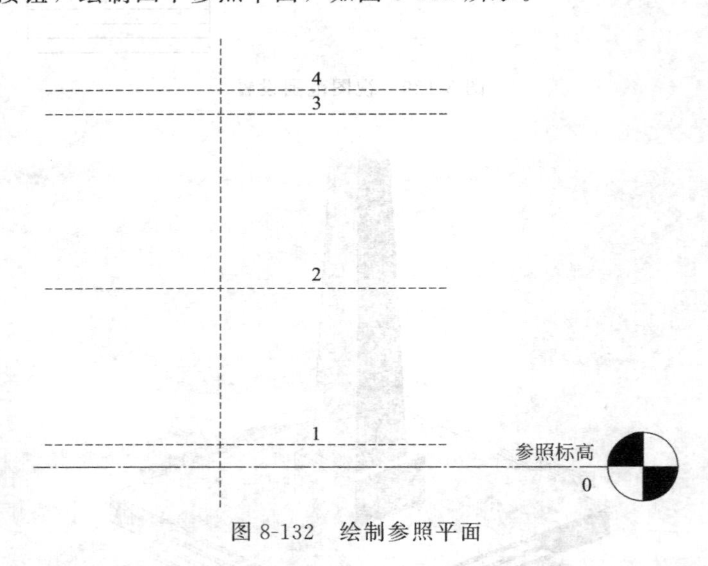

图 8-132　绘制参照平面

③ 切换到“参照标高”楼层平面视图，单击“创建”选项卡“形状”面板“拉伸”按钮，进入“修改 | 创建拉伸”上下文选项卡，单击“绘制”面板“矩形”按钮，绘制 4100×1000 的矩形，如图 8-133 所示；确认左侧属性选项板“限制条件”的“拉伸起点：0.0”“拉

伸终点 200.0”工作平面为“标高：参照标高”；单击“模式”面板“完成编辑模式”按钮“√”，完成形体的创建。

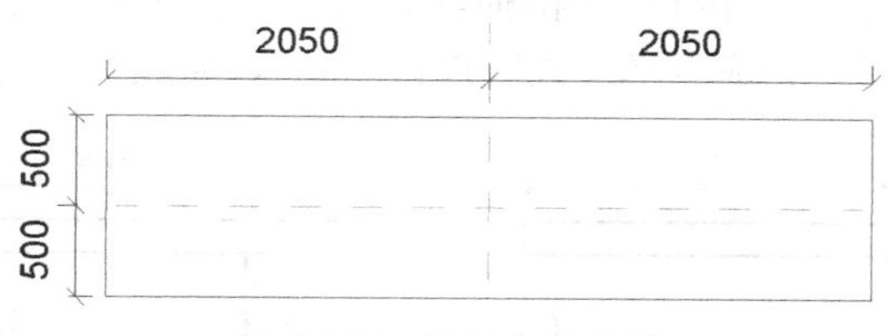

图 8-133 绘制拉伸轮廓

④ 单击快速访问工具栏“设置”按钮，弹出“工作平面”对话框，指定新的工作平面为“参照平面 3”，单击“确定”按钮，退出“工作平面”对话框，弹出“转到视图”对话框，选择“楼层平面：参照标高”，单击“打开视图”按钮，系统自动切换至“参照标高”楼层平面视图；单击“创建”选项卡“形状”面板“拉伸”按钮，进入“修改 | 创建拉伸”上下文选项卡，单击“绘制”面板“矩形”按钮，绘制 4200×1100 的矩形；确认左侧属性选项板“限制条件”的“拉伸起点：0.0”“拉伸终点：200.0”工作平面为“标高：参照标高”；单击“模式”面板“完成编辑模式”按钮“√”，完成形体的创建，如图 8-134 所示。

⑤ 切换到“前”立面视图，单击“创建”选项卡“形状”面板“拉伸”按钮，进入“修改 | 创建拉伸”上下文选项卡，单击“绘制”面板“矩形”按钮，绘制 3800×2850 的矩形，如图 8-135 所示；确认左侧属性选项板“限制条件”的“拉伸起点：－350”“拉伸终点：350”，工作平面为“标高：中心（前/后）”；单击“模式”面板“完成编辑模式”按钮“√”，完成形体的创建。

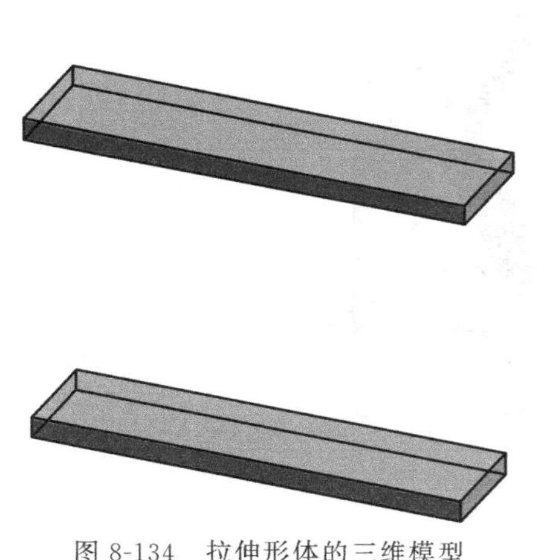

图 8-134 拉伸形体的三维模型

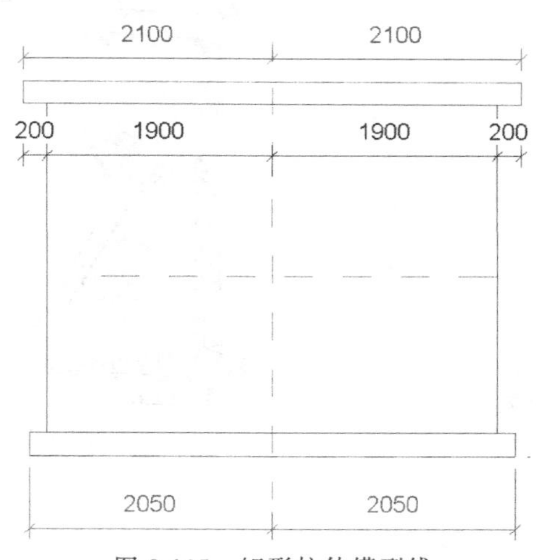

图 8-135 矩形拉伸模型线

⑥ 切换到三维视图；单击“几何图形”面板“连接”下拉列表“连接几何图形”按钮，将三个单独创建的形体连接成为一个整体。

⑦ 切换到“前”立面视图，单击中间部分形体，进入“修改 | 拉伸”上下文选项卡，单击“模式”面板“编辑拉伸”按钮，进入“修改 | 拉伸 编辑拉伸”上下文选项卡，单击“绘制”面板“内接多边形”按钮，以“交点”为圆心，绘制一个半径为 1350 圆的内接六边形，如图 8-136 所示；单击“模式”面板“完成编辑模式”按钮“√”，完成形体创建。

⑧ 切换到“前”立面视图，单击“创建”选项卡“形状”面板“拉伸”按钮，进入

"修改｜拉伸"上下文选项卡，单击"绘制"面板"内接多边形"按钮，以"交点"为圆心，分别绘制两个半径为 1350、1200 圆的内接六边形，如图 8-137 所示；确认左侧属性选项板"限制条件"的"拉伸起点：－450""拉伸终点：450"，工作平面为"标高：中心（前/后）"；单击"模式"面板"完成编辑模式"按钮"√"，完成形体的创建。

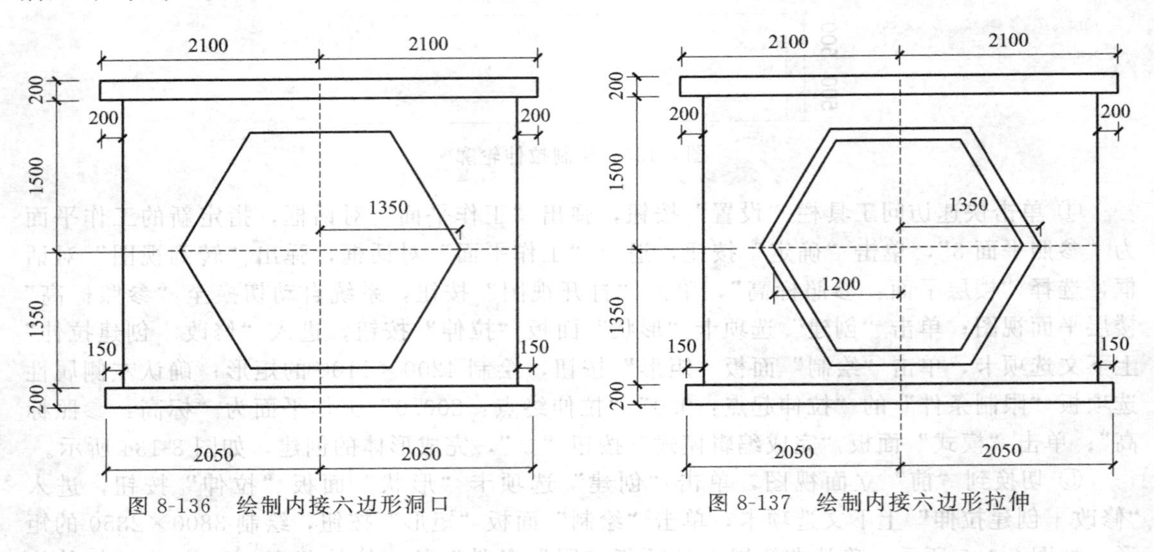

图 8-136　绘制内接六边形洞口　　图 8-137　绘制内接六边形拉伸

⑨ 切换到三维视图，查看模型效果，如图 8-138 所示。

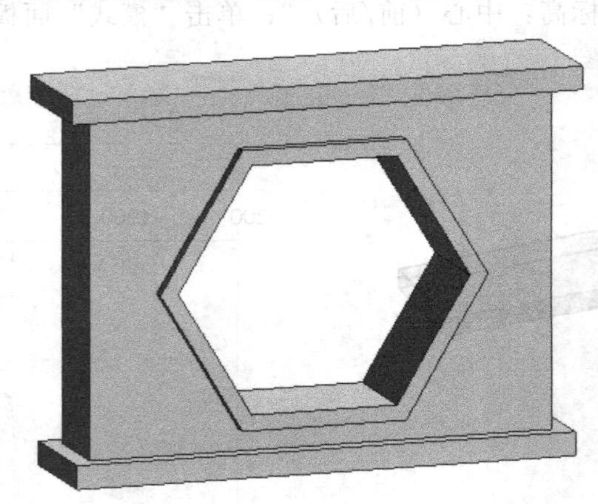
图 8-138　三维模型

第9章　体量

本章主要讲解在 Revit 软件中创建概念体量的实际应用操作，包括新建体量、内置体量、放置体量以及基于体量的幕墙系统、屋顶、墙体、楼板等。

在 Revit 软件中，可通过概念体量族功能实现类似 SketchUp 的功能，直接操纵设计中的点、边和面，创建形状以研究包含拉伸、扫描和放样的建筑概念。同时可以这些族为基础，通过应用墙、屋顶、楼板和幕墙系统来创建更详细的建筑结构，并且通过创建楼层面积的明细表，进行初步的空间分析。

9.1　创建体量

Revit 软件在“新建”命令中提供了“概念体量”工具，“概念体量”工具实际应用广泛、高效，但是应用难度也比较大，其中“参数化”部分更体现出“概念体量”工具具有强大的实际应用价值。创建概念体量，也就是进入概念体量环境有两种方法：一是内建体量，二是可载入概念题量族法。

创建概念体量的过程中会涉及很多专业词汇，为了方便读者理解各个词汇所代表的意思及用途，下面将概念体量的相关词汇做详细介绍。

① 体量：使用体量实例观察、研究和解析建筑形式的过程。

② 体量族：形状的族，属于体量类别。内建体量随项目一起保存，它不是单独的文件。

③ 体量实例或体量：载入的体量族的实例或内建体量。

④ 概念设计环境：实质是一个体量族编辑器，可以使用内建和可载入族体量图元来创建概念设计，用于创建要加载到 Revit 项目环境中的概念体量和自适应几何图形。主要用于建筑概念及方案设计阶段，设计过程的早期为建筑师、结构工程师和室内设计师提供能够表达想法并创建可集成到建筑信息建模（BIM）中的参数化族体量。通过这种环境，可以直接操纵设计中的点、边和面，形成可构建的形状或参数化构件，也可以在概念设计环境中设计嵌套在其他模型内的智能子构件。

⑤ 体量形状：每个体量族和内建体量的整体形状。

⑥ 体量研究：在一个或多个体量实例中对一个或多个建筑形式进行的研究。

⑦ 体量面：体量实例上的表面，可用于创建建筑图元（如墙或屋顶）。

⑧ 体量楼层：在已定义的标高处穿过体量的水平切面。体量楼层提供了有关切面上方体量直至下一个切面或体量顶部之间尺寸标注的几何图形信息。

⑨ 建筑图元：可以从体量面创建的墙、屋顶、楼板和幕墙系统。

⑩ 分区外围：建筑必须包含在其中的法定定义的体积，分区外围可以作为体量进行建模。

9.1.1 利用可载入概念体量族法创建概念体量

如图 9-1 所示，利用可载入概念体量族法创建概念体量时，可单击族下的“新建概念体量”，也可以在“文件”选项卡下，选择“新建”命令，单击“概念体量”，即可弹出“新概念体量-选择样板文件”对话框，对话框会显示默认位置子文件夹中所安装的“公制体

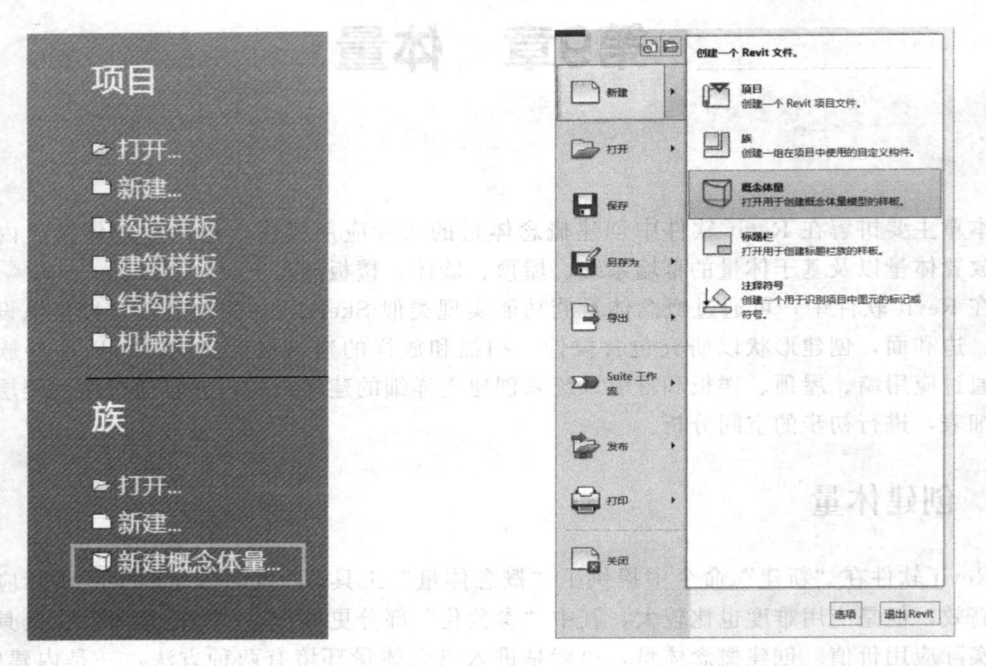

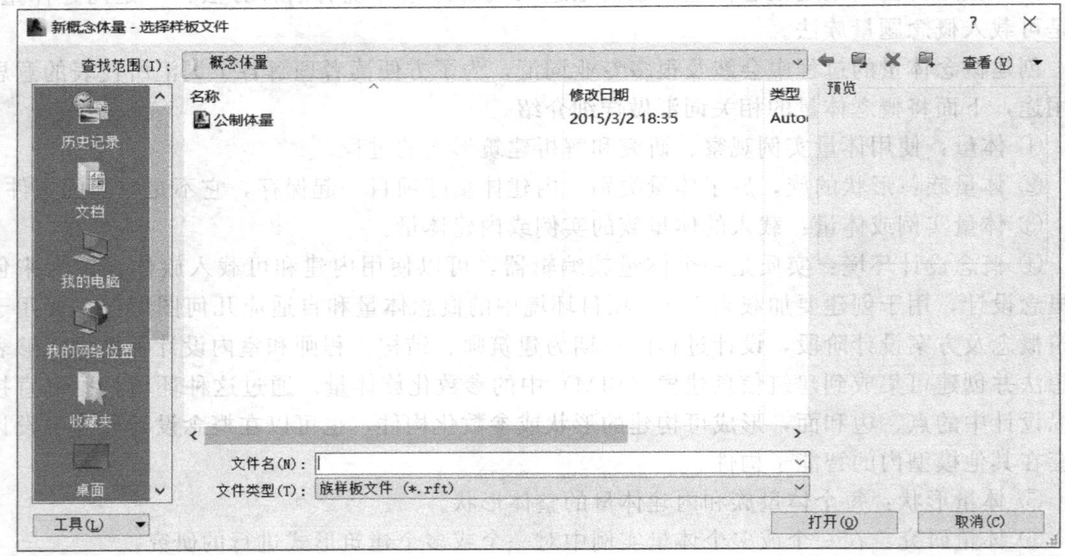

图 9-1　概念体量族样板的选择

量.rft”族样板，选择族样板文件后，预览图像会显示在对话框的右上角，然后单击“打开”，即进入了概念体量环境。

概念体量的操作界面（可载入概念体量族法）与“建筑样板”和“族”的操作界面有很多共同之处，如图 9-2 所示。这里要强调的是在体量中的“绘图区”有三个工作平面，分别是“中心（左/右）”“中心（前/后）”和“标高一”。当我们要在绘图区操作时，需要选择和创建合适的工作平面来创建体量模型。

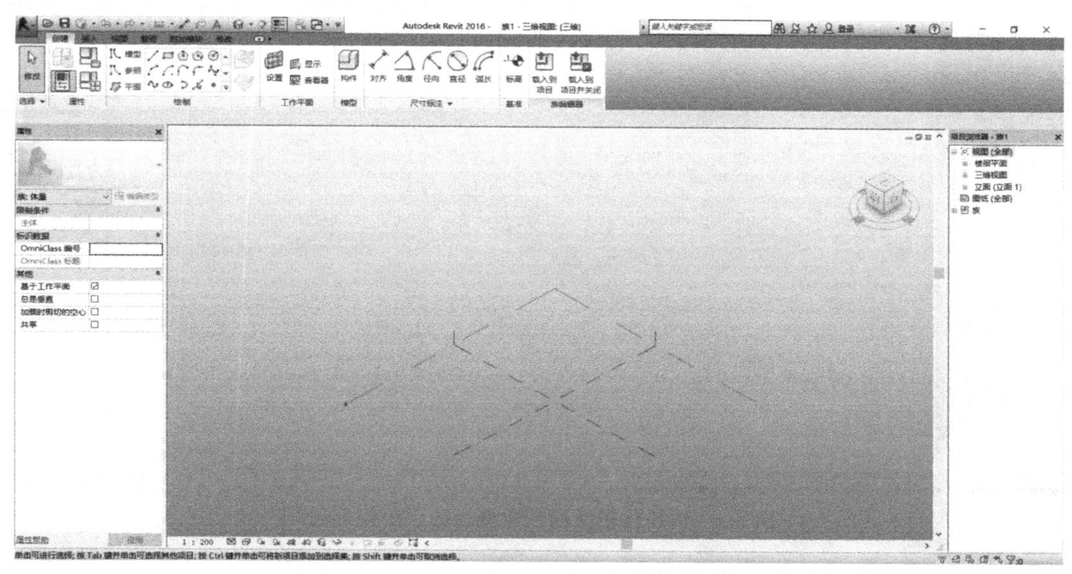

图 9-2　可载入概念体量族法的概念体量操作界面

9.1.2　利用内建体量法创建概念体量

利用内建体量法创建概念体量时，在项目环境下，单击“体量和场地”选项卡，在“概念体量”面板中使用“内建体量”命令，在弹出的“名称”对话框中输入需要的名称，点击“确定”按钮进入概念体量操作界面（内建体量法），如图 9-3 所示。

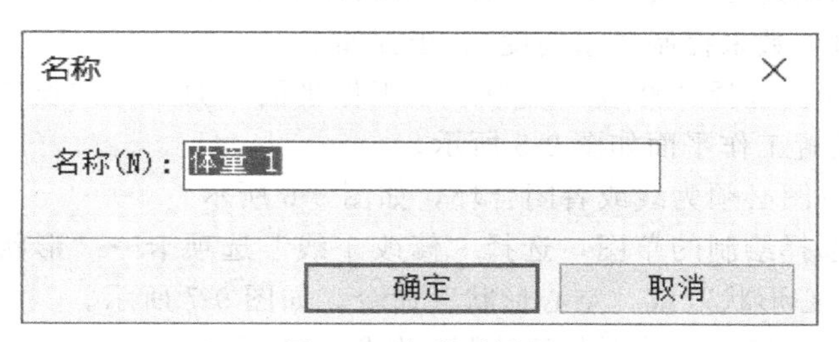

图 9-3　名称对话框

利用内建体量法创建概念体量时的操作界面如图 9-4 所示，与利用可载入族法创建概念体量时的操作界面在功能区、项目浏览器、属性对话框及绘图区都有所不同，最主要的区别是绘图区是否有三维参照平面、三维标高等内容。

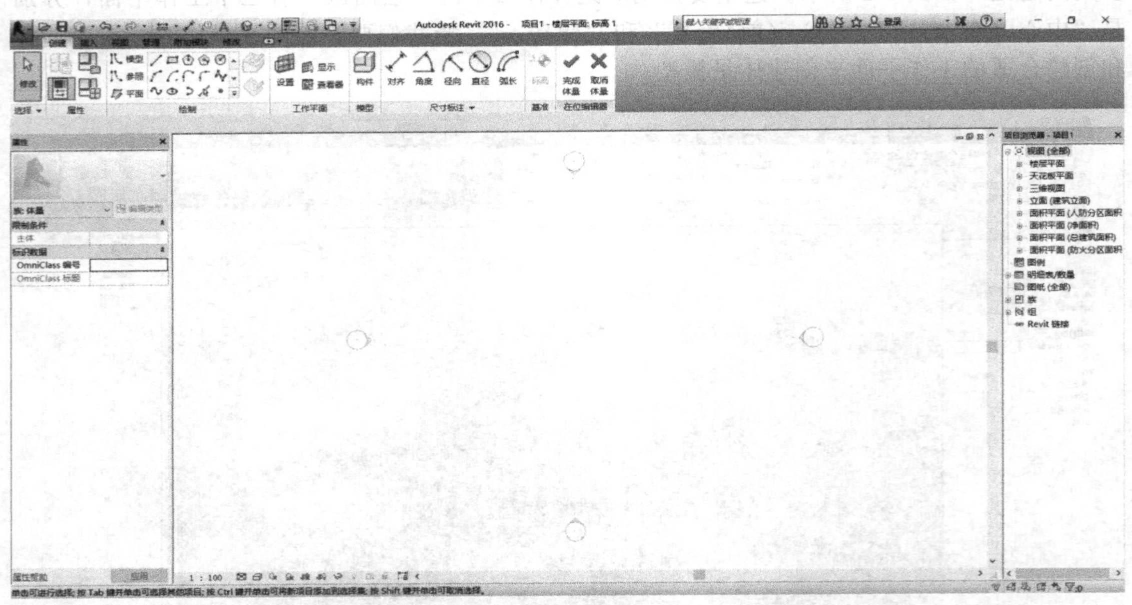

图 9-4　内建体量法的创建概念体量操作界面

两种创建概念体量的方法主要区别在于：

① 一个是项目之内（内建体量法）不必单独保存，而另一个是项目之外（可载入概念体量族法）。

② 可载入概念体量族法创建的概念体量环境中可以显示三维参照平面、三维标高等用于定位和绘制的工作平面，可以快速在工作平面之间切换，提高设计效率。

两种创建概念体量的方法存在不同，但是创建的方式是一致的。

9.2　三维形状的创建

下面介绍几种概念体量的创建方法，包括拉伸、融合、旋转、放样、放样融合。

9.2.1　拉伸形状

拉伸二维轮廓来创建三维实心形状（体量形状模型不能通过设置拉伸起点和终点来调整拉伸高度，可以通过参数来控制体量高度）。步骤如下：

① 设置工作平面。选择“修改”菜单→“工作平面”面板→“设置”命令。拾取相关面作为工作平面。设置工作平面如图 9-5 所示。

② 绘制草图，草图必须为线或者闭合环，如图 9-6 所示。

③ 创建形状。选择绘制的草图，选择“修改｜线”选项卡→“形状”面板→“创建形状”命令，点击“实心形状”或“空心形状”命令，如图 9-7 所示。

④ 设置拉伸高度，完成拉伸形状的绘制，如图 9-8 所示。

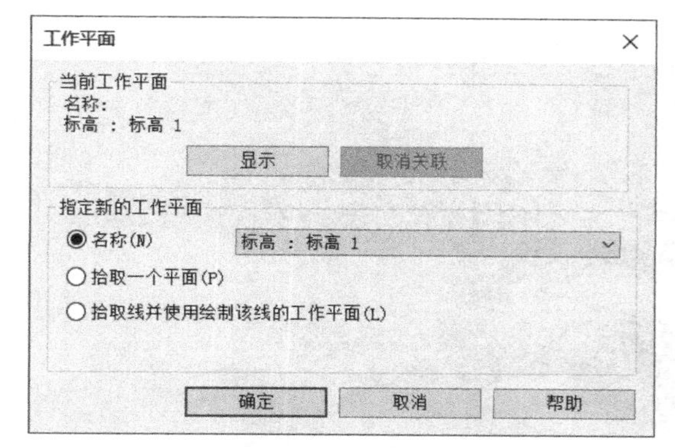

图 9-5　设置工作平面

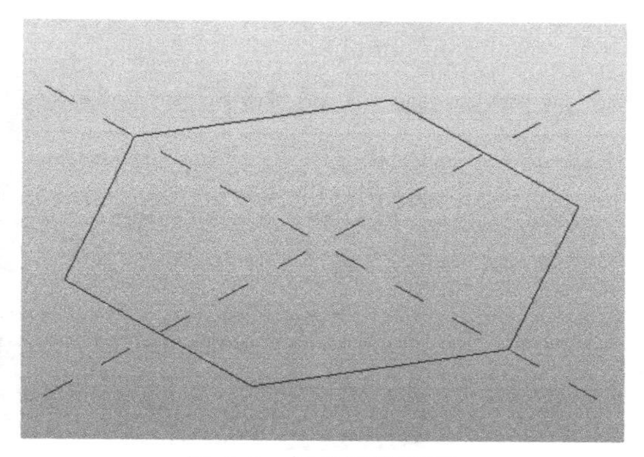

图 9-6　拉伸形状草图

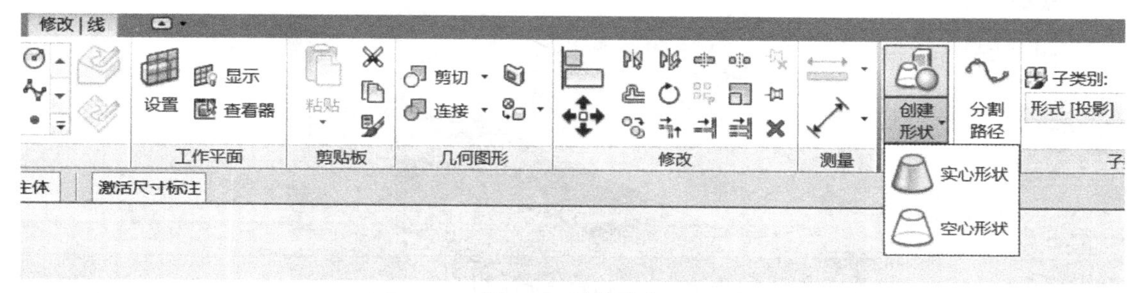

图 9-7　创建形状

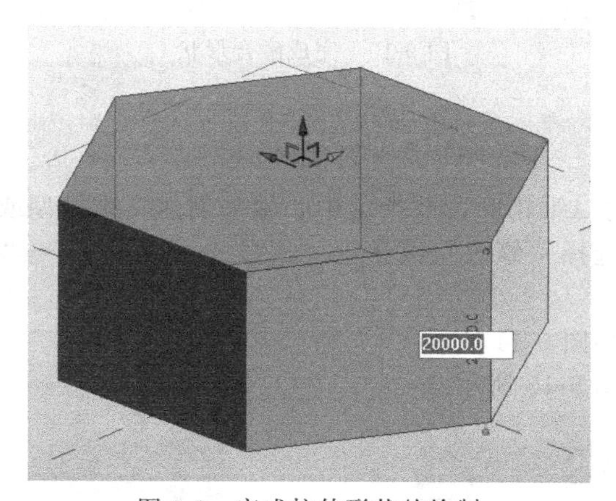

图 9-8　完成拉伸形状的绘制

9.2.2　融合形状

与族“融合”不同，相当于构件族的“融合”功能更强大，可以在多个平行或不平行界面之间融合为复杂体量模型。

① 绘制截面。选择“创建”选项卡“基准”面板中的“标高”命令，分别设置截面1、截面2和截面3的工作平面，并绘制相应截面，如图9-9所示。

② 创建融合形状。按Ctrl键加选所绘制的草图，选择“修改｜线”选项卡→“形状”面板→“创建形状”命令，完成融合形状的创建，如图9-10所示。

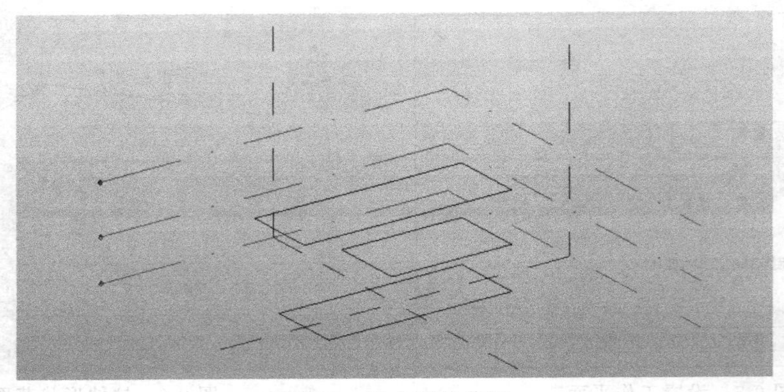

图 9-9　融合形状草图

图 9-10　完成融合形状

9.2.3　旋转形状

绘制封闭或不封闭的二维轮廓，并指定中心轴来创建三维模型或表面模型。步骤如下：

① 设置工作平面。选择“修改”菜单→“工作平面”面板→“设置”命令，拾取相关面作为工作平面。

② 绘制旋转截面，如图 9-11 所示。

③ 绘制旋转轴，如图 9-12 所示。

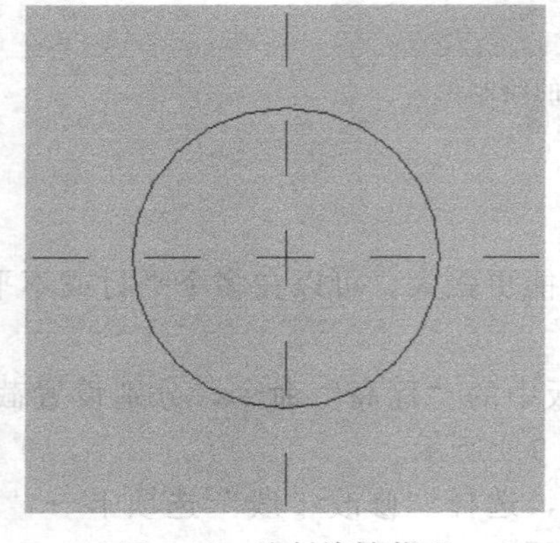

图 9-11　绘制旋转截面

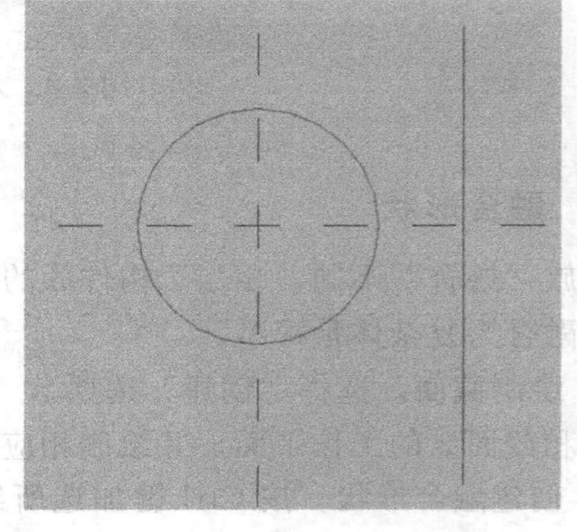

图 9-12　绘制旋转轴

④ 创建形状。按 Ctrl 键加选截面和旋转轴，选择“修改｜线”选项卡→“形状”面板→“创建形状”命令。单击“实心形式”，系统将创建角度为 360°的旋转形状，如图 9-13 所示。

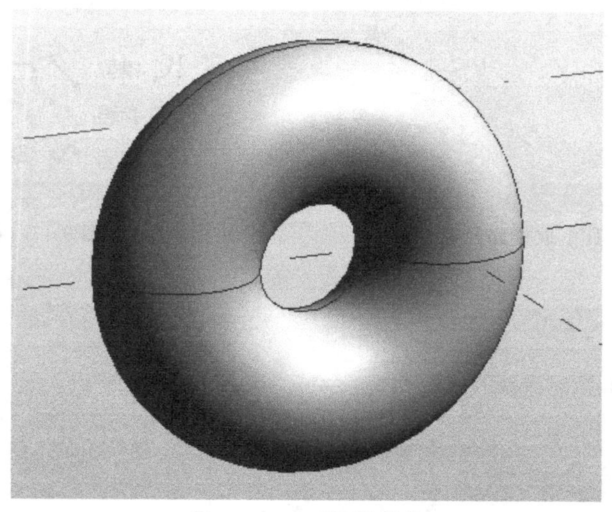

图 9-13　360°旋转形状

⑤ 设置旋转属性。选择旋转形式，在“属性”对话框中调整旋转角度，如图 9-14 所示。将角度调整为 180°～360°，如图 9-15 所示。

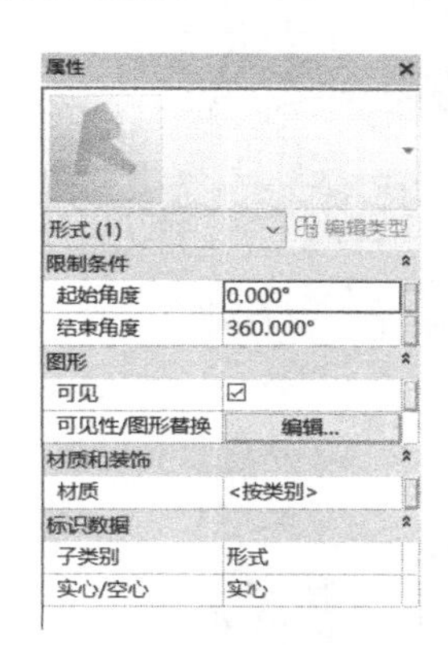

图 9-14　旋转形状实例参数

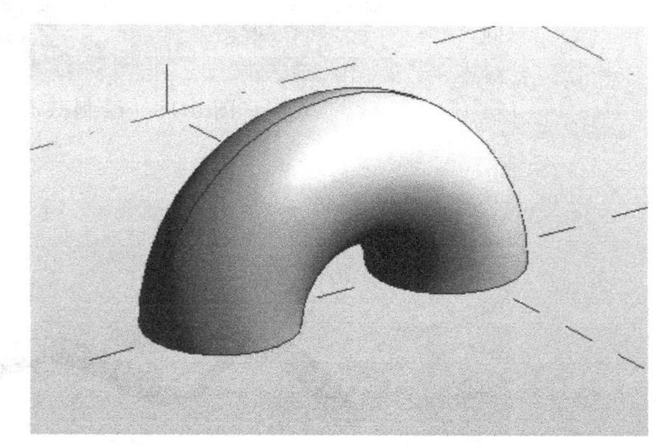

图 9-15　180°～360°旋转形状

9.2.4　放样形状

绘制路径，并创建二维截面轮廓生成模型。步骤如下：

① 设置工作平面。选择“修改”菜单→“工作平面”面板→“设置”命令，拾取相关面作为工作平面。

② 绘制放样路径，如图 9-16 所示。

③ 设置放样截面工作平面。在放样路径上放置“点图元”，如图 9-17 所示。

④ 绘制截面。双击放置在放样路径上的点图元，切换工作平面绘制截面，如图 9-18 所示。

⑤ 创建放样形状。加选所绘制的草图和路径，选择“修改｜线”选项卡→“形状”面板→“创建形状”命令，完成放样形状的创建，如图 9-19 所示。

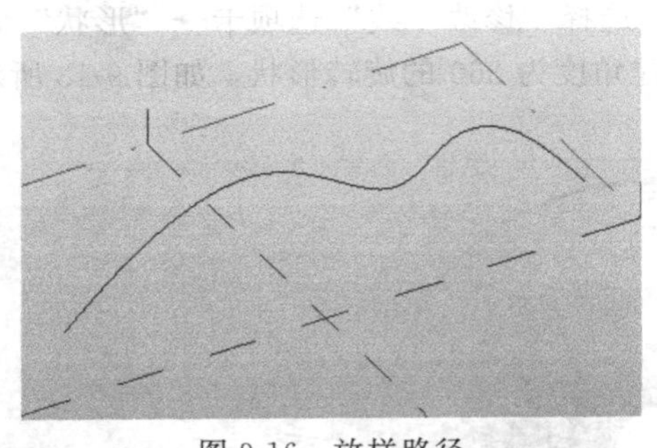

图 9-16　放样路径

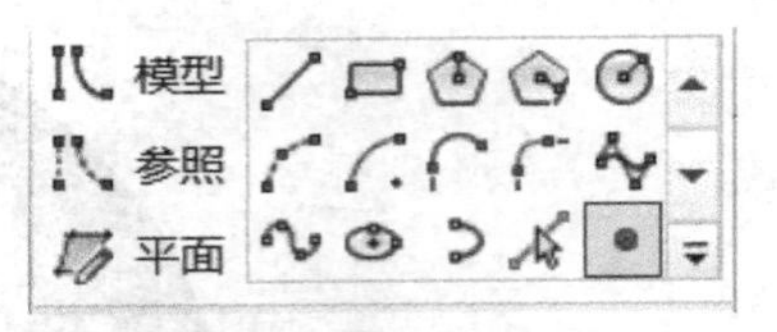

图 9-17　点图元

图 9-18　绘制截面

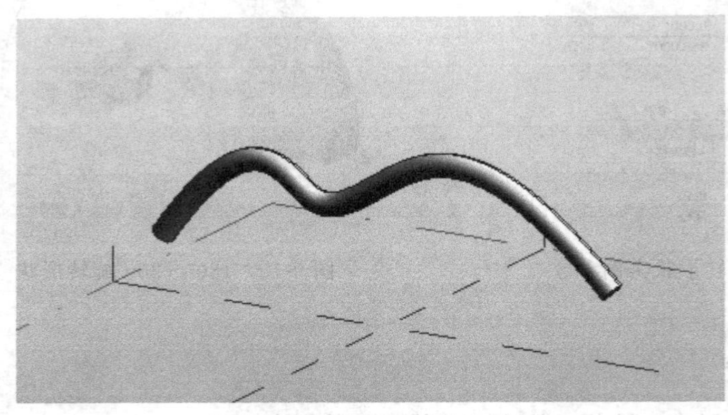

图 9-19　完成放样形状的创建

9.2.5　放样融合形状

创建放样融合形状与创建放样形状步骤大致相同。创建两个或多个不同的二维轮廓，然后沿路径对其进行放样生成模型。步骤如下：

① 设置工作平面。选择“修改”菜单→“工作平面”面板→“设置”命令，拾取相关面作为工作平面。

② 绘制放样融合路径，如图 9-20 所示。

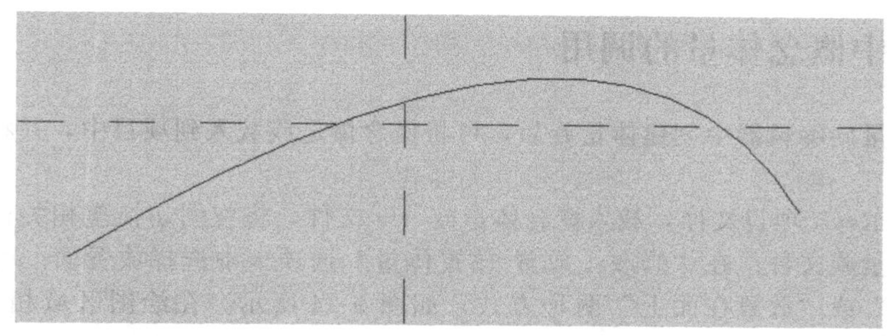

图 9-20　放样融合路径

③ 设置放样融合截面工作平面。在放样路径上放置两个“点图元”，如图 9-21 所示。

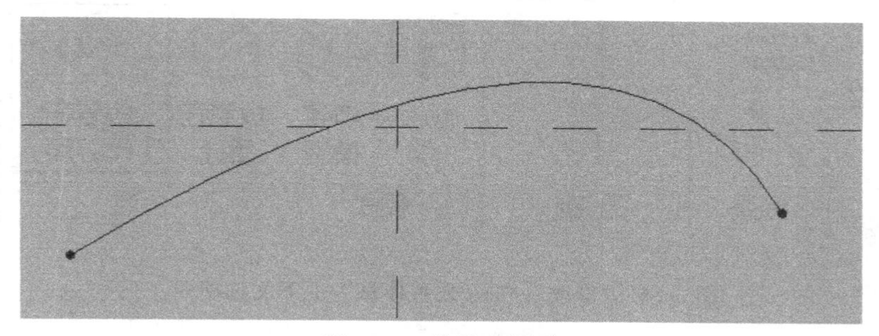

图 9-21　放置点图元

④ 分别绘制截面，如图 9-22 所示。

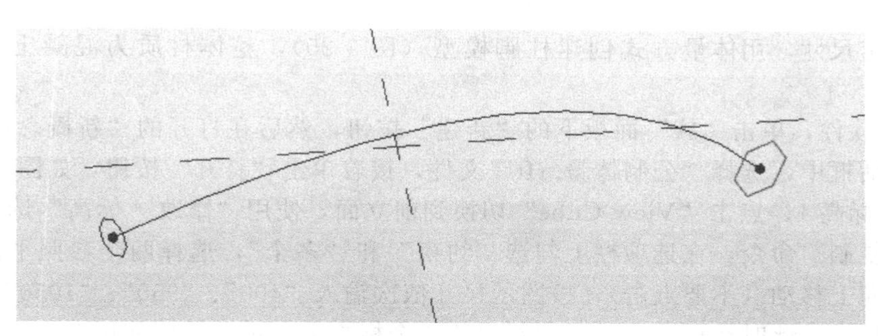

图 9-22　绘制截面

⑤ 创建放样融合形状。加选所绘制的草图和路径，选择“修改｜线”选项卡→“形状”面板→“创建形状”命令，完成放样融合形状的创建，如图 9-23 所示。

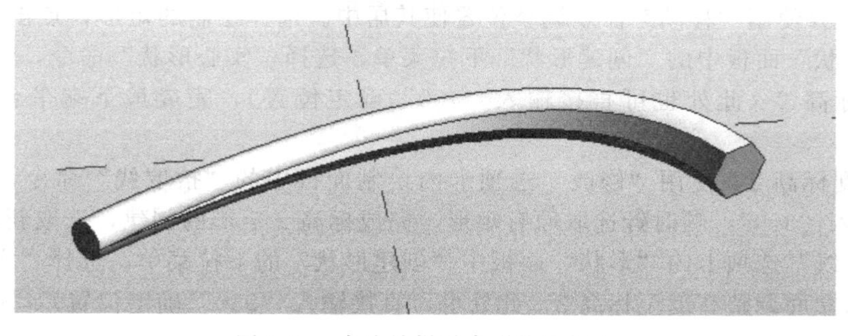

图 9-23　完成放样融合形状的创建

9.3 项目中概念体量的调用

在概念体量族编辑器中创建体量族后，可将概念体量族载入到项目中，并将表面转化为建筑构件。

新建一个 Revit 项目文件，载入概念体量族. rfa 文件，将视图切换至相关楼层平面。选择载入概念体量族文件。在“修改｜放置 放置体量”选项卡中选择放置面。可选择“放置在工作平面上”或“放置在面上”两种方式，如图 9-24 所示。在绘图区域相应位置单击，完成体量的放置。

图 9-24 “修改｜放置 放置体量”上下文选项卡

9.4 体量的应用

根据给定尺寸，用体量方式创建柱脚模型（图 9-25），整体材质为混凝土。详细步骤如下：

① 打开软件，单击“族”面板下的“新建”按钮，然后在打开的“新概念体量-选择样板文件”对话框中，选择“公制体量. rft”文件，接着单击“打开”按钮，如图 9-26 所示。

② 选中标高 1，点击“View Cube”切换到前立面，使用“修改｜标高”选项卡内修改面板上的“复制”命令，在选项栏上勾选“约束”和“多个”，选择两个参照平面交点为起点后将鼠标向上移动（不要点击），按图示尺寸依次输入“400”、“950”、“1050”和“500”，新创建 4 个标高，此时在项目浏览器中新建的 4 个标高未显示，需要使用在“视图”选项卡下创建面板的“楼层平面”命令，按 Shift 键全选所有标高，点击确定创建标高，如图 9-27 所示。

③ 切换到标高 1，使用“创建”选项卡内绘制面板中的“矩形”命令，创建 5300×4800 的矩形，并使用“移动”命令调整位置使其居中。选择绘制的矩形，点击“修改｜线”选项卡内“形状”面板中的“创建形状”下拉菜单，选择“实心形状”命令，切换至南立面调整高度至标高 2（此处也可直接输入“400”确定位置），完成最下端平台的创建，如图 9-28 所示。

④ 切换到标高 2，使用“修改”选项卡内绘制面板中的“拾取线”命令，在选项栏的“偏移量”输入“300”，顺时针选取原有矩形，完成标高 2 矩形的创建，选取新创建的矩形，点击“修改｜线”选项卡内“形状”面板中“创建形状”的下拉菜单，选择“实心形状”命令，切换至南立面调整高度至标高 3（此处也可直接输入“950”确定位置），完成第二层平台的创建，如图 9-29 所示。

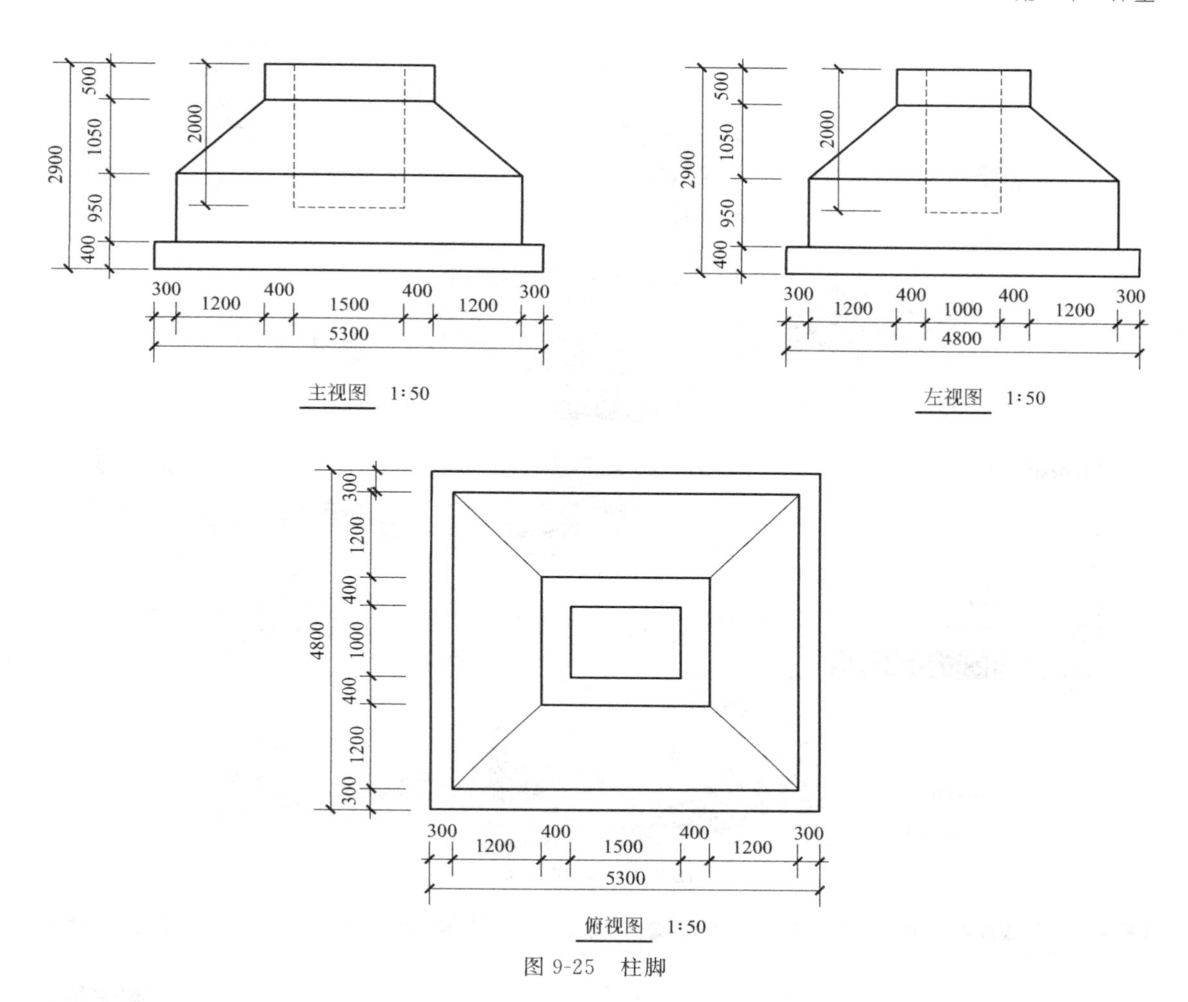

图 9-25　柱脚

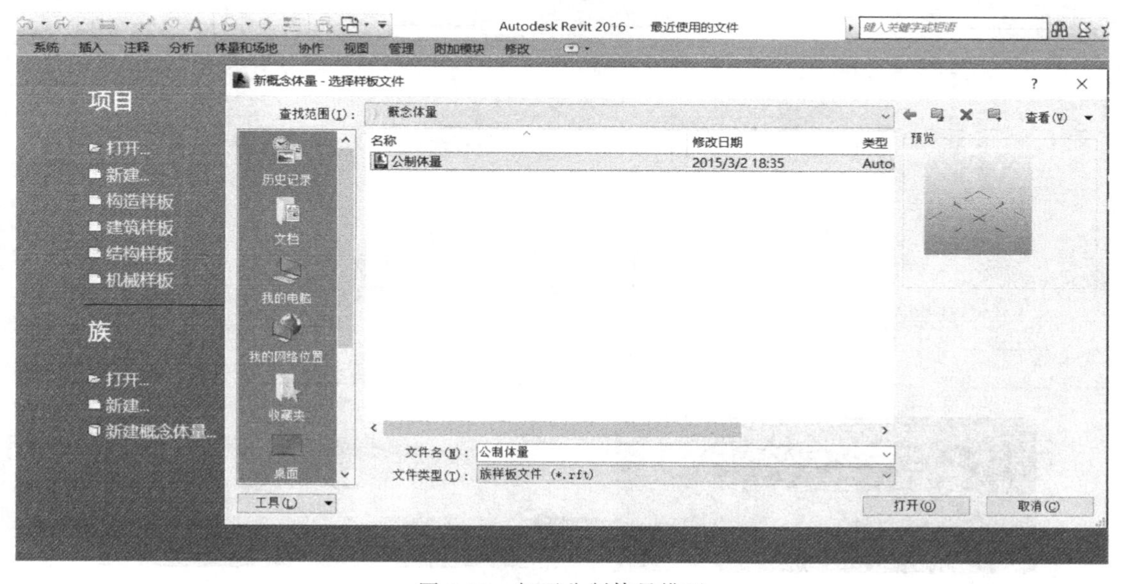

图 9-26　打开公制体量模型

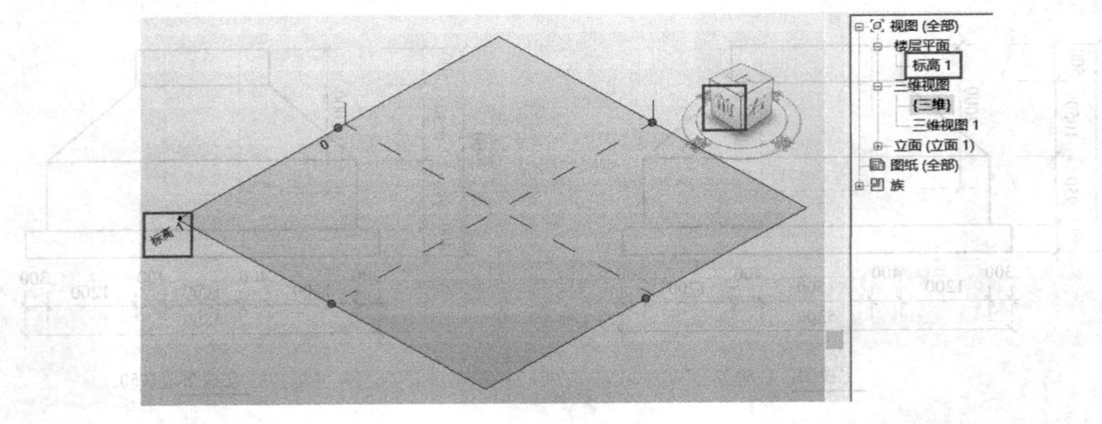

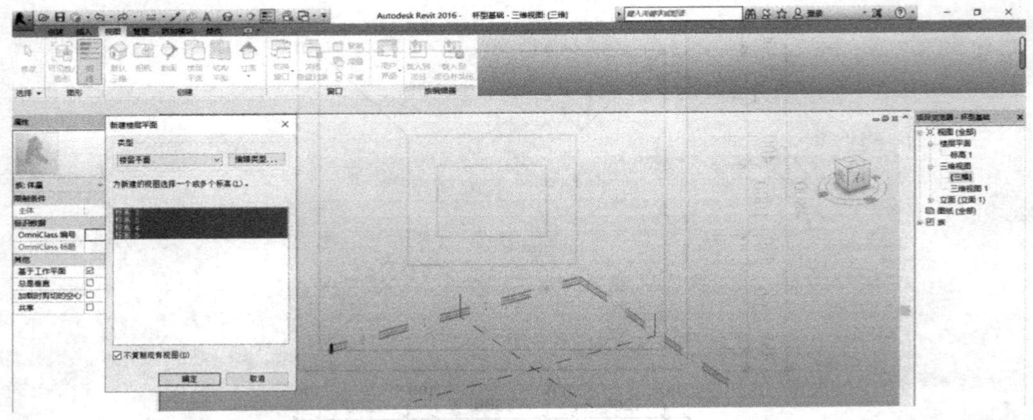

图 9-27　创建标高

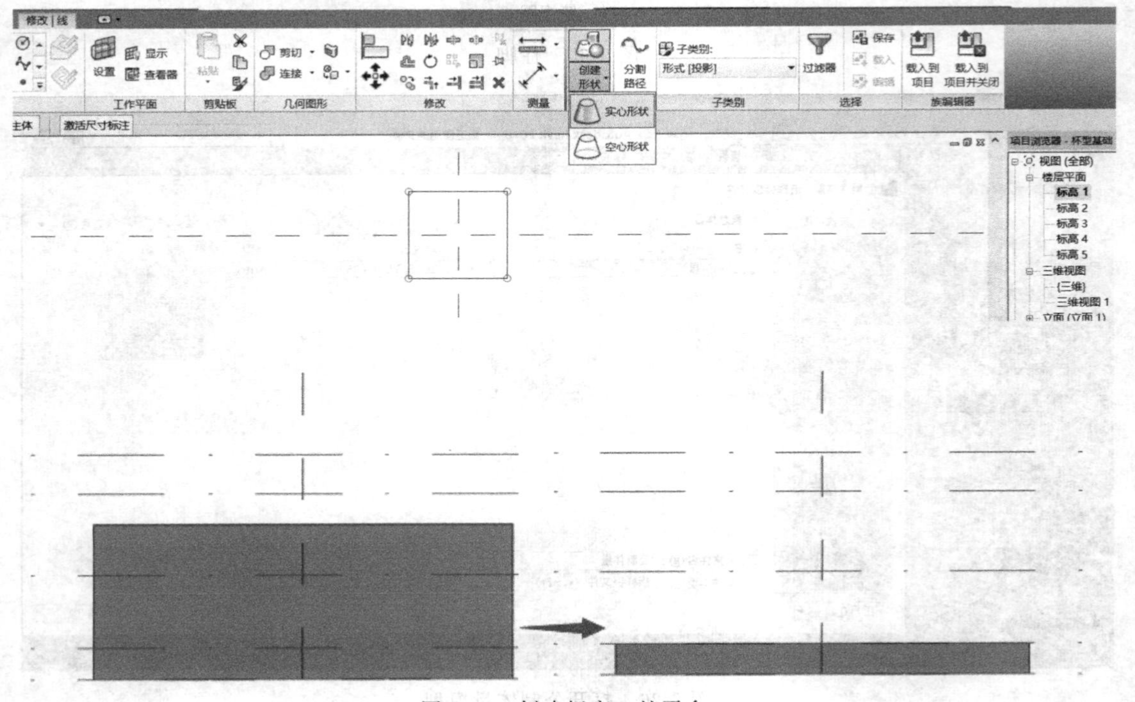

图 9-28　创建标高 1 处平台

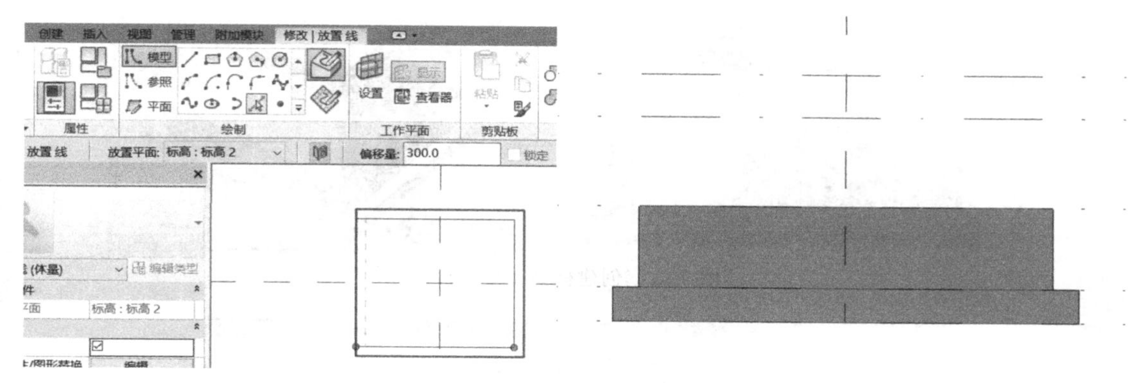

图 9-29　创建标高 2 处平台

⑤ 切换到标高 3，使用“修改”选项卡内绘制面板中的“拾取线”命令，选项栏的“偏移”输入“0”，顺时针选取原有矩形，完成标高 3 矩形的创建；切换至标高 4，使用“修改”选项卡内“绘制”面板中的“拾取线”命令，选项栏的“偏移量”输入“1200”，顺时针选取原有矩形，完成标高 4 矩形的创建。切换至三维视图，选取标高 3 和标高 4 处新创建的矩形，点击“修改线”选项卡内“形状”面板中“创建形状”的下拉菜单，选择“实心形状”命令，完成第三层平台的创建，如图 9-30 所示。

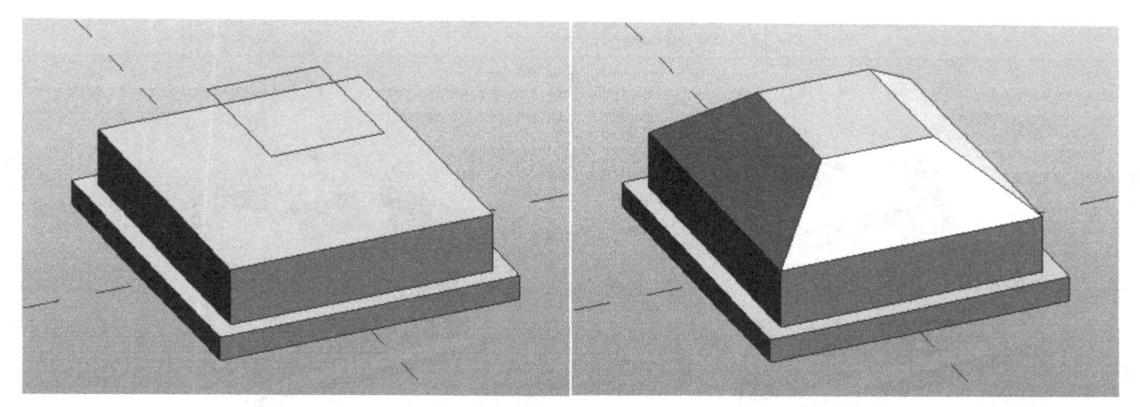

图 9-30　创建标高 3 处平台

⑥ 切换到标高 4，使用“修改”选项卡内绘制面板中的“拾取线”命令，选项栏的“偏移”输入“0”，顺时针选取原有矩形，完成标高 4 矩形的创建。选取标高 4 处新创建的矩形，点击“修改 | 线”选项卡内“形状”面板中“创建形状”的下拉菜单，选择“实心形状”命令，完成第四层平台的创建，如图 9-31 所示。

⑦ 切换到标高 5，使用“修改”选项卡内“绘制”面板中的“拾取线”命令，在选项栏的“偏移量”输入“400”，顺时针选取原有矩形，完成标高 5 矩形的创建，选取新创建的矩形，点击“修改 | 线”选项卡内“形状”面板中“创建形状”的下拉菜单，选择“空心形状”命令，切换至南立面通过输入 2000 调整高度，完成空心形状的创建，如图 9-32 所示。此处需检查空心形状是否与所有涉及的实心形状进行了剪切，若存在未剪切情况，可以使用“剪切几何图形”命令进行剪切操作。

⑧ 赋予混凝土材质，选取对应的体量，在“属性”对话框的“材质和装饰”下的“材质”中选取“混凝土”材质，点击“确定”赋予材质，如图 9-33 所示。

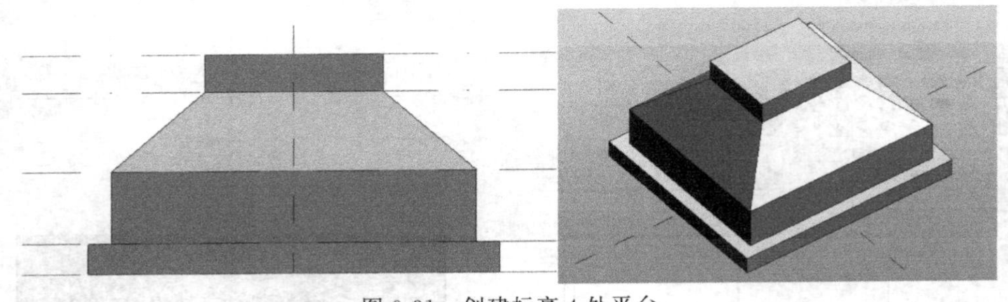

图 9-31　创建标高 4 处平台

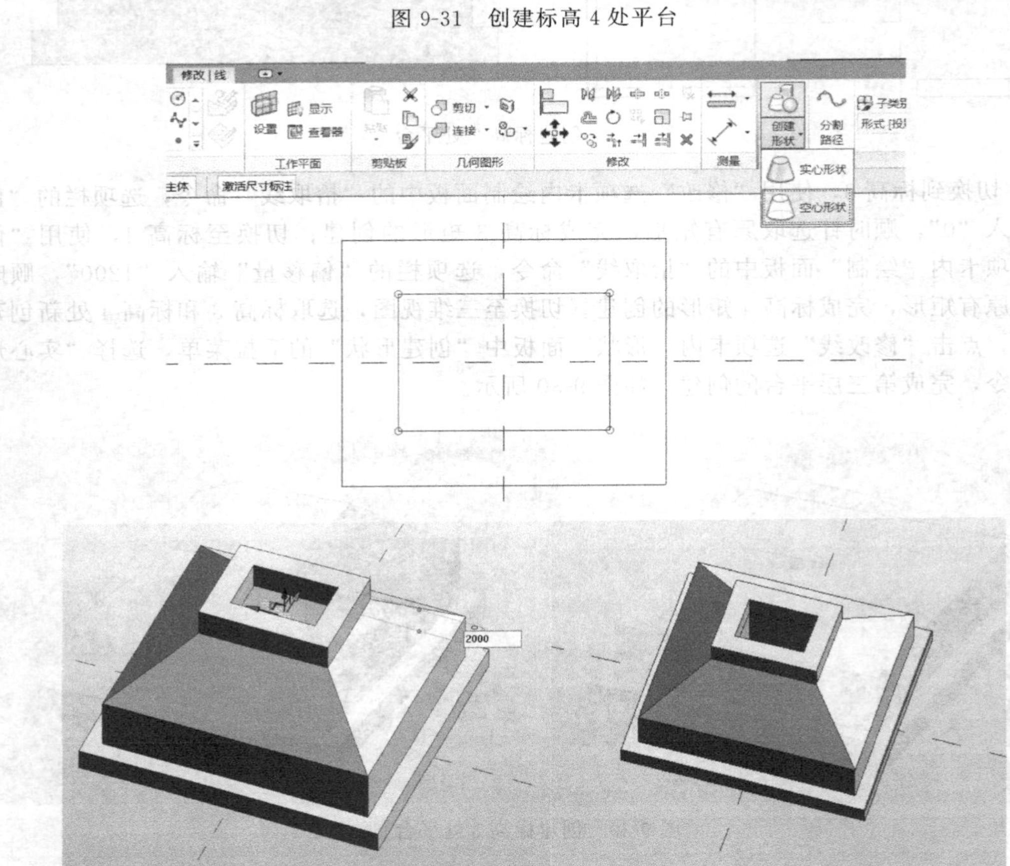

图 9-32　创建空心形状

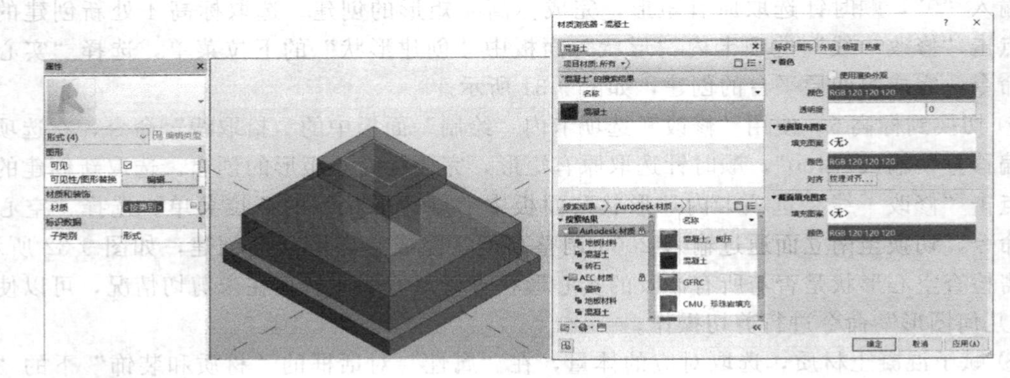

图 9-33　添加材质

9.5 体量模型案例解析

9.5.1 创建形体体量模型一

根据图9-34中给定的投影尺寸，创建形体体量模型一，通过软件自动计算该模型体积。详细步骤如下。

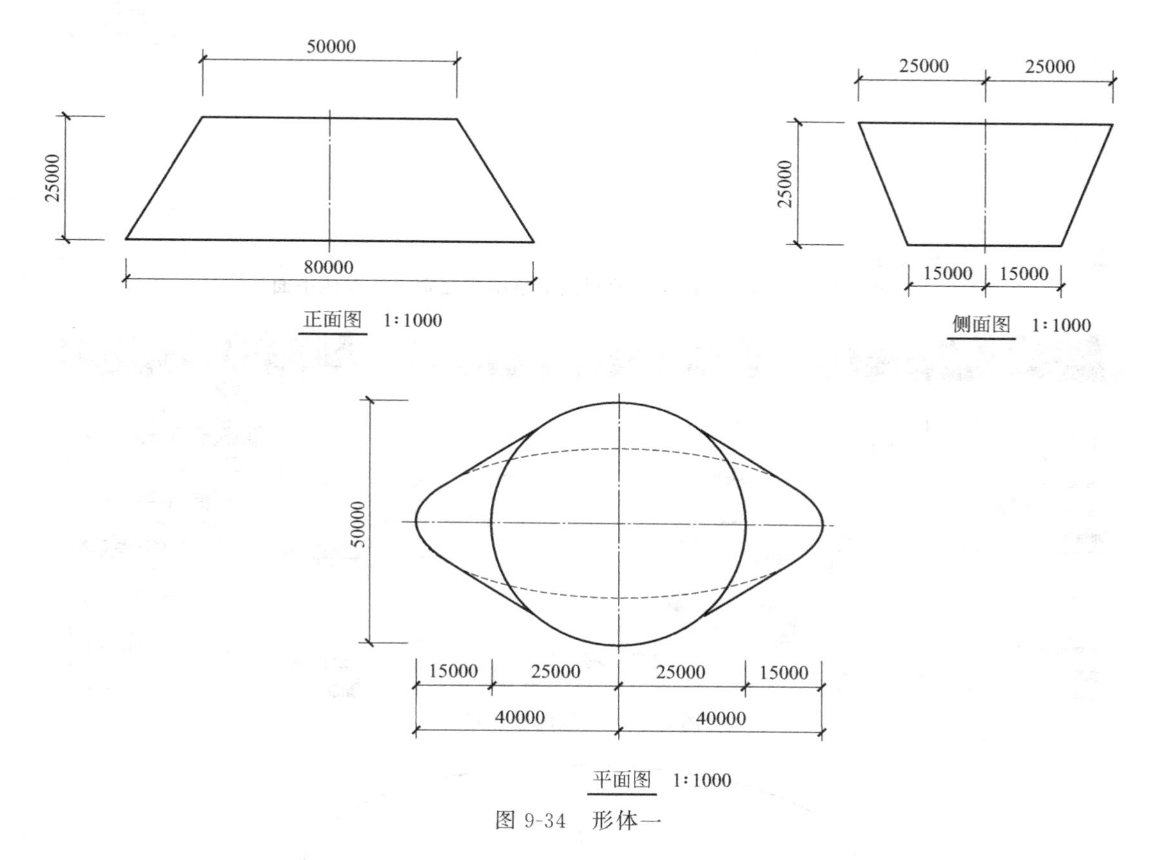

图9-34 形体一

① 打开Revit软件，选择“建筑样板”，新建一个项目；切换到南立面视图，修改2F的标高数值为25.000m；切换到标高1楼层平面视图，绘制两个互相垂直的参照平面，如图9-35所示。

② 单击“体量和场地”选项卡“概念体量”面板“内建体量”按钮，进入体量编辑状态，设置“显示体量形状和楼层”和内建体量的名称，如图9-36所示；在标高1楼层平面视图绘制椭圆，如图9-37所示；切换至标高2楼层平面视图，绘制圆，如图9-38所示。

③ 切换到三维视图，选择刚刚绘制的圆和椭圆，单击“形状”面板“创建形状”下拉列表“实心形状”按钮，创建实心形状，如图9-39所示；单击“修改”上下文选项卡“在位编辑器”面板“完成体量”按钮；选中体量，在左侧属性选项板中可以看到体量总体积为50069.169m^3，如图9-40所示。

④ 切换到三维视图，查看创建的三维模型效果。至此，本题建模结束。

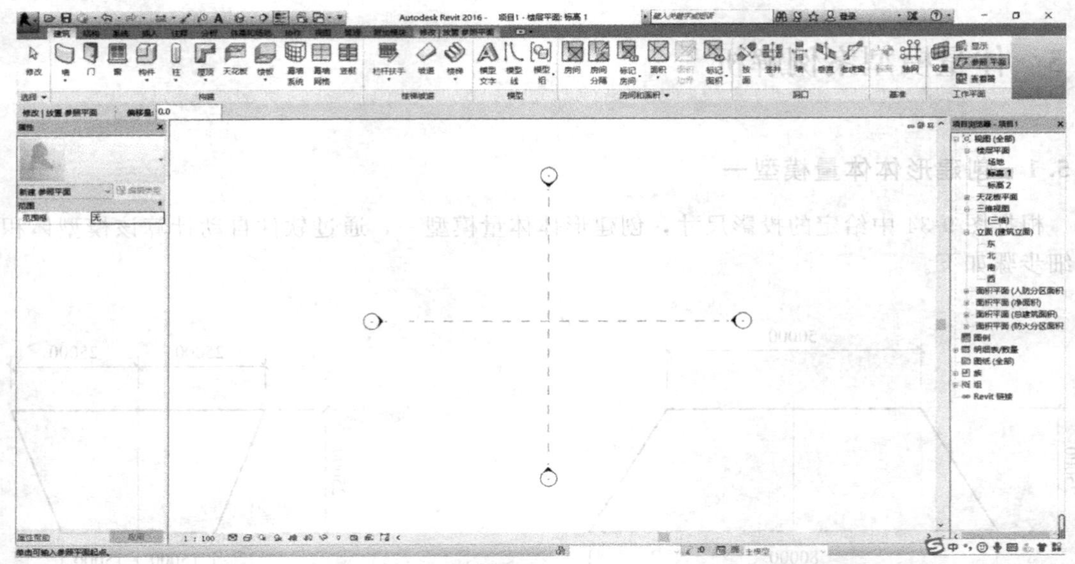

图 9-35　在标高 1 楼层平面视图上绘制相互垂直的参照平面

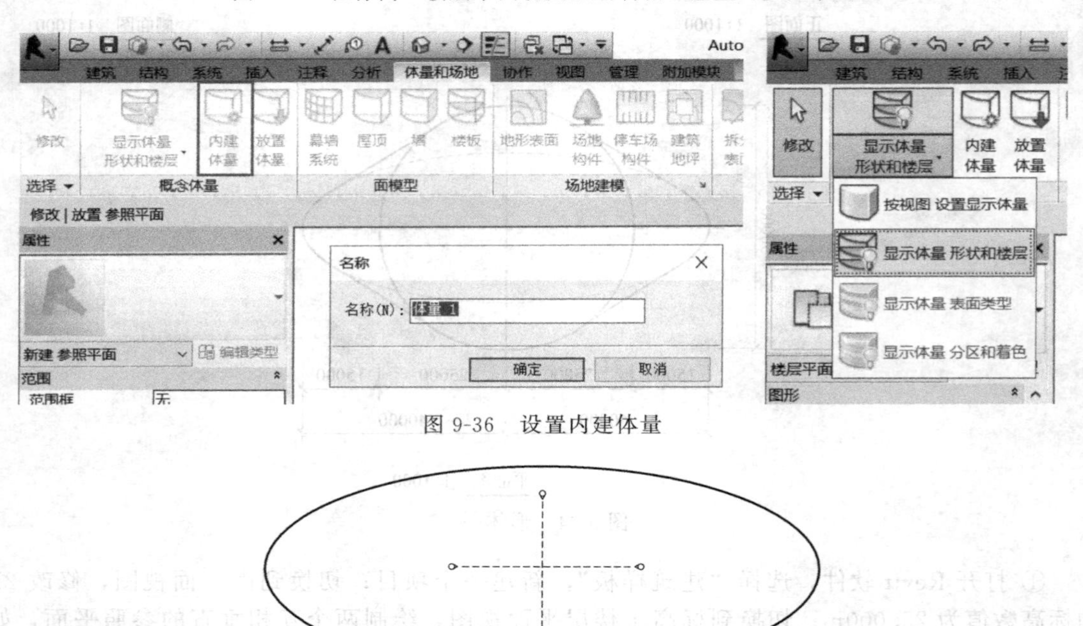

图 9-36　设置内建体量

图 9-37　绘制椭圆

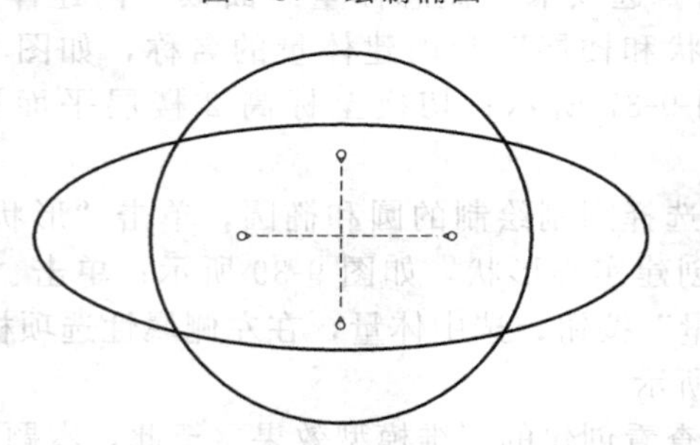

图 9-38　绘制圆

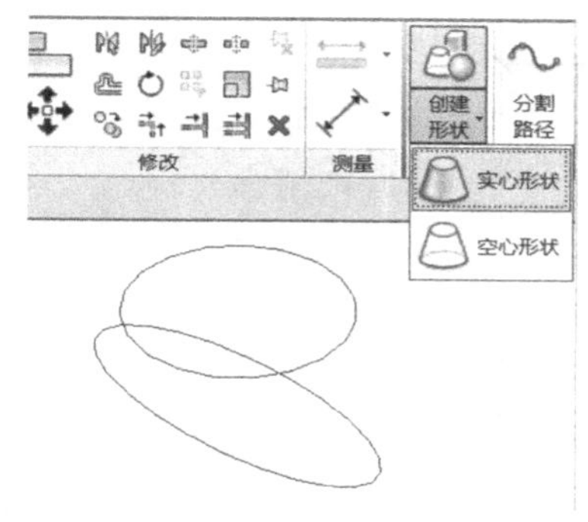

图 9-39　创建实心形状

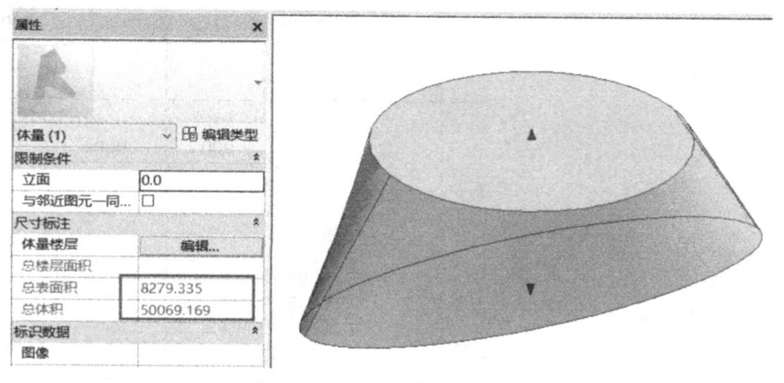

图 9-40　查看体量总体积

9.5.2　创建形体体量模型二

根据图 9-41 中给定的投影尺寸，创建形体体量模型，基础底标高为－2.1m，设置该模型材质为混凝土。详细步骤如下。

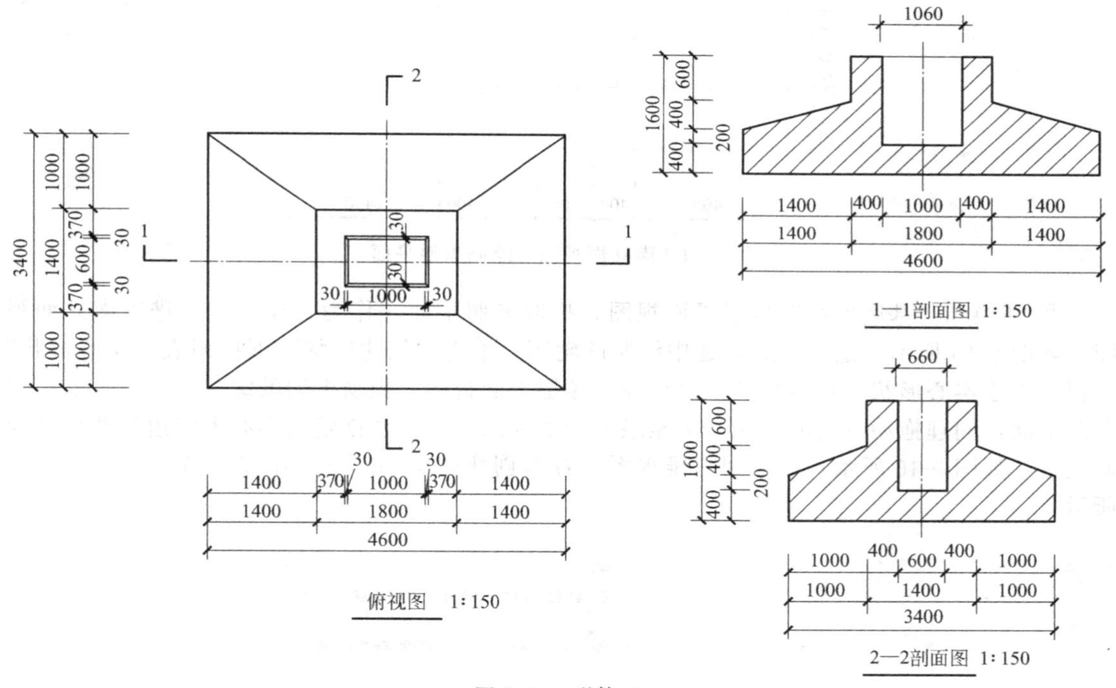

图 9-41　形体二

① 选择“建筑样板”新建一个项目文件；在南立面视图中，创建“标高－2.100”并且修改“标高楼层名称”为“基底标高”，如图 9-42 所示；切换到“基底标高”楼层平面视图，单击“体量和场地”选项卡“概念体量”面板“内建体量”按钮，绘制参照平面并且进行对齐尺寸标注，如图 9-43 所示；切换到南立面视图，绘制参照平面，命名为 0、1、2、3 并进行对齐尺寸标注，如图 9-44 所示。

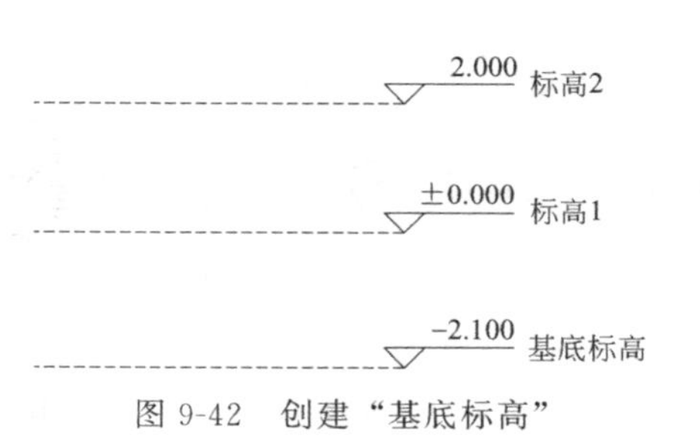

图 9-42　创建“基底标高”

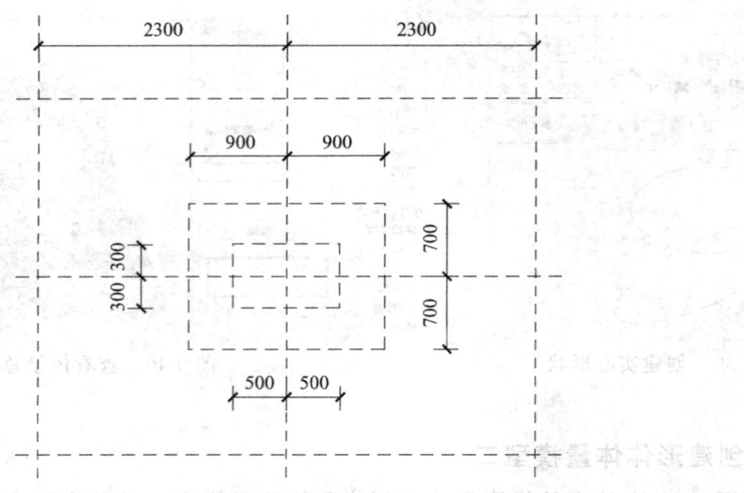

图 9-43　绘制参照平面

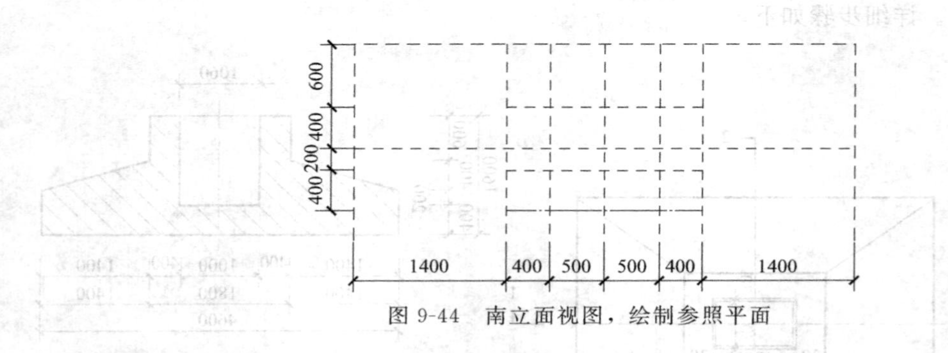

图 9-44　南立面视图，绘制参照平面

② 切换到“基底标高”楼层平面视图，拾取参照平面 4 作为工作平面，进入南立面视图，如图 9-45 所示。绘制轮廓，选中绘制的轮廓，单击“创建形状”下拉列表“实心形状”按钮，创建实心形状；切换到“基底标高”楼层平面视图，拖动上边的绿色箭头至最上边的参照平面，同理拖动下边的绿色箭头至最下边的参照平面，使创建的实心形状边界调整到准确位置，如图 9-46 所示。切换到三维视图，查看创建的实心形状三维模型效果，如图 9-47 所示。

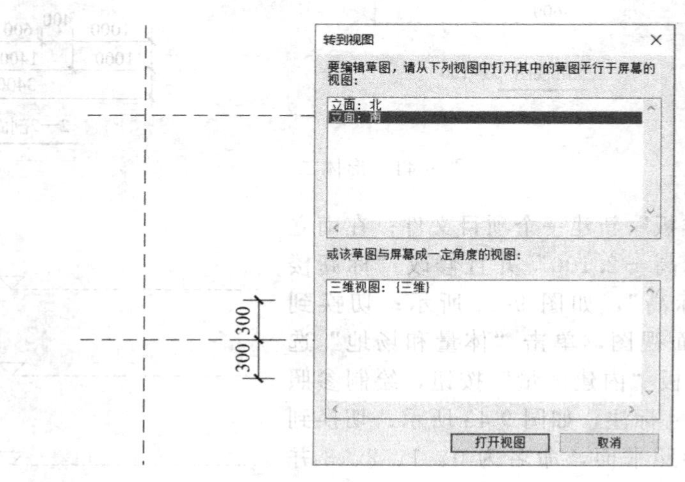

图 9-45　拾取参照平面 4

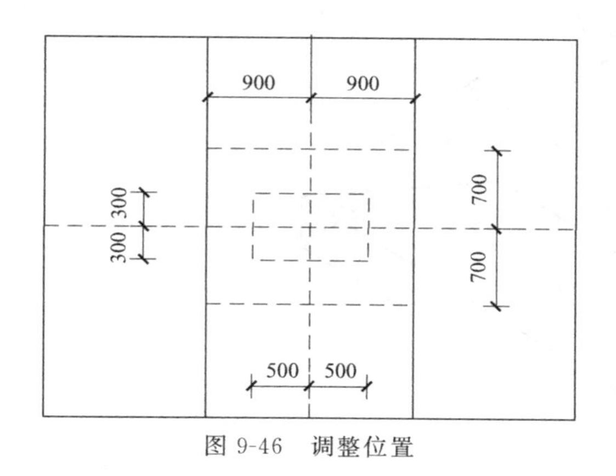

图 9-46 调整位置

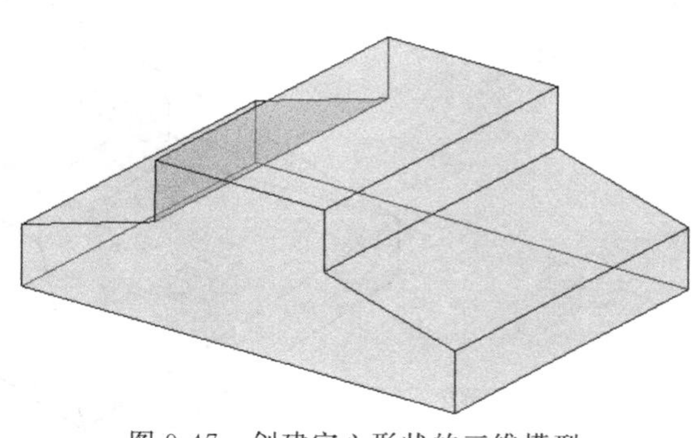
图 9-47 创建实心形状的三维模型

③ 切换到“基底标高”楼层平面视图，单击快速访向工具栏“设置”按钮，拾取参照平面 5 作为工作平面，进入西立面视图，绘制轮廓，如图 9-48 所示。选中轮廓，单击“创建形状”下拉列表“空心形状”按钮，创建空心形状；切换到“基底标高”楼层平面视图，同步骤②，拖动红色箭头至切过体量；单击“修改”选项卡“几何图形”面板“剪切”下拉列表“剪切几何图形”按钮，先选择空心体量再选择实心体量，剪切后切换到“基底标高”楼层平面视图，选择空心体量并镜像到另外一侧，如图 9-49 所示，完成体量剪切，结果如图 9-50 所示。

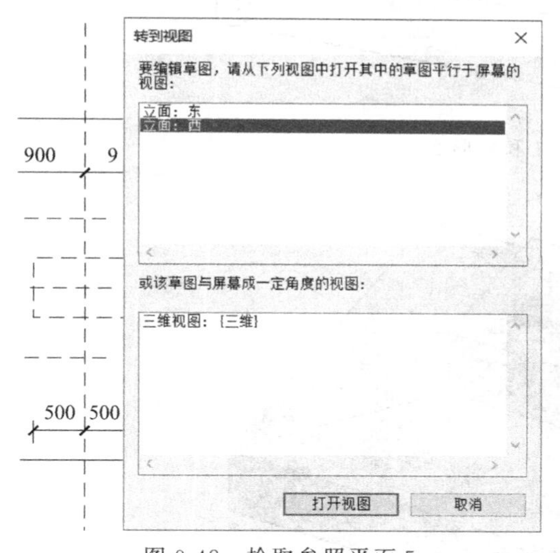

图 9-48 拾取参照平面 5

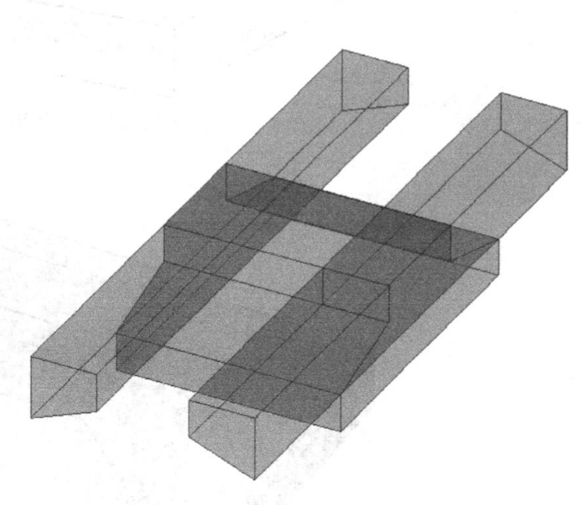
图 9-49 镜像空心形状

④ 切换到“基底标高”楼层平面视图，“矩形”绘制方式绘制模型线 1，设置选项栏“放置平面：参照平面：0”；绘制完矩形 1（1000×600）之后，设置选项栏“放置平面：参照平面：3”，“矩形”绘制方式绘制矩形 2（1060×660），如图 9-51 所示。切换到三维视图，选中矩形 1 和矩形 2，单击“创建形状”下拉列表“空心形状”按钮，创建空心形状；框选体量，在左侧属性选项板中将“材质”设置为“混凝土”，单击“在位编辑器”面板“完成体量”按钮，完成内建体量创建，结果如图 9-52 所示。

⑤ 选中体量，在左侧属性选项板中可以查看体量体积为“13.376m^3”。

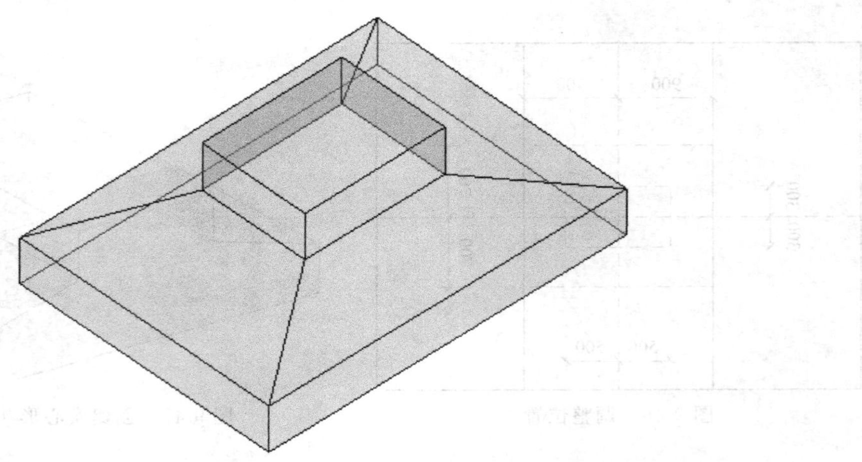

图 9-50　剪切后的体量三维模型

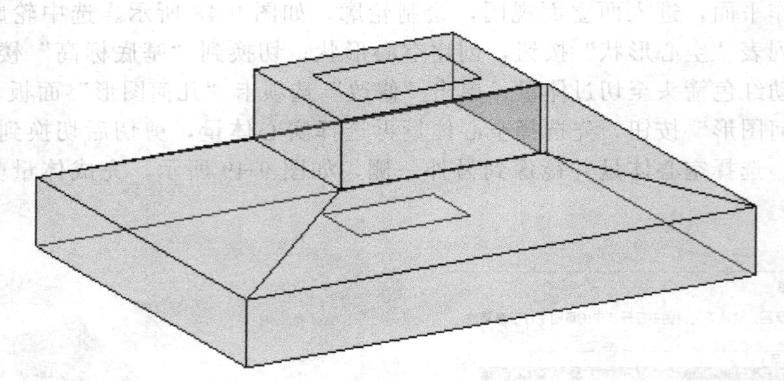

图 9-51　绘制矩形 1 和矩形 2

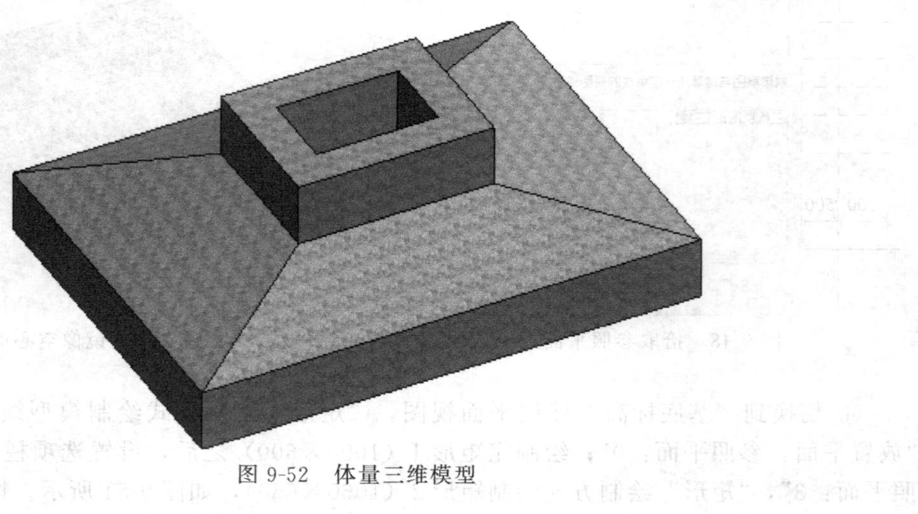

图 9-52　体量三维模型

9.5.3　创建斜墙体量模型

用体量面墙建立图 9-53 所示 200mm 厚斜墙，并按图中尺寸在墙面开一圆形洞口，并计算开洞后墙体的体积和面积。详细步骤如下。

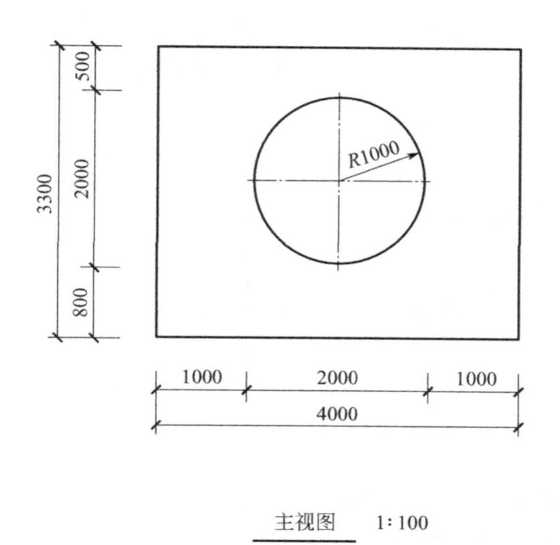

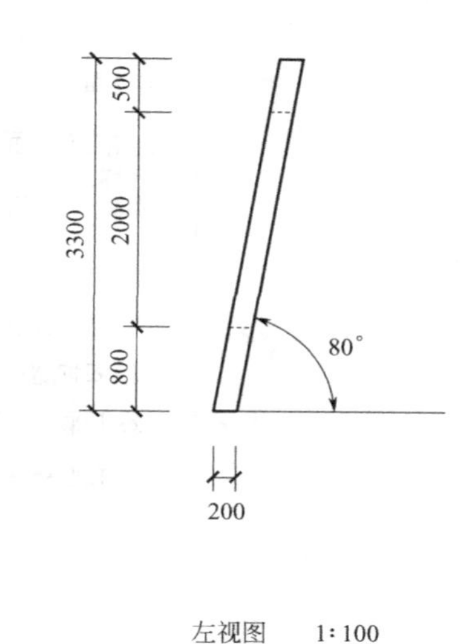

图 9-53　斜墙

① 打开 Revit 软件，选择建筑样板，新建一个项目；切换到南立面视图，将标高 2 高程数值改为 3.300m；切换到标高 1 楼层平面视图，绘制三条参照平面并且进行对齐尺寸标注如图 9-54 所示；单击“体量和场地”选项卡“概念体量”面板“按视图设置显示体量”下拉列表“显示体量形状和楼层”按钮；单击“概念体量”面板“内建体量”按钮，弹出“名称”对话框，设置体量名称为“体量 1”，单击“确定”按钮，退出“名称”对话框，单击快速访问工具栏“设置工作平面”按钮，弹出“工作平面”对话框，在弹出的“工作平面”对话框中勾选“指定新的工作平面”选项中的“拾取一个平面”复选框，单击“确定”按钮，退出“工作平面”对话框，如图 9-55 所示；拾取标高 1 楼层平面视图中绘制的水平参照平面，系统自动弹出“转到视图”对话框，选择“转到视图”对话框中的“立面：南”选项，单击“打开视图”按钮，软件自动切换到南立面视图；激活“创建”选项卡“模型线”按钮，单击“绘制”面板中的“矩形”按钮，绘制模型线，如图 9-56 所示；选择刚刚绘制的矩形模型线，单击“形状”面板中的“创建形状”下拉列表中的“创建实心形状”按钮，创建实心形状，切换到三维视图，查看创建的三维效果，如图 9-57 所示。

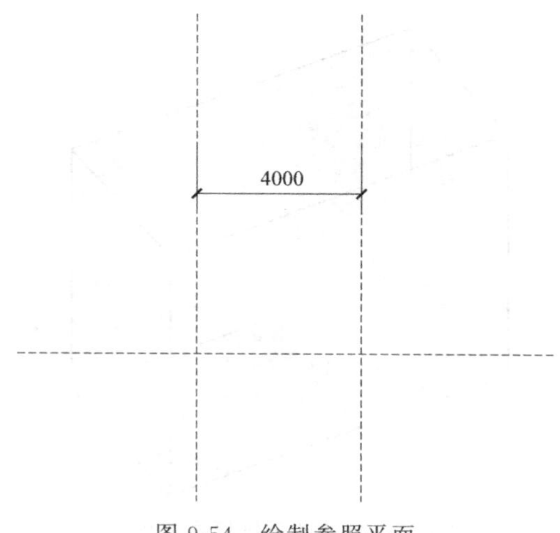

图 9-54　绘制参照平面

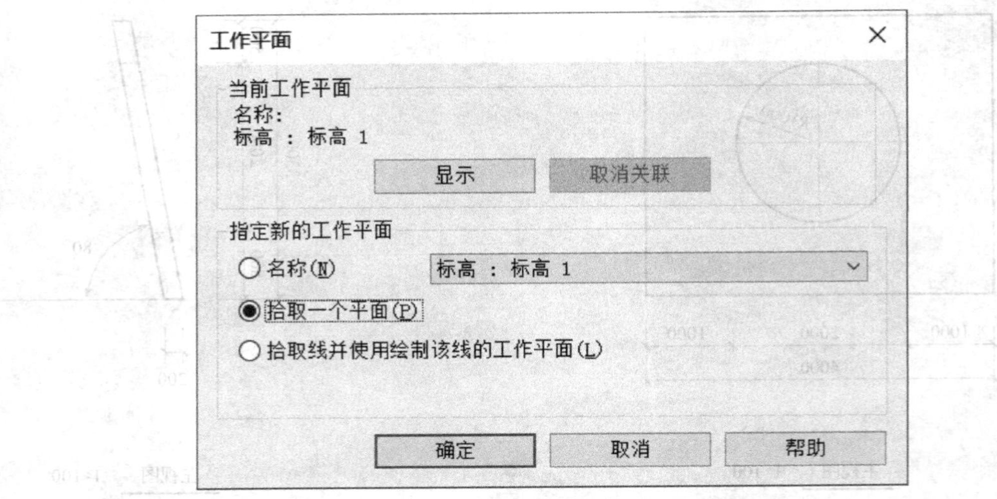

图 9-55 指定工作平面

图 9-56 绘制矩形模型线

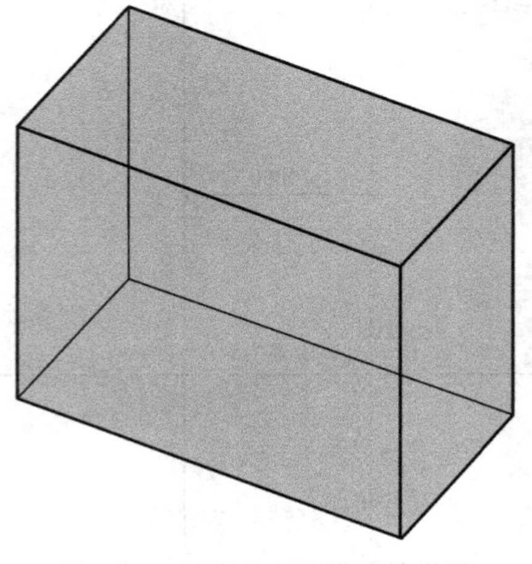

图 9-57 创建的三维模型效果图

② 切换到标高1楼层平面视图，单击快速访问工具栏“设置工作平面”按钮，弹出“工作平面”对话框，在弹出的“工作平面”对话框中，勾选“指定新的工作平面”选项中的“拾取一个平面”复选框，单击“确定”按钮，退出“工作平面”对话框；拾取标高1楼层平面视图中绘制的左侧竖向参照平面，系统自动弹出“转到视图”对话框，选择“转到视图”对话框中的“立面：西”选项，单击“打开视图”按钮，软件自动切换到西立面视图；单击“创建”选项卡“绘制”面板中的“模型线”按钮，再次单击“绘制”面板中的“直线”按钮绘制模型线，选择绘制的模型线，单击“形状”面板中的“创建形状”下拉列表中的“创建空心形状”按钮，创建空心形状，如图9-58所示；切换到三维视图，通过键盘Tab键切换选择空心形体两端表面，拖动红色箭头调整空心形体的长度，创建的倾斜体量模型如图9-59所示。

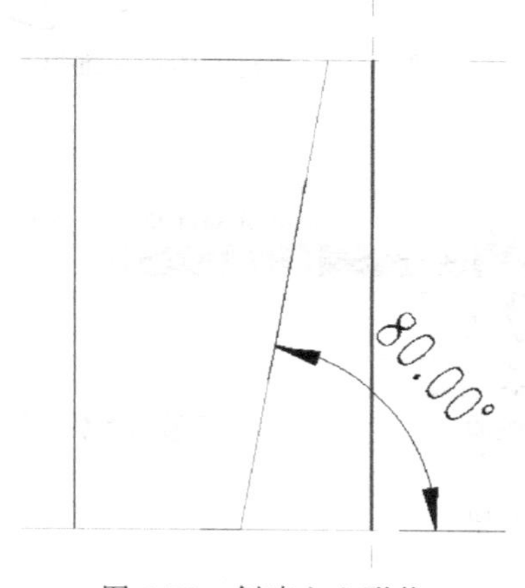

图9-58 创建空心形状

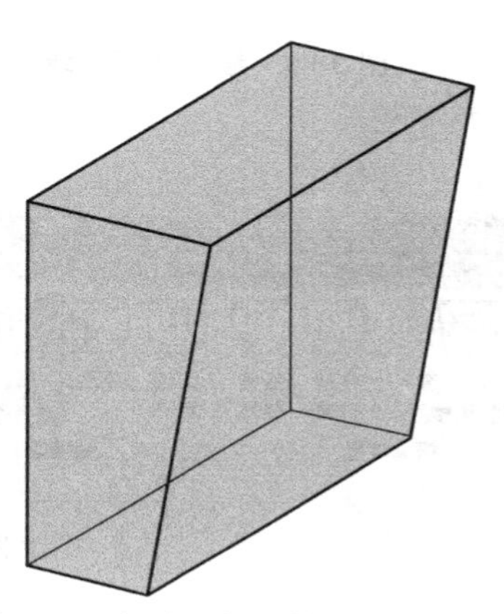
图9-59 创建的倾斜体量模型效果图

③ 切换到标高1楼层平面视图，单击快速访问工具栏“设置工作平面”按钮，弹出“工作平面”对话框，在弹出的“工作平面”对话框中，勾选“指定新的工作平面”选项中的“拾取一个平面”复选框，单击“确定”按钮，退出“工作平面”对话框。拾取标高1楼层平面视图中绘制的水平参照平面，系统自动弹出“转到视图”对话框，选择“转到视图”对话框中的“立面：南”选项，单击“打开视图”按钮，软件自动切换到南立面视图；绘制参照平面确定即将绘制的圆模型线的圆心；单击“创建”选项卡“绘制”面板中的“模型线”按钮，再次单击“绘制”面板中的“圆”按钮绘制模型线，选择绘制的圆模型线，如图9-60所示；单击“形状”面板中的“创建形状”下拉列表中的“创建空心形状”按钮，系统自动弹出创建空心形状可选项“圆柱”和“球”，单击选择“圆柱”选项，创建空心形状；选择创建的空心圆柱体，切换到三维视图，通过键盘Tab键切换选择空心形体两端表面，拖动绿色箭头调整空心圆柱体的长度；单击“在位编辑器”面板“完成体量”按钮“√”，完成体量的创建，创建完成的体量三维模型，如图9-61所示。

④ 单击“体量和场地”选项卡“面模型”面板“墙”按钮，如图9-62所示；选择左侧类型选择器下拉列表墙体类型为“基本墙：常规-200mm”，拾取体量倾斜表面生成200mm厚斜墙，如图9-63所示；选择创建的斜墙，通过左侧属性选项板“尺寸标注”选项，查看系统自动计算的“体积”和“面积”，如图9-64所示；选择体量，进入“修改 | 体量”上下文选项卡，单击“修改”面板“删除”按钮，删除体量。

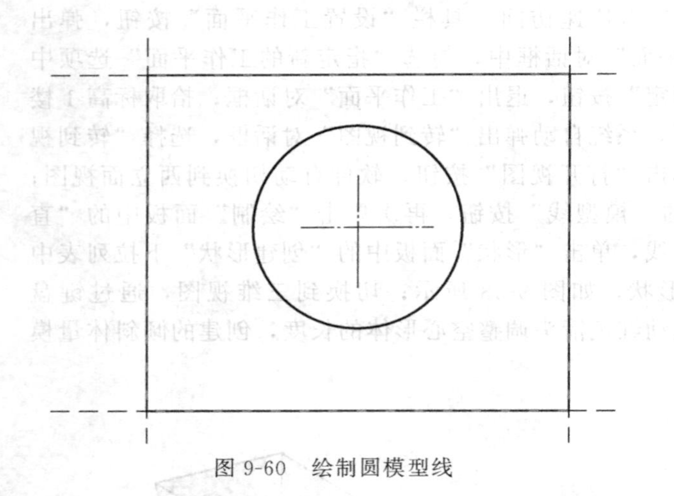

图 9-60　绘制圆模型线

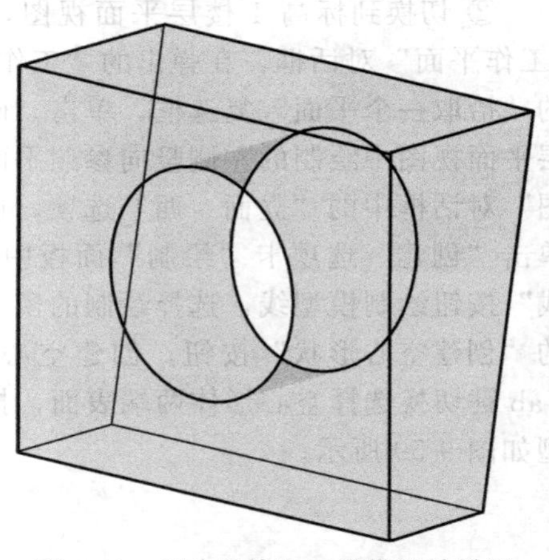

图 9-61　创建的体量三维模型效果图

图 9-62　“墙”按钮

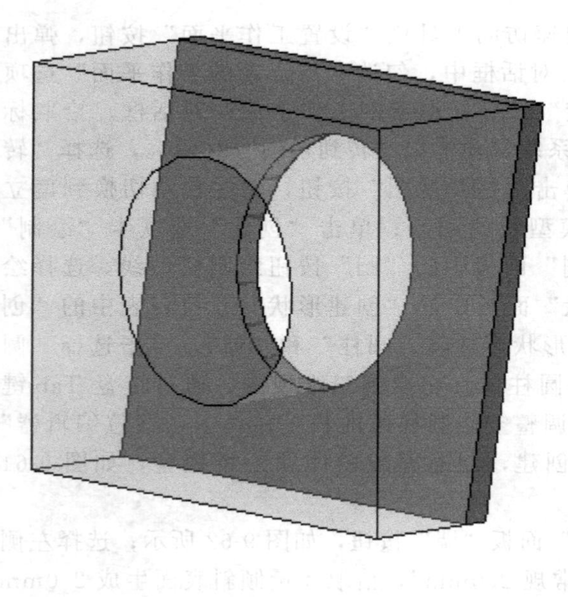

图 9-63　创建面墙

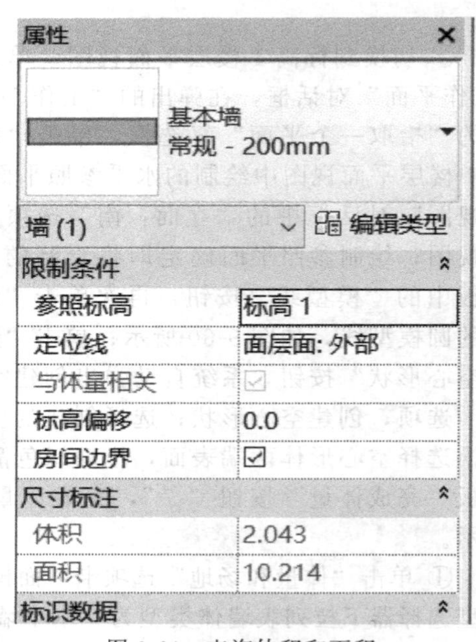

图 9-64　查询体积和面积

⑤ 切换到三维视图，查看创建的三维模型效果，如图 9-65 所示。

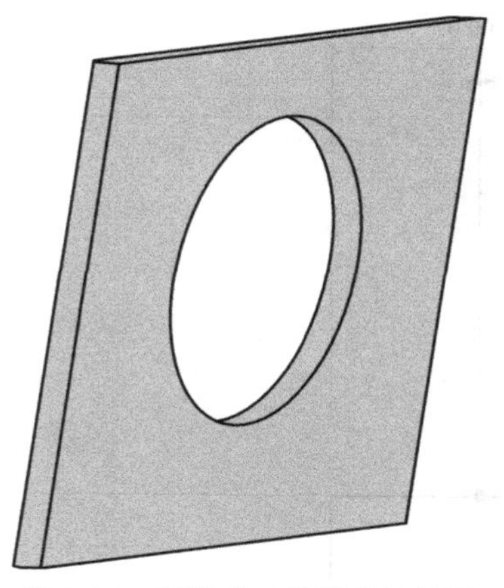

图 9-65 斜墙的三维模型效果图

9.5.4 创建内建构件体量模型

根据图 9-66 中给定的轮廓与路径，创建内建构件。详细步骤如下。

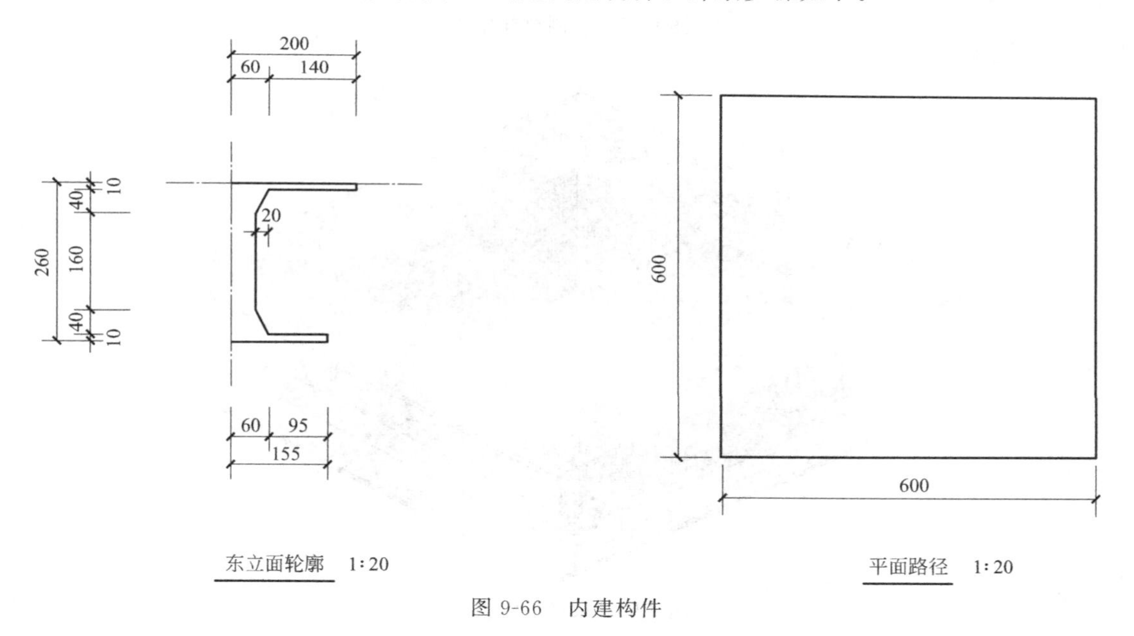

图 9-66 内建构件

① 打开 Revit 软件，选择“建筑样板”，新建一个项目。切换到“标高 2”楼层平面视图，绘制两个互相垂直的参照平面；单击“建筑”选项卡“构建”面板“构件”下拉列表“内建模型”按钮，在弹出的“族类别和族参数”对话框中选择“柱”，名称输入“柱顶饰条”。

② 单击“创建”选项卡“形状”面板“放样”按钮，再单击“绘制路径”按钮，绘制的路径如图 9-67 所示；单击“完成编辑模式”按钮，完成路径的绘制。

③ 单击“编辑轮廓”按钮，进入东立面视图，绘制轮廓；单击“完成编辑模式”按钮，完成轮廓的绘制；再次单击“完成编辑模式”按钮完成放样。

④ 在左侧属性选项板中设置“材质”为“混凝土”；最后单击“在位编辑器”面板“完成模型”按钮，完成体量创建，创建的放样三维模型如图 9-68 所示。

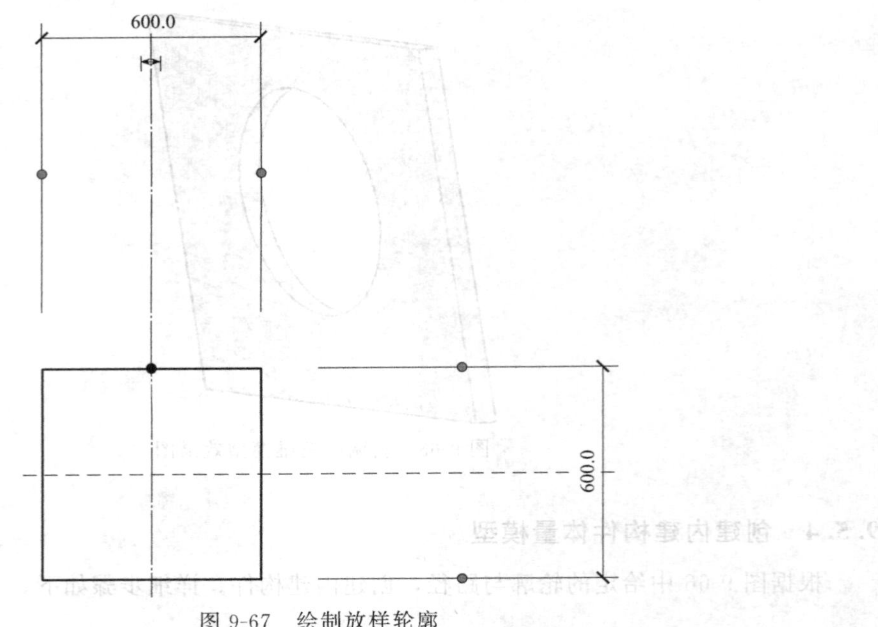

图 9-67　绘制放样轮廓

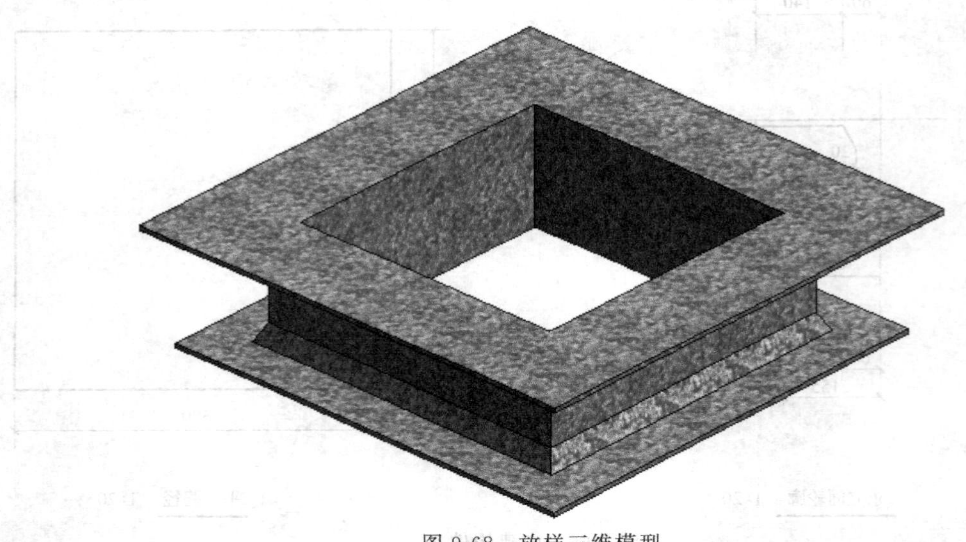

图 9-68　放样三维模型

9.5.5　创建牛腿柱体量模型

图 9-69 为某牛腿柱，请按图示尺寸要求建立该牛腿柱的体量模型。详细步骤如下。

① 打开 Revit，选择“族→新建概念体量→公制体量”，进入体量环境。切换到“标高 1”楼层平面视图，设置“视图比例”为“1：20”；用“矩形”绘制方式绘制一个 500mm×500mm 的矩形模型线；对矩形模型线四个角进行倒角处理，倒角边长为 25mm，如图 9-70 所示。

② 切换到三维视图，选择刚刚绘制的模型线，进入“修改｜线”上下文选项卡，单击“形状”面板“创建形状”下拉列表“实心形状”按钮，创建实心形状；修改临时尺寸线数值为“3000”，创建的实心形状三维模型，如图 9-71 所示。

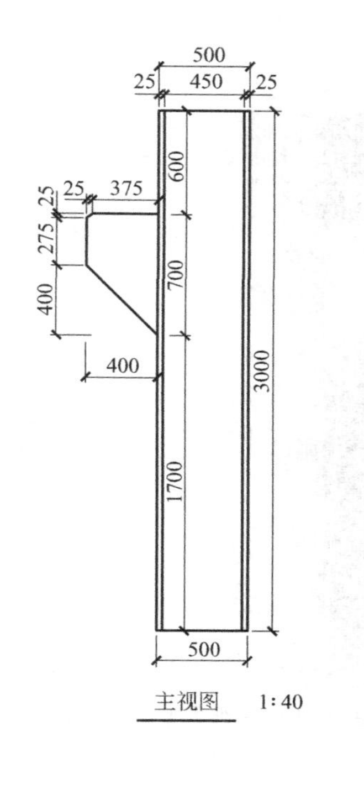

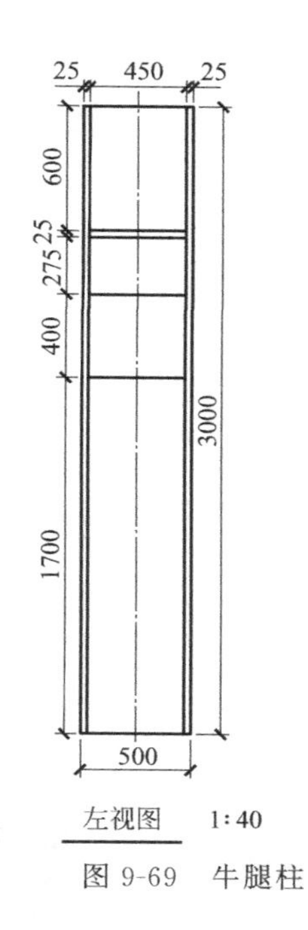

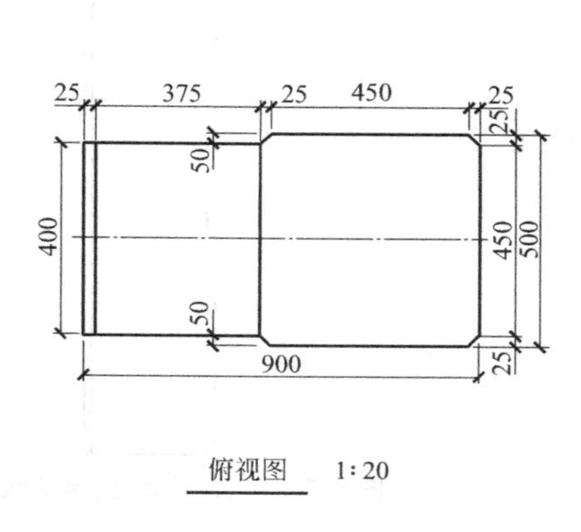

图 9-69 牛腿柱

③ 切换到标高 1 楼层平面视图，绘制参照平面 1，如图 9-72 所示；切换到南立面视图，单击“创建”选项卡“绘制”面板“模型线”按钮，单击“绘制”面板“直线”按钮，进入“修改｜放置线”上下文选项卡，选项栏“放置平面”设为“参照平面 1”，绘制模型线，如图 9-73 所示。

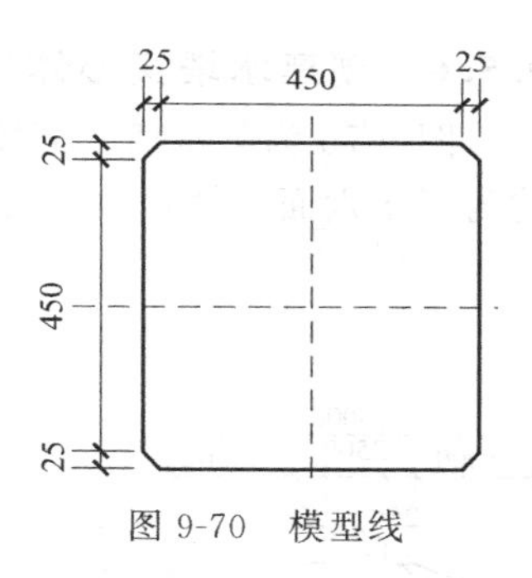

图 9-70 模型线

④ 切换到三维视图，选择刚刚绘制的模型线，进入“修改｜线”上下文选项卡，单击“形状”面板“创建形状”下拉列表“实心形状”按钮，创建实心形状；修改临时尺寸线数值为−450mm，创建的实心形状（牛腿柱）三维模型，如图 9-74 所示。

⑤ 切换到标高 1 楼层平面视图，进行对齐尺寸标注；切换到“南”立面视图，进行对齐尺寸标注；切换到西立面视图，进行对齐尺寸标注。

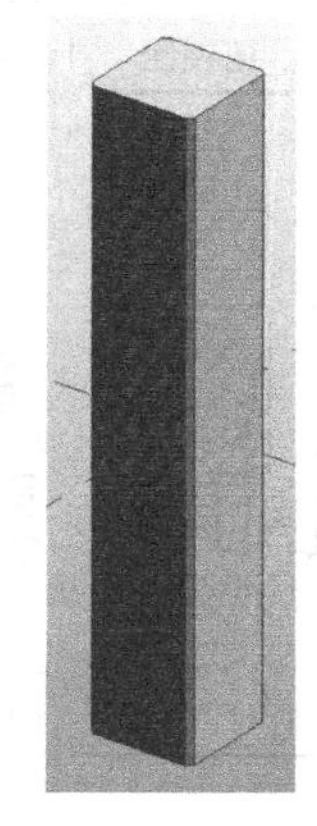

图 9-71 创建的实心形状三维模型

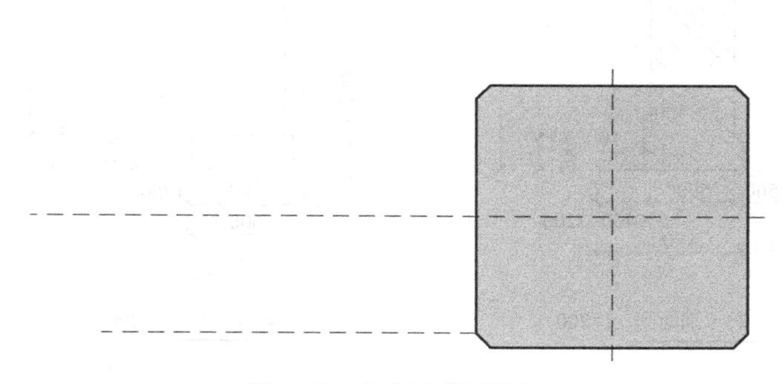

图 9-72 绘制参照平面 1

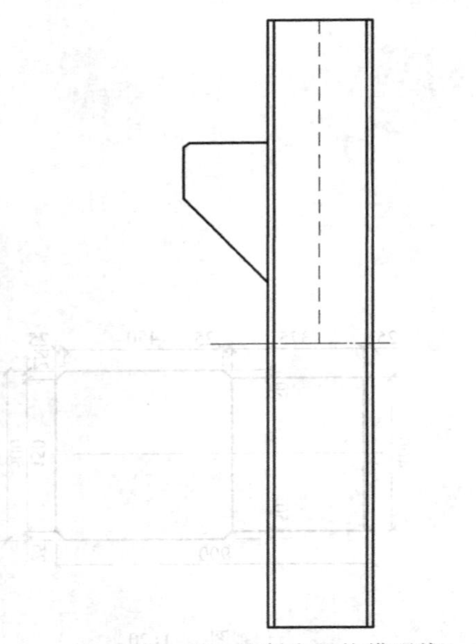

图 9-73　绘制牛腿柱模型线

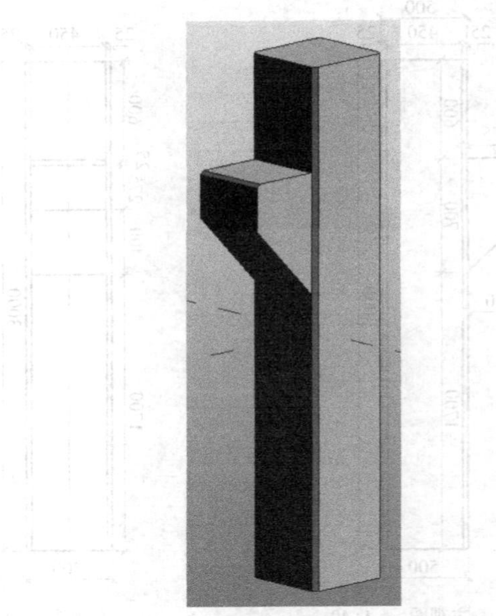

图 9-74　创建的牛腿柱三维模型

9.5.6　创建水塔实心体量模型

图 9-75 为某水塔。请按图示尺寸要求建立该水塔的实心体量模型，水塔水箱上下曲面均为正十六面面棱台。详细步骤如下。

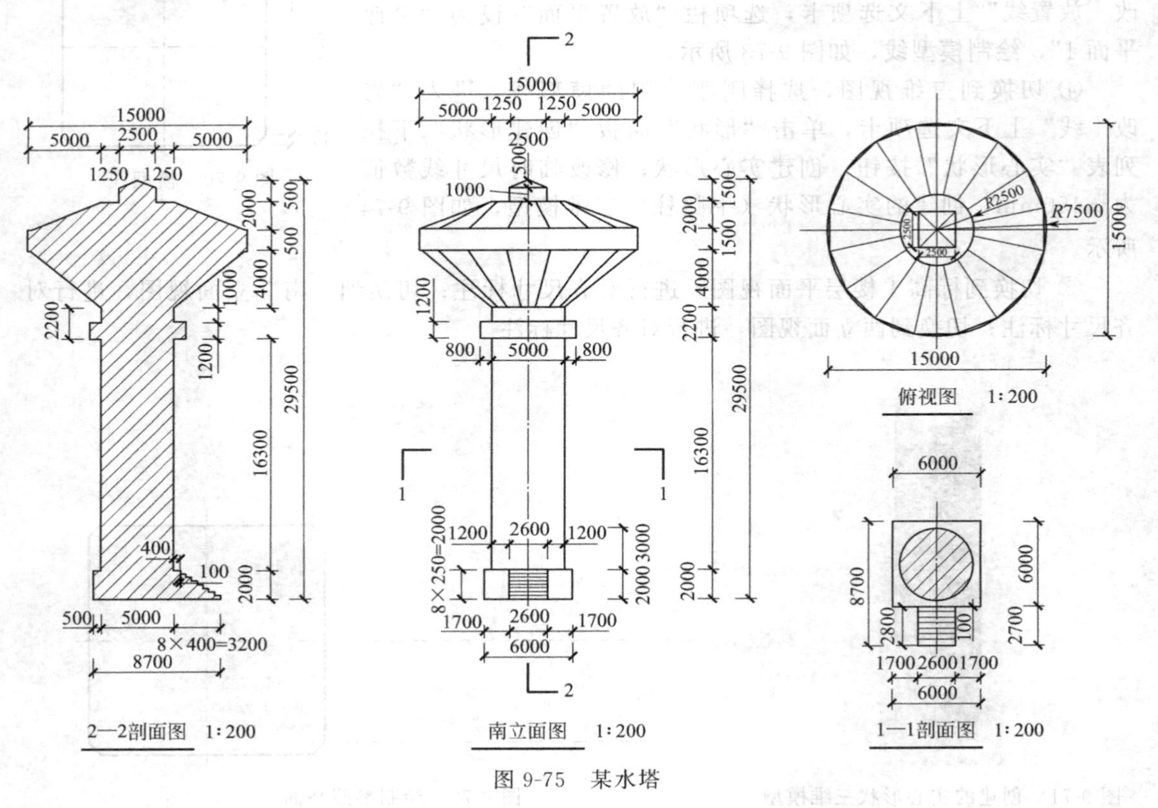

图 9-75　某水塔

① 打开Revit，选择“族→新建概念体量→公制体量”，新建一个族文件；切换到标高1楼层平面视图，单击“创建”选项卡“形状”面板“模型线”按钮，进入“修改｜放置线”上下文选项卡，单击“绘制”面板“直线”按钮，绘制如图9-76所示的封闭的边界线。

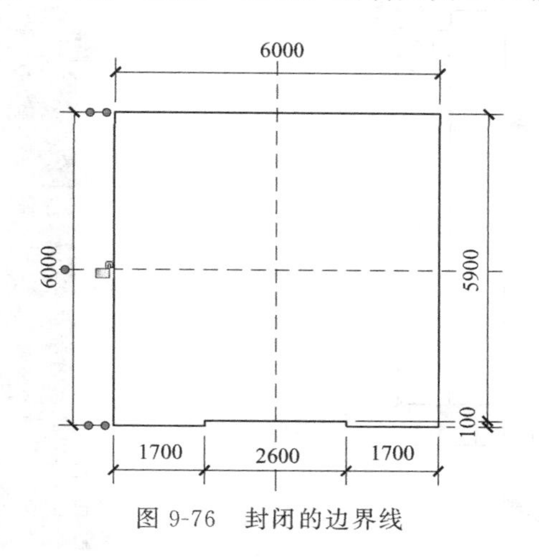

图9-76　封闭的边界线

② 切换到三维视图，选择刚刚绘制的封闭的边界线，进入“修改｜线”上下文选项卡，单击“形状”面板“创建形状”下拉列表“实心形状”按钮，修改临时尺寸线数值为“2000mm”，如图9-77所示。

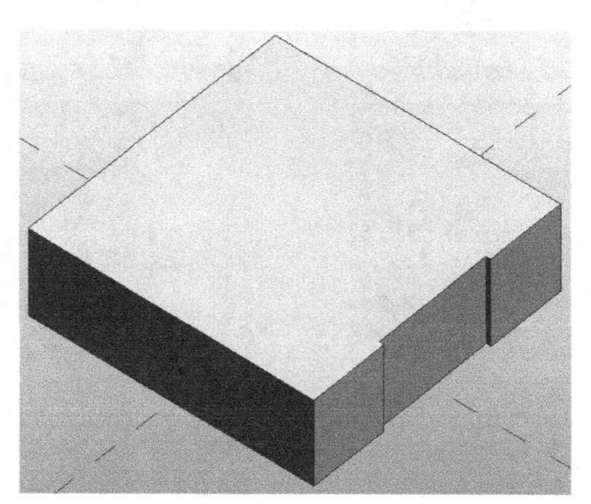

图9-77　创建实心形状1

③ 切换到南立面视图，单击“创建”选项卡“形状”面板“模型线”按钮，进入“修改｜放置线”上下文选项卡，选项栏“放置平面”设置为“参照平面：中心（前/后）”，单击“绘制”面板“直线”按钮，绘制如图9-78所示的封闭的边界线A以及垂直直线B。

④ 切换到三维视图，选择绘制的封闭的边界线A以及垂直直线B，单击“形状”面板“创建形状”下拉列表“实心形状”按钮，创建的实心形状如图9-79所示。

⑤ 单击“创建”选项卡“工作平面”面板“设置”按钮，选择半径为2500mm的圆柱顶面，单击“View Cube”的“上”，单击“创建”选项卡“形状”面板“模型线”按钮，进入“修改｜放置线”上下文选项卡，单击“绘制”面板“内接多边形”按钮，选项栏“边”输入16；绘制半径为2500mm和7500mm的两个内接正十六边形，如图9-80所示；选择刚刚创建的两个内接正十六边形，单击“修改”面板“旋转”按钮，旋转中心为圆心，

旋转 11.25°，如图 9-81 所示。

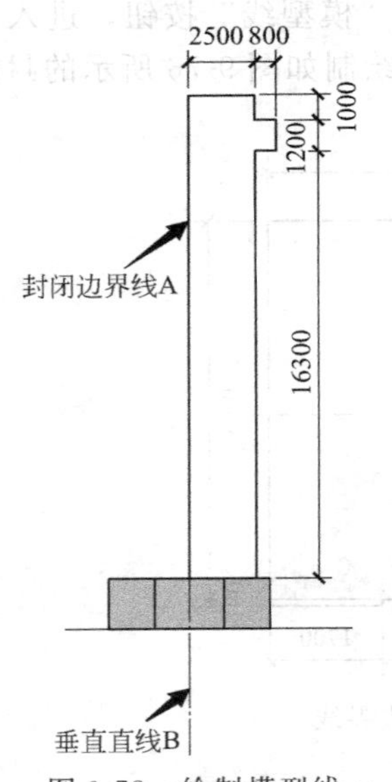

图 9-78　绘制模型线

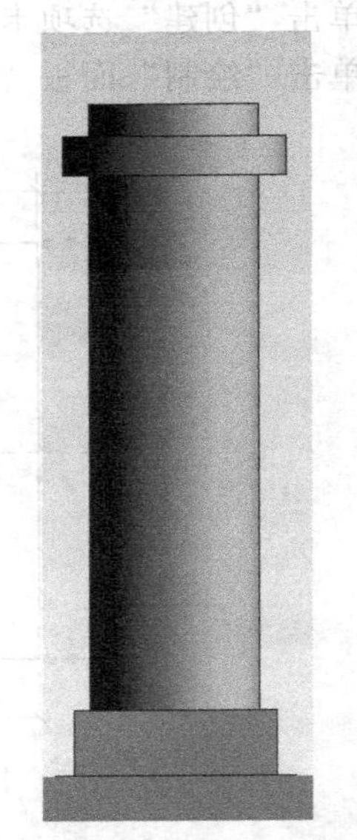

图 9-79　创建实心形状 2

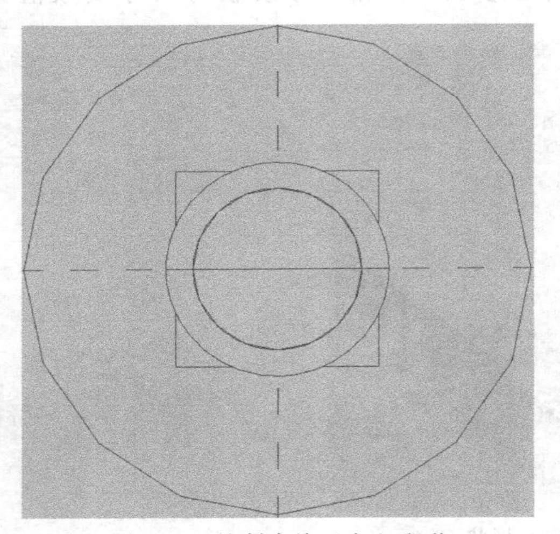

图 9-80　绘制内接正十六边形

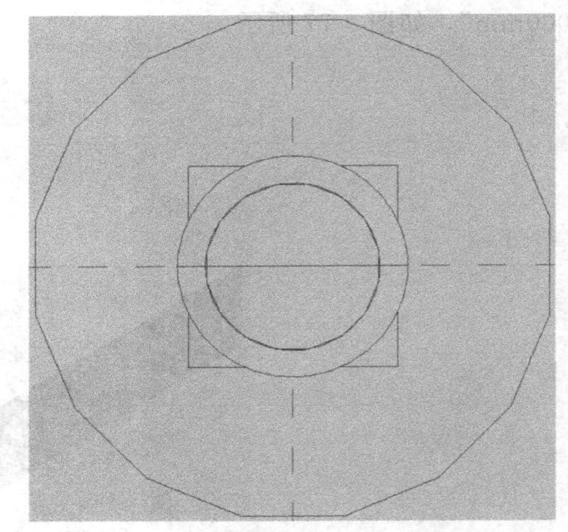

图 9-81　旋转内接正十六边形

⑥ 单击“View Cube”的“前”，选择半径为 7500mm 的内接正十六边形，单击“修改”面板“复制”按钮，选项栏“不勾选约束”，选择复制基点，垂直往上输入 400，复制一个半径为 7500mm 的内接正十六边形，同时删除原来的半径为 7500mm 的内接正十六边形；选择不同高度的两个内接正十六边形，单击“形状”面板“创建形状”下拉列表“实心形状”按钮，水塔水箱下曲面（正十六面面棱台）创建完成。

⑦ 选择水塔水箱下曲面（正十六面面棱台）顶部，单击“View Cube”的“上”，单击“创建”选项卡“形状”面板“模型线”按钮，进入“修改｜放置线”上下文选项卡，单击“绘制”面板“圆”按钮，绘制半径为 7500mm 的圆；选择刚刚创建的圆，单击“形状”面板“创建形状”下拉列表“实心形状”按钮，点击“圆柱”选项；修改临时尺寸数值为“1500”。

⑧ 切换到南立面视图，绘制参照平面；选择水塔水箱下曲面（正十六面面棱台），单击“修改”面板“镜像拾取轴”按钮，拾取参照平面作为镜像轴，镜像一个水塔水箱上曲面（正十六面面棱台）。切换到三维视图，选择水塔水箱上曲面（正十六面面棱台）顶部表面，修改临时尺寸数值为 2000。

⑨ 选择水塔水箱上曲面（正十六面面棱台）顶部，单击“View Cube”的“上”，单击“创建”选项卡“形状”面板“模型线”按钮，进入“修改｜放置线”上下文选项卡，单击“绘制”面板“矩形”按钮，绘制边长为 2500mm 的正方形，切换到南立面视图，单击“创建”选项卡“绘制”面板“模型线”按钮，选项栏“放置平面”设置为“参照平面：中心（前/后）”，选择“直线”绘制方式绘制封闭的边界线；再次切换到三维视图，选择绘制的正方形和封闭的边界线，单击“形状”面板“创建形状”下拉列表“实心形状”按钮，创建实心形状，如图 9-82 所示。

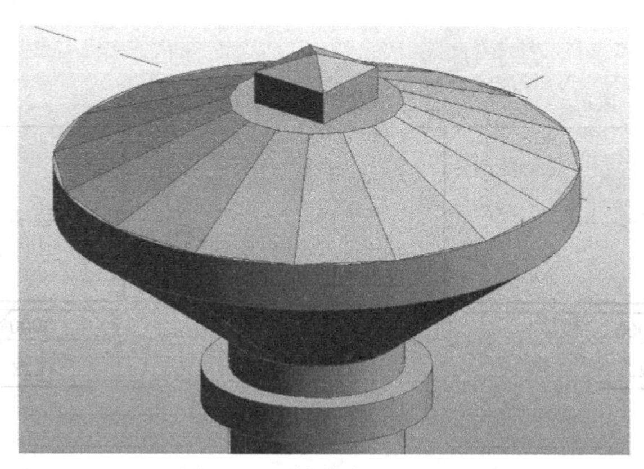

图 9-82　创建实心形状 3

⑩ 选择参照平面（左/右），单击“View Cube”的“左”，单击“创建”选项卡“形状”面板“模型线”按钮，进入“修改｜放置线”上下文选项卡，单击“绘制”面板“直线”按钮，绘制台阶边界线；选择绘制的台阶边界线，单击“形状”面板“创建形状”下拉列表“实心形状”按钮，创建台阶，切换到标高 1 楼层平面视图，通过对齐命令调整台阶的边界。

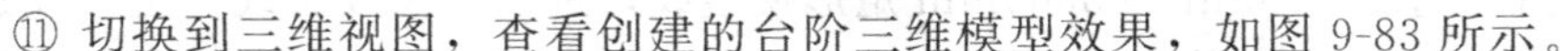

⑪ 切换到三维视图，查看创建的台阶三维模型效果，如图 9-83 所示。

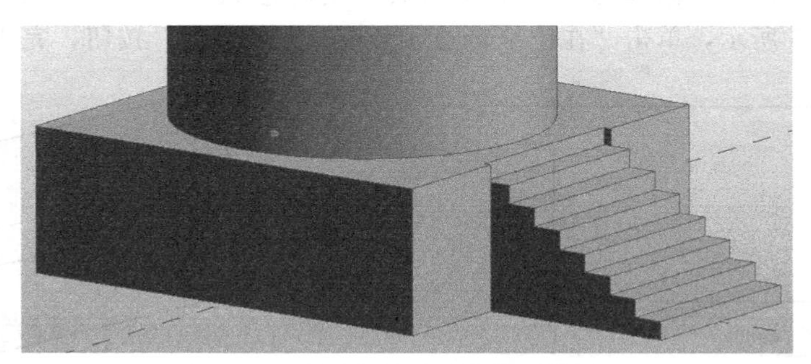

图 9-83　创建的台阶三维模型效果图

9.5.7　创建面墙、幕墙系统、屋顶和楼板模型

创建图 9-84 模型，在体量上生成面墙、幕墙系统、屋顶和楼板。要求：①面墙为厚度为 200mm 的“常规-200mm 面墙”，定位线“核心层中心线”；②幕墙系统为“网格布局 60mm×

1000mm（即横向网格间距 600mm、竖向网格间距 1000mm），网格上均设置竖梃、竖梃均为圆形竖梃 50mm 半径"；③屋顶为厚度 400mm 的"常规-400mm"屋顶；④楼板为厚度为 150mm 的"常规-150mm"楼板。详细步骤如下。

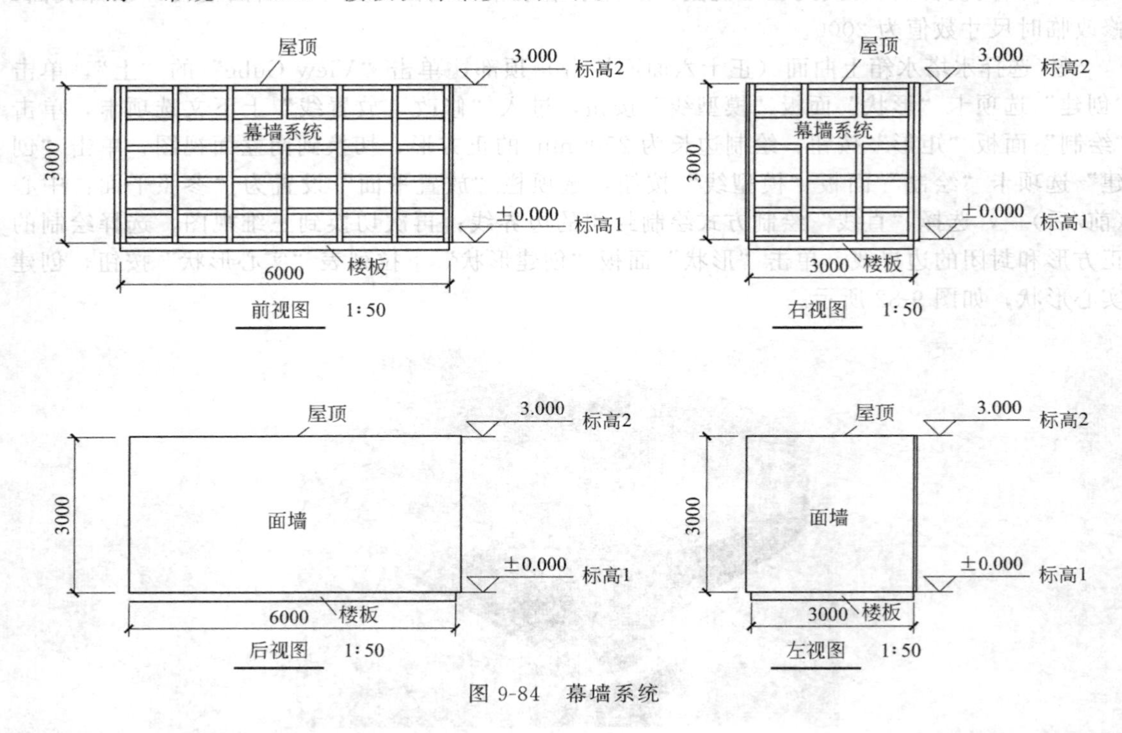

图 9-84 幕墙系统

① 打开 Revit 软件，选择"建筑样板"，新建一个项目。切换到南立面视图，修改标高 2 高程值为 3.000；切换到标高 1 楼层平面视图，单击"体量和场地"选项卡"概念体量"面板"按视图设置体量"下拉列表"显示体量形状和楼层"按钮，单击"内建体量"按钮，弹出"名称"对话框，输入"楼层体量"，单击"确定"按钮，退出"名称"对话框；单击"绘制"面板"模型线→矩形"按钮，绘制 6000mm×3000mm 矩形模型线，如图 9-85 所示。切换到三维视图，选择 6000mm×3000mm 矩形模型线，进入"修改 | 线"上下文选项卡；单击"形状"面板"创建形状"下拉列表"实心形状"按钮，修改临时尺寸数值为"3000"，如图 9-86 所示，单击"在位编辑器"面板"完成体量"按钮，完成体量的创建。

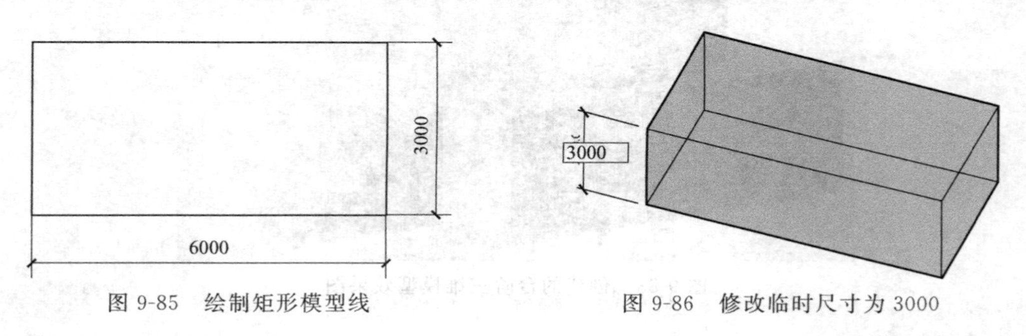

图 9-85 绘制矩形模型线　　图 9-86 修改临时尺寸为 3000

② 选择创建的体量，进入"修改 | 体量"上下文选项卡，单击"模型"面板"体量楼层"按钮，弹出"体量楼层"对话框，勾选"标高 1"，如图 9-87 所示，单击"确定"按钮，退出"体量楼层"对话框。单击"体量和场地"选项卡"面模型"面板"楼板"

按钮，进入“修改｜放置面楼板”上下文选项卡，类型选择器下拉列表选择楼板类型为“楼板：常规-150mm”，单击“标高1体量楼层”，再单击“多重选择”面板“创建楼板”按钮，楼板创建完成，结果如图9-88所示。

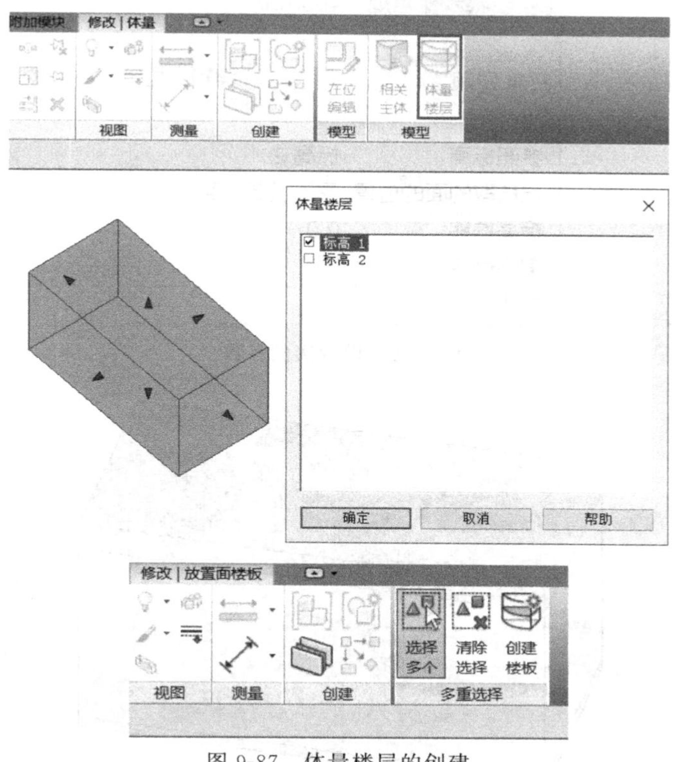

图9-87　体量楼层的创建

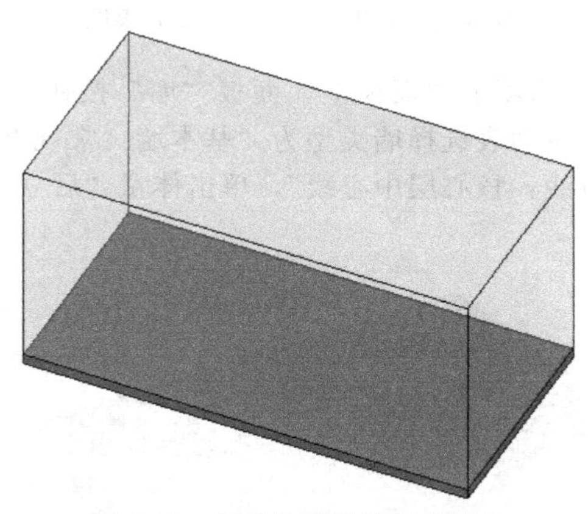

图9-88　创建的楼板模型效果图

③ 单击“体量和场地”选项卡“面模型”面板“屋顶”按钮，进入“修改｜放置面屋顶”上下文选项卡，类型选择器下拉列表选择屋顶类型为“基本屋顶：常规-400mm”，设置左侧属性选项板“限制条件”下“参照标高：标高2”“已拾取的面的位置：屋顶顶部的面”，如图9-89所示；单击“体量顶部”，再单击“多重选择”面板“创建屋顶”按钮，屋顶创建完成，结果如图9-90所示。

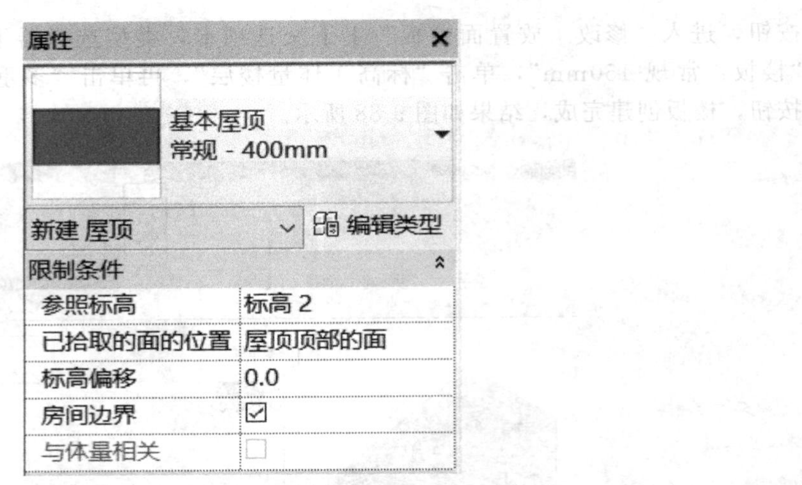

图 9-89　设置实例参数

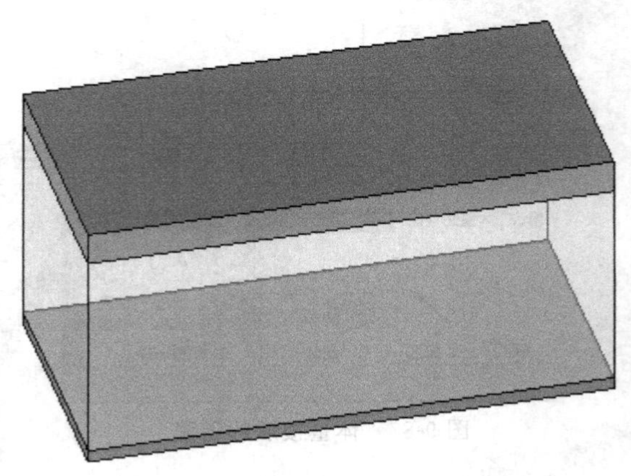

图 9-90　创建的面屋顶模型效果图

④ 单击“体量和场地”选项卡“面模型”面板“墙”按钮，进入“修改｜放置墙”上下文选项卡，类型选择器下拉列表选择墙类型为“基本墙：常规-200mm”，设置左侧属性选项板“限制条件”下“定位线：核心层中心线”，单击体量“后立面”和“左立面”，创建墙体，结果如图 9-91 所示。

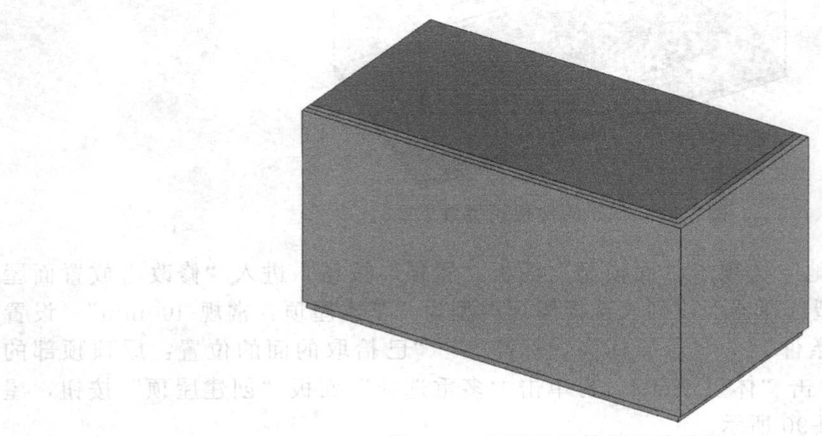

图 9-91　创建的墙体模型效果图

⑤ 单击“体量和场地”选项卡“面模型”面板“幕墙系统”按钮，进入“修改｜放置面幕墙系统”上下文选项卡，类型选择器下拉列表选择幕墙类型为“幕墙系统：1500mm×3000mm”，单击“编辑类型”按钮，弹出“类型属性”对话框，单击“复制”按钮，弹出“名称”对话框，输入“600mm×1000mm”，单击“确定”按钮，退出“名称”对话框；设置网格 1 和网格 2 间距分别为“1000.0”和“600.0”；网格 1 和网格 2 竖梃均为“圆形竖梃：50mm 半径”，如图 9-92 所示；单击体量“前立面”和“右立面”，再单击“多重选择”面板“创建系统”按钮，幕墙创建完成，结果如图 9-93 所示。

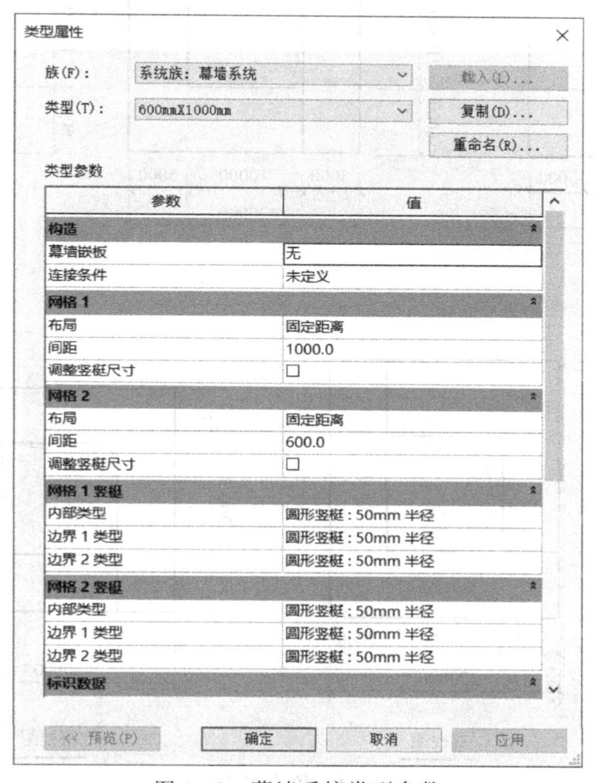

图 9-92　幕墙系统类型参数

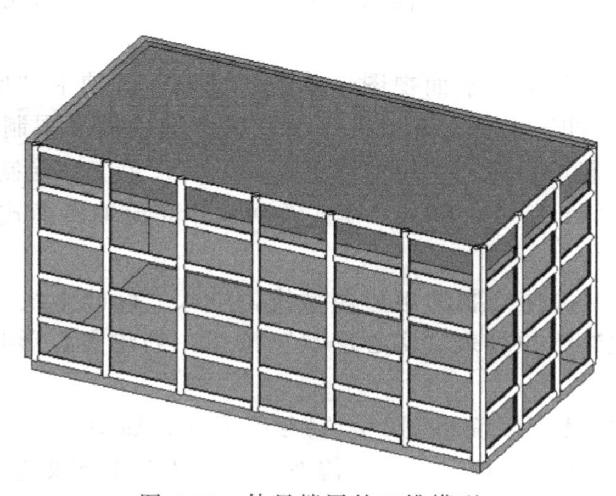

图 9-93　体量楼层的三维模型

9.5.8 创建仿央视大厦体量模型

“仿央视大厦”模型，如图 9-94 所示。详细步骤如下。

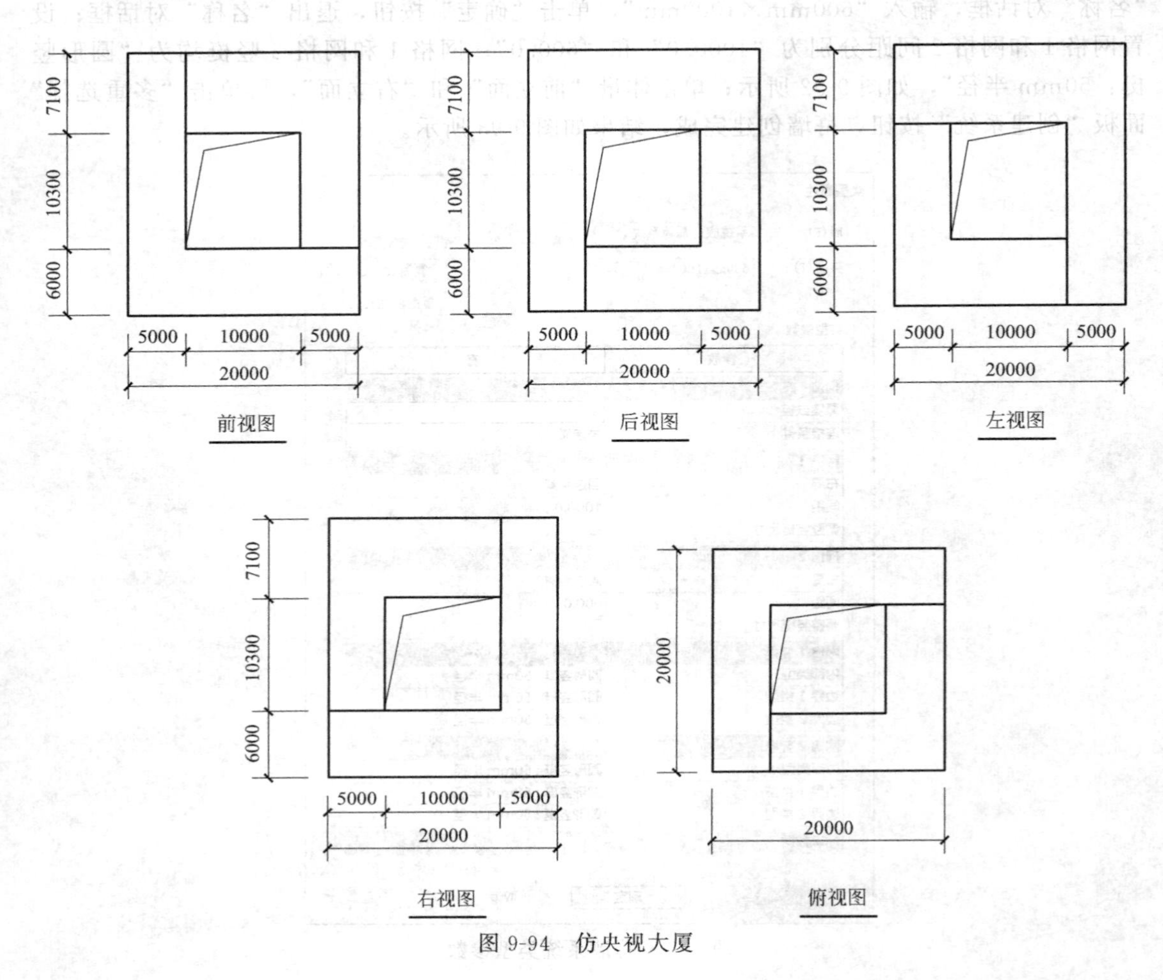

图 9-94 仿央视大厦

① 打开 Revit 软件，单击“族”面板中的“新建”按钮，双击“公制常规模型”族样板。

② 切换到“参照标高”楼层平面视图。单击“创建”选项卡“形状”面板“拉伸”按钮，进入“修改 | 创建拉伸”上下文选项卡；设置属性选项板“限制条件”下“工作平面：标高：参照标高”“拉伸起点：0.0”“拉伸终点：150.0”；单击“绘制”面板“直线”按钮，绘制矩形模型线，如图 9-95 所示，单击“模式”面板“完成编辑模式”按钮“√”，完成拉伸模型的创建。

③ 切换到三维视图。选择绘制的矩形模型线，进入“修改 | 线”上下文选项卡，单击“形状”面板“创建形状”下拉列表“实心形状”按钮，创建实心形状，修改临时尺寸线值为“23400”。

④ 切换到“标高 1”楼层平面视图。绘制参照平面，如图 9-96 所示；单击“创建”选项卡“形状”面板“模型线”按钮，进入“修改 | 放置线”上下文选项卡，选择“矩形”绘制方式，绘制矩形模型线，如图 9-97 所示；切换到三维视图，选择刚刚绘制的矩形模型线，

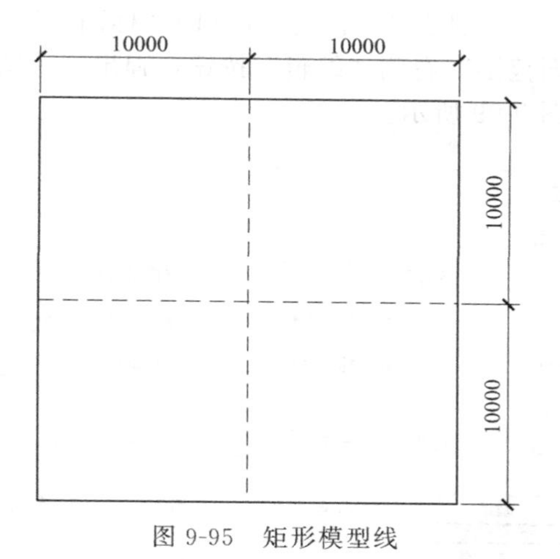

图 9-95 矩形模型线

进入“修改｜线”上下文选项卡，单击“形状”面板“创建形状”下拉列表“空心形状”按钮，创建空心形状模型，如图 9-98 所示，修改临时尺寸线值为“16300”。

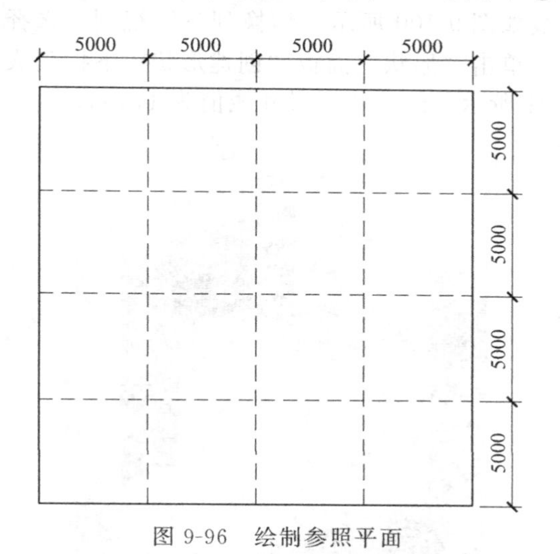

图 9-96 绘制参照平面

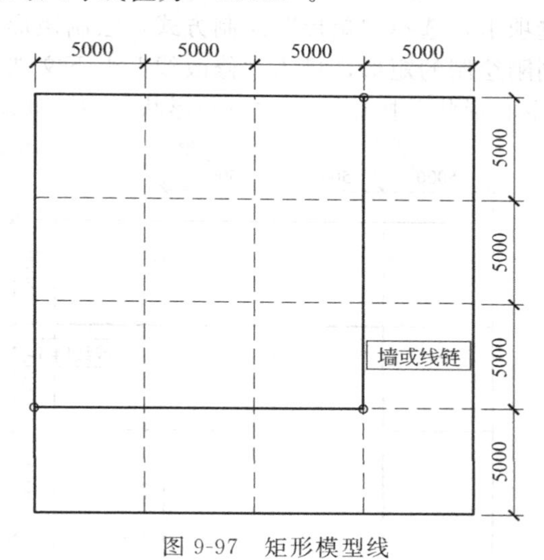

图 9-97 矩形模型线

图 9-98 创建空心形状模型

⑤ 切换到“南立面视图”，创建高程值为 6000 的“标高 2”；切换到标高 2 楼层平面视图，单击属性选项板“视图范围”右侧“编辑”按钮，弹出“视图范围”对话框，设置“视图范围”对话框参数，如图 9-99 所示。

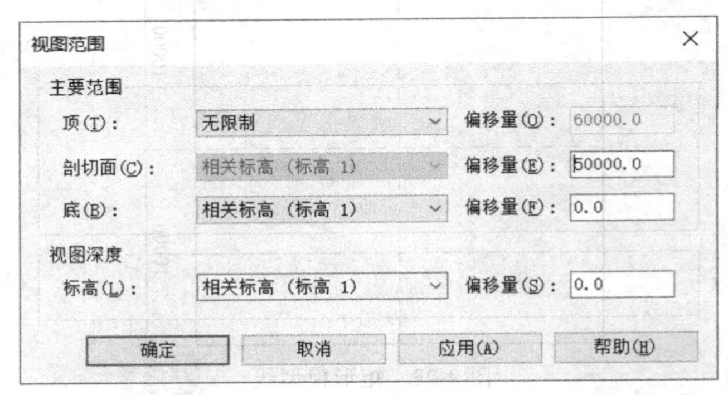

图 9-99 视图范围设置

⑥ 单击“创建”选项卡“形状”面板“模型线”按钮，进入“修改｜放置线”上下文选项卡，选择“矩形”绘制方式，绘制矩形模型线如图 9-100 所示；切换到三维视图，选择刚刚绘制的矩形，进入“修改线”上下文选项卡，单击“形状”面板“创建形状”下拉列表“空心形状”按钮，创建空心形状模型，如图 9-101 所示，修改临时尺寸线值为 17400。

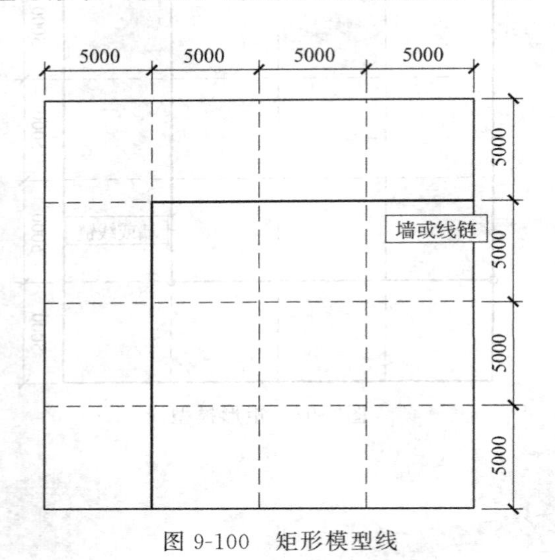

图 9-100 矩形模型线

图 9-101 创建空心形状模型

9.5.9 创建桥面板体量模型

根据图 9-102 给定尺寸，用体量方式创建模型，整体材质为混凝土。详细步骤如下。

① 打开 Revit 软件，选择“族→新建概念体量→公制体量”，进入体量编辑器环境。

② 双击“项目浏览器→立面（立面 1）→南”，进入“南立面视图”；激活“创建”选项卡“绘制”面板“模型”按钮；激活“在工作平面上绘制”按钮，设置选项栏“放置平面：参照平面：中心（前/后）”，选择“直线”绘制方式，绘制桥面板边界线，如图 9-103 所示。切换到三维视图，选中桥面板边界线，单击“形状”面板“创建形状”下拉列表“实心形状”按钮；切换到标高 1 楼层平面视图，通过“对齐”工具调整桥面板位置，结果如图 9-104 所示。

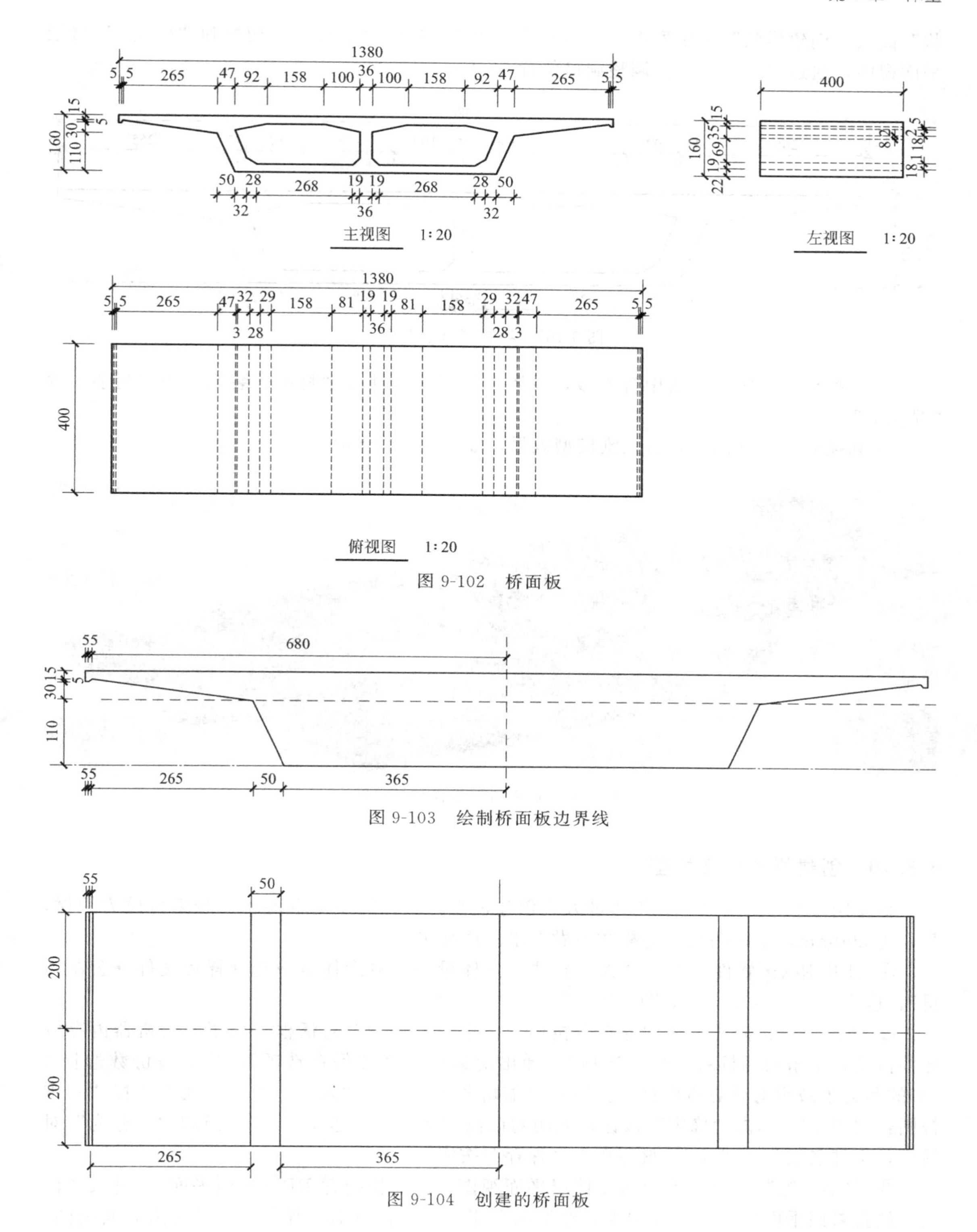

图 9-102 桥面板

图 9-103 绘制桥面板边界线

图 9-104 创建的桥面板

③ 切换到“南立面视图”，激活“创建”选项卡“绘制”面板“模型”按钮；激活“在工作平面上绘制”按钮，设置选项栏“放置平面：参照平面：中心（前/后）”，选择“直线”绘制方式，绘制边界线，如图 9-105 所示；切换到三维视图，选中边界线，单击“形

状”面板“创建形状”下拉列表“空心形状”按钮，创建空心形状；切换到“标高 1”楼层平面视图，通过“对齐”工具调整洞口位置。

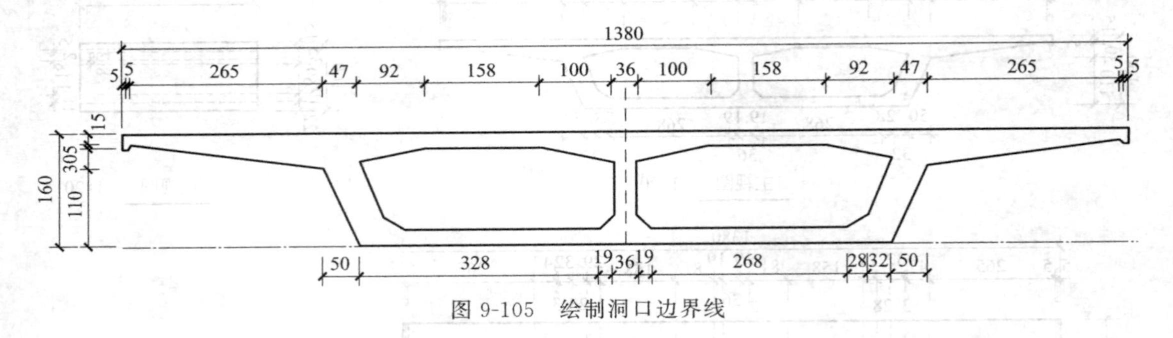

图 9-105 绘制洞口边界线

④ 切换到三维视图，选中桥面板，设置左侧属性选项板“材质和装饰”的“材质”为“混凝土”。

⑤ 切换到三维视图，查看三维模型效果，如图 9-106 所示。

图 9-106 桥面板三维模型效果图

9.5.10 创建拱桥体量模型

根据图 9-107 给定尺寸，用体量方式创建模型，整体材质为混凝土，悬索材质为钢材，直径为 200mm，未标明尺寸与样式不做要求。详细步骤如下。

① 打开 Revit 软件，选择“族→新建概念体量→新概念体量→选择样板文件→公制体量”，进入体量编辑环境，如图所示。

② 单击快速访问工具栏“保存”按钮，出现“另存为”对话框，为了节省机器内存资源的占用，单击对话框右下角“选项”，弹出对话框“文件保存选项”，最大备份数选择 1（目的是为了减少对计算机内存的占用），“缩略图预览”下“来源”下拉列表中选择“三维视图：视图 1”，单击“确定”按钮，关闭对话框“文件保存选项”，重新回到“另存为”对话框，文件名设为“拱桥”，最后单击“保存”按钮。

③ 主拱的绘制。切换到标高 1 楼层平面视图，输入快捷键 RP（参照平面），进入“修改｜放置参照平面”上下文选项卡，绘制参照平面，如图 9-108 所示；切换到南立面视图，绘制参照平面，单击“绘制”面板“模型线”按钮，进入“修改｜放置线”上下文选项卡，单击“绘制”面板“起点-终点-半径弧”及“直线”按钮，绘制主拱模型线，如图 9-109 所示；选中刚刚绘制完成的主拱模型线，单击“形状”面板“创建形状”下拉列表“实心形

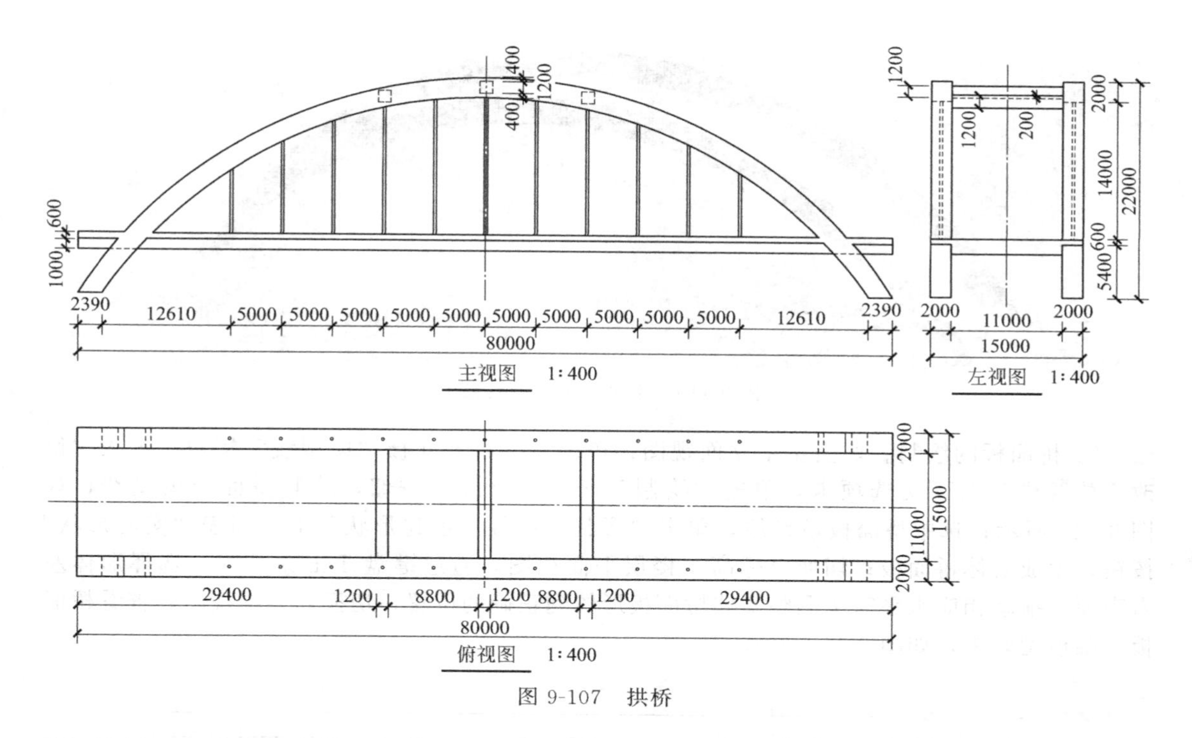

图 9-107　拱桥

状”按钮，生成实体主拱；切换至西立面视图，通过键盘 Tab 键切换选择“形体左右表面”，拖动相应造型控制柄到正确的位置；通过镜像命令绘制另一侧拱，切换到三维视图，查看创建的主拱三维模型效果，如图 9-110 所示。

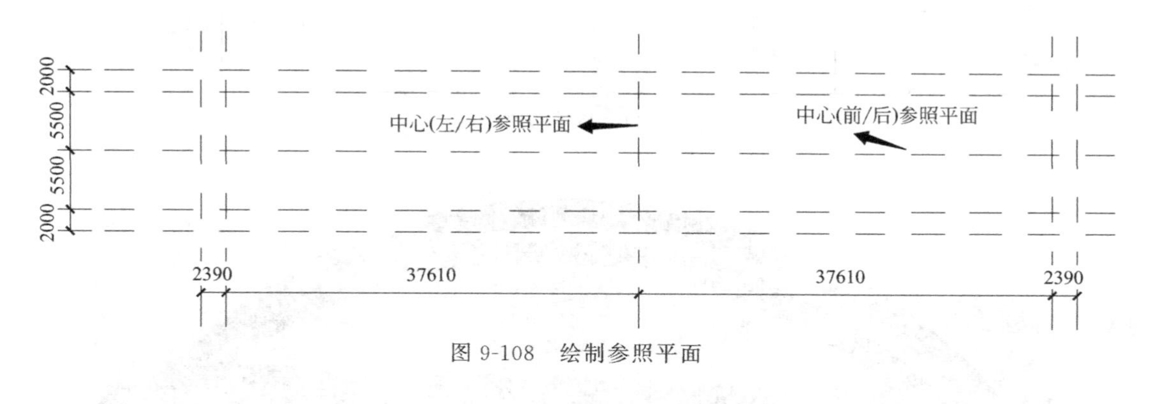

图 9-108　绘制参照平面

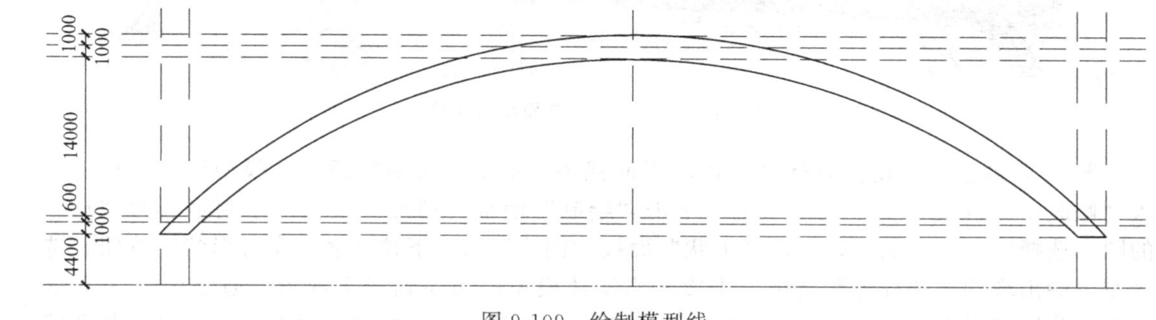

图 9-109　绘制模型线

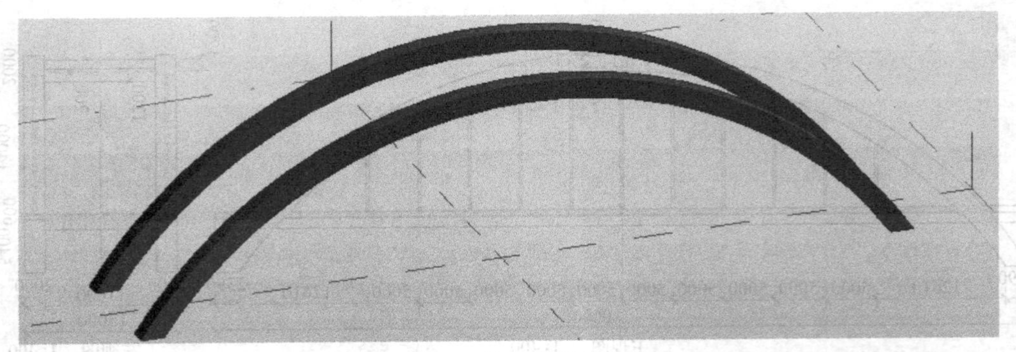

图 9-110　主拱三维模型效果图

④ 桥面板的绘制。切换至东立面视图；单击“绘制”面板“模型线”按钮，进入“修改｜放置线”上下文选项卡，单击“绘制”面板“直线”按钮，绘制桥面板模型线，如图 9-111 所示；选中桥面板模型线，单击“形状”面板“创建形状”下拉列表“实心形状”按钮，生成实体桥面板；切换至标高 1 楼层平面视图，通过键盘 Tab 键切换，选择形体左右表面，拖动相应水平箭头调整实体桥面板形体到正确的位置；切换到三维视图，查看桥面板三维模型效果，如图 9-112 所示。

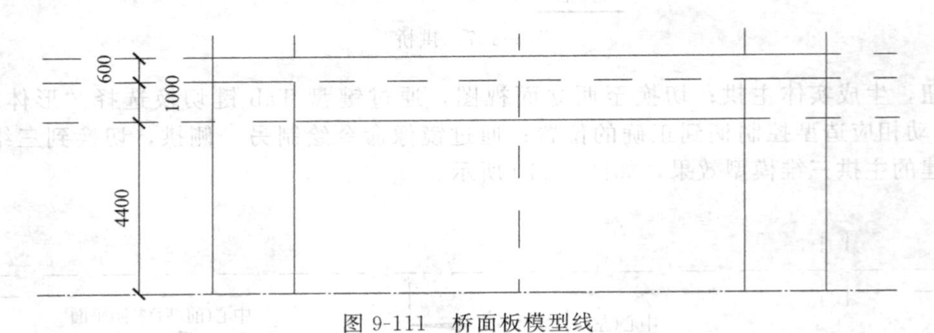

图 9-111　桥面板模型线

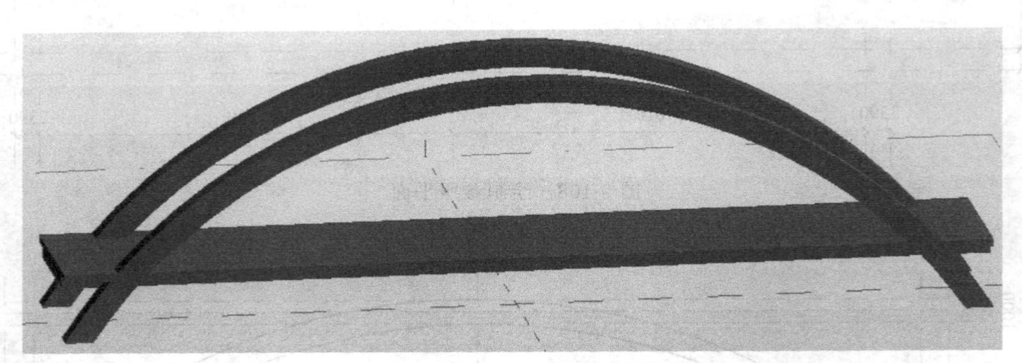

图 9-112　桥面板三维模型效果图

⑤ 悬索的绘制。切换至标高 1 楼层平面视图；单击“绘制”面板“模型线”按钮，进入“修改｜放置线”上下文选项卡，单击“绘制”面板“圆形”按钮，绘制半径为“100”的圆；选择刚刚绘制的圆，单击“形状”面板“创建形状”下拉列表“实心形状”按钮，选择左下侧出现的“圆柱体”选项，生成悬索实体模型；切换到三维视图，通过键盘 Tab 键切换，分别选择形体上下表面，拖动造型控制柄，使其与桥面板和主拱对齐；通过复制和镜

像命令完成所有悬索的创建，如图 9-113 所示。

图 9-113 悬索三维模型效果图

⑥ 横梁的绘制。切换至南立面视图，单击“绘制”面板“矩形”按钮，绘制矩形横梁模型线，如图 9-114 所示；选中刚刚绘制的矩形横梁模型线，单击“形状”面板“创建形状”下拉列表“实心形状”按钮，生成横梁实体模型；切换到三维视图，单击“修改”面板“对齐”按钮，使其与两主拱内表面对齐，如图 9-115 所示。

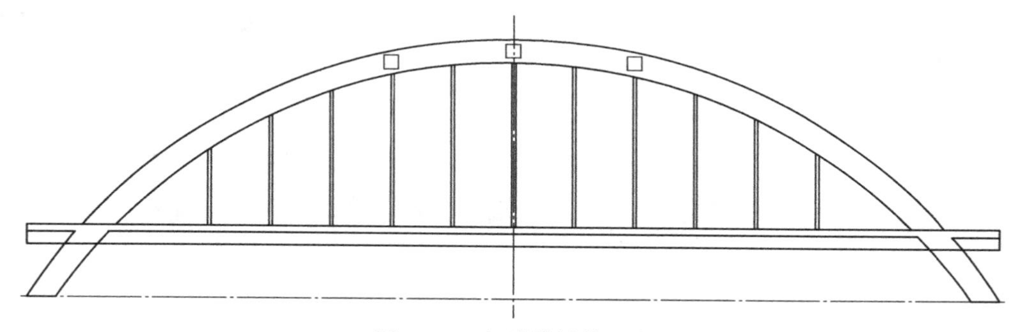

图 9-114 矩形横梁模型线

图 9-115 横梁三维模型效果图

⑦ 材质的赋予。单击“几何图形”面板“连接”下拉列表“连接几何图形”按钮，把模型主拱、悬索、横梁和桥面板连成一个整体；选中除悬索外的所有模型，在左侧属性选项板中将“材质”设置为“混凝土”；同理，对悬索的“材质”设置为“钢材”。

⑧ 保存文件。切换到三维视图，查看创建的三维模型效果，如图 9-116 所示。

图 9-116　拱桥三维模型效果图

第10章 建筑模型案例解析

10.1 建立房屋模型一

根据图 10-1 建立房子的模型，具体要求如下。

(1) 建立房子模型

① 按照给出的平、立面图要求，绘制轴网及标高，并标注尺寸。

② 按照轴线创建墙体模型，其中内墙厚度均为 200mm，外墙厚度均为 300mm。

③ 按照图纸中的尺寸在墙体中插入门和窗，其中门的型号：M0820、M0618，尺寸分别为 800mm × 2000mm、600mm × 1800mm；窗的型号：C0912、C1515，尺寸分别为 900mm×1200mm、1500mm×1500mm。

④ 分别创建门和窗的明细表，门明细表包含类型、宽度、高度以及合计字段；窗明细表包含类型、底高度（900mm）、宽度、高度以及合计字段。明细表按照类型进行成组和统计。

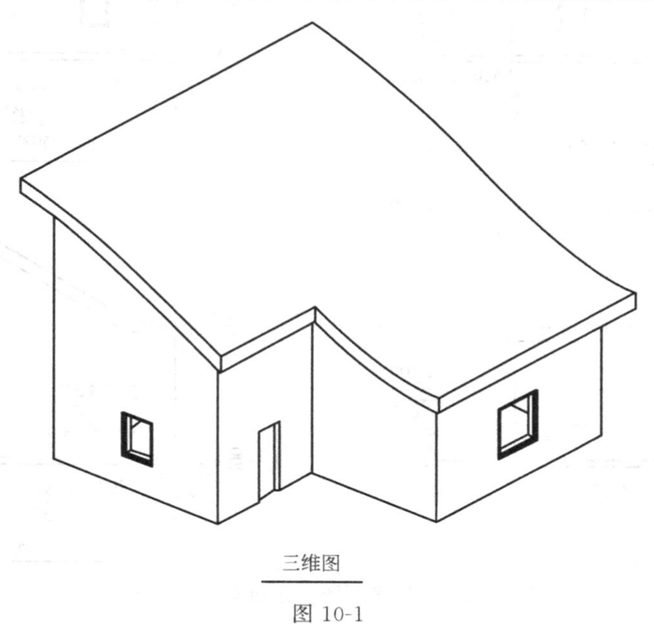

三维图

图 10-1

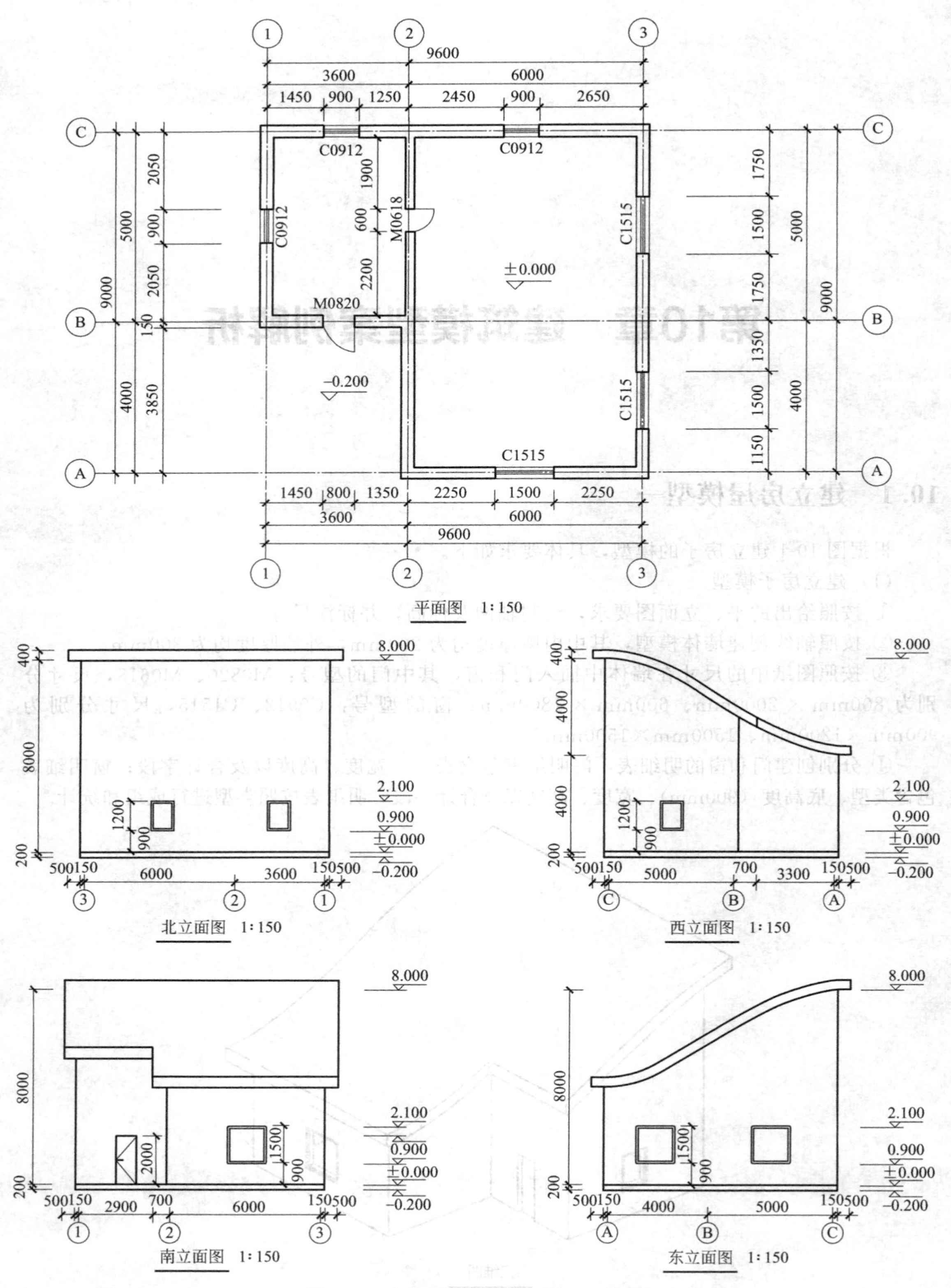

图 10-1 房屋平面图、立面图、三维图

（2）建立A2尺寸的图纸

将模型的平面图、东立面图、西立面图、南立面图、北立面图以及门明细表和窗明细表分别插入至图纸中，并根据图纸内容将图纸视图命名，图纸编号任意。详细步骤如下。

① 打开Revit软件，选择建筑样板，新建一个项目；切换到南立面视图，创建标高3为8.000m；切换到标高1楼层平面视图，绘制轴网，如图10-2所示。

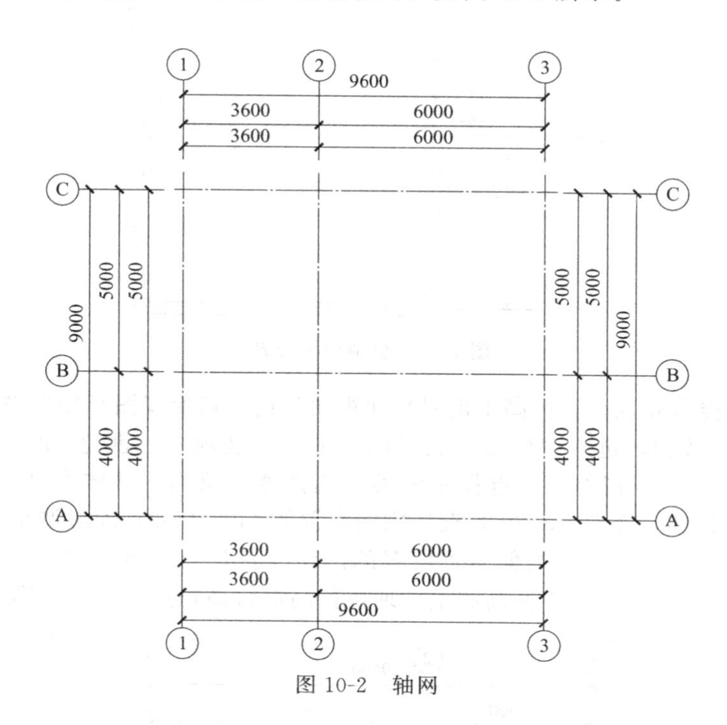

图10-2　轴网

② 单击“建筑”选项卡“构建”面板“墙”下拉列表“墙：墙建筑”按钮；选择左侧类型选择器下拉列表墙体类型为“基本墙：常规-200mm”，单击属性选项板“编辑类型”按钮，弹出“类型属性”对话框，单击“类型属性”对话框“复制”按钮，在弹出的“名称”对话框中“名称”输入为“内墙”；单击“确定”按钮，退出“名称”对话框，单击“类型属性”对话框“结构”右侧“编辑”按钮，弹出“编辑部件”对话框，设置内墙墙体构造，同理，创建外墙类型并绘制墙体，使用对齐命令调整内墙位置；切换到三维视图查看创建的墙体三维效果，如图10-3所示。

图10-3　绘制墙体的三维模型

③ 切换到标高1楼层平面视图，单击“建筑”选项卡“构建”面板“楼板”下拉列表“楼板：建筑”按钮，进入“修改｜创建楼层边界”上下文选项卡。切换到标高1楼层平面视图，单击“建筑”选项卡“构建”面板“楼板”下拉列表“楼板：建筑”按钮，进入“修改｜创建楼层边界”上下文选项卡；创建楼板类型，选择左侧类型选择器下拉列表楼板类型“楼板”，选项栏勾选“延伸到墙中（至核心层）”，设置左侧属性选项板“限制条件”的“标高：标高1”“自标高的高度偏移：0.0”，单击“绘制”面板“边界线”按钮，选择“拾取墙”绘制方式绘制封闭楼层边界，如图10-4所示；单击“模式”

面板“完成编辑模式”按钮“√”，完成标高 1 楼板的创建。

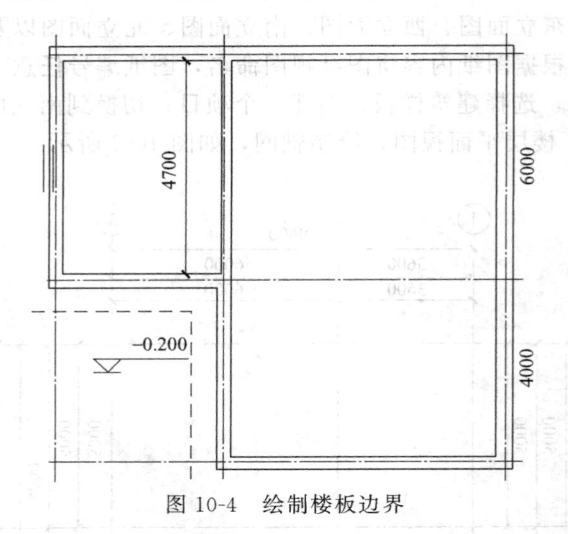

图 10-4　绘制楼板边界

④ 创建门窗类型并且布置标高 1 楼层平面视图门窗。切换视图至楼层平面 1，单击“建筑”选项卡“门”按钮，进入“修改｜放置门”上下文选项卡；创建 M0820、M0618 门类型，创建 C0912、C1515 窗类型；选择左侧类型选择器下拉列表墙体类型“M0820”，激活“在放置时标记”按钮，布置 M0820；选择刚刚布置的 M0820 并且通过调整临时尺寸标注数值来调整 M0820 到正确位置，类似布置所有的门窗并且进行对齐尺寸标注；单击“注释”选项卡“高程点”按钮对标高 1 标高和室外地坪标高进行高程点标注，如图 10-5 所示。

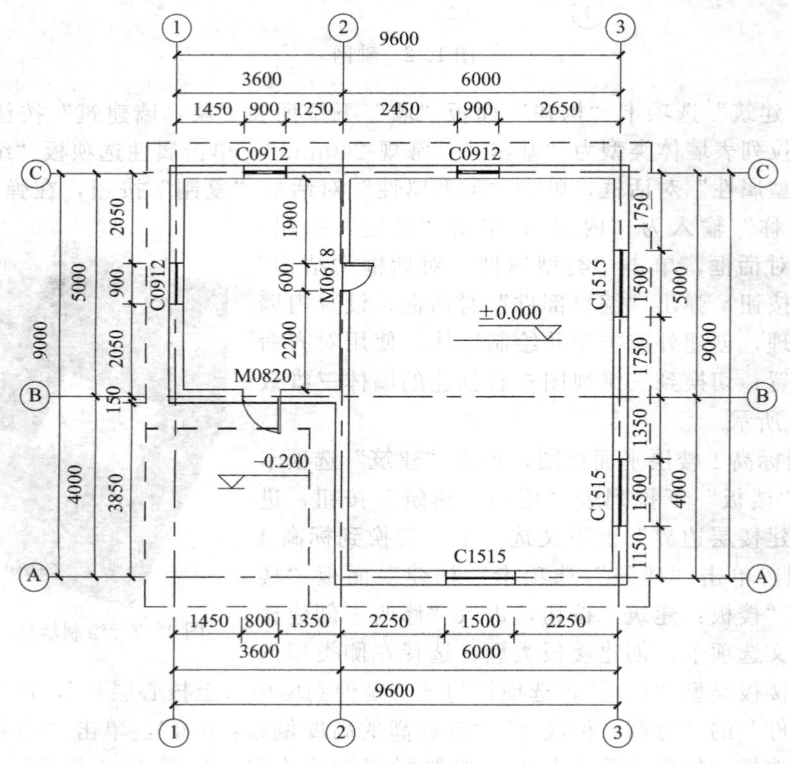

图 10-5　标高 1 楼层平面视图

⑤ 切换到标高 3 楼层平面视图，单击快速访问工具栏“参照平面”按钮，绘制参照平面并进行对齐尺寸标注，如图 10-6 所示；单击“建筑”选项卡“构建”面板“屋顶”下拉列表“拉伸屋顶”按钮，系统弹出“工作平面”对话框，在弹出的“工作平面”对话框中“指定新的工作平面”“勾选名称”“轴网：1”，单击“确定”按钮，退出“工作平面”对话框，系统自动弹出“转到视图”对话框，选择“立面：西”，单击“打开视图”按钮，退出“转到视图”对话框，系统自动切换到西立面视图且弹出“屋顶参照标高和偏移”对话框，按照默认即可，单击“确定”按钮，退出“屋顶参照标高和偏移”对话框；选择类型选择器下拉列表屋顶类型为“基本屋顶：常规-400mm”。设置左侧属性选项板“限制条件”为“参照标高：标高 3，标高偏移 400”，单击“绘制”面板“起点终点半径弧”按钮绘制拉伸屋顶轮廓，最后勾选“模式”面板“完成编辑模式”按钮；切换到标高 3 楼层平面视图，选择创建的拉伸屋顶，拖动左右两个边界造型操纵柄至屋顶正确边界位置；切换到三维视图，框选所有图元，进入“修改｜选择多个”上下文选项卡，单击“选择”面板“过滤器”按钮，在弹出的“过滤器”对话框中，勾选“墙”，单击“确定”按钮退出“过滤器”对话框，则选中了所有的外墙和内墙；系统自动切换到“修改｜墙”上下文选项卡，单击“修改墙”面板“附着顶部/底部”按钮，选项栏“附着墙”勾选“顶部”，再次选择拉伸屋顶，所有墙体附着到屋顶底部了，切换到三维视图查看模型效果，如图 10-7 所示；切换到标高 3 楼层平面视图，选择拉伸屋顶，进入“修改｜屋顶”上下文选项卡，单击“洞口”面板“垂直”按钮，单击“绘制”面板“矩形”按钮绘制垂直洞口边界；单击“模式”面板“完成编辑模式”按钮。

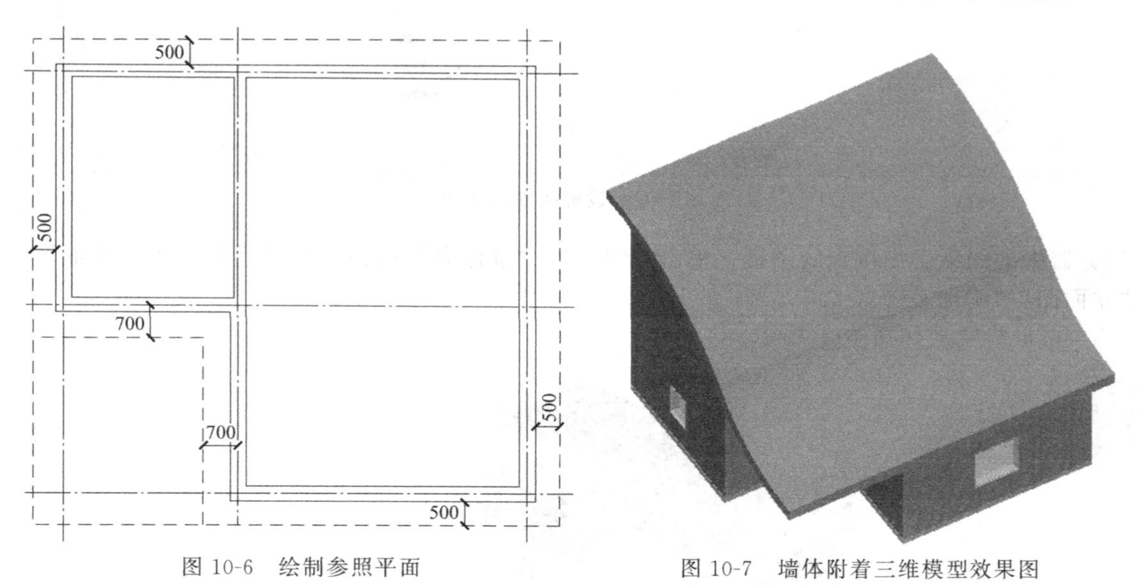

图 10-6　绘制参照平面　　图 10-7　墙体附着三维模型效果图

⑥ 创建门窗明细表。单击“视图”选项卡“创建”面板“明细表”下拉列表“明细表/数量”按钮，在弹出的“新建明细表”对话框中“类别”选择“窗”，“名称”命名为“窗明细表”，单击“确定”按钮退出“新建明细表”对话框，弹出“明细表属性”对话框，分别设置“明细表属性”对话框中“字段”“排序/成组”“格式”“外观”选项卡的参数，如图 10-8 所示。同理创建的门明细表。

⑦ 单击“视图”选项卡“图纸组合”面板“图纸”工具，在弹出的“新建图纸”对话框中选择“A2 公制”，将右侧项目浏览器“楼层平面”下的“平面图”拖入图纸中即可；同理，将东立面图、西立面图、北立面图、南立面图和门窗明细表分别拖入图纸中；此时项目

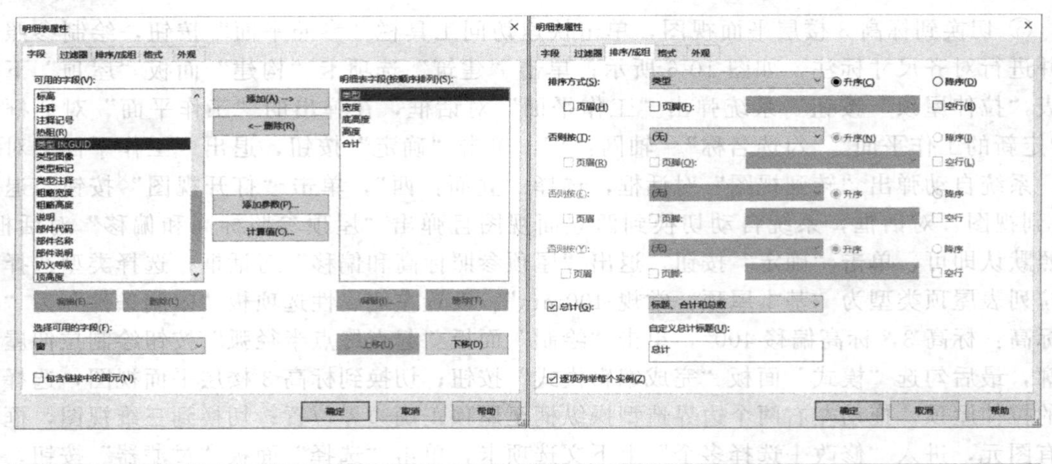

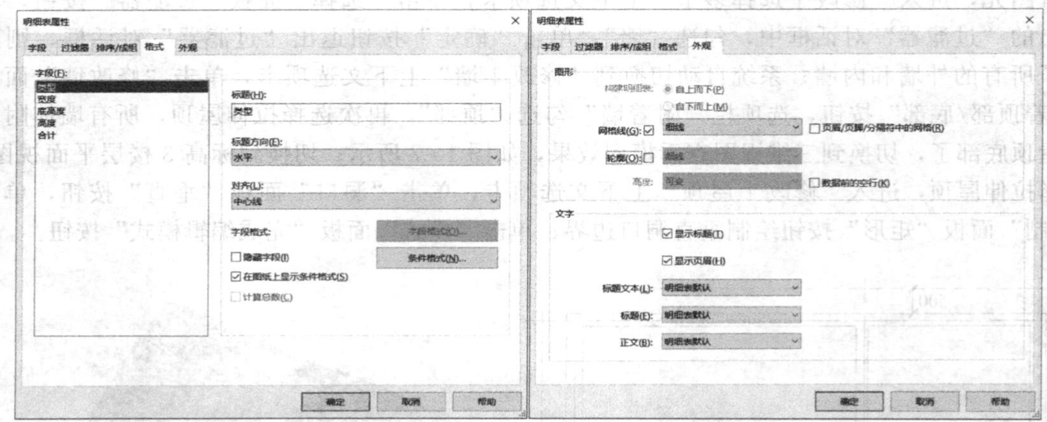

图 10-8　设置明细表属性

浏览器中的图纸会出现新的图纸，单击右键选择“重命名”按钮，将其重命名为“平面图”“立面图”“明细表”。

⑧ 最终模型如图 10-9 所示。

图 10-9　房屋三维模型效果图

10.2　建立房屋模型二

根据图 10-10 给出的图纸，按要求构建房屋模型，并对模型进行渲染。

(1) 已知建筑的内外墙厚均为 240mm，沿轴线居中布置，按照平、立面图纸建立房屋模型，楼梯、大门入口台阶、车库入口坡道、阳台样式参照图自定义尺寸，二层棚架顶部标高与屋顶一致，棚架梁截面高 150mm、宽 100mm，棚架梁间距自定，其中窗的型号 C1815、C0615，尺寸分别为 800mm×1500mm、600mm×1500mm；门的型号 M0620、M1521、M1822、JLM3022、YM1824，尺寸分别为 600mm×1500mm、1500mm×2100mm、1800mm×2200mm、3000mm×2200mm、1800mm×2400mm。

(2) 对一层室内进行家具布置，可以参考给定的一层平面图。

(3) 对房屋不同部位附着材质，外墙体采用红色墙面涂料，勒脚采用灰色石材，屋顶及棚架采用蓝灰色涂料，立柱及栏杆采用白色涂料。

(4) 分别创建门和窗的明细表，门明细表包含类型、宽度、高度以及合计字段；窗明细表包含类型、底高度 (900mm)、宽度、高度以及合计字段。明细表按照类型进行成组和统计。

(5) 对房屋的三维模型进行渲染，设置蓝色背景，结果以"房屋渲染"为文件名，保存在文件夹中。

详细步骤如下。

① 打开 Revit 软件，选择"建筑样板"，新建一个项目文件；切换到南立面视图，绘制标高线以及给各个标高进行重命名，同时创建各个楼层平面视图，如图 10-11 所示；切换到

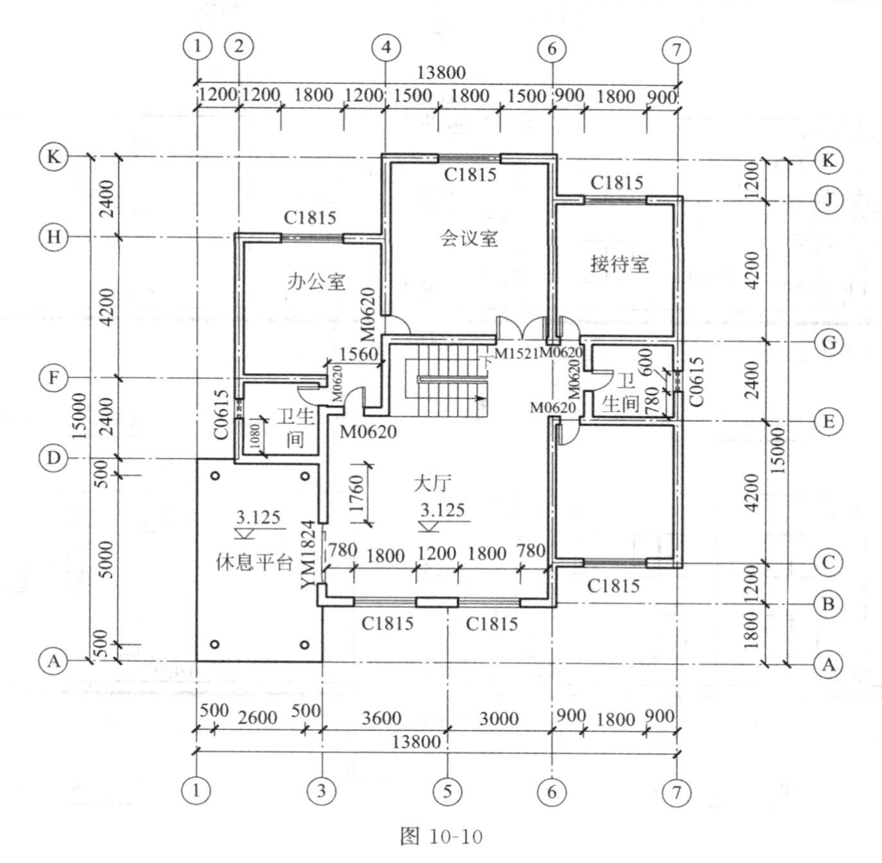

图 10-10

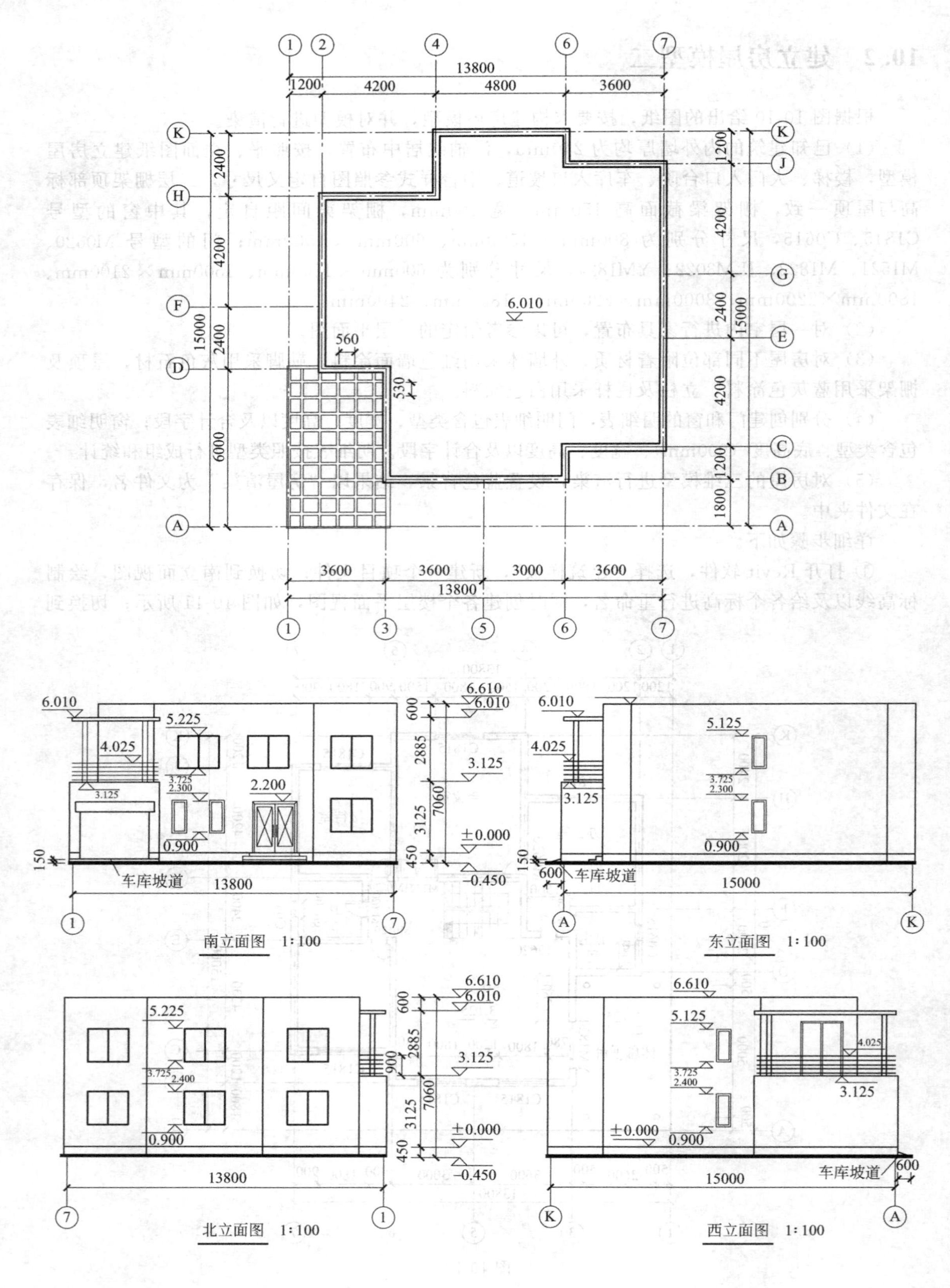
南立面图 1:100
东立面图 1:100
北立面图 1:100
西立面图 1:100
车库坡道

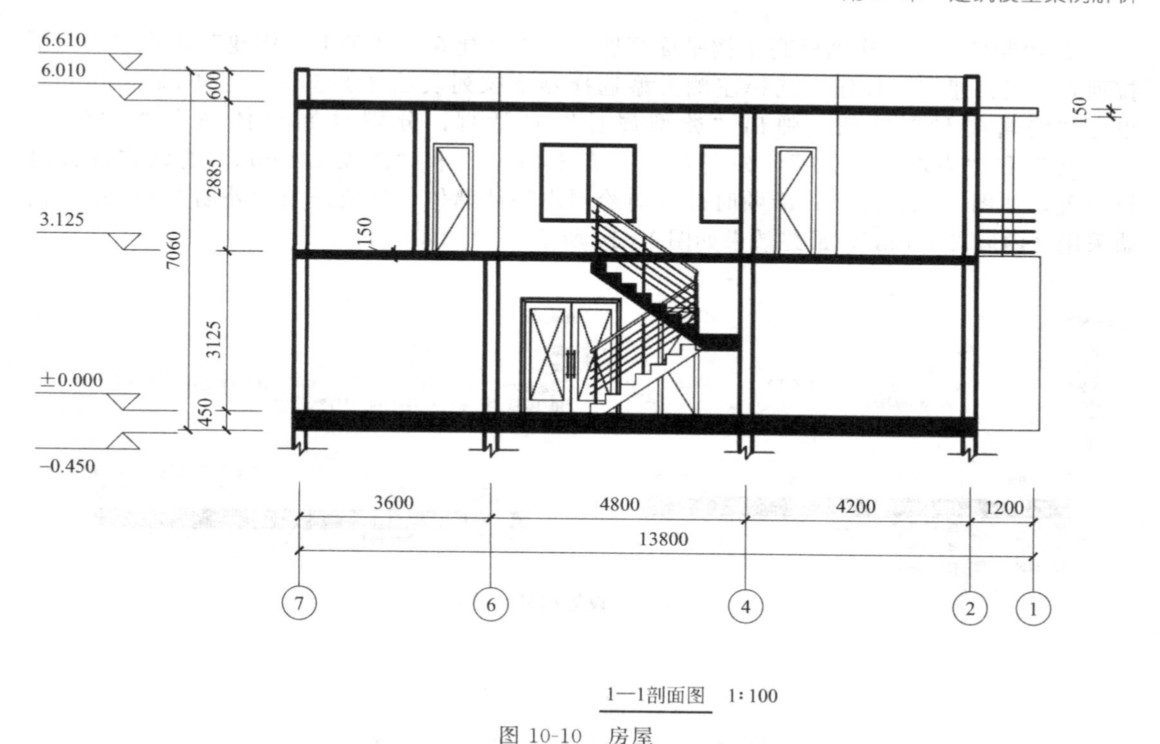

1—1剖面图　1:100

图 10-10　房屋

标高 1 楼层平面视图，根据题目要求绘制轴网，对轴网进行局部修改，如图 10-12 所示；框选所有轴网，单击“基准”面板“影响范围”按钮，将局部修改影响到其余各个楼层平面视图，分别切换到东立面图、西立面图、南立面图和北立面图对轴网和标高线进行局部调整，同时框选轴网以及标高线，单击“修改”面板上的“锁定”按钮，对轴网和标高线进行锁定。

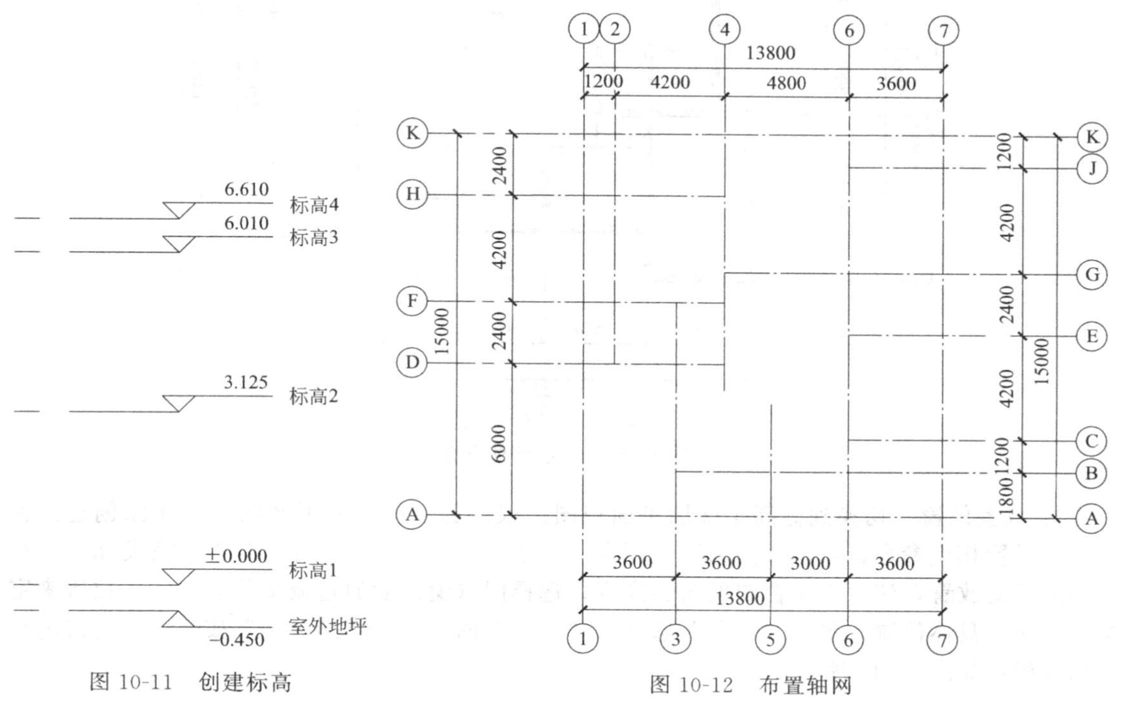

图 10-11　创建标高　　　　图 10-12　布置轴网

② 绘制墙体。切换到标高 1 楼平面视图，单击“建筑”选项卡“构建”面板“墙”下拉列表“墙：建筑”按钮，选择左侧类型选择器下拉列表墙体类型为“基本墙-200mm”，单击“编辑类型”按钮，弹出“类型属性”对话框，分别复制墙体命名为“外墙-240mm”和“内墙-240mm”，分别对“外墙-240mm”和“内墙-240mm”的结构部件进行设置，如图 10-13 所示；沿顺时针方向绘制内外墙墙体，外墙采用“外墙-240mm”，内墙采用“内墙-240mm”，最终效果如图 10-14 所示。

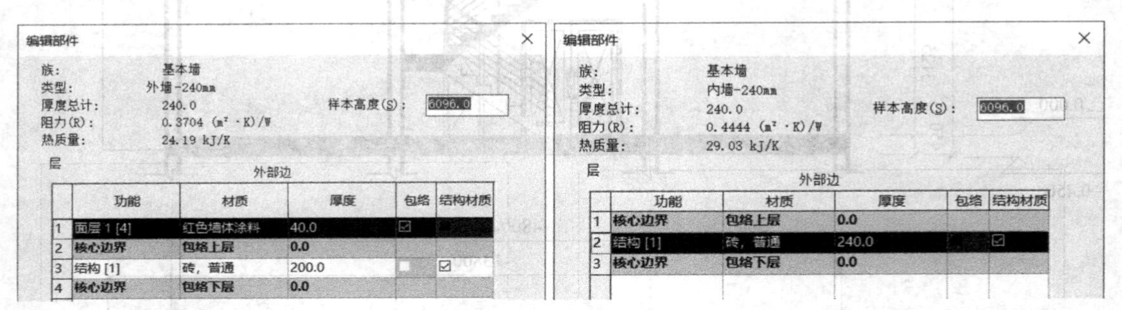

图 10-13　设置内外墙构造

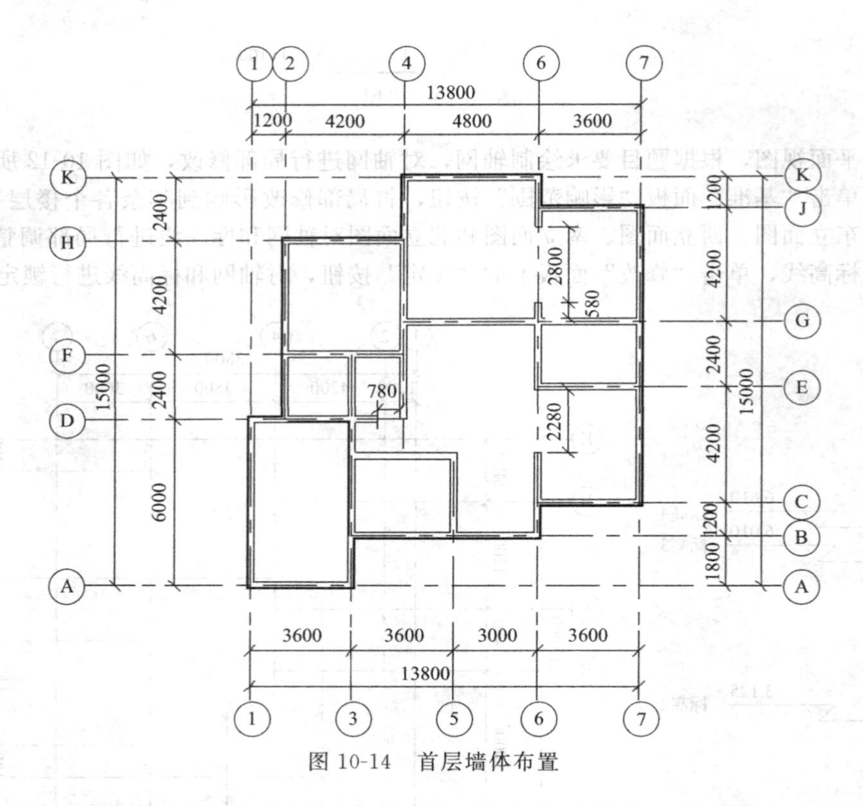

图 10-14　首层墙体布置

③ 放置门窗。切换到标高 1 楼层平面视图；根据题目提供的平面图和立面图创建门窗类型，设置相应参数；单击“建筑”选项卡“构建”面板“窗”“门”按钮，完成标高 1 楼层平面门窗放置，注意各个窗户的窗台高度；选择门（窗）后通过调整临时尺寸线数值来定位门（窗）具体位置；单击“注释”选项卡“标记”面板“按类别标记”按钮，对门窗进行类别标记，如图 10-15 所示。

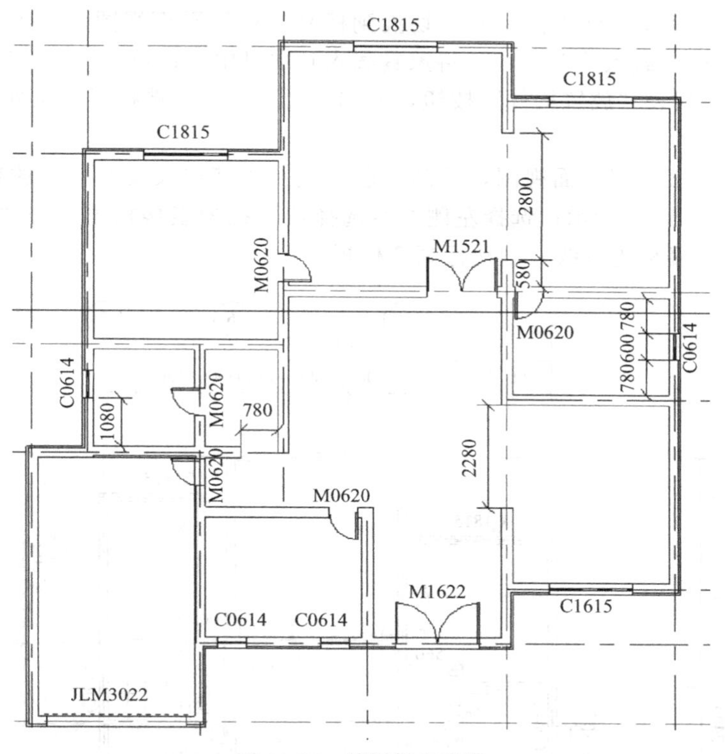

图 10-15　首层门窗布置

④ 绘制标高 1 位置楼板以及车库标高－0.300m 位置楼板。创建“楼板-450mm”以及“车库楼板-150mm”类型；单击“建筑”选项卡“构建”面板“楼板”下拉列表“楼板：建筑”按钮，选择左侧类型选择器下拉列表楼板类型，设置左侧属性选项板参数，选择“绘制”面板上“边界线”绘制方式“直线”，沿外墙核心层外边界绘制楼板的边界，绘制完成后单击“模式”面板中的“完成编辑模式”按钮，完成楼板的创建，如图 10-16、图 10-17 所示。

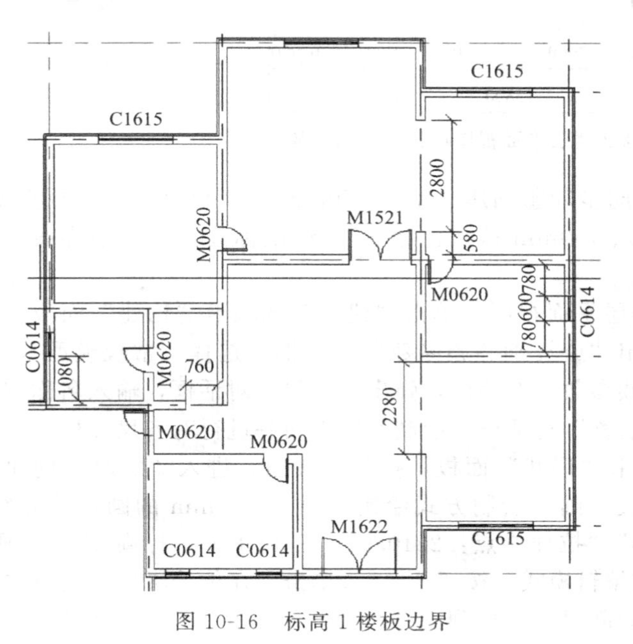

图 10-16　标高 1 楼板边界

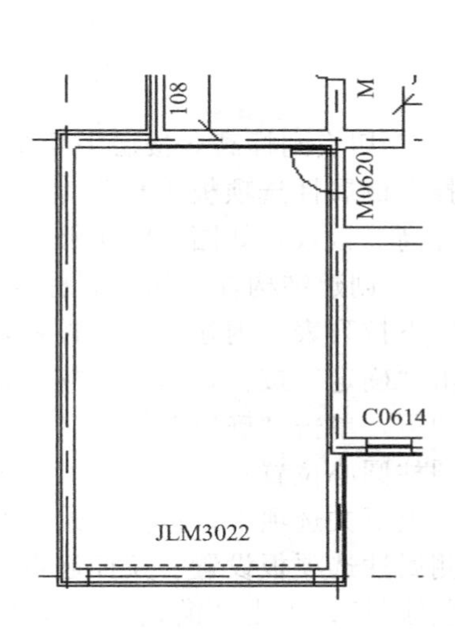

图 10-17　车库楼板边界

⑤ 布置标高 1 楼层平面视图家具。切换到标高 1 楼层平面视图，单击“插入”选项卡“从库中载入”面板“载入族”按钮，将家具载入到项目中去；单击“建筑”选项卡“构建”面板“构件”下拉列表“放置构件”按钮，分别选择左侧类型选择器下拉列表中的家具类型放置到标高 1 楼层平面视图中。

⑥ 切换到标高 2 楼层平面视图，绘制二层外墙和内墙以及女儿墙，放置二层门窗并进行类别标记，如图 10-18 所示；选择左侧类型选择器下拉列表楼板类型为“楼板-150mm 标高 2”，绘制标高 2 楼板边界线，创建标高 2 楼板，如图 10-19 所示。

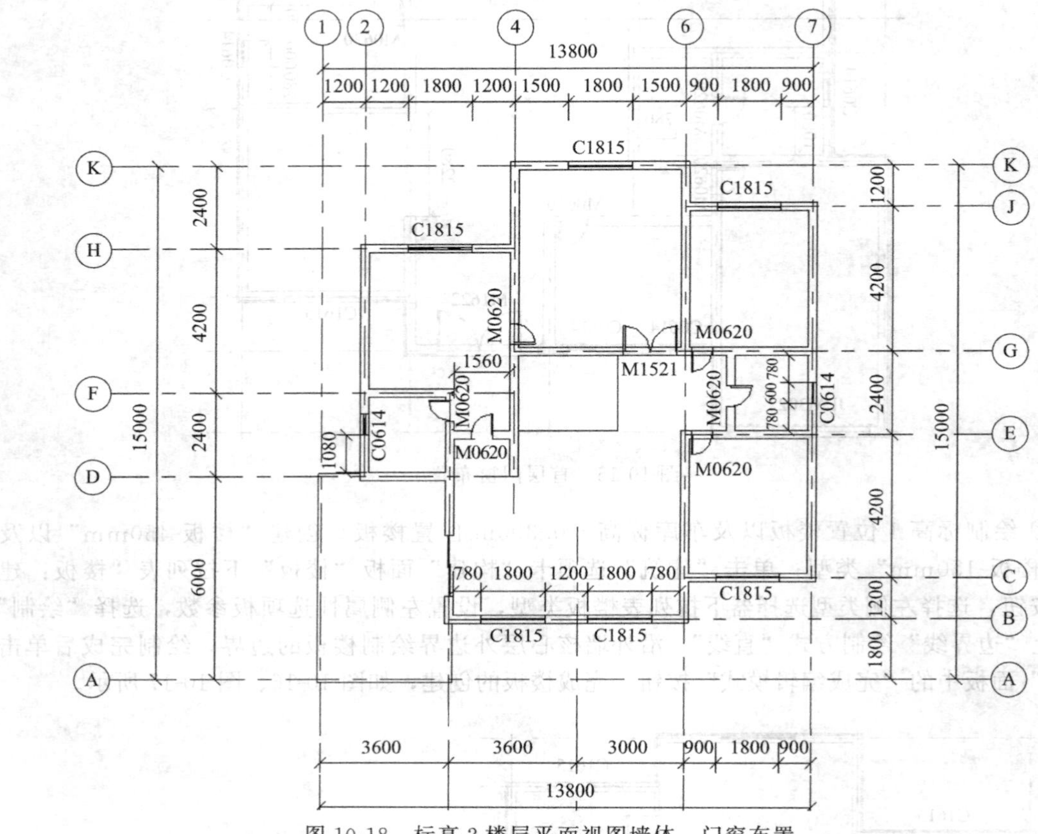

图 10-18　标高 2 楼层平面视图墙体、门窗布置

⑦ 切换到标高 3 楼层平面视图，同步骤④创建“屋顶-150mm-蓝灰色涂料”楼板类型；选择左侧属性选项板楼板类型为“屋顶-150mm-蓝灰色涂料”，绘制标高 3 楼板边界线，创建标高 3 楼板，如图 10-20 所示。

⑧ 创建结构柱。切换到标高 2 楼层平面视图；单击“建筑”选项卡“构建”面板“构件”下拉列表“内建模型”按钮，弹出“族类别和族参数”对话框，选择“常规模型”，再单击“确定”按钮，退出“族类别和族参数”对话框，弹出“名称”对话框，输入名称按默认即可，单击“确定”按钮，退出“名称”对话框；绘制参照平面并进行对齐尺寸标注，确定圆柱圆心位置；单击“创建”选项卡“形状”面板“拉伸”按钮，进入“修改 | 创建拉伸”上下文选项卡，选择“绘制”面板“圆”绘制方式绘制半径为 150mm 的圆形边界线，左侧属性选项板设置“拉伸起点：0.0”“拉伸终点：2810.0”“工作平面：标高 2”“材质：白色涂料”；单击“模式”面板“完成编辑模式”按钮“√”，单击“在位编辑器”面板“完成模型”按钮，完成结构柱内建模型的创建，切换到三维视图，查看结构柱三维模型效果，

如图 10-21 所示。

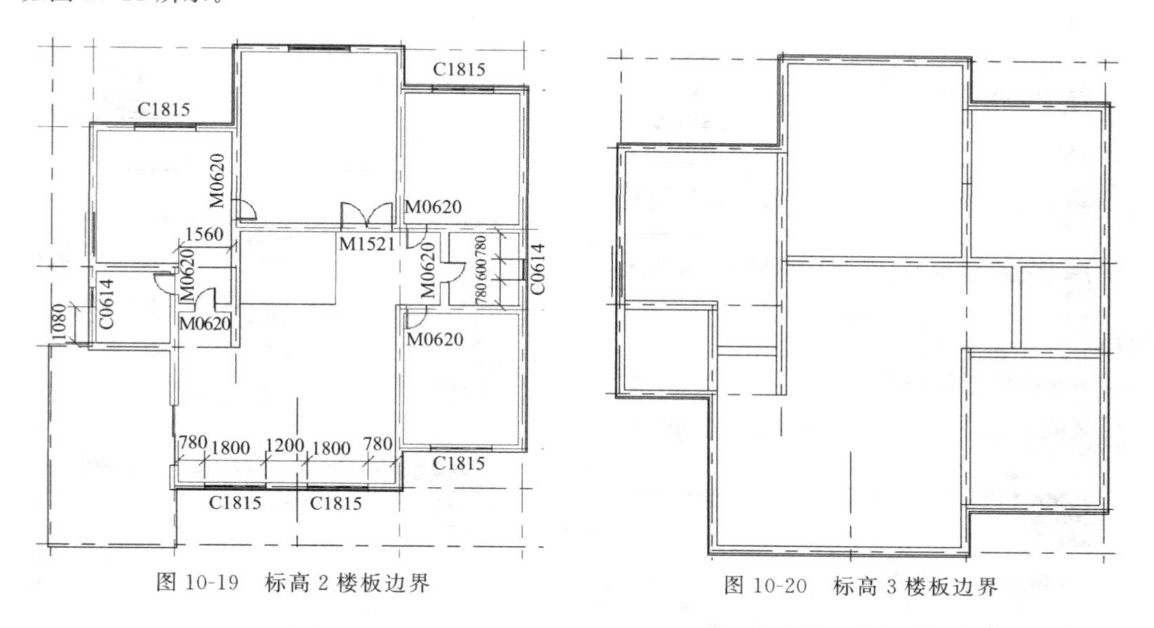

图 10-19　标高 2 楼板边界　　　　图 10-20　标高 3 楼板边界

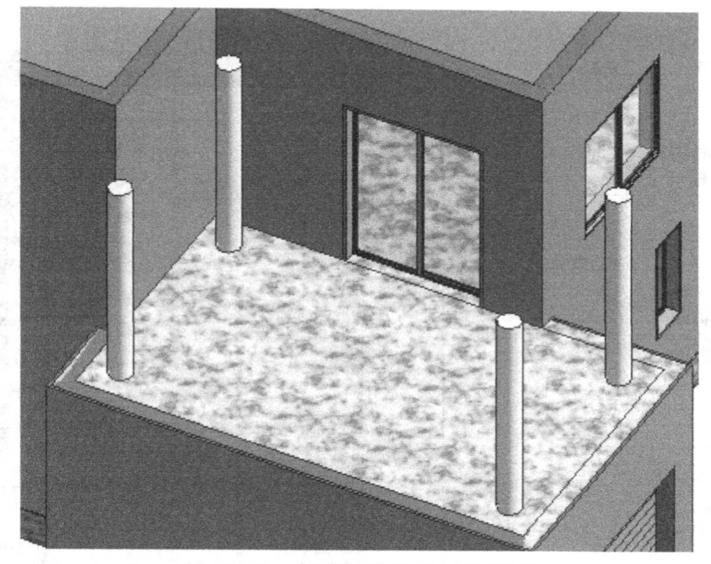

图 10-21　创建结构柱的三维模型

⑨ 切换到标高 3 楼层平面视图；单击“建筑”选项卡“构建”面板“竖梃”按钮，创建矩形竖梃“100mm×150mm”且材质设置为“蓝灰色涂料”，如图 10-22 所示。单击“建筑”选项卡“构建”面板“屋顶”下拉列表“迹线屋顶”按钮，选择左侧类型选择器下拉列表屋顶类型“玻璃斜窗”，单击左侧属性选项板“编辑类型”按钮，弹出“类型属性”对话框，设置网格和竖梃参数如图 10-23 所示。选项栏不勾选坡度复选框；设置左侧属性选项板“限制条件”的“底部标高：标高 3”“自标高的底部偏移：－75.0”，“矩形”绘制方式绘制屋顶迹线，如图 10-24 所示；完成后单击“模式”面板“完成编辑模式”按钮“√”，完成迹线屋顶的创建。

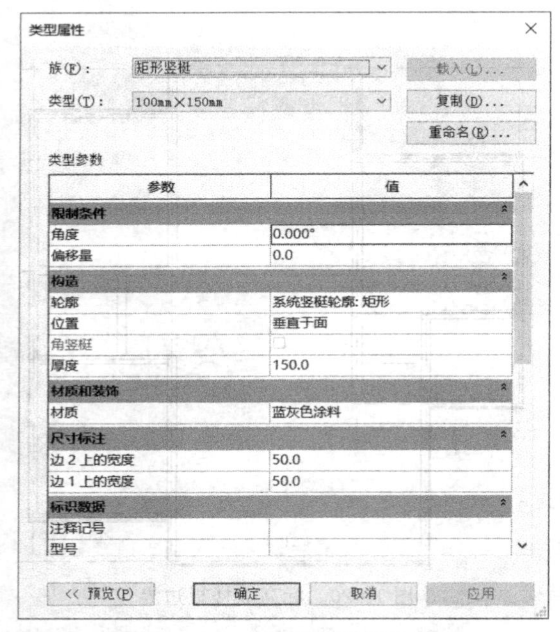

图 10-22　矩形竖梃类型参数

图 10-23　玻璃斜窗类型参数

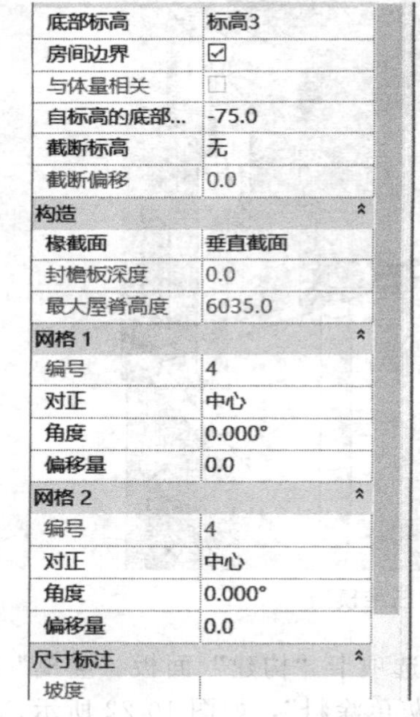

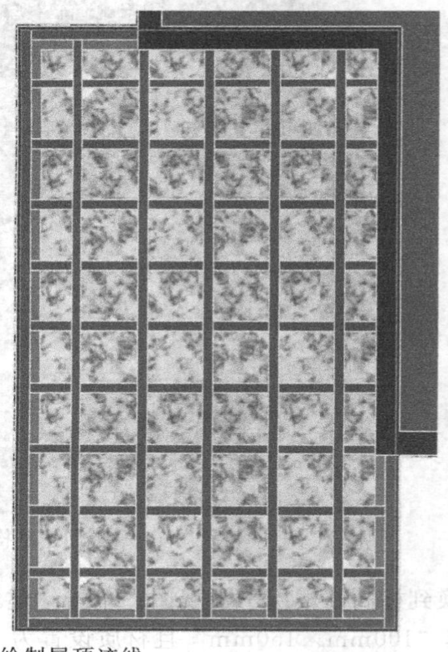

图 10-24　绘制屋顶迹线

⑩ 切换到标高 2 楼层平面视图；双击右侧项目浏览器中“族→栏杆扶手→顶部扶栏类型→圆形-40mm”，弹出“类型属性”对话框，设置顶部扶栏“圆形-40mm”的类型参数，如图 10-25 所示。单击“建筑”选项卡“楼梯坡道”面板“栏杆扶手”下拉列表“绘制路径”按钮，进入“修改丨创建 栏杆扶手路径”上下文选项卡，单击选择左侧类型选择器下拉列表“栏杆扶手 900mm 圆管”，单击“编辑类型”按钮，弹出“类型属性”对话框，复

制创建一个新的栏杆扶手类型“900mm 圆管 2”，设置“顶部扶栏”的“高度为 900，类型为圆形-40mm”，如图 10-26 所示。单击“类型属性”对话框“栏杆位置”右侧“编辑”按钮，在弹出的“编辑栏杆位置”对话框设置相关参数，单击“类型属性”对话框“扶栏结构(非连续)”右侧“编辑”按钮，在弹出的“编辑扶手(非连续)”对话框中，设置扶栏的材质为“白色涂料”，如图 10-27 所示。单击“绘制”面板“直线”按钮，绘制栏杆扶手路径，单击“模式”面板“完成编辑模式”按钮“√”，完成栏杆扶手的创建。

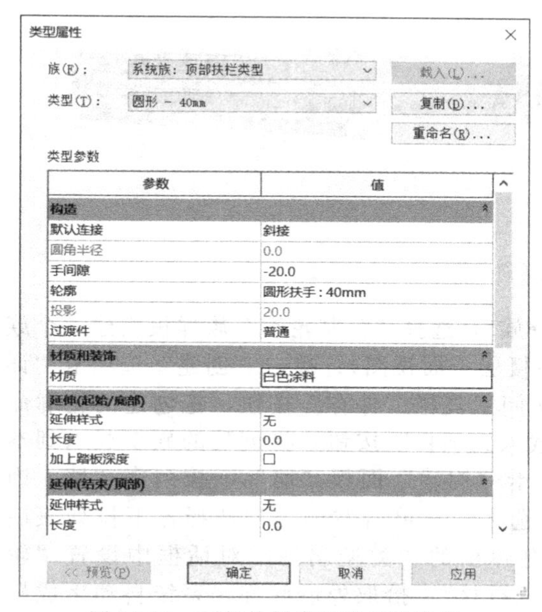

图 10-25　顶部扶栏类型的参数设置

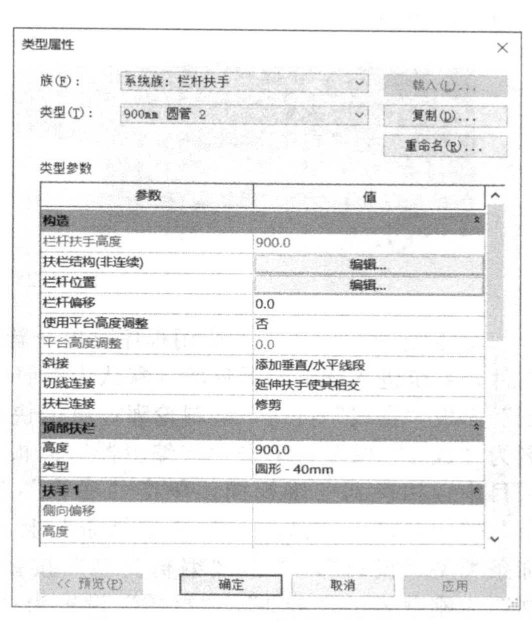

图 10-26　900mm 圆管 2 参数设置

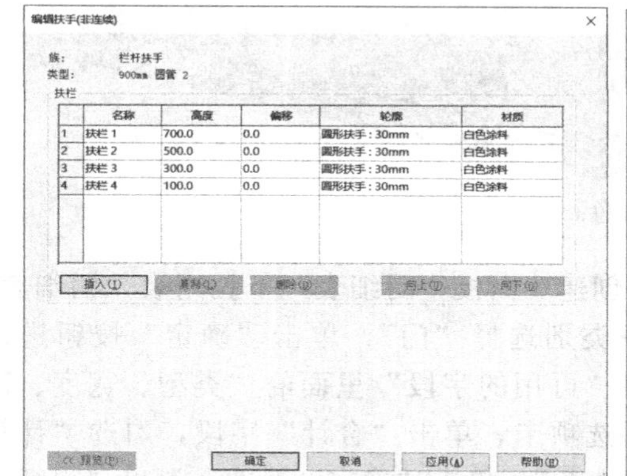

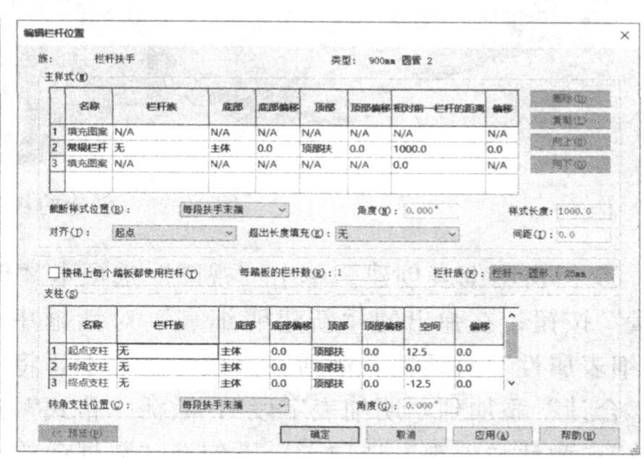

图 10-27　设置栏杆位置和扶手

⑪ 切换到标高 1 楼层平面视图，通过“内建模型”中的“放样”工具创建坡道和台阶。单击“建筑”选项卡“构建”面板“构件”下拉列表“内建模型”按钮，在弹出的“族类别和族参数”对话框中，选择“族类别”为“常规模型”，单击“确定”按钮，退出“族类别和族参数”对话框，在弹出的“名称”对话框中输入“坡道”，单击“确定”按钮，退出“名称”对话框，单击“创建”选项卡“形状”面板“放样”按钮，进入“修改 | 放样”上下文选项卡；单击“放样”面板“绘制路径”按钮，进入“修改 | 放样 绘制路径”上下文

选项卡，单击“绘制”面板“直线”按钮绘制坡道放样路径，单击“模式”面板“完成编辑模式”按钮“√”完成编辑。单击“放样”面板“编辑轮廓”按钮，弹出“转到视图”对话框，选择“立面：西”选项，单击“打开视图”按钮，系统自动切换到西立面视图，单击“绘制”面板“直线”按钮绘制坡道放样轮廓；连续单击两次“模式”面板“完成编辑模式”按钮“√”完成坡道放样模型的创建；同理，绘制台阶放样路径和放样轮廓，完成台阶的放样模型的创建。单击“在位编辑器”面板“完成模型”按钮，完成坡道和台阶的内建模型的创建，如图 10-28 所示。

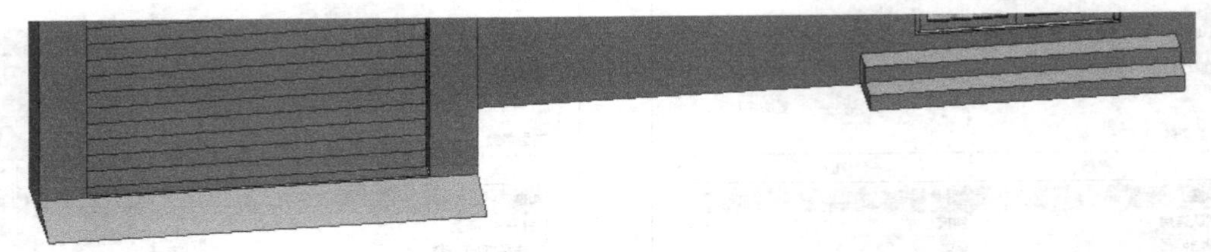

图 10-28 坡道和台阶

⑫ 创建勒脚。单击“应用程序菜单→新建→族”，选择“公制轮廓”族样板新建一个族文件，系统进入族编辑器环境（默认为参照标高楼层平面视图）；单击“创建”选项卡“详图”面板“直线”按钮，绘制轮廓；单击快速访问工具栏“保存”按钮，把创建的轮廓命名为“族 1”保存；单击“族编辑器”面板“载入到项目”按钮，将创建的族 1 载入到本项目中；切换到三维视图，单击“建筑”选项卡“构建”面板“墙”下拉列表“墙：饰条”按钮，进入“修改｜放置 墙饰条”上下文选项卡，单击左侧类型选择器下拉列表墙饰条类型“檐口”，单击“编辑类型”按钮，在弹出的“类型属性”对话框中设置“轮廓”为刚载入的“族 1”，“材质”设置为“灰色石材”；拾取外墙底部，系统自动生成勒脚，如图 10-29 所示。

图 10-29 创建的灰色石材勒脚

⑬ 门窗明细表创建。单击“视图”选项卡“创建”面板“明细表”下拉列表“明细表/数量”按钮；在弹出的“新建明细表”对话框中类别选择“门”，单击“确定”按钮进入“明细表属性”对话框，激活“字段”选项卡，将“可用的字段”里面的“类型、宽度、高度、合计”添加到“明细表字段”；激活“格式”选项卡，单击“合计”字段，勾选“计算总数”；激活“外观”选项卡，不勾选“数据前的空行”，单击“确定”按钮，退出“明细表属性”对话框；按住鼠标左键拖动选择“宽度”列和“高度”列，单击“明细表”面板“成组”按钮，合并生成新单元格，输入“门尺寸”。门明细表创建完成，同理创建窗明细表。

⑭ 切换到三维视图，按住键盘 Shift 键，同时按住鼠标中键旋转三维视图至合适位置；单击左下侧“视图控制栏”的“视觉样式”下拉列表“真实”按钮；单击“视图”选项卡“图形”面板“渲染”按钮，弹出“渲染”对话框，设置参数，如图 10-30 所示，单击“渲染”按钮开始进行渲染，渲染进度如图 10-31 所示，渲染完成后单击“渲染”对话框中的“导出”按钮，弹出“保存于”对话框，设置相关参数。

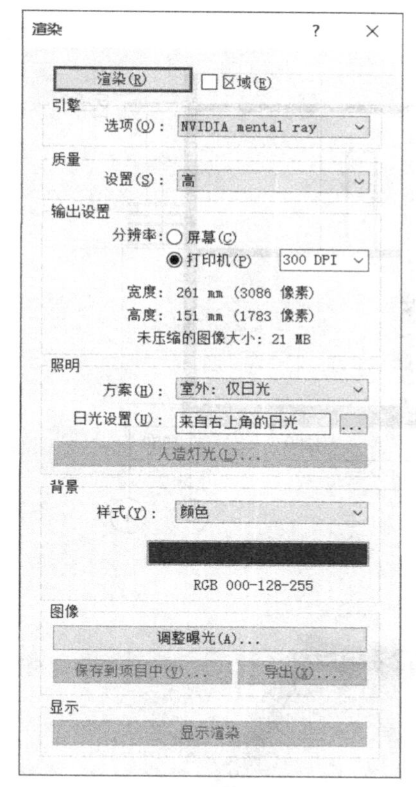

图 10-30　设置渲染

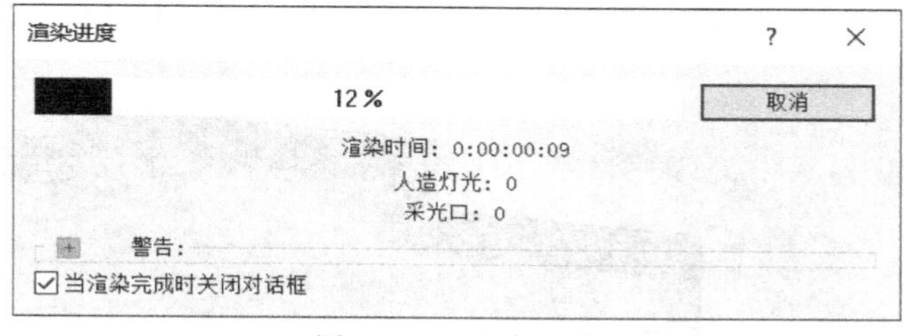

图 10-31　渲染进度

⑮ 绘制楼梯。切换到标高 1 楼层平面视图，绘制参照平面并进行对齐尺寸标注，单击“建筑”选项卡“楼梯坡道”面板“楼梯”下拉列表“楼梯（按构件）”按钮，进入“修改楼梯”上下文选项卡；选择左侧类型选择器下拉列表楼梯类型为“整体浇筑楼梯”，单击“编辑类型”按钮，弹出“类型属性”对话框，在弹出的“类型属性”对话框中设置楼梯的类型参数，设置左侧属性选项板实例参数“底部标高：标高 1”“底部偏移：0.0”“顶部标高：无”，“所需的楼梯高度：3125”“所需踢面数：16”“实际踏板深度：270”“踏板/踢面起始编号：1”，选项栏定位线“梯段：左”“偏移量：0.0”“实际梯段宽度：1050”勾选“自动平台复选框”，激活“构件”面板“梯段”按钮，单击“构件”面板“直梯”按钮创建楼梯；切换到三维视图，勾选左侧属性选项板中“剖面框”复选框，删除靠墙一侧栏杆扶手；切换到标高 2 楼层平面视图，选择标高 2 楼板，单击“编辑边界”按钮对楼板开洞，选择栏杆扶手，单击“编辑路径”按钮，绘制栏杆扶手路径，结果如图 10-32 所示。

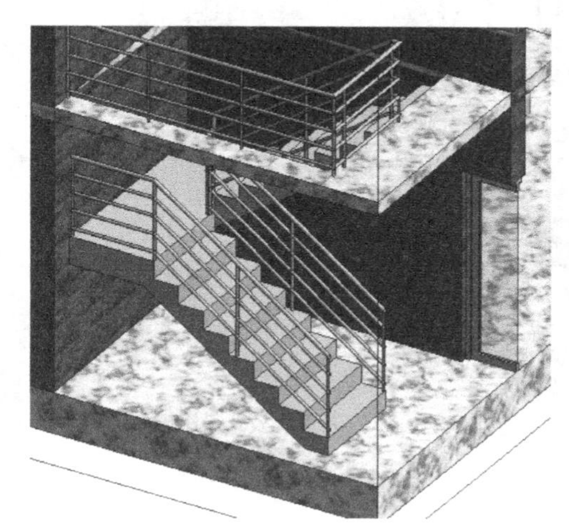

图 10-32　楼梯三维模型

⑯ 切换到标高 1 楼层平面视图，创建 1—1 剖面图，如图 10-33 所示。

⑰ 最终模型如图 10-34 所示。

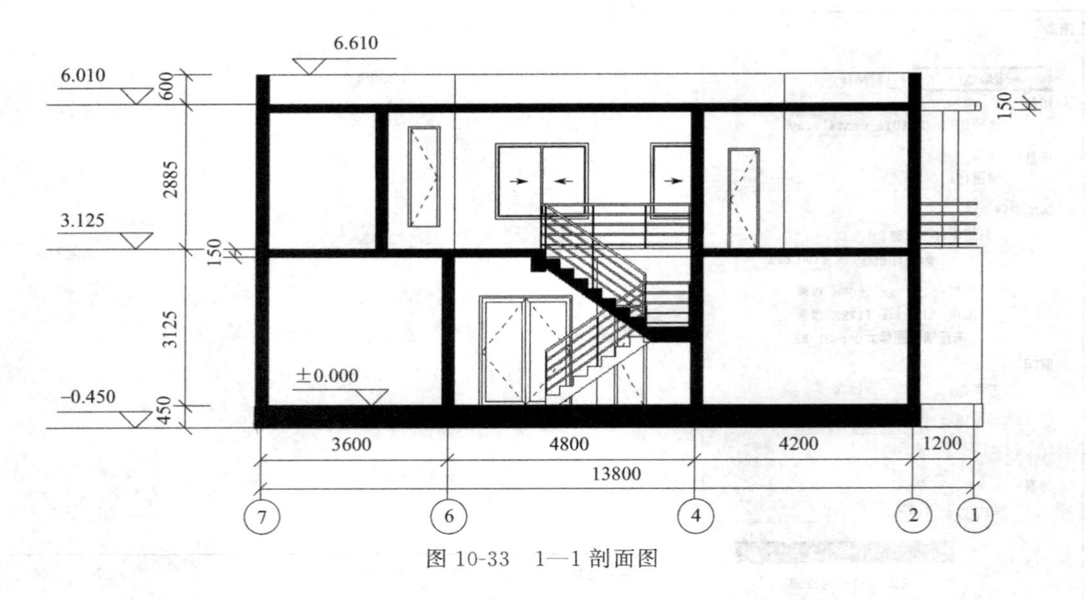

图 10-33　1—1 剖面图

图 10-34　三维模型效果图

10.3　构建双拼别墅模型

根据以下要求和图 10-35 给出的图纸，创建模型并将结果输出。详细步骤如下。

（1）建模环境设置

设置项目信息：①项目发布日期：2019 年 3 月 28 日；②项目编号：2019001-1。

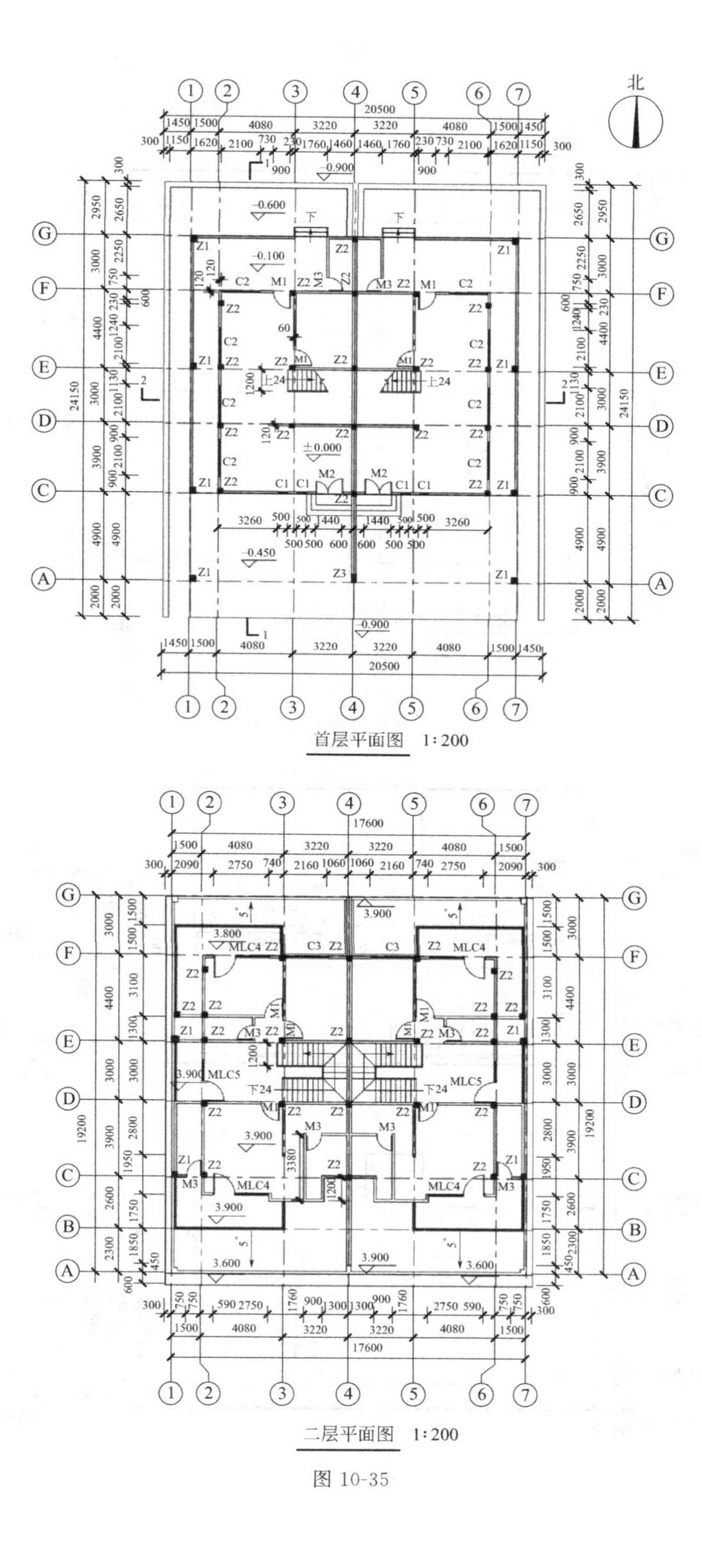

图 10-35

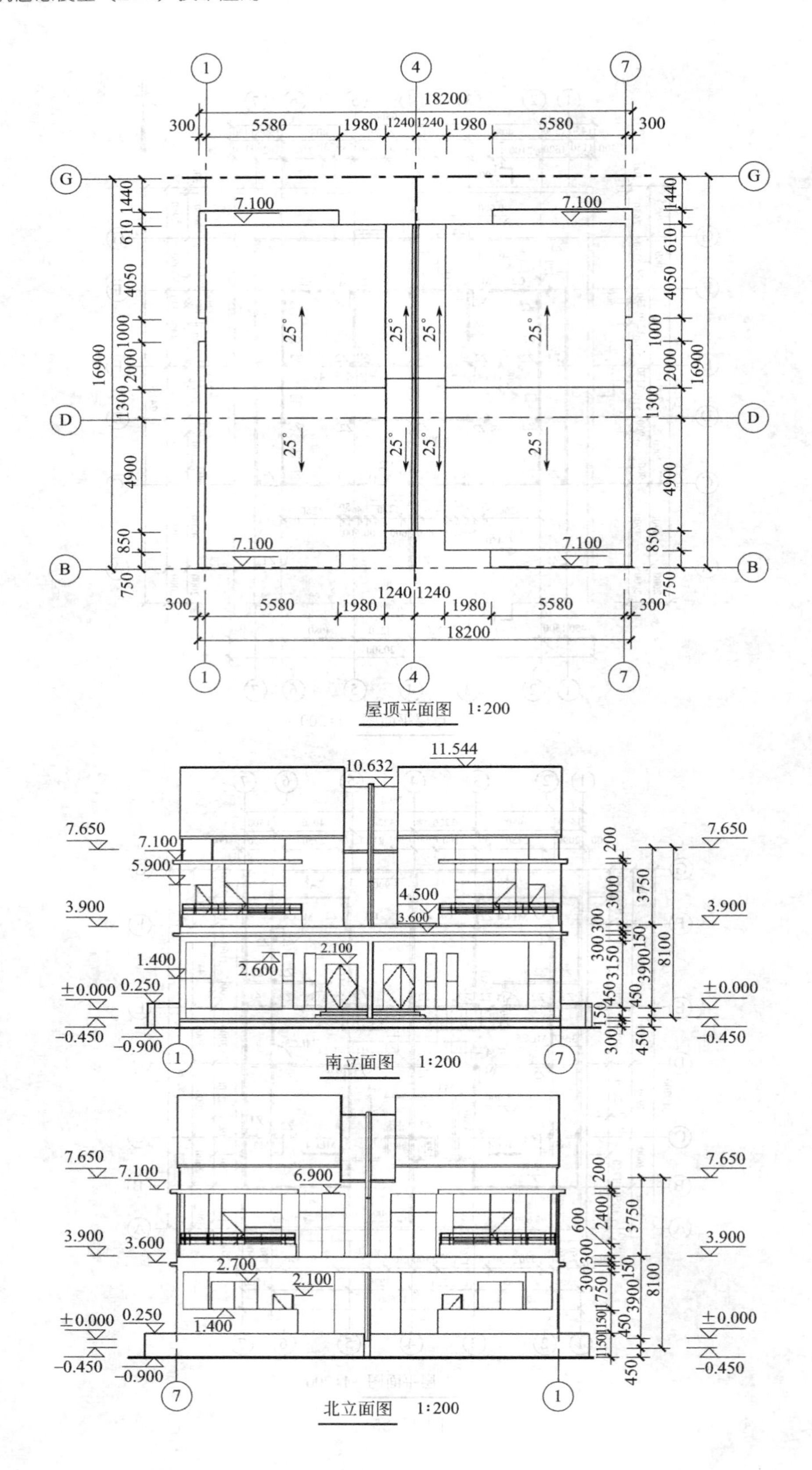

屋顶平面图 1:200

南立面图 1:200

北立面图 1:200

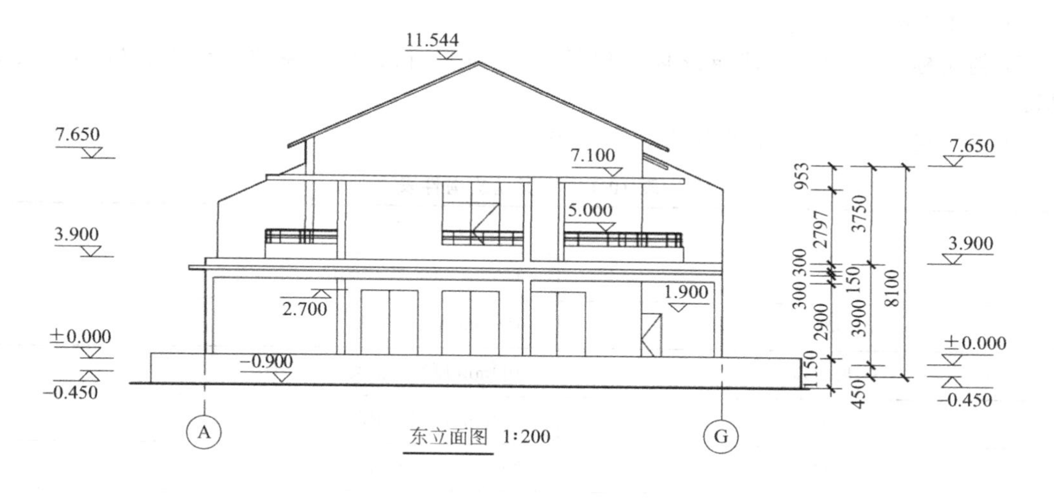

东立面图 1:200

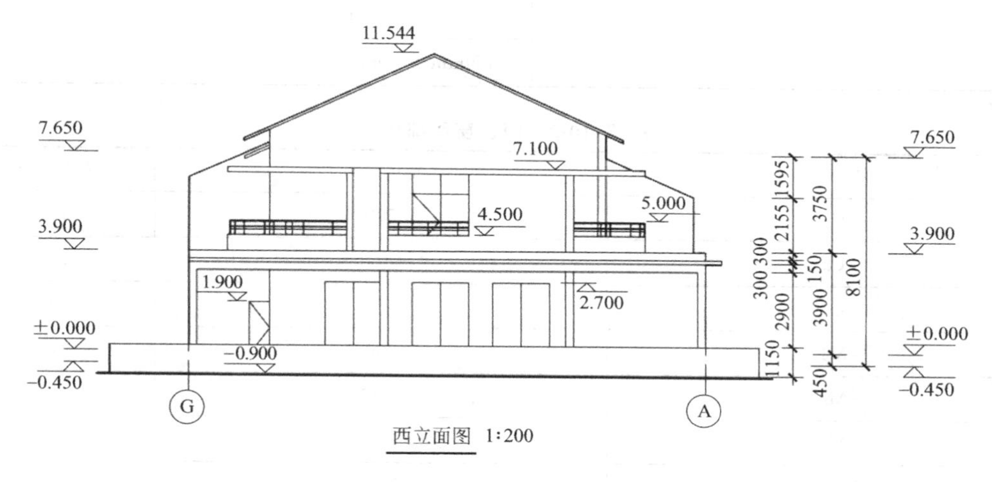

西立面图 1:200

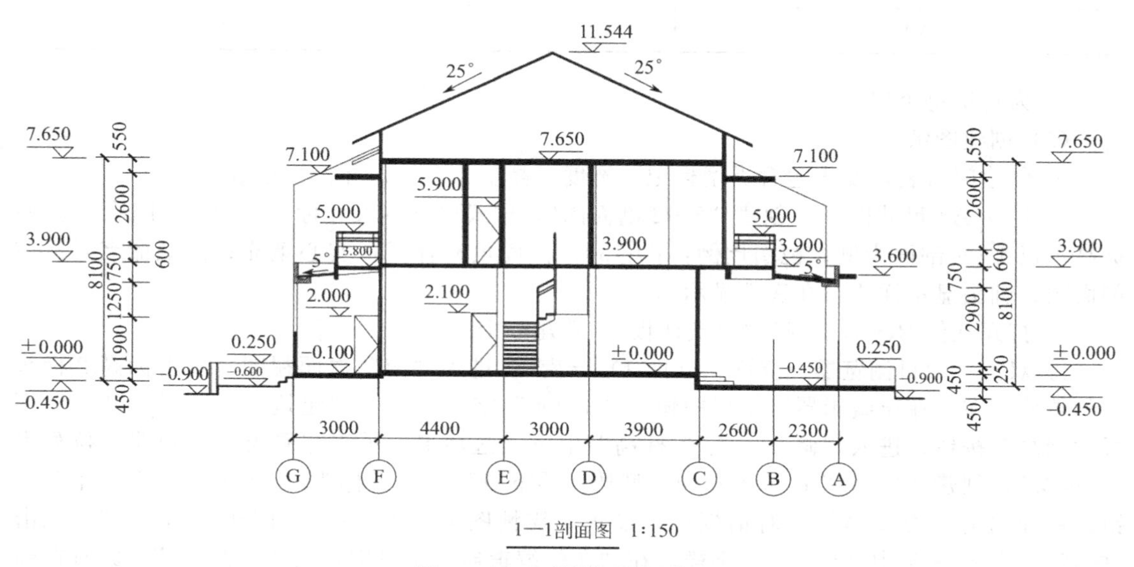

1—1剖面图 1:150

图 10-35　双拼别墅图纸信息

（2）BIM 参数化建模

① 创建标高、轴网、建筑形体，包括：墙、门、窗、柱、屋顶、楼板、楼梯、扶手、洞口。

② 主要建筑构件参数要求见表 10-1、表 10-2。

表 10-1　主要建筑构件表

墙	5mm 厚褐色涂料
	115mm 厚混凝土砌块
楼板	150mm 厚钢筋混凝土
坡屋顶	100mm 厚钢筋混凝土
平屋顶	200mm 厚钢筋混凝土
Z1	300mm×300mm
Z2	230mm×230mm
Z3	450mm×230mm

表 10-2　门、窗明细表

类型标记	宽度/mm	高度/mm
C1	500	2600
C2	2100	2550
C3	2100	3000
M1	900	2100
M2	1440	2100
M3	750	2000
MLC4	2750	3000
MLC5	2100	3000

③ 为首层每个房间命名。

（3）创建图纸

① 创建门窗表，要求包含类型标记、宽度、高度、合计，并计算总数。

② 建立 A4 尺寸图纸，创建“2—2 剖面图”，样式要求（尺寸标注：以 1—1 剖面为例；标高：以 1—1 剖面为例；视图比例：1∶150；截面填充祥式：实心填充；图纸命名：2—2 剖面图；轴头显示样式：在底部显示）。

③ 打开软件 Revit，选择“建筑样板”，新建一个项目。

④ 双击“项目浏览器→立面（立面 1）→南”，进入“南”立面视图；双击标高 2 标头中的数值，在“在位编辑器”窗口中输入“3.900”字样；单击“建筑”选项卡“基准”面板“标高”按钮，进入“修改｜放置 标高”上下文选项卡，单击左侧类型选择器下拉列表“上标头”，创建“标高 3”；单击左侧类型选择器下拉列表“下标头”，单击“编辑类型”按钮，在弹出的“类型属性”对话框中，设置“线性图案：中心线”，创建“标高 4”；双击“标高 4”标高标头中“标高 4”字样，在“在位编辑器”窗口中输入“－0.450”，此时在弹出的“是否希望重命名相应视图”的对话框中，选择“是”，则标高的名称与项目浏览器中

楼层平面视图相对应，都改成了“－0.450”，结果如图 10-36 所示。

⑤ 切换到标高 2 楼层平面视图；移动立面符号至合适位置；单击“建筑”选项卡“基准”面板“轴网”按钮，进入“修改｜放置 轴网”上下文选项卡，单击左侧类型选择器下拉列表“轴网 6.5mm 编号”，单击“编辑类型”按钮，在弹出的“类型属性”对话框中，设置“轴线末端颜色：红色”勾选“平面视图轴号端点 1”和“平面视图轴号端点 2”“非平面视图符号：底”，首先选择“直线”绘制方式绘制①轴：选择“①轴”，进入“修改｜放置标高”上下文选项卡，单击“修改”面板“复制”按钮，选项栏勾选“约束和多个”，复制工具创建②～⑦轴；同理，创建Ⓐ～Ⓖ轴，结果如图 10-37 所示。

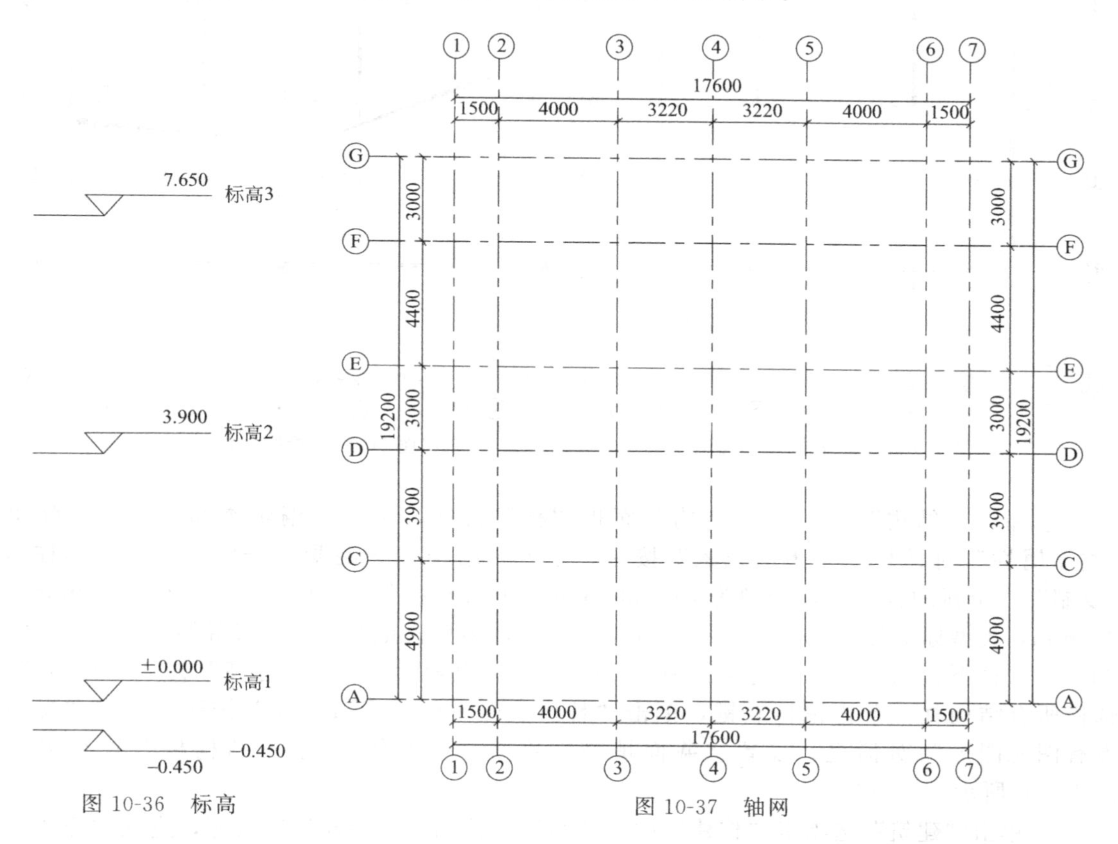

图 10-36　标高

图 10-37　轴网

⑥ 切换到标高 1 楼层平面视图，单击“建筑”选项卡“构建”面板“墙”下拉列表“墙：建筑”按钮，进入“修改｜放置 墙”上下文选项卡，单击类型选择器下拉列表“基本墙常规-200mm”，单击“编辑类型”按钮，弹出“类型属性”对话框，单击“复制”按钮，在弹出的“名称”对话框中，输入“墙”，单击“确定”按钮，退出“名称”对话框，单击“结构”右侧的“编辑”按钮，弹出“编辑部件”对话框，单击“插入”按钮，插入一行，设置“功能：面层 1［4］”“材质：褐色涂料”“厚度：5mm”，修改“结构［1］”的材质为“混凝土砌块”“厚度”为“115mm”；设置左侧属性选项板“限制条件”为“定位线：面层面外部”“底部限制条件：－0.450”“底部偏移：0.0”顶部约束为“直到标高：标高 2”“顶部偏移：0.0”，沿顺时针“自②轴与Ⓒ轴交点”绘制墙体，结果如图 10-38 所示。

⑦ 设置左侧属性选项板“限制条件”为“定位线：面层面外部”“底部限制条件：－0.450”“底部偏移：－300”顶部约束为“直到标高：标高 1”“顶部偏移：1400”，沿顺时针“自①

轴与Ⓖ轴交点至③轴与Ⓖ轴交点”绘制墙体 A；设置左侧属性选项板“限制条件”为“定位线：面层面外部”“底部限制条件：－0.450”“底部偏移：－300”顶部约束为“直到标高：标高 1”“顶部偏移：250”，沿顺时针“自①轴与Ⓖ轴交点至①轴与Ⓖ轴交点”绘制墙体 B，如图 10-39 所示。

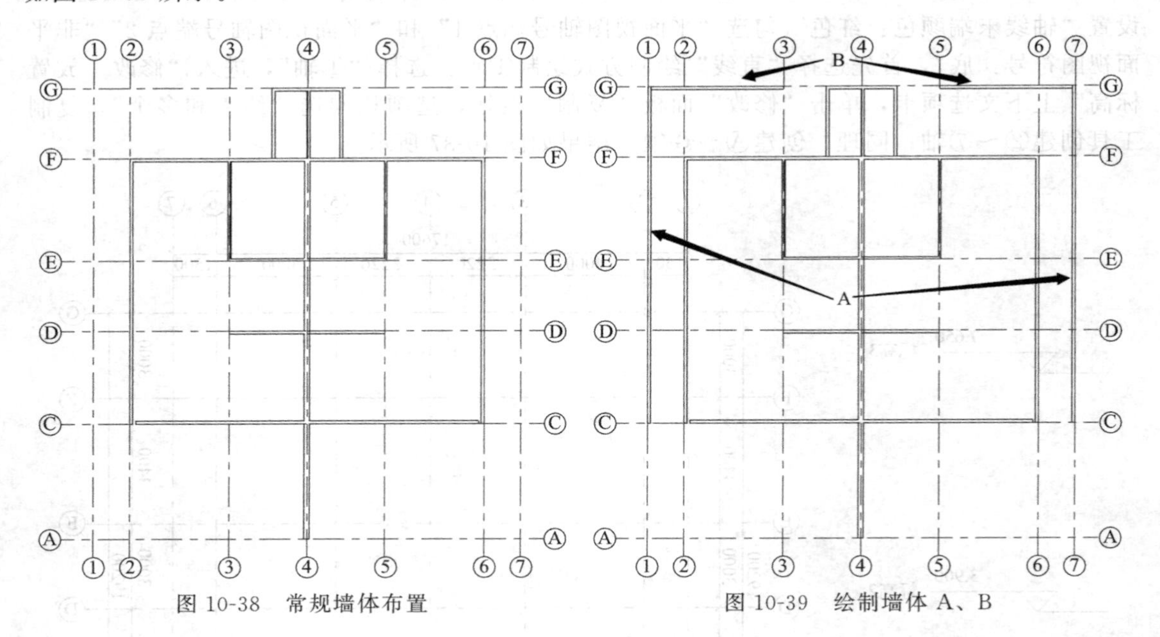

图 10-38　常规墙体布置　　　　图 10-39　绘制墙体 A、B

⑧ 单击“结构”选项卡“结构”面板“柱”按钮，单击“编辑类型”按钮，弹出“类型属性”对话框，单击“载入”按钮，载入“结构柱→混凝土→混凝土→矩形柱”，“复制”三个新的柱类型，分别为 Z1（300mm×300mm，类型标记为 Z1）；Z2（230mm×230mm，类型标记为 Z2）；Z3（450mm×230mm，类型标记为 Z3）；布置结构柱 Z1、Z2、Z3（选项栏下拉列表选择“高度”为“标高 2”）；设置默认“柱底标高”为“－0.450”；选择所有结构柱，单击鼠标右键，单击“替换视图中的图形按图元”按钮，弹出“视图专有图元图形”对话框，设置“截面填充图案”为“实体填充”。结构柱布置结果如图 10-40 所示。

⑨ 单击“建筑”选项卡“构建”面板“墙”下拉列表“墙建筑”按钮，进入“修改｜放置 墙”上下文选项卡，单击类型选择器下拉列表“基本墙常规-300mm”，设置左侧属性选项板“限制条件”为“定位线：面层面外部”“底部限制条件：－0.450”“底部偏移：－450”；顶部约束为“直到标高：标高 1”“顶部偏移：250”，沿顺时针绘制墙体，结果如图 10-41 所示。

⑩ 单击“建筑”选项卡“基准”面板“楼板”下拉列表“楼板：建筑”按钮，类型选择器下拉列表选择楼板类型为“楼板常规-150mm”，单击“编辑类型”按钮，弹出“类型属性”对话框，单击“结构”右侧“编辑”按钮，在弹出的“编辑部件”对话框中，设置“结构［1］”材质为“钢筋混凝土”；设置左侧属性选项板中“限制条件”为“标高：－0.450，“自标高的高度偏移：－150”，“直线”绘制方式绘制楼板 C 的封闭楼板边界，如图 10-42 所示，单击“模式”面板“完成编辑模式”按钮，完成楼板 C 的创建。同理，设置左侧属性选项板中“限制条件”为“标高：标高 1”“自标高的高度偏移：－100”“直线”绘制方式绘制楼板 D 的封闭楼板边界，如图 10-43 所示，单击“模式”面板“完成编辑模式”按钮，

完成楼板 D 的创建。同理，设置左侧属性选项板中“限制条件”为“标高：标高 1”“自标高的高度偏移：0.0”，“直线”绘制方式绘制楼板 E 的封闭楼板边界，如图 10-44 所示，单击“模式”面板“完成编辑模式”按钮，完成楼板 E 的创建。同理，设置左侧属性选项板中“限制条件”为“标高：−0.450”“自标高的高度偏移：0.0”，“直线”绘制方式绘制楼板 F 的封闭楼板边界，如图 10-45 所示，单击“模式”面板“完成编辑模式”按钮，完成楼板 F 的创建。

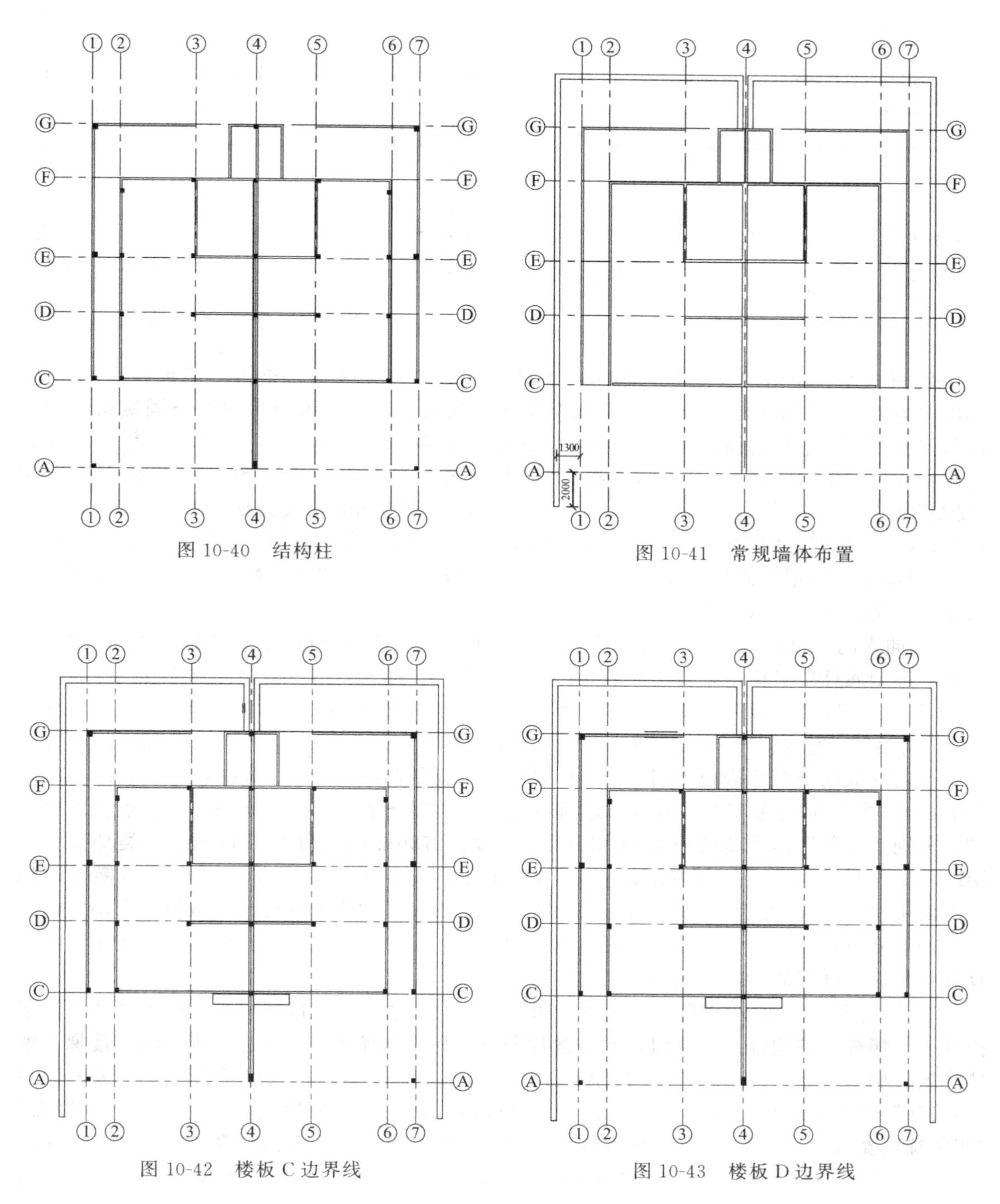

图 10-40　结构柱

图 10-41　常规墙体布置

图 10-42　楼板 C 边界线

图 10-43　楼板 D 边界线

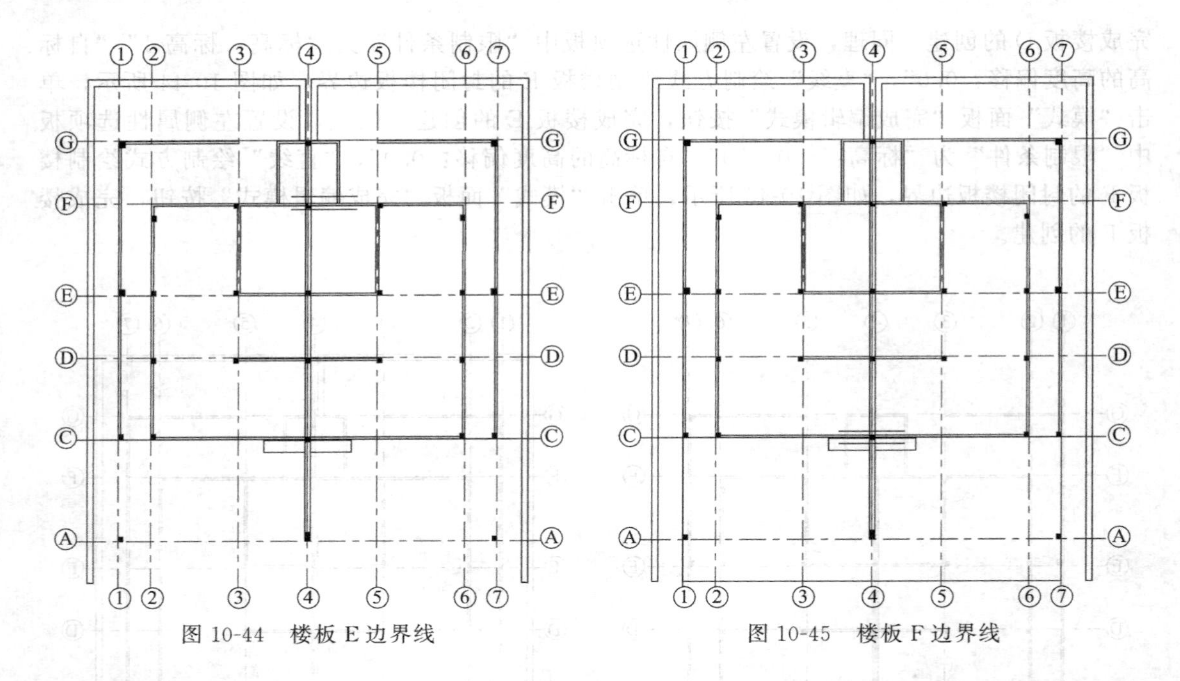

图 10-44　楼板 E 边界线　　　　图 10-45　楼板 F 边界线

⑪ 插入窗。单击“建筑”选项卡“构建”面板“窗”按钮，单击“编辑类型”按钮，弹出“类型属性”对话框，单击“载入”按钮，载入“建筑→窗→普通窗→固定窗→固定窗”，“复制”一个新的窗类型 C1（宽度：500mm，高度：2600mm；类型标记为 C1；窗台高度：0.0），单击“载入”按钮，载入“建筑→窗→普通窗→推拉窗→推拉窗 6”，分别“复制”两个新的窗类型 C2（宽度：2100mm，高度：2550mm；类型标记为 C2；窗台高度：150）、C3（宽度：2160mm，高度：3000mm；类型标记为 C3；窗台高度：0.0）；插入“窗”时激活“标记”面板“在放置时进行标记”按钮；插入“窗”后通过“修改临时尺寸数值”来调整窗至要求的准确位置上。

⑫ 插入门。单击“建筑”选项卡“构建”面板“门”按钮，单击“编辑类型”按钮，弹出“类型属性”对话框，单击“载入”按钮，载入“建筑→门→普通门→平开门→单扇→单嵌板木门 1”，“复制”两个新的门类型 M1（宽度：900mm，高度：2000mm；类型标记为 M1）、M3（宽度：750mm，高度：2000mm；类型标记为 M3）；载入“建筑→门→普通门平开门→双扇→双面嵌板木门 1”，“复制”一个新的门类型 M2（宽度：1440mm，高度：2100mm；类型标记为 M2）。载入“建筑→门→普通门→平开门→单扇→单嵌板连窗玻璃门 1”，分别“复制”两个新的门类型 MLC4（宽度：2750mm，高度：3000mm；类型标记为 MLC4）、MLC5（宽度：2100mm，高度 3000mm，记为 MLC5）；插入“门”时激活“标记”面板“在放置时进行标记”按钮；插入“门”后通过“修改临时尺寸数值”来调整窗至要求的准确位置上。单击“几何图形”面板“连接”下拉列表“连接几何图形”按钮，先选择结构柱，再选择墙体，把墙体与结构柱进行连接。

⑬ 切换到−0.450m 楼层平面视图，单击“建筑”选项卡“楼梯坡道”面板“楼梯”下拉列表“楼梯（按构件）”按钮，类型选择器下拉列表选择楼梯类型为“现场浇筑楼梯　整体浇筑楼梯”，单击“编辑类型”按钮，弹出“类型属性”对话框，设置参数“最大踢面高度：150”“最小踏板深度：250；最小梯段宽度：1760”，选项栏设置“定位线：梯段右”“实际梯段宽度：1760”，设置左侧属性选项板“限制条件”为“底部标高：−0.450”“底部偏移：0.0”“顶部标高：标高 1”“顶部偏移：0.0”“尺寸标注”为“所需踢面数：2”“实

际踏板深度：250”“踏板/踢面起始编号：1”；在③轴与Ⓖ轴交点位置以及⑤轴与Ⓖ轴交点置绘制楼梯 G，如图 10-46 所示。

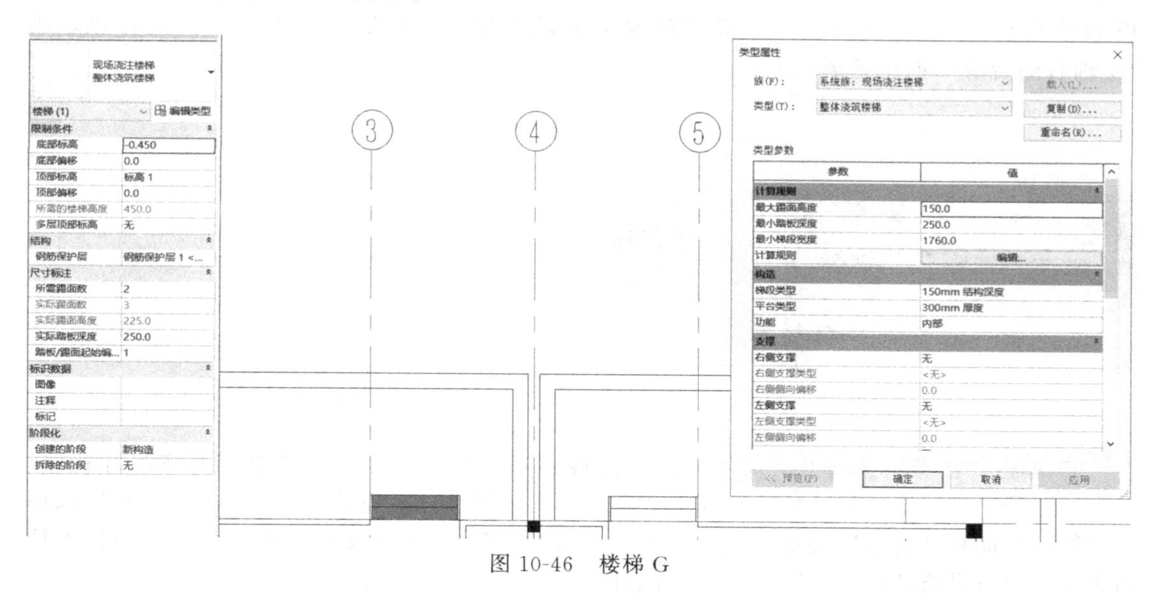

图 10-46　楼梯 G

⑭ M2 入口处台阶绘制。在“参照平面”进行台阶定位；单击“建筑”选项卡“构建”面板“构件”下拉列表“内建模型”按钮，在弹出的“族类别和族参数”对话框中，“族类别”选择“常规模型选项”，单击“确定”按钮，退出“族类别和族参数”对话框，在弹出的“名称”对话框中输入“台阶”，单击“确定”按钮，退出“名称”对话框。单击“创建”选项卡“形状”面板“放样”按钮，进入“修改｜放样”上下文选项卡，单击“放样”面板“绘制路径”按钮，进入“修改｜放样→绘制路径”上下文选项卡，“直线”绘制方式绘制放样路径，如图 10-47 所示，单击“模式”面板“完成编辑模式”按钮，完成放样路径的绘制。单击“放样”面板“编辑轮廓”按钮，弹出“转到视图”对话框，选择“立面：南”，单击“打开视图”按钮，退出“转到视图”对话框，系统自动切换到“南”立面视图，绘制放样轮廓，如图 10-47 所示，单击“模式”面板“完成编辑模式”按钮，完成放样轮廓的创建，再次单击“模式”面板“完成编辑模式”按钮完成放样模型的创建，单击“在位编辑器”面板“完成模型”按钮，完成台阶的创建，如图 10-48 所示。切换到标高 1 楼层平面视图，单击“建筑”选项卡“基准”面板“楼板”下拉列表“楼板：建筑”按钮，类型选择器下拉列表选择楼板类型为“楼板常规-150mm”，设置左侧属性选项板中“限制条件”为“标

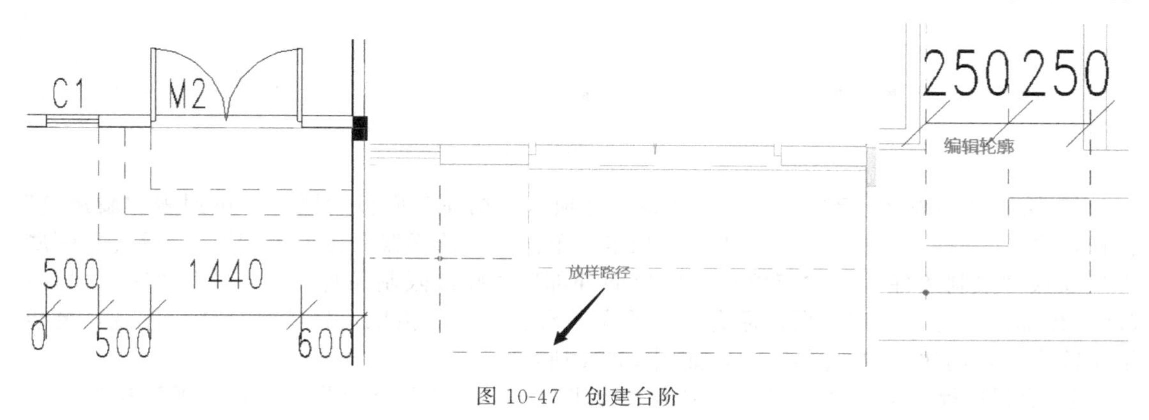

图 10-47　创建台阶

高：标高 1”“自标高的高度偏移：0.0”，“直线”绘制方式绘制楼板 H 的封闭楼板边界，如图 10-49 所示，单击“模式”面板“完成编辑模式”按钮，完成楼板 H 的创建。选择“楼板 H 和台阶”，单击“修改”面板“镜像拾取轴”按钮，拾取“④轴”作为镜像轴，则“④轴右侧台阶”创建完毕。

图 10-48　台阶三维模型

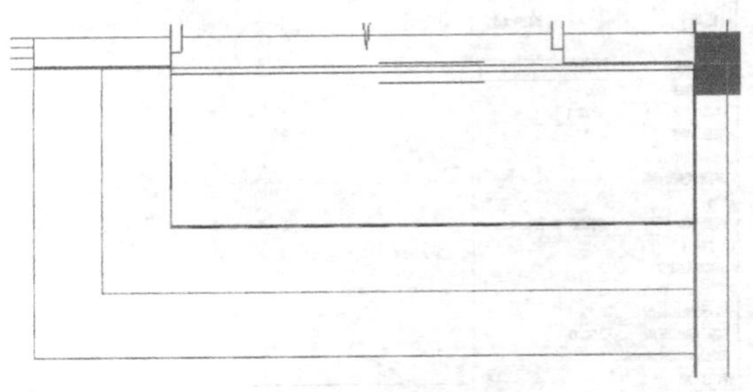

图 10-49　楼板 H 边界

⑮ 单击“注释”选项卡“尺寸标注”面板“对齐尺寸标注”按钮进行对齐尺寸标注，单击“注释”选项卡“尺寸标注”面板“高程点”按钮进行高程点标注；单击“注释”选项卡“符号”面板“符号”按钮，进入“修改｜放置 符号”上下文选项卡，类型选择器下拉列表选择“符号指北针填充”，在视图右上角合适位置放置指北针。

⑯ 选中所有结构柱，单击“剪贴板”面板“复制到剪贴板”按钮，单击“粘贴”下拉列表“与选定的标高对齐”按钮，弹出“选择标高”对话框，选择“标高 2”，单击“确定”按钮，退出“选择标高”对话框，则“标高 2”楼层平面视图布置了结构柱。根据提供的图纸，对“标高 2”楼层平面视图中“结构柱”进行调整和修改，结果如图 10-50 所示。

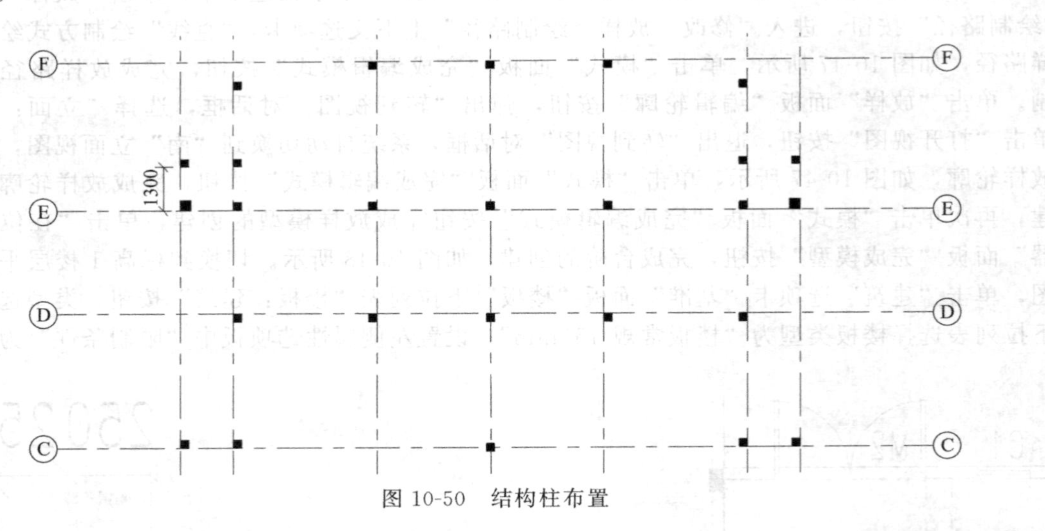

图 10-50　结构柱布置

⑰ 绘制“标高 2”墙体。单击“建筑”选项卡“构建”面板“墙”下拉列表“墙建筑”按钮，进入“修改｜放置 墙”上下文选项卡，单击类型选择器下拉列表“墙”，设置左侧属性选项板“限制条件”为“定位线：面层面外部”“底部限制条件：标高 2”“底部偏移：0.0”顶部约束为“直到标高：标高 3”“顶部偏移：0.0”，沿顺时针绘制墙体（注意：灵活运用镜像工具创建④轴右侧墙体），如图 10-51 所示。

⑱ 绘制栏板。单击“建筑”选项卡“构建”面板“墙”下拉列表“墙建筑”按钮，进

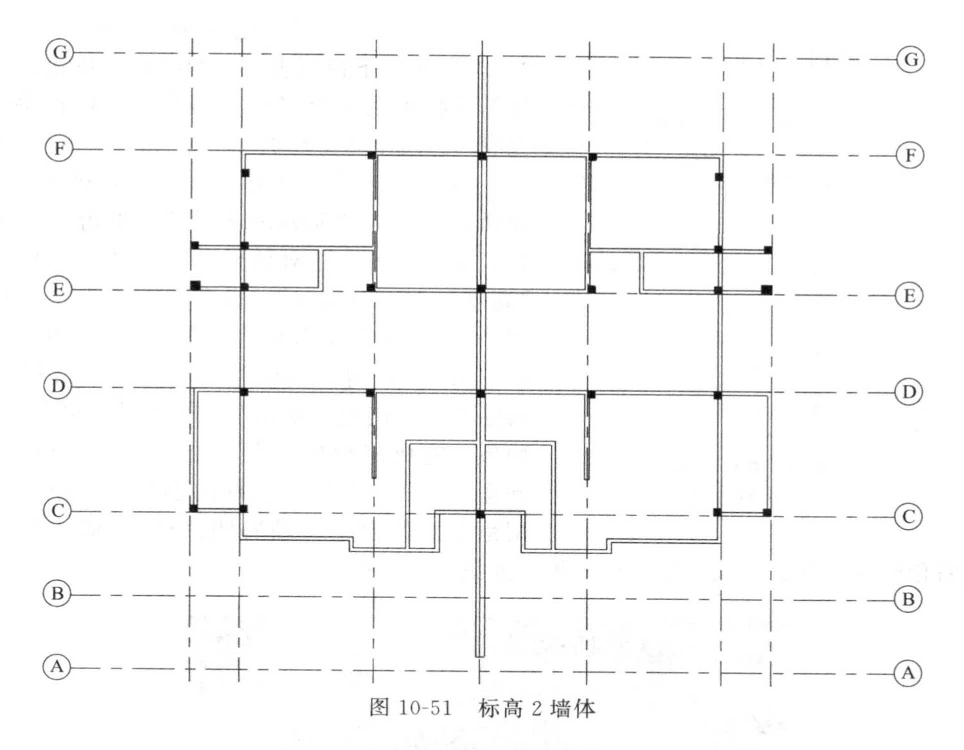

图 10-51　标高 2 墙体

入“修改｜放置 墙”上下文选项卡，单击类型选择器下拉列表“墙”，设置左侧属性选项板“限制条件”为“定位线：面层面外部”“底部限制条件：标高 2”“底部偏移：－500”顶部约束为“直到标高：标高 2”“顶部偏移：600”，沿顺时针绘制墙体（注意：灵活运用镜像工具创建④轴右侧楼板），如图 10-52 所示。

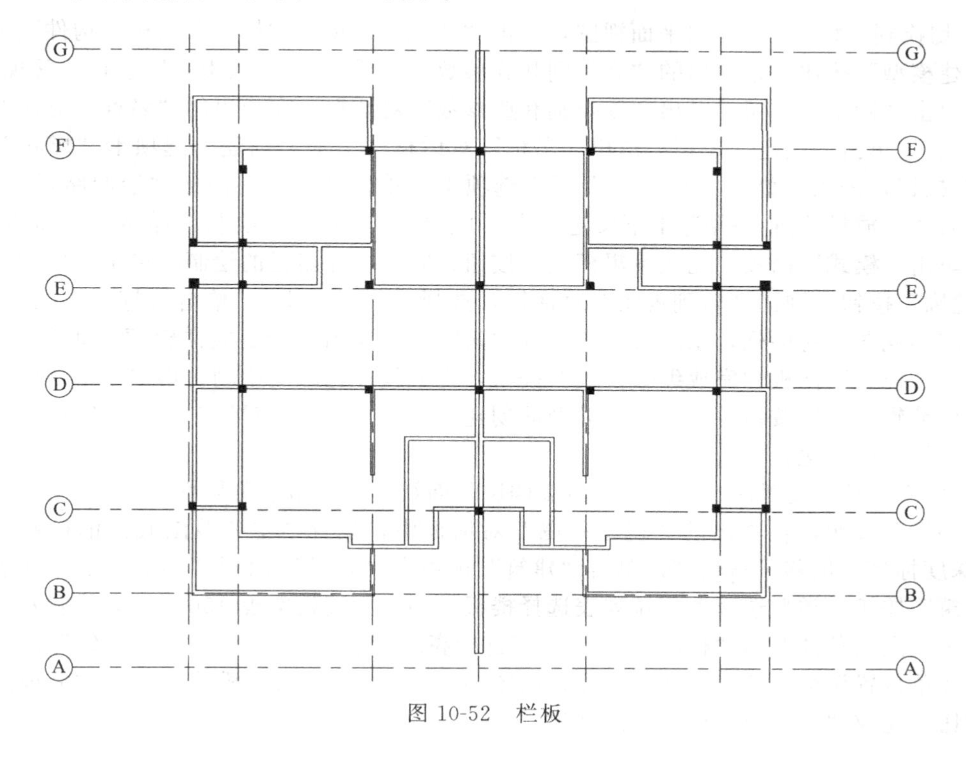

图 10-52　栏板

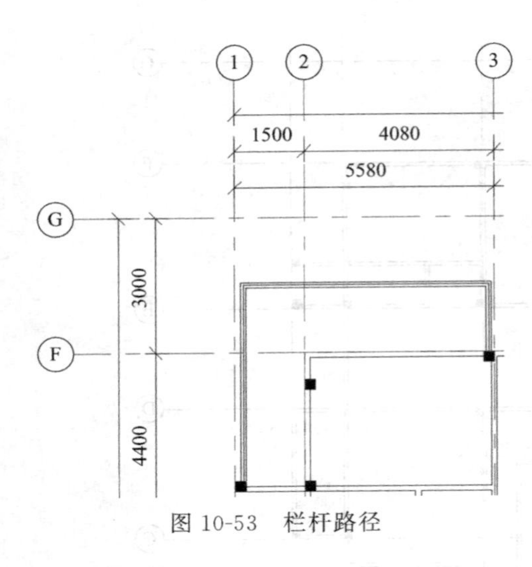

图 10-53　栏杆路径

⑲ 单击“建筑”选项卡“楼梯坡道”面板“栏杆扶手”下拉列表“绘制路径”按钮；类型选择器下拉列表选择栏杆类型为“栏杆扶手 90mm 四管”，单击“编辑类型”按钮，弹出“类型属性”对话框，单击“复制”按钮，弹出“名称”对话框，输入“500mm 圆管”，单击“确定”按钮，退出“名称”对话框，设置“顶部扶栏”的“高度”为“500mm”，设置左侧属性选项板“限制条件”的“底部标高：标高 2”“底部偏移：600mm”，采用“直线”绘制方式，沿栏板中心线绘制栏杆路径，如图 10-53 所示，单击“模式”面板“完成编辑模式”按钮，完成栏杆的创建。同理，完成其余位置栏杆的创建（注意：灵活运用镜像工具创建④轴右侧栏杆）；切换到三维视图，查看创建的栏杆、栏板三维模型效果，如图 10-54 所示。

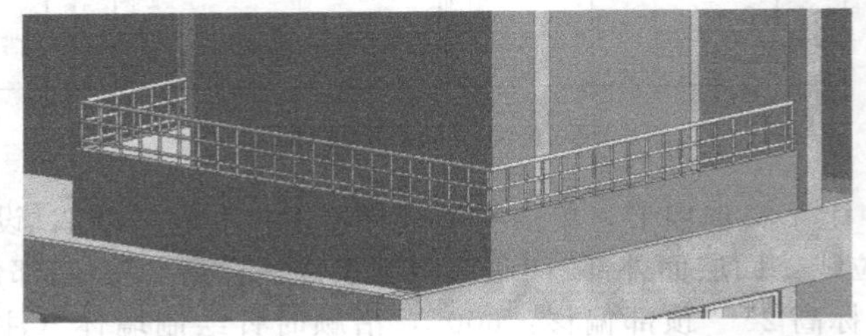
图 10-54　栏杆、栏板三维模型效果图

⑳ 切换到“标高 2”楼层平面视图，单击“建筑”选项卡“构建”面板“构件”下拉列表“内建模型”按钮，在弹出的“族类别和族参数”对话框中，“族类别”选择“常规模型”选项，单击“确定”按钮，退出“族类别和族参数”对话框，在弹出的“名称”对话框中输入“线条”，单击“确定”按钮，退出“名称”对话框；单击“创建”选项卡“形状”面板“放样”按钮，进入“修改 | 放样”上下文选项卡，单击“放样”面板“绘制路径”按钮，进入“修改 | 放样 绘制路径”上下文选项卡，“直线”绘制方式绘制放样路径，如图 10-55 所示，单击“模式”面板“完成编辑模式”按钮，完成放样路径的绘制；单击“放样”面板“编辑轮廓”按钮，弹出“转到视图”对话框，选择“立面：南”，单击“打开视图”按钮，退出“转到视图”对话框，系统自动切换到“南”立面视图，绘制放样轮廓，如图 10-56 所示，单击“模式”面板“完成编辑模式”按钮，完成放样轮廓的绘制，再次单击“模式”面板“完成编辑模式”按钮，完成放样模型的创建，单击“在位编辑器”面板“完成模型”按钮，完成线条的创建。

㉑ 线条位置楼板创建。切换到标高 2 楼层平面视图：单击左侧属性选项板“视图范围”右侧“编辑”按钮，在弹出的“视图范围”对话框中，设置“主要范围底：偏移量－400”“视图深度标高：偏移量－400”；单击“建筑”选项卡“基准”面板“楼板”下拉列表“楼板：建筑”按钮，类型选择器下拉列表选择楼板类型为“楼板常规-150mm”，设置左侧属性选项板中“限制条件”为“标高：标高 2”“自标高的高度偏移：－300”，“直线”绘制方式绘制“线条位置楼板”的封闭楼板边界，如图 10-57 所示，单击“模式”面板“完成编辑模式”按钮，完成“线条位置楼板”的创建。

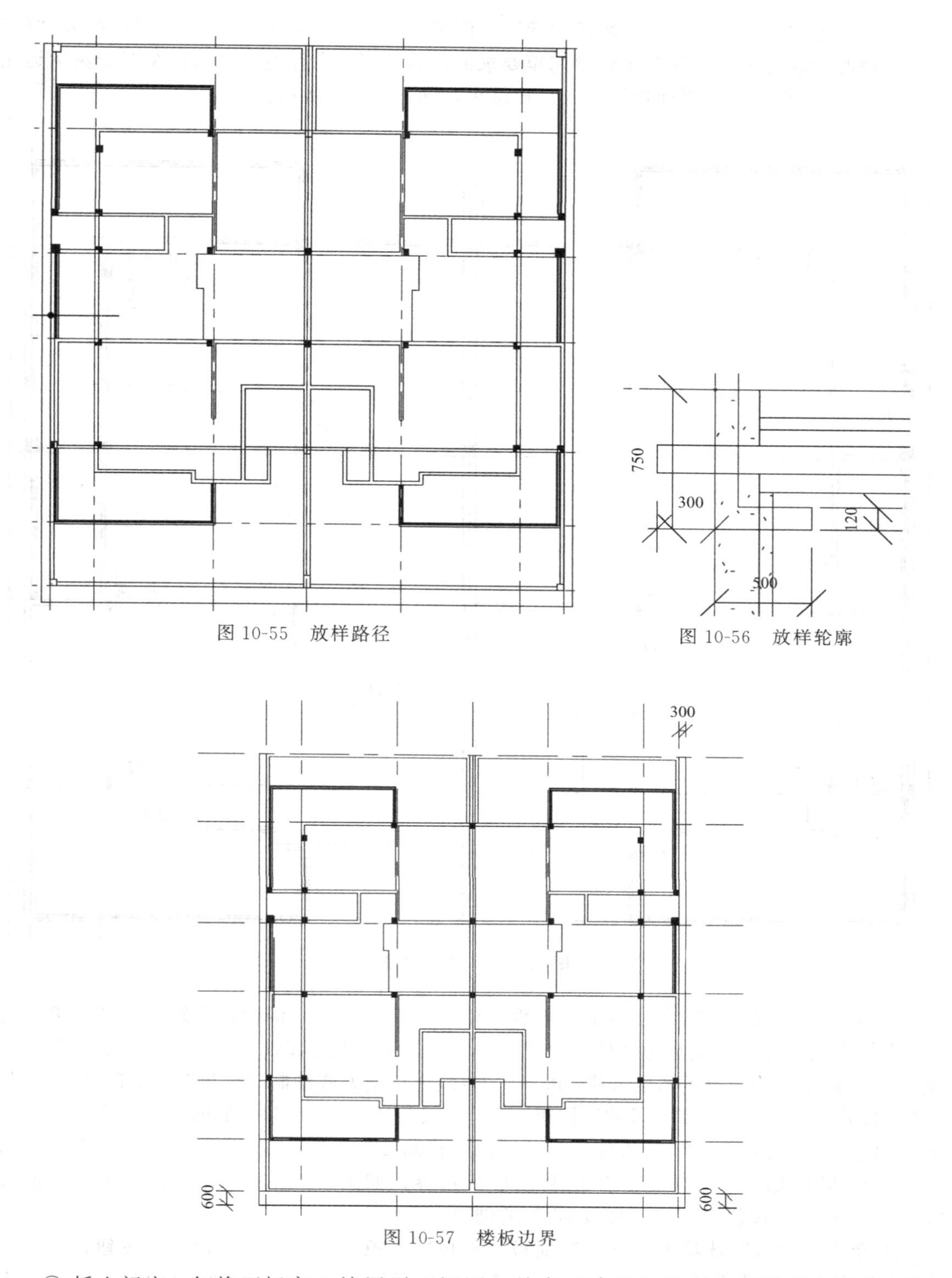

图 10-55　放样路径

图 10-56　放样轮廓

图 10-57　楼板边界

㉒ 插入门窗。切换至标高 2 楼层平面视图，单击“建筑”选项卡“构建”面板“窗”按钮，类型选择器下拉列表选择“C3”，插入“窗”时激活“标记”面板“在放置时进行标记”按钮；插入“窗”后通过“修改临时尺寸数值”来调整窗至要求的准确位置上。单击“建筑”选项卡“构建”面板“门”按钮，类型选择器下拉列表分别选择“M1、M3、

MLC4、MLC5”，插入“门”时激活“标记”面板“在放置时进行标记”按钮；插入“门”后通过修改“临时尺寸数值”来调整门至要求的准确位置上（注意：插入门窗时应灵活运用镜像工具）。标高 2 楼层平面视图插入门窗结果，如图 10-58 所示。

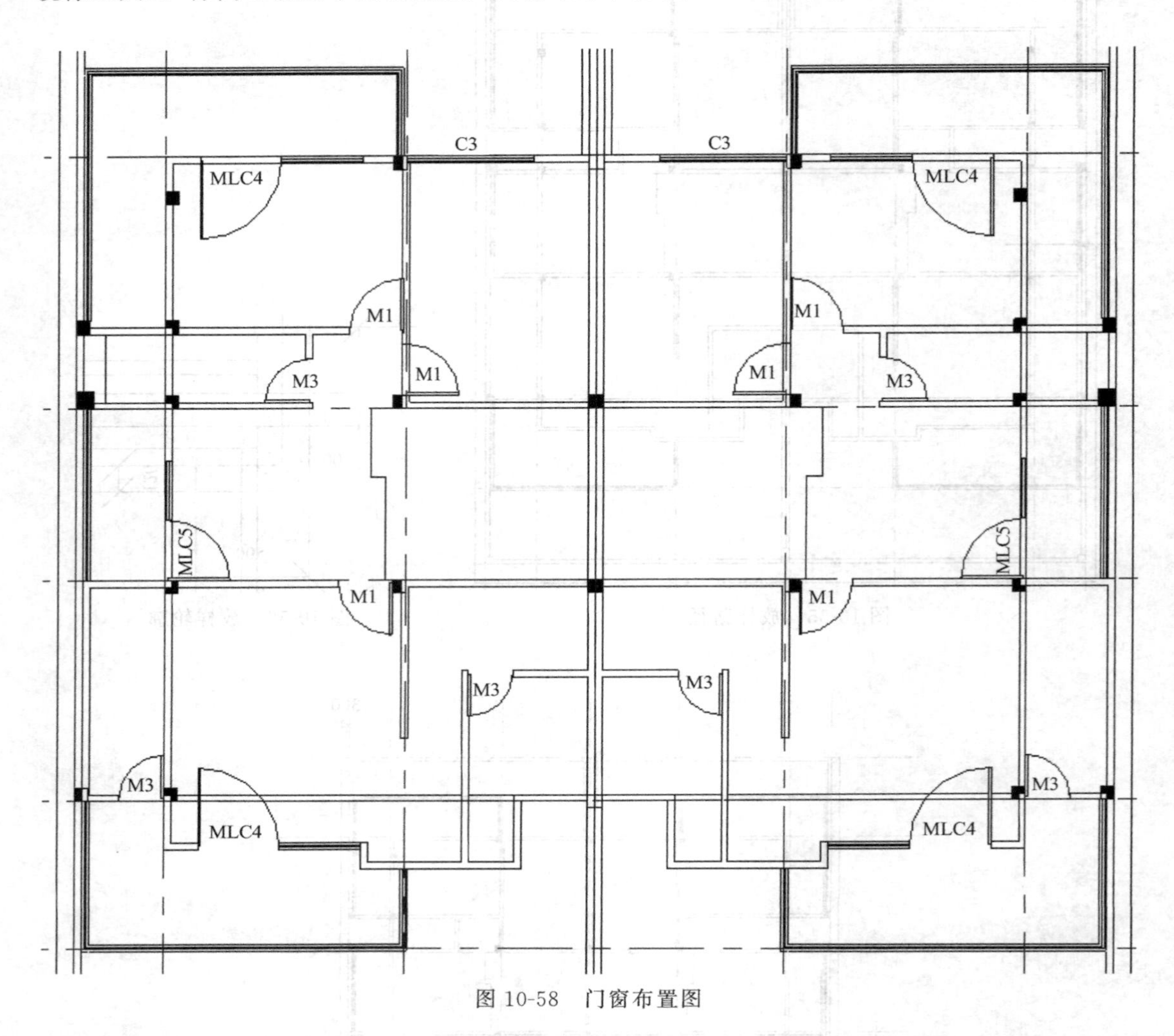

图 10-58 门窗布置图

㉓ 单击“建筑”选项卡“基准”面板“楼板”下拉列表“楼板：建筑”按钮，类型选择器下拉列表选择楼板类型为“楼板常规-150mm”，设置左侧属性选项板中“限制条件”为“标高：标高 2”“自标高的高度偏移：0.0”，“直线”绘制方式绘制“楼板”的封闭楼板边界，单击“模式”面板“完成编辑模式”按钮，完成“楼板 AA”的创建，如图 10-59 所示。同理，设置左侧属性选项板中“限制条件”为“标高：标高 2”“自标高的高度偏移：－100mm”，“直线”绘制方式绘制“楼板 BB”的封闭楼板边界，如图 10-60 所示，单击“模式”面板“完成编辑模式”按钮，完成“楼板 BB”的创建。

㉔ 单击“建筑”选项卡“基准”面板“楼板”下拉列表“楼板：建筑”按钮，类型选择器下拉列表选择楼板类型为“楼板常规-150mm”，设置左侧属性选项板中“限制条件”为“标高：标高 2”“自标高的高度偏移：－400”，“直线”绘制方式绘制“楼板 CC”的封闭楼板边界，如图 10-61 所示，激活“坡度箭头”按钮，绘制坡度箭头，选择坡度箭头，进入“修改 | 楼板 编辑边界”上下文选项卡，左侧属性选项板设置“限制条件”为“指定：坡

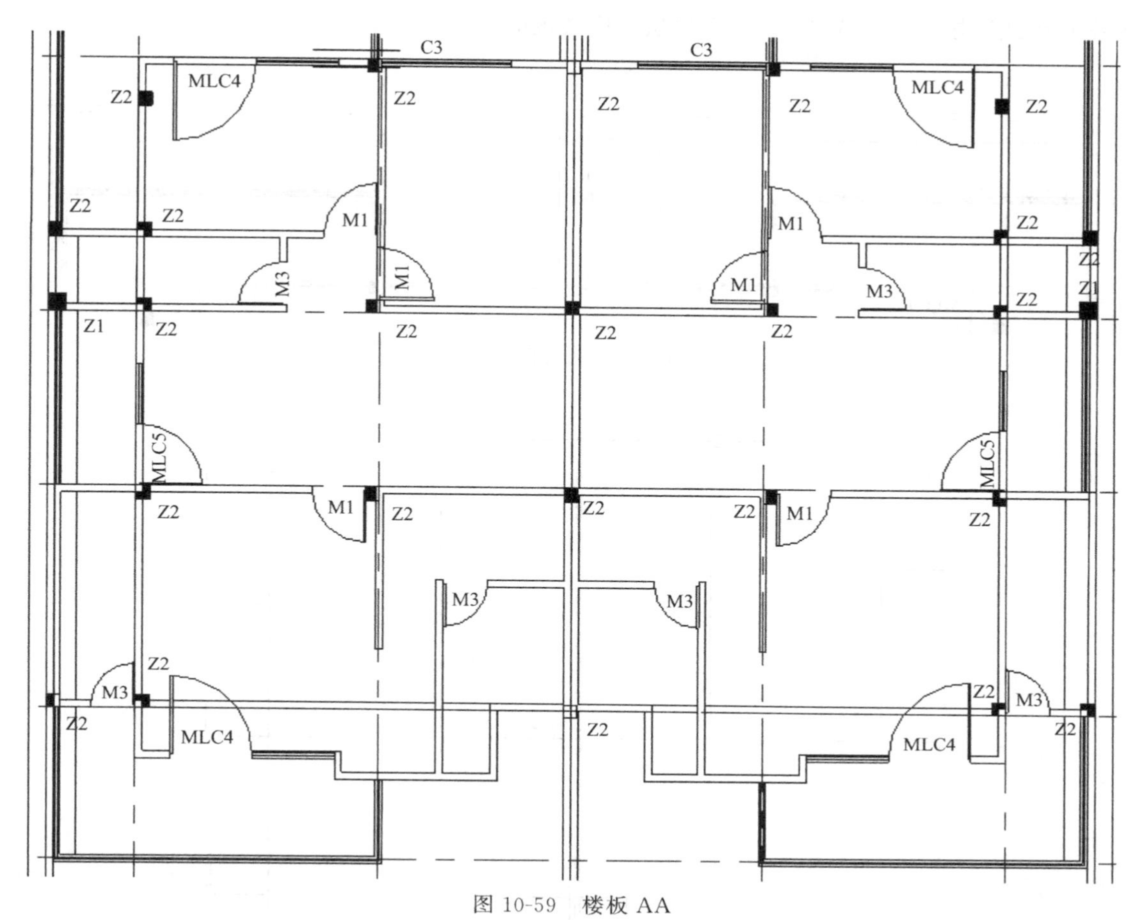

图 10-59　楼板 AA

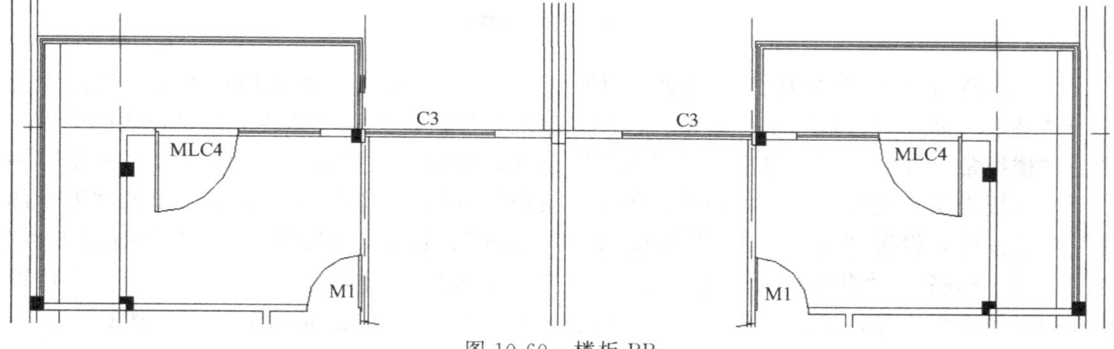

图 10-60　楼板 BB

度”“最低处标高：默认”“尺寸标注”为“坡度：5”，单击“模式”面板“完成编辑模式”按钮，完成“楼板 CC”的创建；同理，完成其余位置“楼板 CC”的创建（注意：灵活运用镜像工具可以提高建模速度）。

㉕ 切换到“标高 3”楼层平面视图；单击“建筑”选项卡“基准”面板“楼板”下拉列表“楼板：建筑”按钮，类型选择器下拉列表选择楼板类型为“楼板常规-150mm”，设置左侧属性选项板“限制条件”为“标高：标高 3”“自标高的高度偏移：0.0”，“直线”绘制方式绘制“标高 3”楼层平面楼板的封闭楼板边界，如图 10-62 所示，单击“模式”面板“完

成编辑模式”按钮，完成“标高 3”楼层平面楼板的创建。

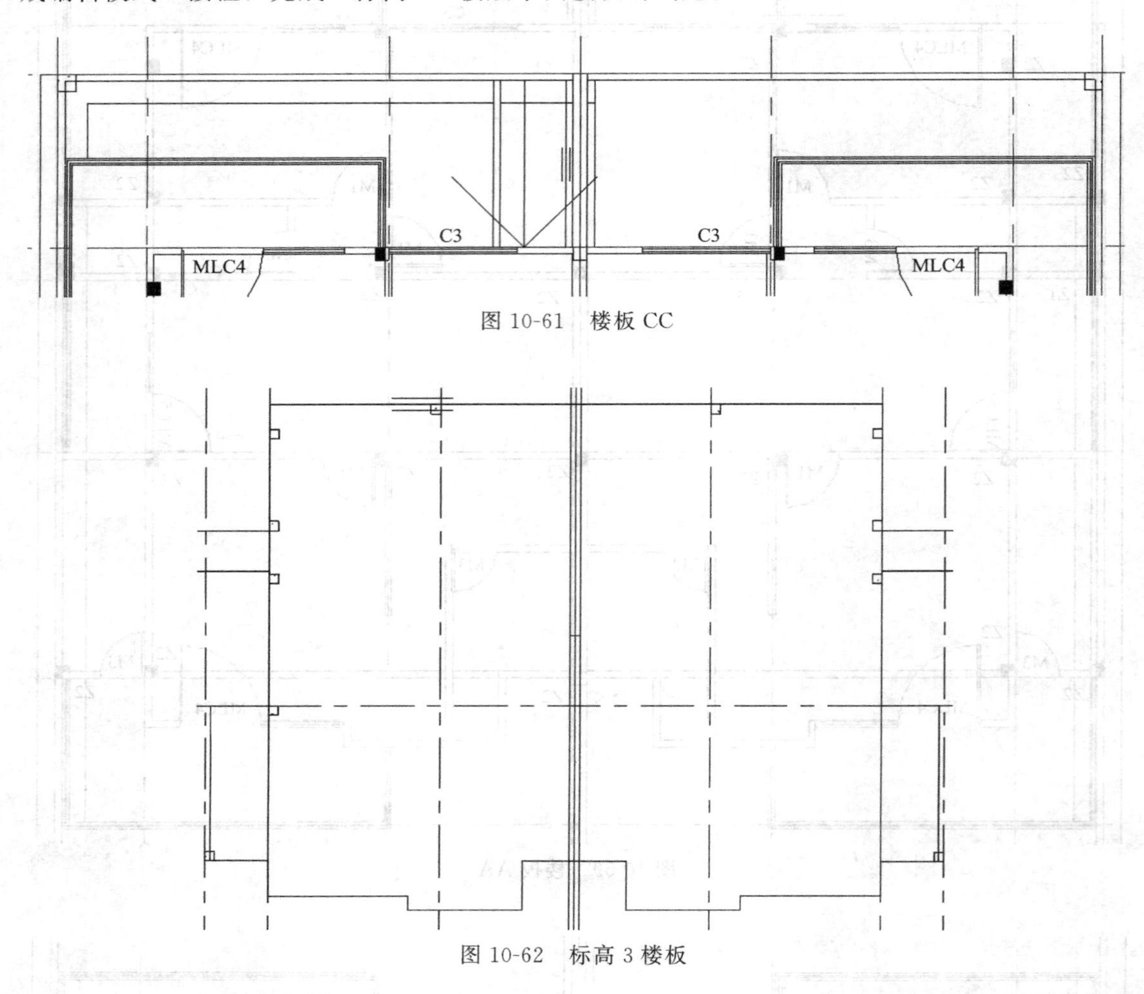

图 10-61　楼板 CC

图 10-62　标高 3 楼板

㉖“标高 7.100”位置楼板的创建。切换到“标高 3”楼层平面视图：单击“建筑”选项卡“基准”面板“楼板”下拉列表“楼板：建筑”按钮，类型选择器下拉列表选择楼板类型为“楼板常规-150mm”，单击“编辑类型”按钮，弹出“类型属性”对话框，“复制”一个新的楼板类型“楼板常规-200mm”，单击“结构”右侧“编辑”按钮，在弹出的“编辑部件”对话框中，设置“结构［1］”厚度为“200mm”；设置左侧属性选项板“限制条件”为“标高：标高 2”“自标高的高度偏移：3200”，“直线”绘制方式绘制“标高 7.100”位置楼板的封闭楼板边界，如图 10-63 所示，单击“模式”面板“完成编辑模式”按钮，完成“标高 7.100”位置楼板的创建。

㉗ 选中Ⓔ轴交①轴交点处结构柱 Z1，单击“修改柱”面板“附着顶部/底部”按钮，选项栏设置“附着柱顶”“附着样式：剪切柱”“附着对正：最大相交”，选中“标高 7.100 位置楼板”，则“结构柱 Z1”附着到了“标高 7.100 位置楼板”板底；同理，对其余结构柱和墙体进行附着处理。

㉘ 屋顶创建。切换到“标高 3”楼层平面视图；单击“建筑”选项卡“基准”面板“屋顶”下拉列表“迹线屋顶”按钮，进入“修改｜创建 屋顶迹线”上下文选项卡，“类型选择器下拉列表”选择“屋顶类型”为“基本屋顶常规-125mm”，单击“编辑类型”按钮，弹出

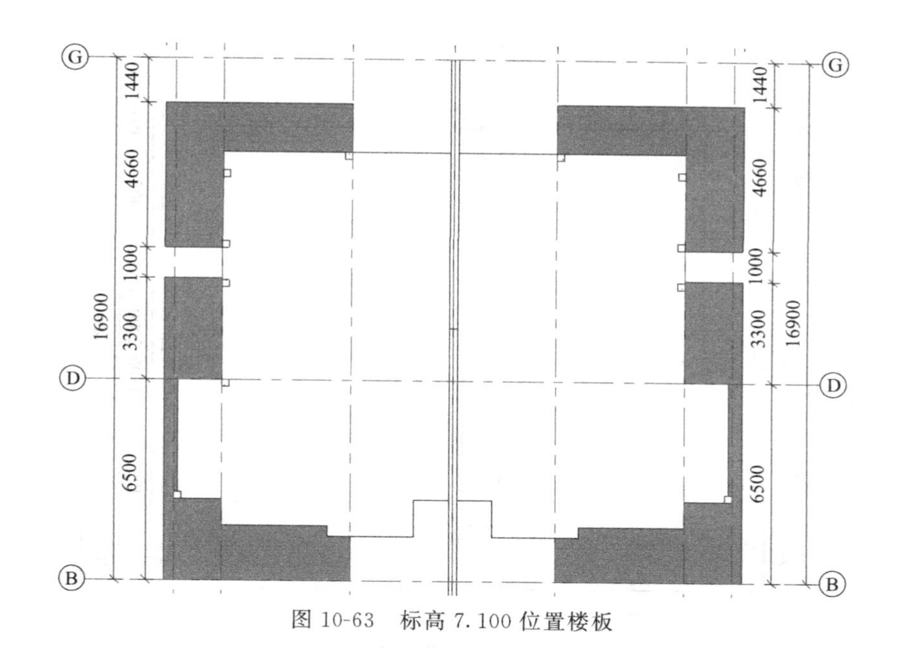

图 10-63　标高 7.100 位置楼板

“类型属性”对话框，“复制”一个新的屋顶类型为“基本屋顶常规-100mm”，单击“结构”右侧“编辑”按钮，在弹出的“编辑部件”对话框中，设置“结构［1］”材质为“钢筋混凝土”，厚度为“100mm”；设置左侧属性选项板“限制条件”为“标高：标高 3”“自标高的高度偏移：0.0”“尺寸标注”为“坡度：25”，“直线”绘制方式绘制屋顶 A 迹线，选择竖向两条迹线，不勾选选项栏中的“定义坡度”，如图 10-64 所示；单击“模式”面板“完成编辑模式”按钮，完成屋顶 A 的创建；同理，“直线”绘制方式绘制屋顶 B 迹线，选择竖向两条迹线，不勾选选项栏中的“定义坡度”，如图 10-65 所示，单击“模式”面板“完成编辑模式”按钮，完成屋顶 B 的创建。

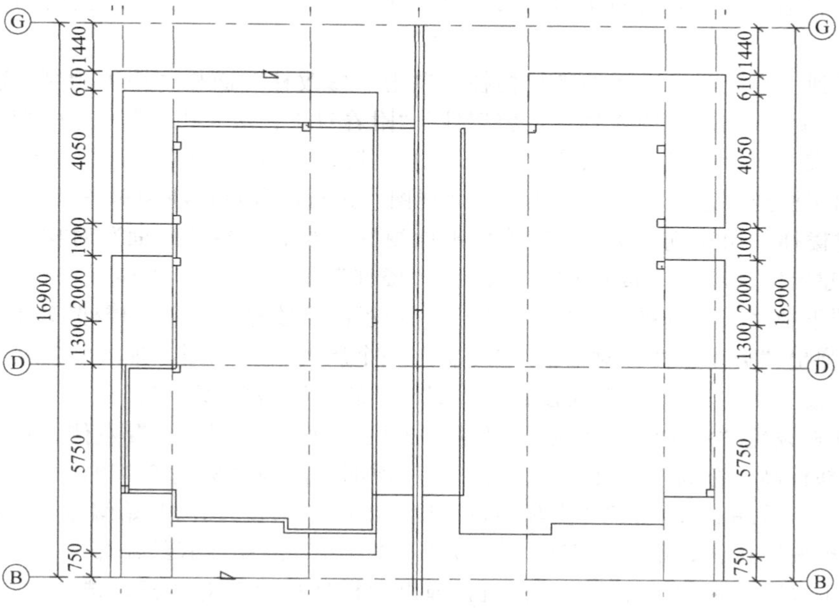

图 10-64　屋顶 A 迹线

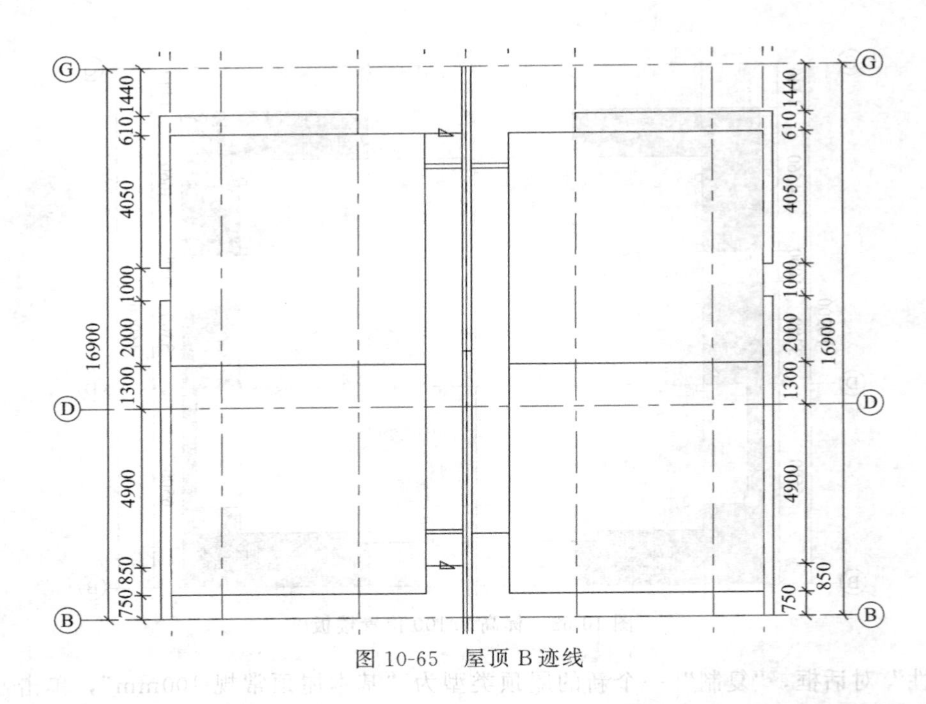

图 10-65　屋顶 B 迹线

㉙ 单击左侧属性选项板“视图范围”右侧“编辑”按钮，在弹出的“视图范围”对话框中，设置“主要范围顶：无限制”“剖切面偏移量：40000”；单击“注释”选项卡“尺寸标注”面板“高程点”按钮，分别对屋顶 A、B 屋脊线进行高程点标注；选择屋顶 A，修改“屋顶 A”屋脊线高程点标注数值为“11.544”；同理，修改“屋顶 B”屋脊线高程点标注数值为“10.632”。

㉚ 选中“屋顶 A 和屋顶 B”，单击“镜像-拾取轴”按钮，拾取④轴作为镜像轴，则④轴右侧“屋顶 A 和屋顶 B”也创建完成；分别单击“注释”选项卡“尺寸标注”面板“对齐尺寸标注”“高程点”“高程点坡度”按钮进行对齐尺寸、高程点和坡度标注，如图 10-66 所示。

㉛ 切换到三维视图，选择外围结构柱，单击“修改柱”面板“附着顶部/底部”按钮，选项栏设置“附着柱顶”“附着样式：剪切柱”“附着对正：最大相交”，选中“屋顶 A”，则“结构柱”附着到了“屋顶 A”板底；同理，对“其余结构柱和墙体”进行附着处理。

㉜ 分别切换到“东、西、南、北”立面视图，进行高程点标注和对齐尺寸标注。

㉝ 创建楼梯。切换到“标高 1”楼层平面视图，绘制“参照平面”对楼梯创建进行定位；单击“建筑”选项卡“楼梯坡道”面板“楼梯”下拉列表“楼梯（按构件）”按钮，“类型选择器下拉列表”选择“楼梯类型”为“现场浇筑楼梯整体浇筑楼梯”，单击“编辑类型”按钮，弹出“类型属性”对话框，“复制”一个新的楼梯类型“现场浇筑楼梯整体浇筑楼梯 2”，设置参数“最大踢面高度：162.5”“最小踏板深度：250”“最小梯段宽度：1200”，选项栏设置“定位线：梯段左”“实际梯段宽度：1200”，设置左侧属性选项板限制条件为“底部标高：标高 1”“底部偏移：0.0”顶部标高为“标高 2：顶部偏移 0.0”，“尺寸标注”为“所需踢面数：24”“实际踏板深度：250”“踏板/踢面起始编号：1”；激活“构件”面板“梯段”按钮，单击“直梯段”按钮，“直线”绘制方式绘制楼梯，如图 10-67 所示；单击“工具”面板“栏杆扶手”按钮，弹出“栏杆扶手”对话框，选择“位置：踏步：900mm 圆管”：单击“模式”面板“完成编辑模式”按钮，完成楼梯的绘制，删除靠墙侧栏

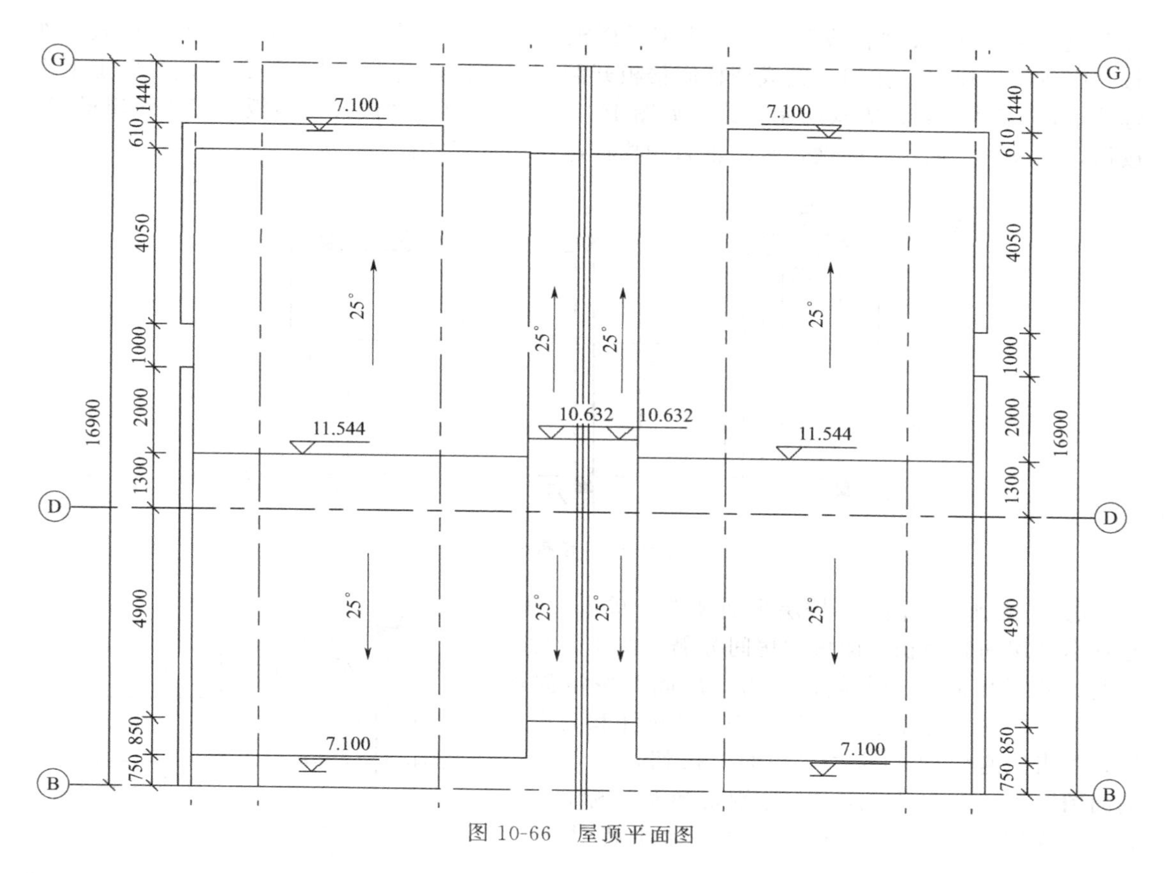

图 10-66　屋顶平面图

杆；选择刚刚创建的楼梯，单击“修改”面板“镜像拾取轴”按钮，拾取④轴，则①轴右侧楼梯也创建完成了；单击左侧属性选项板“可见性/图形替换”右侧“编辑”按钮，弹出“楼层平面：标高 1 的可见性/图形普换”对话框，单击对话框中的“模型类别”按钮，单击“楼梯”以及“栏杆扶手”前面的“+”号，设置参数，如图 10-68 所示。

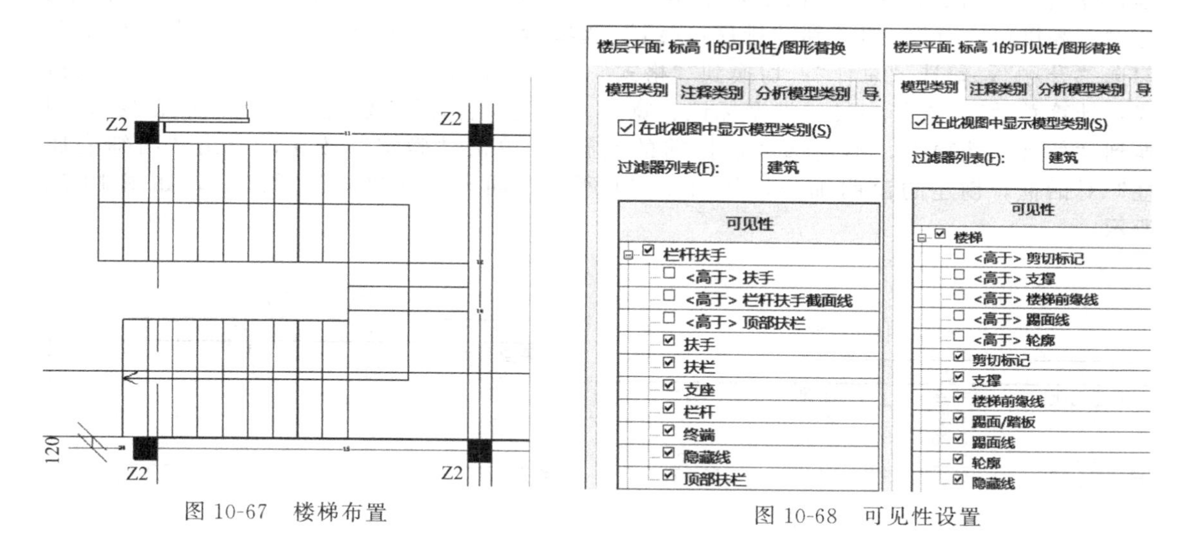

图 10-67　楼梯布置

图 10-68　可见性设置

㉞ 切换到“标高 2”楼层平面视图，双击“标高 2 楼板”，进入“修改 | 楼板 编辑边

界”上下文选项卡；“直线”绘制方式编辑楼板边界线，如图 10-69 所示；单击“模式”面板“完成编辑模式”按钮，完成楼梯间楼板开洞，双击栏杆进入“修改｜绘制路径”上下文选项卡，“直线”绘制方式绘制，路径如图 10-70 所示：单击“模式”面板“完成编辑模式”按钮，完成护栏创建；同理，对④轴右侧栏杆进行编辑来“创建护栏”。

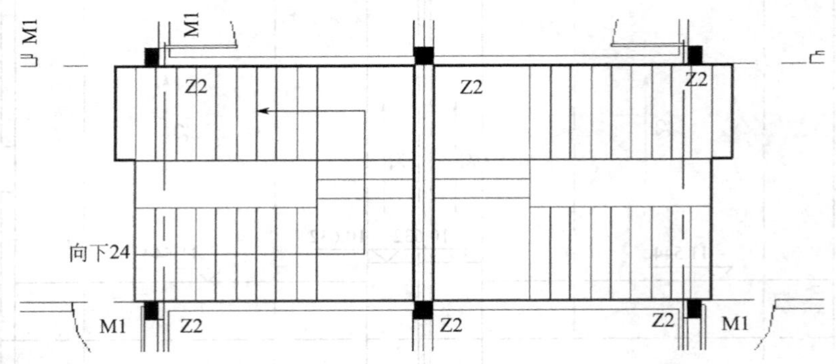

图 10-69　楼板开洞

㉟ 切换到“标高 1”楼层平面视图；单击“建筑”选项卡“房间和面积”面板“房间分隔”按钮，“直线”绘制方式对房间进行分隔；单击“房间”按钮创建房间，并对房间进行命名；进行对齐尺寸标注和高程点标注；单击快速访问工具栏“剖面”按钮，创建“1—1 剖面图”和“2—2 剖面图”；分别切换到“标高 2、标高 3”楼层平面视图，进行高程点标注和对齐尺寸标注。

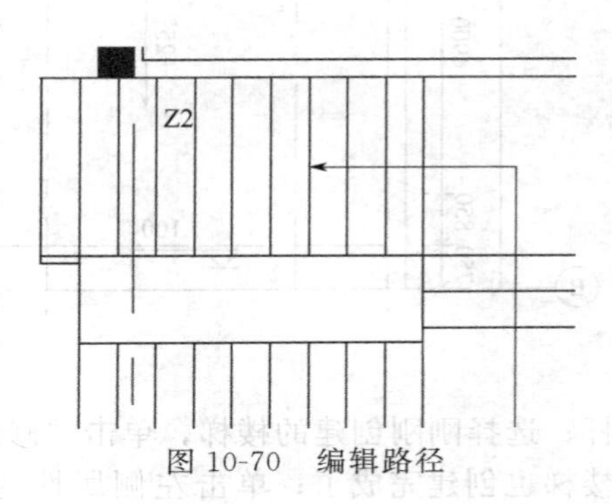

图 10-70　编辑路径

㊱ 单击“视图”选项卡“创建”面板“明细表”下拉列表“明细表/数量”按钮，在弹出的“新建明细表”对话框中，选择“类别”为“窗”，单击“确定”按钮，退出“新建明细表”对话框，弹出“明细表属性”对话框，单击“字段”选项卡，添加明细表字段“类型标记、宽度、高度、合计”；切换到“排序/成组”选项卡，设置“排序方式”为“类型标记”，勾选“升序”，勾选“总计”；切换到“格式”选项卡，字段选择“合计”，勾选“字段格式：计算总数”，选择字段“类型标记、宽度、高度、合计”，设置“对齐：中心线”；切换到“外观”选项卡，不勾选“数据前的空行”；单击“确定”按钮，退出“明细表属性”对话框，创建的窗明细表，如图 10-71 所示；同理，创建的门明细表，如图 10-72 所示。

<窗明细表>

A	B	C	D
类型标记	宽度	高度	合计
C1	500	2600	4
C2	2100	2550	8
C3	2160	3000	2
总计：14			14

图 10-71　窗明细表

<门明细表>

A	B	C	D
类型标记	宽度	高度	合计
M1	900	2100	10
M2	1440	2100	2
M3	750	2000	8
MLC4	2750	3000	4
MLC5	2100	3000	2
总计：26			26

图 10-72　门明细表

㊲ 切换到“1—1 剖面图”；进行高程点、高程点坡度以及对齐尺寸标注；单击左侧属性

选项板“可见性/图形替换”右侧“编辑”按钮，弹出“剖面 1 的可见性/图形替换”对话框，单击对话框中的“模型类别”按钮，设置“墙”“屋顶”“楼板”的“截面填充图案”为“实体填充”；设置视图比例为 1∶150；最终“1—1 剖面图”，如图 10-73 所示。

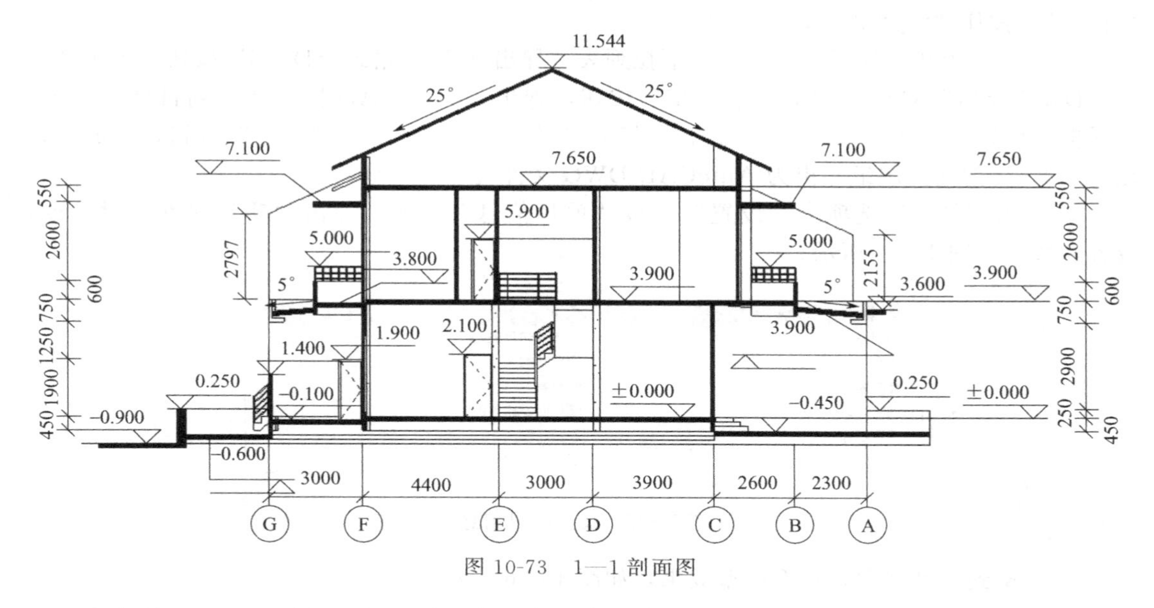

图 10-73　1—1 剖面图

㊳ 切换到“2—2 剖面图”；进行高程点、高程点坡度以及对齐尺寸标注；单击左侧属性选项板“可见性/图形替换”右侧“编辑”按钮，弹出“剖面 2 的可见性/图形替换”对话框，单击对话框中的“模型类别”按钮，设置“墙”“屋顶”“楼板”的“截面填充图案”为“实体填充”；设置视图比例为 1∶150；最终“2—2 剖面图”，如图 10-74 所示。

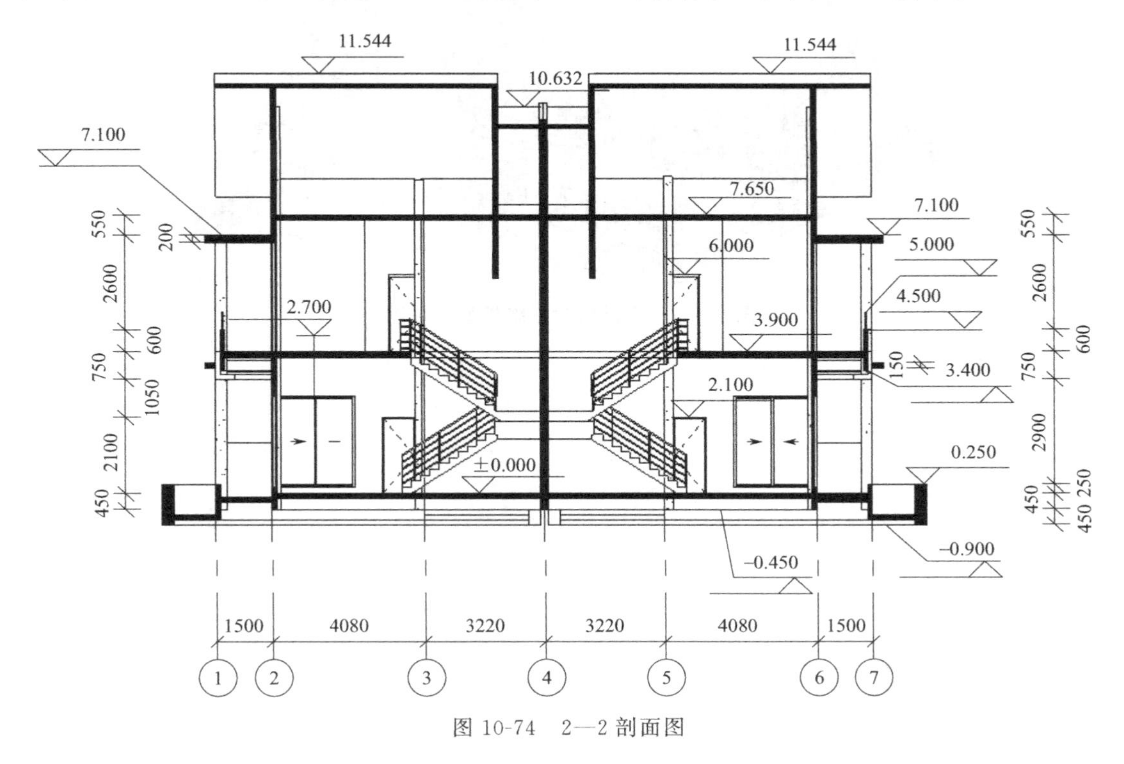

图 10-74　2—2 剖面图

㊴ 单击“视图”选项卡“图形组合”面板“图形”按钮，弹出“新建图纸”对话框，选择“A4 公制”，单击“确定”按钮；选择右侧项目浏览器“图纸（全部）→J0-11-未命名”，右键单击“重命名”按钮，在弹出的“图纸标题”对话框中，设置“名称”为“2—2 剖面图”；按住“2—2 剖面图”拖动至图纸中。

㊵ 单击左上角“应用程序菜单”下拉列表“导出→CAD 格式→DWG”按钮，单击弹出的“DWG 导出”对话框中的“下一步”按钮，弹出“导出 CAD 格式保存到目标文件夹”对话框，设置文件名为“2—2 剖面图”，其余按照默认即可，单击“确定”按钮，完成“将创建的 2—2 剖面图图纸导出为 AutoCAD DWG 文件”。

㊶ 单击“管理”选项卡“设置”面板“项目信息”按钮，弹出“项目属性”对话框，设置参数，如图 10-75 所示。

其他	
项目发布日期	2019年3月28日
项目状态	项目状态
客户姓名	所有者
项目地址	请在此处输入地址
项目名称	项目名称
项目编号	2019001-1
审定	

图 10-75　设置项目信息

㊷ 切换到三维视图，查看模型效果，如图 10-76 所示。

图 10-76　双拼别墅三维模型效果图

参考文献

[1] 中华人民共和国住房和城乡建设部. 建筑信息模型应用统一标准 GB/T 51212—2016 [S]. 北京：中国建筑工业出版社，2016.
[2] 中华人民共和国住房和城乡建设部. 建筑信息模型施工应用标准 GB/T 51235—2017 [S]. 北京：中国建筑工业出版社，2017.
[3] 中华人民共和国住房和城乡建设部. 建筑信息模型设计交付标准 GB/T 51301—2018 [S]. 北京：中国建筑工业出版社，2018.
[4] 王鑫. 建筑信息模型（BIM）建模技术 [M]. 北京：中国建筑工业出版社，2019.
[5] 陈长流，寇巍巍. Revit 建模基础与实战教程 [M]. 北京：中国建筑工业出版社，2018.
[6] 王志臣，郭乃胜. BIM 技术及 Revit 建筑建模 [M]. 北京：中国建筑工业出版社，2019.
[7] 益埃毕教育. 全国 BIM 技能一级考试 Revit 教程 [M]. 北京：中国电力出版社，2017.
[8] 朱彦鹏，王秀丽. 土木工程概论 [M]. 北京：化学工业出版社，2017.
[9] 朱溢镕，焦明明. BIM 概论及 Revit 精讲 [M]. 北京：化学工业出版社，2018.